非线性波方程的行波解
——辅助方程法理论与应用

斯仁道尔吉　著

科学出版社

北京

内 容 简 介

本书系统介绍了求解非线性波方程的直接代数方法之一的辅助方程法,主要内容包括求解不可积非线性方程的标度变换法和二阶辅助方程法,求解非线性波方程的扩展双曲正切函数法的推广、Riccati 方程映射法的推广、辅助方程法及其推广、一般椭圆方程展开法及这些辅助方程的 Bäcklund 变换与解的非线性叠加公式和解的分类,第一种、第二种和第三种椭圆方程展开法,第三种椭圆方程的隐式解与显式解、通用 F-展开法、广义 Riccati 方程法、广义 Bernoulli 方程法、广义辅助方程法、变量分离方程法等.

本书可供理工科高年级大学生和研究生以及相关科技人员阅读参考.

图书在版编目(CIP)数据

非线性波方程的行波解: 辅助方程法理论与应用/斯仁道尔吉著. —北京: 科学出版社, 2019.9
ISBN 978-7-03-062089-7

Ⅰ. ①非… Ⅱ. ①斯… Ⅲ. ①波动方程-行波-研究 Ⅳ. ①O175.27

中国版本图书馆 CIP 数据核字(2019) 第 179181 号

责任编辑: 陈玉琢 / 责任校对: 邹慧卿
责任印制: 吴兆东 / 封面设计: 陈 敬

斜 学 虫 版 社 出版
北京东黄城根北街 16 号
邮政编码: 100717
http://www.sciencep.com

北京虎彩文化传播有限公司 印刷
科学出版社发行 各地新华书店经销
*

2019 年 9 月第 一 版　开本: 720×1000
2020 年 1 月第二次印刷　印张: 16 1/4
字数: 317 000
定价: 118.00 元
(如有印装质量问题, 我社负责调换)

前　　言

孤立子理论为构造非线性波方程的解析解提供了反散射方法、Bäcklund 变换法与 Darboux 变换法、Hirota 双线性变换法、Painlevé 分析法、对称约化方法等许多有效的数学方法和工具, 这些内容在已出版的专著和教材中都有系统而详细的介绍, 但系统介绍和总结受数学机械化影响而发展的求解非线性波方程的解析解的直接代数方法的书籍则不多见. 尽管辅助方程法的研究已经延续多年, 但理论上仍不够完善, 遗留的问题也不少, 出现了一些值得关注的问题. 第一, 对于已经提出的某些辅助方程人们给出许多新解, 甚至造成新解不断涌现且难以分辨这些解是否为新解的混乱局面. 第二, 在构造辅助方程解的过程中注重依赖于数学软件的试探法, 忽视基于数学理论的构造性方法的研究从而出现了盲目求解的倾向. 第三, 出现了所提出的新的辅助方程与原有的辅助方程虽然形式不同, 但事实上是等价的现象. 这些问题的出现与没有及时总结并建立辅助方程法的理论体系有关, 如果不更正这些问题就会导致后续研究的严重错误.

本书基于解的等价性概念区分辅助方程的解, 进而对解进行分类, 用 Bäcklund 变换与解的非线性叠加公式构造辅助方程的新解, 通过建立不同辅助方程之间的联系来说明辅助方程的等价性的脉络组织内容, 采用推广方法和举例说明的手段尝试系统阐述辅助方程法的相关内容、方法和应用.

全书分 7 章. 第 1 章阐述辅助方程法的概念与步骤并介绍 Jacobi 椭圆函数展开法、构造不可积非线性方程精确解的标度变换法和二阶辅助方程法等. 第 2 章给出扩展双曲正切函数法和广义 Riccati 方程映射法的推广、Riccati 方程解的等价性的证明以及 G'/G-展开法、$\text{Exp}(-\varphi(\xi))$-展开法、Khater 展开法和 w/g-展开法等与 Riccati 方程展开法的联系. 第 3 章讨论辅助方程法, 给出辅助方程的 Bäcklund 变换与解的非线性叠加公式、解的等价性的证明与解的分类和辅助方程法的进一步推广. 第 4 章讨论一般椭圆方程展开法, 给出一般椭圆方程的子方程的 Bäcklund 变换与解的非线性叠加公式、解的等价性的证明与解的分类. 第 5 章中讨论三种椭圆方程的解以及若干推广的椭圆方程展开法. 第 6 章推广 Riccati 方程、Bernoulli 方程和辅助方程并建立求解含正幂次非线性项的非线性波方程的广义 Riccati 方程法、广义 Bernoulli 方程法和广义辅助方程法. 同时, 给出 Bernoulli 方程的 Bäcklund 变换、解的非线性叠加公式并介绍 Bernoulli 方程展开法. 第 7 章介绍变量分离方程法, 包括一般方程、sine-Gordon 与 sinh-Gordon 型方程的变量分离方程法等.

本书的出版得到国家自然科学基金项目"非线性方程的孤立波解及其相关问

题研究"的经费支持. 感谢科学出版社陈玉琢编审对本书的出版所付出的辛勤劳动与给予的无私帮助. 同时, 感谢爱妻满良同志的热情鼓励与大力支持.

  限于作者的水平和能力, 书中难免出现不当之处甚至是错误, 恳请读者批评指正.

斯仁道尔吉

2018 年 12 月

目 录

前言
第 1 章 辅助方程法初步 ································ 1
  1.1 辅助方程法的概念与步骤 ·························· 1
  1.2 Jacobi 椭圆函数展开法 ···························· 5
  1.3 求解不可积方程的标度变换法 ··················· 14
  1.4 求解不可积方程的二阶辅助方程法 ·············· 20
第 2 章 Riccati 方程展开法 ···························· 31
  2.1 扩展双曲正切函数法的推广 ······················ 31
  2.2 广义 Riccati 方程映射法的推广 ·················· 42
  2.3 解的等价性的证明 ································· 54
  2.4 四种展开法与 Riccati 方程展开法的联系 ········ 60
    2.4.1 G'/G-展开法 ································· 60
    2.4.2 $\mathrm{Exp}(-\varphi(\xi))$-展开法 ················ 62
    2.4.3 Khater 展开法 ································ 68
    2.4.4 w/g-展开法 ································· 68
第 3 章 辅助方程法 ····································· 71
  3.1 Bäcklund 变换与非线性叠加公式 ················ 71
    3.1.1 直接积分法 ··································· 72
    3.1.2 间接变换法 ··································· 76
  3.2 解的等价性及其分类 ······························ 77
  3.3 选择特殊系数的情形 ······························ 96
  3.4 辅助方程法的推广 ································ 102
第 4 章 一般椭圆方程展开法 ·························· 121
  4.1 Bäcklund 变换与非线性叠加公式 ··············· 122
    4.1.1 直接积分法 ·································· 122
    4.1.2 间接变换法 ·································· 126
  4.2 解的等价性及其分类 ····························· 127
  4.3 范子方程法的推广 ································ 145
  4.4 Weierstrass 椭圆函数解的一般公式及约化 ······ 149

第 5 章　三种椭圆方程展开法 ································ 161
5.1　第一种椭圆方程展开法 ······································ 161
5.2　第二种椭圆方程展开法 ······································ 168
5.3　第三种椭圆方程展开法 ······································ 175
5.3.1　第三种椭圆方程的隐式解 ······························ 175
5.3.2　第三种椭圆方程的显式解 ······························ 184
5.4　通用 F-展开法 ··· 191

第 6 章　广义辅助方程法及其应用 ·································· 196
6.1　广义 Riccati 方程法 ··· 196
6.2　广义 Bernoulli 方程法 ······································· 202
6.2.1　Bernoulli 方程展开法 ·································· 202
6.2.2　广义 Bernoulli 方程法 ································· 207
6.3　广义辅助方程法 ··· 212

第 7 章　变量分离方程法 ··· 218
7.1　一般方程的变量分离方程法 ·································· 218
7.2　sine-Gordon 型方程 ·· 227
7.3　sinh-Gordon 型方程 ·· 238

参考文献 ·· 246

第 1 章 辅助方程法初步

辅助方程法是求解非线性波方程的直接代数方法之一, 具有应用范围广泛、易于实现和效率高等优点. 本章作为辅助方程法的介绍给出辅助方程法的概念与步骤, Jacobi 椭圆函数展开法, 求解不可积非线性方程的标度变换法与二阶辅助方程法等.

1.1 辅助方程法的概念与步骤

近年来, 人们相继建立了一些以计算机代数为工具的构造非线性波方程解析解的代数方法, 如扩展双曲正切函数法、Jacobi 椭圆函数展开法、辅助方程法、Riccati 方程映射法、G'/G-展开法、$\mathrm{Exp}\,(-\varphi(\xi))$-展开法等. 这些方法的共性在于都引进了一个能够精确求解的辅助常微分方程, 并借助这个辅助常微分方程解的待定截断级数展开式来求解非线性波方程. 基于这一共性, 我们将把这类方法统一到同一个名称之下, 称之为辅助方程法. 其他的不必引入辅助方程而构造非线性波方程解析解的代数方法, 如齐次平衡法和混合指数法等不属于本书所讨论的辅助方程法的范畴.

简言之, 辅助方程法是指在求解给定非线性波方程时, 引入一个可解的辅助微分方程, 并用实验手段确定非线性波方程的以该辅助方程的解为项的截断形式级数解的方法.

通常一个给定的非线性波方程可以通过行波变换转化为行波约化的常微分方程, 然后可考虑引入一个以这个行波的相位为自变量且解为已知的辅助常微分方程, 再适当选择以辅助方程的解为项的解的展开式并将其代入行波约化的常微分方程, 从而将求解非线性波方程的问题转化为求解代数方程组的问题, 这是实现辅助方程法的基本思路.

然而, 辅助方程法取决于辅助方程与解的展开式的选择, 其中辅助方程的选择是关键, 且选定一个辅助方程之后解的展开式可以有多种选择. 因此, 我们选择 Riccati 方程、一般椭圆方程及其子方程等典型方程为辅助方程展开讨论. 考虑到解的展开式具有多种可能的选择, 我们只考虑最基础的解的展开式——截断形式幂级数展开, 在此基础上可发展截断形式 Laurent 级数展开或其他形式更加广泛的解的展开式. 为简单起见, 将解的展开式的阶数, 即截断形式级数解的阶数称之为平衡常数, 它是由齐次平衡原则令方程中出现的未知函数的线性最高阶导数项与最高幂次的非线性项相互抵消而确定.

为说明齐次平衡原则, 假设给定了一个 $(1+1)_-$ 维非线性波方程

$$H(u, u_x, u_t, u_{xx}, u_{xt}, u_{tt}, \cdots) = 0, \tag{1.1}$$

这里函数 H 一般为所示变元的多项式且含有未知函数的非线性项及线性最高阶导数项.

作行波变换

$$u(x,t) = u(\xi), \quad \xi = k(x - ct) + \xi_0, \tag{1.2}$$

其中 $\xi = k(x - ct) + \xi_0$ 为行波的相, k 为波数, c 为波速, ξ_0 为初相.

借助导数代换

$$\frac{\partial}{\partial t} \to -ck\frac{d}{d\xi}, \quad \frac{\partial}{\partial x} \to k\frac{d}{d\xi},$$

可将方程 (1.1) 变换为如下行波约化的常微分方程

$$G(u, u', u'', \cdots) = 0, \tag{1.3}$$

这里 G 是所示变元的多项式, 而 $u' = \dfrac{du}{d\xi}, u'' = \dfrac{d^2u}{d\xi^2}, \cdots$.

称函数 $z = z(\xi)$ 为方程 (1.3) 的拟解, 如果存在单变量函数 $f = f(z)$ 使得方程 (1.3) 的解可以表示为 $f = f(z)$ 关于 ξ 的导数的线性组合, 即

$$u(\xi) = \frac{d^n f(z)}{d\xi^n} + f(z) \text{ 关于 } \xi \text{ 的低于 } n \text{ 阶导数项的线性组合}$$

$$= \frac{d^n f(z)}{dz^n}\left(\frac{dz}{d\xi}\right)^n + z'(\xi) \text{ 的次数低于 } n \text{ 的多项式}, \tag{1.4}$$

这里要求满足方程 (1.3) 的非负整数 n 以及函数 $f = f(z), z = z(\xi)$ 都是待定且将 (1.4) 代入方程 (1.3) 时, 可通过下述步骤来计算 u 的线性导数项与非线性项.

$$\frac{du}{d\xi} = \frac{d^{n+1}f}{dz^{n+1}}\left(\frac{dz}{d\xi}\right)^{n+1} + \cdots,$$

$$\frac{d^2u}{d\xi^2} = \frac{d^{n+2}f}{dz^{n+2}}\left(\frac{dz}{d\xi}\right)^{n+2} + \cdots,$$

$$\cdots\cdots$$

$$\frac{d^p u}{d\xi^p} = \frac{d^{n+p}f}{dz^{n+p}}\left(\frac{dz}{d\xi}\right)^{n+p} + \cdots,$$

$$u^q = \left[\frac{d^n f}{dz^n}\right]^q \left(\frac{dz}{d\xi}\right)^{nq} + \cdots,$$

$$u^q \frac{d^p u}{d\xi^p} = \left[\frac{d^n f}{dz^n}\right]^q \frac{d^{n+p} f}{dz^{n+p}} \left(\frac{dz}{d\xi}\right)^{(q+1)n+p} + \cdots.$$

如果用 $O(u)$ 表示 $u(\xi)$ 的最高次幂的阶数 n, 则由上式可知线性导数项 $d^p u/d\xi^p$ 的最高次幂的阶数为

$$O\left(\frac{d^p u}{d\xi^p}\right) = n + p, \quad p = 1, 2, 3, \cdots, \tag{1.5}$$

而非线性项 u^q 和 $u^q d^p u/d\xi^p$ 的最高次幂的阶数依次为

$$O(u^q) = nq, \quad q = 1, 2, 3, \cdots, \tag{1.6}$$

$$O\left(u^q \frac{d^p u}{d\xi^p}\right) = (q+1)n + p, \quad q = 1, 2, 3, \cdots, \quad p = 1, 2, 3, \cdots. \tag{1.7}$$

例 1.1 Kawahara 方程

$$u_t + u u_x + u_{xxx} - u_{xxxxx} = 0$$

出现在等离子体的磁声波理论中, 用于描述具有表面张力的水波运动.

将行波变换 (1.2) 代入 Kawahara 方程后约去倍数 k, 则得到常微分方程

$$-cu' + uu' + k^2 u''' - k^4 u^{(5)} = 0.$$

假设 $O(u) = n$, 则此方程中的线性最高阶导数项 $u^{(5)}$ 的阶数为 $O(u^{(5)}) = n+5$, 而最高幂次的非线性项 uu' 的阶数为 $O(uu') = 2n+1$. 因此, 将它们相互抵消, 则有

$$n + 5 = 2n + 1,$$

由此得到平衡常数 $n = 4$.

一般情况下平衡常数 n 为正整数, 但在某些情况下可能出现 n 为负整数或分数的情形. 如果 n 为负整数, 则作变换

$$u(\xi) = v^{-n}(\xi),$$

而若 n 为分数 $n = r/s$, 则作变换

$$u(\xi) = v^{\frac{1}{s}}(\xi)$$

后可将方程 (1.3) 化为平衡常数为正整数的情形.

例 1.2 考虑多空介质的热传导和气体过滤理论中提出的非线性方程

$$u_t = (u^2)_{xx} + p(u - u^2),$$

其中 $p < 0$ 是常数, $u(x,t)$ 是温度或气体的密度.

为简单起见作变换

$$u(x,t) = u(\xi), \quad \xi = x - \omega t,$$

可将原方程转化为常微分方程

$$\omega u' + (u^2)'' + p(u - u^2) = 0.$$

假设 $O(u) = n$, 那么该方程中所含的线性最高阶导数项 u' 的阶数为 $O(u') = n+1$, 最高幂次的非线性项 $(u^2)''$ 的阶数为 $O((u^2)'') = 2n+2$, 从而平衡常数为负整数 $n = -1$. 于是作变换

$$u(\xi) = v^{-1}(\xi),$$

则可将上面常微分方程变换为

$$\omega v^2 v' + p(v^2 - v^3) - 6(v')^2 + 2vv'' = 0.$$

对该方程而言它所含最高阶导数的非线性项 vv'' 的阶数为 $O(vv'') = 2n+2$, 最高幂次的非线性项 $v^2 v'$ 的阶数为 $O(v^2 v') = 3n+1$, 从而平衡常数变成正整数 $n = 1$ 的情形.

例 1.3 考虑具有 5 次非线性项的 Klein-Gordon 方程

$$u_{tt} - \lambda^2 u_{xx} + \alpha u - \beta u^3 + \gamma u^5 = 0,$$

其中 $\lambda, \alpha, \beta, \gamma$ 为常数.

作行波变换

$$u(x,t) = u(\xi), \quad \xi = x - \omega t,$$

并将其代入原方程, 则得到如下常微分方程

$$(\omega^2 - \lambda^2) u'' + \alpha u - \beta u^3 + \gamma u^5 = 0.$$

这个方程中的线性最高阶导数项 u'' 的阶数为 $O(u'') = n+2$, 而最高幂次的非线性项 u^5 的阶数为 $O(u^5) = 5n$, 故平衡常数由等式 $n+2 = 5n$ 所确定, 即为 $n = 1/2$. 所以, 需要借助变换

$$u(\xi) = v^{\frac{1}{2}}(\xi)$$

把关于 u 的常微分方程转化为关于 v 的常微分方程

$$(\omega^2 - \lambda^2)\left[2vv'' - (v')^2\right] + 4\left[\alpha v^2 - \beta v^3 + \gamma v^4\right] = 0.$$

该方程所含有的线性最高阶导数的非线性项 vv'' 的阶数为 $O(vv'') = 2n+2$, 最高幂次的非线性项 v^4 的阶数为 $O(v^4) = 4n$, 从而平衡常数变成正整数 $n=1$ 的情形.

在未引入辅助方程的情况下, 平衡常数可以按照上面的方法确定. 但是在引入辅助方程的情况下, 平衡常数不但与常微分方程 (1.3) 有关也与辅助方程有关, 这一点将在后面引入辅助方程时加以讨论.

作为以后讨论的基础, 这里先给出用辅助方程法求解非线性波方程的具体步骤. 概括起来, 辅助方程法的实现可分为如下四步:

第一步 作行波变换 (1.2) 并将给定的非线性波方程 (1.1) 转化为常微分方程 (1.3).

第二步 引入以 $y = y(\xi)$ 为未知函数, 相位 ξ 为自变量的辅助常微分方程

$$A\left(y, \frac{dy}{d\xi}, \frac{d^2y}{d\xi^2}, \cdots\right) = 0, \tag{1.8}$$

且已知它的一个解 $y = f(\xi)$, 则可设方程 (1.3) 具有如下截断形式级数解

$$u(\xi) = \sum_{i=0}^{n} a_i f^i(\xi), \tag{1.9}$$

其中 a_i $(i = 0, 1, \cdots, n)$ 为待定常数, n 称为平衡常数, 可由齐次平衡原则令方程 (1.3) 中的线性最高阶导数项与最高幂次的非线性项相互抵消而确定.

第三步 将 (1.9) 同辅助方程 (1.8) 一起代入方程 (1.3) 后令 f 的各次幂的系数等于零, 则得到以 a_i $(i = 0, 1, \cdots, n), k, c$ 为未知数的非线性代数方程组.

第四步 利用计算机代数系统求解第三步中得到的非线性代数方程组, 并将所得到的每组解代回到 (1.9) 后通过变换 (1.2), 则得到方程 (1.1) 的精确行波解.

常微分方程 (1.3) 是将变换 (1.2) 代入偏微分方程 (1.1) 后根据求解的需要积分一次或多次后得到的, 因此会出现一个或多个积分常数且它们也是待定的, 应该作为未知数出现在第三步的代数方程组里.

1.2 Jacobi 椭圆函数展开法

下面介绍的 Jacobi 椭圆函数展开法是 2000 年由刘式适等提出的构造非线性波方程周期行波解的一种直接代数方法. 在退化的情形下, Jacobi 椭圆函数周期行波解可约化到双曲函数型行波解 (含孤立波解) 与三角函数型周期行波解. 因此, Jacobi 椭圆函数展开法在一定范围内包含了双曲函数展开法与三角函数展开法.

为引入 Jacobi 椭圆函数展开法, 我们考虑第一类 Legendre 椭圆积分

$$v(w) = \int_0^w \frac{dt}{\sqrt{1-m^2\sin^2 t}} = \int_0^{\sin w} \frac{dx}{\sqrt{(1-x^2)(1-m^2x^2)}}, \tag{1.10}$$

其中 m $(0 < m < 1)$ 称为椭圆函数的模, 而

$$K(k) = \int_0^{\frac{\pi}{2}} \frac{dt}{\sqrt{1-m^2\sin^2 t}} = \int_0^1 \frac{dx}{\sqrt{(1-x^2)(1-m^2x^2)}}$$

称为第一类 Legendre 完全积分.

把积分

$$v(w) = \int_0^w \frac{dx}{\sqrt{(1-x^2)(1-m^2x^2)}} \tag{1.11}$$

的反函数, 记作

$$w = \mathrm{sn}(v) = \mathrm{sn}(v, m), \tag{1.12}$$

并称为 Jacobi 椭圆正弦函数, 它具有基本周期 $4K(k)$. 又用等式

$$\mathrm{cn}(v, m) = \cos w = \sqrt{1-\mathrm{sn}^2(v)}, \quad \mathrm{dn}(v, m) = \sqrt{1-m^2\mathrm{sn}^2 v} \tag{1.13}$$

或者椭圆积分

$$v(w) = \int_0^w \frac{dx}{\sqrt{(1-x^2)(1-m^2+m^2x^2)}}, \tag{1.14}$$

$$v(w) = \int_0^w \frac{dx}{\sqrt{(1-x^2)(x^2-1+m^2)}} \tag{1.15}$$

的反函数来定义 Jacobi 椭圆余弦函数和 Jacobi 第三类椭圆函数, 并记作

$$w = \mathrm{cn}(v) = \mathrm{cn}(v, m), \quad w = \mathrm{dn}(v) = \mathrm{dn}(v, m). \tag{1.16}$$

由 $\sin w = \mathrm{sn}(v)$ 定义的 w 称为函数 v 的振幅, 并记为 $w = \mathrm{am}(v)$.

如果用微分方程来描述, 则以上定义的三个 Jacobi 椭圆函数 $w = \mathrm{sn}(v, m), w = \mathrm{cn}(v, m), w = \mathrm{dn}(v, m)$ 分别满足常微分方程

$$\left(\frac{dw}{dv}\right)^2 = (1-w^2)(1-m^2w^2), \tag{1.17}$$

1.2 Jacobi 椭圆函数展开法

$$\left(\frac{dw}{dv}\right)^2 = (1-w^2)(1-m^2+m^2w^2), \tag{1.18}$$

$$\left(\frac{dw}{dv}\right)^2 = (1-w^2)(w^2-1+m^2). \tag{1.19}$$

根据 Jacobi 椭圆函数的定义, 借助变换

$$m\mathrm{sn}(v,m) = \mathrm{sn}(mv,m^{-1}), \quad \mathrm{cn}(v,m) = \mathrm{dn}(mv,m^{-1}), \quad \mathrm{dn}(v,m) = \mathrm{cn}(mv,m^{-1}),$$

可将 Jacobi 椭圆函数的定义拓展到模 $m>1$ 的情形.

除上述三个基本的 Jacobi 椭圆函数外, 其他 Jacobi 椭圆函数定义为

$$\begin{cases} \mathrm{ns}(v) = \dfrac{1}{\mathrm{sn}(v)}, \quad \mathrm{nc}(v) = \dfrac{1}{\mathrm{cn}(v)}, \quad \mathrm{nd}(v) = \dfrac{1}{\mathrm{dn}(v)}, \\[2mm] \mathrm{sc}(v) = \dfrac{\mathrm{sn}(v)}{\mathrm{cn}(v)}, \quad \mathrm{sd}(v) = \dfrac{\mathrm{sn}(v)}{\mathrm{dn}(v)}, \quad \mathrm{cd}(v) = \dfrac{\mathrm{cn}(v)}{\mathrm{dn}(v)}, \\[2mm] \mathrm{cs}(v) = \dfrac{\mathrm{cn}(v)}{\mathrm{sn}(v)}, \quad \mathrm{ds}(v) = \dfrac{\mathrm{dn}(v)}{\mathrm{sn}(v)}, \quad \mathrm{dc}(v) = \dfrac{\mathrm{dn}(v)}{\mathrm{cn}(v)}. \end{cases} \tag{1.20}$$

应用中经常碰到的 Jacobi 椭圆函数的相关性质和常用公式主要有:

(1) 奇偶性

$$\mathrm{sn}(-v) = -\mathrm{sn}(v), \quad \mathrm{cn}(-v) = \mathrm{cn}(v), \quad \mathrm{dn}(-v) = \mathrm{dn}(v).$$

(2) 周期性

$$\mathrm{sn}(v+4K) = \mathrm{sn}(v), \quad \mathrm{cn}(v+4K) = \mathrm{cn}(v), \quad \mathrm{dn}(v+2K) = \mathrm{dn}(v).$$

(3) 恒等式

$$\mathrm{sn}^2(v) + \mathrm{cn}^2(v) = 1, \quad \mathrm{dn}^2(v) + m^2\mathrm{sn}^2(v) = 1, \quad \mathrm{dn}^2(v) - m^2\mathrm{cn}^2(v) = 1 - m^2,$$
$$\mathrm{ns}^2(v) = 1 + \mathrm{cs}^2(v), \quad \mathrm{ns}^2(v) = m^2 + \mathrm{ds}^2(v), \quad \mathrm{ds}^2(v) = 1 - m^2 + \mathrm{cs}^2(v),$$
$$\mathrm{dc}^2(v) = m^2 + (1-m^2)\mathrm{nc}^2(v), \quad \mathrm{dc}^2(v) = 1 + (1-m^2)\mathrm{sc}^2(v),$$
$$\mathrm{nd}^2(v) = 1 + m^2\mathrm{sd}^2(v), \quad \mathrm{nc}^2(v) = 1 + \mathrm{sc}^2(v),$$
$$(1-m^2)\mathrm{nd}^2(v) + m^2\mathrm{cd}^2(v) = 1, \quad \mathrm{cd}^2(v) + (1-m^2)\mathrm{sd}^2(v) = 1.$$

(4) 退化情形

当 $K \to 1$ 时 $K(k) \to \infty$. 当 $m \to 1$ 时 Jacobi 椭圆函数退化为双曲函数

$$\mathrm{sn}(v,m) \to \tanh(v), \quad \mathrm{cn}(v,m) \to \mathrm{sech}(v), \quad \mathrm{dn}(v,m) \to \mathrm{sech}(v),$$

$$\mathrm{nc}(v,m) \to \cosh(v), \quad \mathrm{cs}(v,m) \to \mathrm{csch}(v), \quad \mathrm{sc}(v,m) \to \sinh(v),$$
$$\mathrm{sd}(v,m) \to \sinh(v), \quad \mathrm{cd}(v,m) \to 1, \quad \mathrm{ns}(v,m) \to \coth(v),$$
$$\mathrm{nd}(v,m) \to \cosh(v), \quad \mathrm{ds}(v,m) \to \mathrm{csch}(v), \quad \mathrm{dc}(v,m) \to 1;$$

当 $K \to 0$ 时 $K(k) \to \dfrac{\pi}{2}$. 当 $m \to 0$ 时 Jacobi 椭圆函数退化为三角函数

$$\mathrm{sn}(v,m) \to \sin(v), \quad \mathrm{cn}(v,m) \to \cos(v), \quad \mathrm{dn}(v,m) \to 1,$$
$$\mathrm{nc}(v,m) \to \sec(v), \quad \mathrm{cs}(v,m) \to \cot(v), \quad \mathrm{sc}(v,m) \to \tan(v),$$
$$\mathrm{sd}(v,m) \to \sin(v), \quad \mathrm{cd}(v,m) \to \cos(v), \quad \mathrm{ns}(v,m) \to \csc(v),$$
$$\mathrm{nd}(v,m) \to 1, \quad \mathrm{ds}(v,m) \to \csc(v), \quad \mathrm{dc}(v,m) \to \sec(v).$$

(5) 求导公式

$$\mathrm{sn}'(v) = \mathrm{cn}(v)\mathrm{dn}(v), \quad \mathrm{cn}'(v) = -\mathrm{sn}(v)\mathrm{dn}(v),$$
$$\mathrm{dn}'(v) = -m^2 \mathrm{sn}(v)\mathrm{cn}(v), \quad \mathrm{cd}'(v) = -(1-m^2)\mathrm{sd}(v)\mathrm{nd}(v),$$
$$\mathrm{ns}'(v) = -\mathrm{ds}(v)\mathrm{cs}(v), \quad \mathrm{ds}'(v) = -\mathrm{cs}(v)\mathrm{ns}(v),$$
$$\mathrm{cs}'(v) = -\mathrm{ns}(v)\mathrm{ds}(v), \quad \mathrm{dc}'(v) = (1-m^2)\mathrm{nc}(v)\mathrm{sc}(v),$$
$$\mathrm{nc}'(v) = \mathrm{sc}(v)\mathrm{dc}(v), \quad \mathrm{nd}'(v) = m^2 \mathrm{cd}(v)\mathrm{sd}(v),$$
$$\mathrm{sc}'(v) = \mathrm{dc}(v)\mathrm{nc}(v), \quad \mathrm{sd}'(v) = \mathrm{nd}(v)\mathrm{cd}(v).$$

(6) 积分公式

$$\int \mathrm{sn}(v) dv = \frac{1}{m} \ln[\mathrm{dn}(v) - m\mathrm{cn}(v)] + C,$$
$$\int \mathrm{cn}(v) dv = \frac{1}{m} \arcsin[m\mathrm{sn}(v)] + C,$$
$$\int \mathrm{dn}(v) dv = \arcsin[\mathrm{sn}(v)] + C,$$
$$\int \mathrm{dn}^2(v) dv = E(v) = E(\phi, m) + C, \quad \phi = \mathrm{am}(v),$$
$$\int \frac{dv}{\mathrm{dn}^2(v)} = \frac{1}{1-m^2}\left[E(v) - m^2 \mathrm{sn}(v) \frac{\mathrm{cn}(v)}{\mathrm{dn}(v)}\right] + C,$$
$$\int \frac{\mathrm{dn}^2(v)}{\mathrm{sn}^2(v)} dv = (1-m^2)v - \mathrm{dn}(v)\frac{\mathrm{cn}(v)}{\mathrm{sn}(v)} - E(v) + C,$$
$$\int \frac{\mathrm{dn}^2(v)}{\mathrm{cn}^2(v)} dv = v + \mathrm{dn}(v)\frac{\mathrm{sn}(v)}{\mathrm{cn}(v)} - E(v) + C.$$

1.2 Jacobi 椭圆函数展开法

每一个 Jacobi 椭圆函数都满足一个常微分方程, 这个常微分方程就相当于辅助方程法中所选取的辅助方程. 因此, Jacobi 椭圆函数展开法可以看作是辅助方程法的一种.

Jacobi 椭圆正弦函数展开法是在辅助方程法步骤的第二步中取展开式

$$u(\xi) = \sum_{i=0}^{n} a_i S^i, \quad S = \mathrm{sn}(\xi, m), \tag{1.21}$$

其中 n 为平衡常数, a_i $(i = 0, 1, \cdots, n, a_n \neq 0)$ 为待定常数.

将展开式 (1.21) 代入常微分方程 (1.3) 时需要计算 $u(\xi)$ 的各阶导数. 为此, 若记 $C = \mathrm{cn}(\xi, m), D = \mathrm{dn}(\xi, m)$, 则由 Jacobi 椭圆函数的求导公式和恒等式得到

$$\frac{d}{d\xi} = CD\frac{d}{dS}, \quad \frac{d}{d\xi}(CD) = S(2m^2S^2 - 1 - m^2).$$

置 $F(S) = S(2m^2S^2 - 1 - m^2), G(S) = (1 - S^2)(1 - m^2S^2)$, 则由 $C^2D^2 = G(S)$, 可得

$$\frac{d^2}{d\xi^2} = F(S)\frac{d}{dS} + G(S)\frac{d^2}{dS^2},$$

$$\frac{d^3}{d\xi^3} = CD\frac{d}{dS}\left[F(S)\frac{d}{dS} + G(S)\frac{d^2}{dS^2}\right],$$

$$\frac{d^4}{d\xi^4} = F(S)\frac{d}{dS}\left[F(S)\frac{d}{dS} + G(S)\frac{d^2}{dS^2}\right] + G(S)\frac{d^2}{dS^2}\left[F(S)\frac{d}{dS} + G(S)\frac{d^2}{dS^2}\right]$$

等. 由此归纳可知, 当 p 为偶数, 则 $d^p u/d\xi^p$ 是 S 的 $m+p$ 次多项式. 而当 p 为奇数, 则 $d^p u/d\xi^p$ 是 CD 与 S 的 $m+p-2$ 次多项式的乘积. 于是, 将展开式 (1.21) 代入常微分方程 (1.3) 后得到的代数方程可以写成

$$P_1(S) + CDP_2(S) = 0,$$

其中 $P_1(S), P_2(S)$ 为 S 的多项式. 因此, 令 $P_1(S), P_2(S)$ 中 S 的各次幂的系数等于零, 则得到辅助方程法第三步的以 a_i $(i = 0, 1, \cdots, n), k, c$ 为未知数的代数方程组.

例 1.4 Kaup-Kupershmidt 方程

$$u_t = u_{xxxxx} + 10uu_{xxx} + 25u_x u_{xx} + 20u^2 u_x \tag{1.22}$$

是描述非线性和色散长重力波在浅海水平方向均匀深度传播的可积模型.

现在作行波变换

$$u(x, t) = u(\xi), \quad \xi = kx - \omega t, \tag{1.23}$$

其中 k,ω 为待定常数,那么可将方程 (1.22) 变换为常微分方程

$$\omega u' + k^5 u^{(5)} + 10k^3 uu''' + 25k^3 u'u'' + 20ku^2 u' = 0. \tag{1.24}$$

方程 (1.24) 中线性最高阶导数项 $u^{(5)}$ 的阶数 $O(u^{(5)}) = n+5$,而最高幂次的非线性项 uu''' 的阶数为 $O(uu''') = 2n+3$,从而平衡常数 $n=2$. 故可设方程 (1.24) 有如下解

$$u(\xi) = a_0 + a_1 \mathrm{sn}(\xi) + a_2 \mathrm{sn}^2(\xi), \tag{1.25}$$

其中 a_i $(i=0,1,2)$ 为待定常数.

把 (1.25) 代入方程 (1.24) 后借助前面给出的 $u(\xi)$ 的各阶导数的递推关系式和 Jacobi 椭圆函数的恒等式进行简化,并令表达式 $\mathrm{cn}(\xi)\mathrm{dn}(\xi)\mathrm{sn}^j(\xi)$ $(j=0,1,\cdots,5)$ 的系数等于零,则得到未知数 a_i $(i=0,1,2),k,\omega$ 的代数方程组

$$\begin{aligned}
&720k^5 m^4 a_2 + 540k^3 m^2 a_2^2 + 40k a_2^3 = 0,\\
&120k^5 m^4 a_1 + 550k^3 m^2 a_1 a_2 + 100k a_1 a_2^2 = 0,\\
&-60k^5 m^4 a_1 - 60k^5 m^2 a_1 + 60k^3 m^2 a_0 a_1 - 240k^3 m^2 a_1 a_2\\
&-240k^3 a_1 a_2 + 120k a_0 a_1 a_2 + 20k a_1^3 = 0,\\
&-480k^5 m^4 a_2 - 480k^5 m^2 a_2 + 240k^3 m^2 a_0 a_2 + 110k^3 m^2 a_1^2\\
&-280k^3 m^2 a_2^2 - 280k^3 a_2^2 + 80k a_0 a_2^2 + 80k a_1^2 a_2 = 0,\\
&k^5 m^4 a_1 + 14k^5 m^2 a_1 - 10k^3 m^2 a_0 a_1 + k^5 a1 - 10k^3 a_0 a_1\\
&+50k^3 a_1 a_2 + 20k a_0^2 a_1 + \omega a_1 = 0,\\
&32k^5 m^4 a_2 + 208k^5 m^2 a_2 - 80k^3 m^2 a_0 a_2 - 35k^3 m^2 a_1^2 + 32k^5 a_2\\
&-80k^3 a_0 a_2 - 35k^3 a_1^2 + 100k^3 a_2^2 + 40k a_0^2 a_2 + 40k a_0 a_1^2 + 2\omega a_2 = 0.
\end{aligned}$$

用 Maple 求解此代数方程组,可得

$$a_0 = \frac{k^2}{2}(m^2+1), \quad a_1 = 0, \quad a_2 = -\frac{3}{2}m^2 k^2, \quad \omega = -k^5(m^4-m^2+1), \tag{1.26}$$

$$a_0 = 4k^2(m^2+1), \quad a_1 = 0, \quad a_2 = -12m^2 k^2, \quad \omega = -176k^5(m^4-m^2+1). \tag{1.27}$$

将 (1.23) 同 (1.26) 和 (1.27) 一起代入 (1.25),则得到方程 (1.22) 的如下两个解

$$u_1(x,t) = \frac{1}{2}k^2(m^2+1) - \frac{3}{2}k^2 m^2 \mathrm{sn}^2\left(kx + k^5(m^4-m^2+1)t, m\right),$$

$$u_2(x,t) = 4k^2(m^2+1) - 12k^2 m^2 \mathrm{sn}^2\left(kx + 176k^5(m^4-m^2+1)t, m\right),$$

其中 k 为常数, $m\ (0<m<1)$ 为椭圆函数的模.

当 $m\to 1$ 时, 以上两个解将退化为孤立波解

$$u_{1a}(x,t) = k^2 - \frac{3}{2}k^2\tanh^2 k(x+k^4 t),$$

$$u_{2a}(x,t) = 8k^2 - 12k^2\tanh^2 k(x+176k^4 t).$$

由于 Jacobi 椭圆函数展开法当模 $m\to 1$ 和 $m\to 0$ 时能够给出孤立波解和周期行波解, 因此这里不再讨论双曲函数展开法与三角函数展开法.

1996 年, Porubov 等提出求解非线性波方程周期行波解的 Weierstrass 椭圆函数展开法, 不过这一方法因过程较复杂, 应用范围较窄而没有被广泛采用. 这里给出 Weierstrass 椭圆函数与 Jacobi 椭圆函数之间的一个关系, 并通过一个实例介绍 1998 年作者提出的一个简单的 Weierstrass 椭圆函数展开法.

Weierstrass 第一类椭圆积分

$$z = \int_\infty^w \frac{dt}{\sqrt{4t^3 - g_2 t - g_3}} \tag{1.28}$$

的反函数, 即椭圆方程

$$(w')^2 = 4w^3 - g_2 w - g_3 \tag{1.29}$$

的解定义为 Weierstrass 椭圆函数, 记作 $w = \wp(z, g_2, g_3)$, 其中, 常数 g_2, g_3 称为不变量.

Weierstrass 椭圆函数与 Jacobi 椭圆函数之间有一定联系. 因为, 如果假设 e_1, e_2, e_3 为方程 $4w^3 - g_2 w - g_3 = 0$ 的三个根且 $e_3 < e_2 < e_1$, 则有

$$(w')^2 = 4w^3 - g_2 w - g_3 = 4(w-e_1)(w-e_2)(w-e_3),$$

于是 e_1, e_2, e_3 满足关系式

$$e_1 + e_2 + e_3 = 0, \quad e_1 e_2 + e_1 e_3 + e_2 e_3 = -\frac{1}{4}g_2, \quad e_1 e_2 e_3 = \frac{1}{4}g_3.$$

作变换 $w = e_3 + (e_2 - e_3)\sin^2 t$, 则 $dw = 2(e_2 - e_3)\sin t\cos t\, dt$, 且有

$$(w-e_1)(w-e_2)(w-e_3) = (e_2-e_3)^2 \sin^2 t \cos^2 t \left(e_1 - e_3 - (e_2 - e_3)\sin^2 t\right).$$

因此, 由方程 (1.29) 可得

$$dz = \frac{dw}{\sqrt{4w^3 - g_4 w - g_3}} = \frac{dw}{\sqrt{(w-e_1)(w-e_2)(w-e_3)}}$$

$$= \frac{1}{\sqrt{e_1-e_3}} \frac{dt}{\sqrt{1-\dfrac{e_2-e_3}{e_1-e_3}\sin^2 t}}.$$

积分上式有

$$z = \frac{1}{\sqrt{e_1-e_3}} \int_0^\theta \frac{dt}{\sqrt{1-\dfrac{e_2-e_3}{e_1-e_3}\sin^2 t}}.$$

由此得到

$$\sin\theta = \operatorname{sn}\left(\sqrt{e_1-e_3}\,z, m\right), \quad m = \sqrt{\frac{e_2-e_3}{e_1-e_3}}.$$

因此, 得到 Weierstrass 椭圆函数与 Jacobi 椭圆函数之间的联系

$$\begin{aligned}w = \wp(z,g_2,g_3) &= e_3 + (e_2-e_3)\operatorname{sn}^2\left(\sqrt{e_1-e_3}\,z, m\right) \\ &= e_2 - (e_2-e_3)\operatorname{cn}^2\left(\sqrt{e_1-e_3}\,z, m\right),\end{aligned} \quad (1.30)$$

其中椭圆函数的模由 $m = \sqrt{\dfrac{e_2-e_3}{e_1-e_3}}\ (0<m<1)$ 给定.

下面考虑的一个简单的 Weierstrass 椭圆函数展开法就是在辅助方程法步骤第二步中的辅助方程取为椭圆方程 (1.29), 而解的展开式则取 (1.9).

例 1.5 考虑修正的 Camassa-Holm(mCH) 方程

$$u_t - u_{xxt} + 3u^2 u_x = 2u_x u_{xx} + u u_{xxx}. \tag{1.31}$$

Camassa-Holm(CH) 方程指的是 Fokas 和 Fuchssteiner, 于 1981 年作为 KdV 方程双 Hamilton 的概括而首次提出的如下浅水波方程

$$u_t + 2ku_x - u_{xxt} + 3uu_x = 2u_x u_{xx} + u u_{xxx}. \tag{1.32}$$

1993 年, Camassa 和 Holm 考虑重力作用下, 浅水层自由表面的水波运动, 用物理原理导出方程 (1.32) 并给出 $k=0$ 时的尖峰孤立波解. 因此, CH 方程作为说明非光滑孤立子存在性的实例备受人们的关注. 2006 年, Wazwaz 把 CH 方程 (1.32) 中的对流项 uu_x 修改为 $u^2 u_x$ 而给出 mCH 方程 (1.31).

将行波变换

$$u(x,t) = u(\xi), \quad \xi = k(x-\omega t) \tag{1.33}$$

代入方程 (1.31) 后对 ξ 积分一次, 则得到常微分方程

$$-k\omega u' + k^3 \omega u''' + 3ku^2 u' = 2k^3 u' u'' + k^3 u u'''. \tag{1.34}$$

1.2 Jacobi 椭圆函数展开法

由于线性最高阶导数项 u''' 的阶数 $O(u''') = n+3$, 最高幂次的非线性项 $u^2 u'$ 的阶数 $O(u^2 u') = 3n+1$, 从而平衡常数 $n = 1$. 于是可设方程 (1.34) 具有如下形式的解

$$u(\xi) = a_0 + a_1 \wp(\xi, g_2, g_3), \tag{1.35}$$

其中 a_0, a_1, g_2, g_3 为待定常数.

将 (1.29) 同 (1.35) 一起代入 (1.34) 后令 $\wp^j(\xi, g_2, g_3)$ ($j = 0, 1, 2, 3$) 的系数等于零, 则得到代数方程组

$$\begin{cases} ka_1 \left(k^2 g_2 a_1 + 3a_0^2 - \omega\right) = 0, \\ 6ka_1 \left(a_0 a_1 + 2k^2 \omega - 2k^2 a_0\right) = 0, \\ 3ka_1^2 \left(a_1 - 8k^2\right) = 0. \end{cases}$$

用 Maple 求解此代数方程组, 则得到

$$a_0 = -\frac{1}{3}\omega, \quad a_1 = 8k^2, \quad g_2 = -\frac{\omega(\omega-3)}{24k^4}. \tag{1.36}$$

将 (1.36) 代入 (1.35) 并借助 (1.33), 则得到方程 (1.31) 的 Weierstrass 椭圆函数解

$$u(x,t) = -\frac{1}{3}\omega + 8k^2 \wp\left(k(x-\omega t), -\frac{\omega(\omega-3)}{24k^4}, g_3\right), \tag{1.37}$$

其中 k, g_3 为任意常数.

将 (1.30) 代入 (1.37), 则得到方程 (1.31) 的 Jacobi 椭圆余弦波解

$$\begin{aligned} u(x,t) &= -\frac{\omega}{3} + 8e_2 k^2 - 8(e_2 - e_3)k^2 \operatorname{cn}^2(\sqrt{e_1 - e_3}\, k(x-\omega t), m) \\ &= -\frac{\omega}{3} + \frac{8(2m^2-1)K^2}{3} - 8m^2 K^2 \operatorname{cn}^2(K(x-\omega t), m), \end{aligned}$$

这里 K, ω 为任意常数, m ($0 < m < 1$) 为 Jacobi 椭圆函数的模且满足

$$32K^4(m^4 - m^2 + 1) + \omega(\omega - 3) = 0.$$

特别地, 当 $m \to 1$ 时, 得到方程 (1.31) 的孤立子解

$$u(x,t) = -\frac{\omega}{3} + \frac{8K^2}{3} - 8K^2 \operatorname{sech}^2 K(x-\omega t),$$

其中

$$K = \frac{1}{4}(24\omega - 8\omega^2)^{\frac{1}{4}}, \quad 0 < \omega < 3.$$

值得注意的是对所有的方程而言未必都能够将 Weierstrass 椭圆函数解转化为 Jacobi 椭圆函数解.

1.3 求解不可积方程的标度变换法

1991 年, Cariello 和 Tabor 基于 Painlevé 分析提出一种不可积非线性方程的相似约化方法, 并通过求解奇异流形函数的约束方程组和相似约化方程而给出若干非线性发展方程的精确解. 2014 年, 作者对 Cariello-Tabor 方法的求解部分加以细化, 将其推广到变系数方程的情形, 从而提出求解不可积非线性方程的标度变换法. 本节将利用标度变换法给出变系数 Burgers 方程、KdV-Burgers 方程、Newell-Whitehead 方程和 Fisher 方程等的精确解.

求解不可积非线性方程的标度变换法主要分四个步骤, 即:

第一步 假设给定的变系数非线性波方程

$$P(u, u_t, u_x, u_{tt}, u_{xt}, u_{xx}, \cdots) = 0 \tag{1.38}$$

具有如下解

$$u(x,t) = u_0(x,t)\varphi^{\alpha}(x,t), \tag{1.39}$$

并令方程 (1.38) 中的线性最高阶导数项与最高幂次的非线性项相互抵消, 则可确定 $u_0(x,t)$ 及 α.

第二步 将上一步得出的 $u_0(x,t)$ 和 α 代入 (1.39) 后再将其代回到方程 (1.38) 且令 $\varphi(x,t)$ 的各次幂的系数等于零, 则得到关于奇异流形函数 $\varphi(x,t)$ 的约束方程组并求解该约束方程组.

第三步 对方程 (1.38) 作标度变换

$$u(x,t) = u_0(x,t)F(\varphi), \tag{1.40}$$

并借助第二步中得到的约束条件进行简化后得到 $F(\varphi)$ 所满足的方程并对其求解.

第四步 把前面步骤中得到的 $u_0(x,t), \varphi(x,t), F(\varphi)$ 等代入 (1.40) 得出方程 (1.38) 的精确解.

由于第四步中出现的函数 $F = F(\varphi)$ 所满足的约化常微分方程可视为辅助方程, 所考察的不可积非线性方程的解是由这个辅助常微分方程的解所确定的. 因此, 标度变换法也可视为辅助方程法的一种特例.

例 1.6 考虑变系数 Burgers 方程

$$u_t + \alpha(t)uu_x + \beta(t)u_{xx} = 0. \tag{1.41}$$

由领头项分析法得 $\alpha = -1, u_0(x,t) = \dfrac{2\beta(t)}{\alpha(t)}\varphi_x$, 于是将变换 (1.39), 即

$$u(x,t) = u_0(x,t)\varphi^{-1}(x,t) = \dfrac{2\beta(t)}{\alpha(t)}\dfrac{\varphi_x}{\varphi} \tag{1.42}$$

1.3 求解不可积方程的标度变换法

代入方程 (1.41) 后令 φ^j ($j = -2, -1$) 的系数等于零, 则得到如下约束方程组

$$\varphi_t + \beta(t)\varphi_{xx} = 0, \tag{1.43}$$

$$(\alpha(t)\beta'(t) - \beta(t)\alpha'(t))\varphi_x + \alpha(t)\beta(t)\varphi_{xt} + \alpha(t)\beta(t)\varphi_{xxx} = 0. \tag{1.44}$$

从方程 (1.43) 解出 $\varphi_{xt} = -\beta(t)\varphi_{xxx}$ 并将其代入方程 (1.44), 则得到

$$(\alpha(t)\beta'(t) - \beta(t)\alpha'(t))\varphi_x = 0.$$

因为 $\varphi(x,t)$ 是由 (1.43), (1.44) 所构成方程组的非平凡解, 故存在常数 c 使得 $\beta(t) = c\alpha(t)$, 从而方程 (1.43) 化为

$$\varphi_t + c\alpha(t)\varphi_{xx} = 0. \tag{1.45}$$

利用变量分离法不难求出方程 (1.45) 的如下解

$$\varphi(x,t) = \begin{cases} \left(c_1 e^{\sqrt{-\lambda}x} + c_2 e^{-\sqrt{-\lambda}x}\right) e^{c\lambda \int \alpha(\tau)d\tau}, & \lambda < 0, \\ \left(c_1 \cos\sqrt{\lambda}x + c_2 \sin\sqrt{\lambda}x\right) e^{c\lambda \int \alpha(\tau)d\tau}, & \lambda > 0, \\ c_1 x + c_2, & \lambda = 0, \end{cases} \tag{1.46}$$

其中 λ, c_1, c_2 等为常数.

对方程 (1.41) 作标度变换 (1.40), 即

$$u(x,t) = u_0(x,t)F(\varphi) = \frac{2\beta(t)}{\alpha(t)}\varphi_x F(\varphi), \tag{1.47}$$

并利用约束方程 (1.43), (1.44) 进行简化和整理, 则得到

$$\frac{2\beta^2(t)}{\alpha(t)}\varphi_x^3 \left[F''(\varphi) + 2F(\varphi)F'(\varphi)\right] + \frac{4\beta^2(t)}{\alpha(t)}\varphi_x\varphi_{xx}\left[F'(\varphi) + F^2(\varphi)\right] = 0.$$

由上式知 $F(\varphi)$ 满足如下辅助方程

$$F'(\varphi) + F^2(\varphi) = 0. \tag{1.48}$$

方程 (1.48) 的解为

$$F(\varphi) = \frac{1}{\varphi + \gamma}, \tag{1.49}$$

其中 γ 为任意常数.

最后由 (1.46), (1.47), (1.49) 和 $\beta(t) = c\alpha(t)$ 得到变系数 Burgers 方程 (1.41) 的精确解

$$u(x,t) = u_0(x,t)F(\varphi) = \frac{2\beta(t)}{\alpha(t)}\varphi_x F(\varphi) = 2c\varphi_x F(\varphi)$$

$$= \begin{cases} \dfrac{2c\sqrt{-\lambda}\left(c_1 e^{\sqrt{-\lambda}x} - c_2 e^{-\sqrt{-\lambda}x}\right)e^{c\lambda\int\alpha(\tau)d\tau}}{\left(c_1 e^{\sqrt{-\lambda}x} + c_2 e^{-\sqrt{-\lambda}x}\right)e^{c\lambda\int\alpha(\tau)d\tau} + \gamma}, & \lambda < 0, \\ \dfrac{2c\sqrt{\lambda}\left(c_2\cos\sqrt{\lambda}x - c_1\sin\sqrt{\lambda}x\right)e^{c\lambda\int\alpha(\tau)d\tau}}{\left(c_1\cos\sqrt{\lambda}x + c_2\sin\sqrt{\lambda}x\right)e^{c\lambda\int\alpha(\tau)d\tau} + \gamma}, & \lambda > 0, \\ \dfrac{2cc_1}{c_1 x + c_2 + \gamma}, & \lambda = 0. \end{cases} \quad (1.50)$$

例 1.7 变系数 KdV-Burgers 方程

$$u_t + h_1(t)uu_x + h_2(t)u_{xx} + h_3(t)u_{xxx} = 0. \tag{1.51}$$

由于领头项分析给出 $\alpha = -2, u_0 = -\dfrac{12h_3(t)}{h_1(t)}\varphi_x^2$, 从而把变换

$$u(x,t) = u_0(x,t)\varphi^\alpha = -\frac{12h_3(t)}{h_1(t)}\frac{\varphi_x^2}{\varphi^2} \tag{1.52}$$

代入方程 (1.51) 后令 φ^j ($j = -4, -3, -2$) 的系数等于零, 则得到如下约束方程组

$$h_2(t)\varphi_x + 5h_3(t)\varphi_{xx} = 0, \tag{1.53}$$

$$\varphi_x\varphi_t + 5h_2(t)\varphi_x\varphi_{xx} + 12h_3(t)\varphi_{xx}^2 + 7h_3(t)\varphi_x\varphi_{xxx} = 0, \tag{1.54}$$

$$(h_1(t)h_3'(t) - h_3(t)h_1'(t))\varphi_x^2 + 2h_1(t)h_3(t)\varphi_x\varphi_{xt} + 2h_1(t)h_2(t)h_3(t)\left(\varphi_{xx}^2 + \varphi_x\varphi_{xxx}\right)$$
$$+ 2h_1(t)h_3^2(t)\left(3\varphi_{xx}\varphi_{xxx} + \varphi_x\varphi_{xxxx}\right) = 0. \tag{1.55}$$

选取方程 (1.53) 的解为

$$\varphi(x,t) = f(t) + g(t)e^{\frac{h_2(t)}{5h_3(t)}x}, \tag{1.56}$$

并将其代入方程 (1.54) 后令 $xe^{\frac{-2h_2(t)x}{5h_3(t)}}, e^{\frac{-2h_2(t)x}{5h_3(t)}}, e^{\frac{-h_2(t)x}{5h_3(t)}}$ 的系数等于零, 则得

$$h_2'(t)h_3(t) - h_3'(t)h_2(t) = 0, \quad f'(t) = 0, \quad 125h_3^2(t)g'(t) + 6h_2^3(t)g(t) = 0.$$

由此可以解出

$$h_2(t) = \gamma h_3(t), \quad f(t) = A, \quad g(t) = Be^{-\frac{6\gamma^3}{125}\int h_3(\tau)d\tau}, \tag{1.57}$$

1.3 求解不可积方程的标度变换法

其中 A, B, γ 等为任意常数.

将 (1.57) 式代入 (1.56) 式, 则得到

$$\varphi(x,t) = f(t) + g(t)e^{-\frac{h_2(t)}{5h_3(t)}x} = A + Be^{-\frac{\gamma}{5}x - \frac{6\gamma^3}{125}\int h_3(\tau)d\tau}, \tag{1.58}$$

把 (1.58) 代入方程 (1.55) 后可得

$$\frac{1}{25}\gamma^2 B^2 \left(h_1(t)h_3'(t) - h_3(t)h_1'(t)\right) e^{-\frac{\gamma}{5}x - \frac{6\gamma^3}{125}\int h_3(\tau)d\tau} = 0,$$

并由此得到 $h_1(t) = \delta h_3(t)$, 这里 δ 为任意常数.

将标度变换

$$u(x,t) = u_0(x,t)F(\varphi) = -\frac{12h_3(t)}{h_1(t)}\varphi_x^2 F(\varphi) \tag{1.59}$$

代入方程 (1.51) 并利用 (1.53)~(1.55) 进行化简并整理, 则得到

$$\frac{12h_3^2(t)}{h_1(t)}\varphi_x^5 \left(F'''(\varphi) - 12F(\varphi)F'(\varphi)\right) + \frac{49h_3^2(t)}{h_1(t)}\varphi_x^3\varphi_{xx}\left(F''(\varphi) - 6F^2(\varphi)\right) = 0.$$

由此容易看出 $F(\varphi)$ 满足方程

$$F''(\varphi) - 6F^2(\varphi) = 0.$$

上式关于 φ 积分一次, 可得

$$F'^2(\varphi) = 4F^3(\varphi) + C, \tag{1.60}$$

其中 C 为任意常数. 方程 (1.60) 具有 Weierstrass 椭圆函数解

$$F(\varphi) = \wp(\varphi, 0, g_3), \quad g_3 = -C. \tag{1.61}$$

于是由 (1.58), (1.59), (1.61) 以及 $h_1(t) = \delta h_3(t), h_2(t) = \gamma h_3(t)$, 得到变系数 KdV-Burgers 方程 (1.51) 的精确解

$$u(x,t) = u_0(x,t)F(\varphi) = -\frac{12h_3(t)}{h_1(t)}\varphi_x^2 F(\varphi)$$
$$= -\frac{12\gamma^2 B^2}{25\delta}e^{-\frac{2\gamma}{5}x - \frac{12\gamma^3}{125}\int h_3(\tau)d\tau}\wp\left(A + Be^{-\frac{\gamma}{5}x - \frac{6\gamma^3}{125}\int h_3(\tau)d\tau}, 0, g_3\right).$$

例 1.8 变系数 Newell-Whitehead 方程

$$u_t - \alpha(t)u_{xx} - \beta(t)\left(u^3 - u\right) = 0. \tag{1.62}$$

由于领头项分析给出 $\alpha = -1, u_0 = \left(-\dfrac{2\alpha(t)}{\beta(t)}\right)^{\frac{1}{2}} \varphi_x$, 所以将变换

$$u(x,t) = u_0(x,t)\varphi^\alpha = \left(-\frac{2\alpha(t)}{\beta(t)}\right)^{\frac{1}{2}} \frac{\varphi_x}{\varphi} \tag{1.63}$$

代入方程 (1.62) 后令 φ^j $(j = -2, -1)$ 的系数等于零, 则得到约束方程组

$$\varphi_t - 3\alpha(t)\varphi_{xx} = 0, \tag{1.64}$$
$$(\alpha(t)\beta'(t) - \beta(t)\alpha'(t) - 2\alpha(t)\beta^2(t))\varphi_x - 2\alpha(t)\beta(t)\varphi_{xt} + 2\alpha^2(t)\beta(t)\varphi_{xxx} = 0. \tag{1.65}$$

取方程 (1.64) 的解

$$\varphi(x,t) = A + Be^{kx+w(t)} + Ce^{-kx+w(t)}, \tag{1.66}$$

并将其代入 (1.64) 后经整理得

$$w'(t) - 3k^2\alpha(t)w(t) = 0,$$

由此解出 $w(t) = e^{3k^2 \int \alpha(\tau)d\tau}$, 从而有

$$\varphi(x,t) = A + Be^{kx+3k^2 \int \alpha(\tau)d\tau} + Ce^{-kx+3k^2 \int \alpha(\tau)d\tau}. \tag{1.67}$$

将 (1.67) 代入 (1.65) 后经整理, 可得

$$\beta'(t) = \left(\frac{\alpha'(t)}{\alpha(t)} + 4k^2\alpha(t)\right)\beta(t) + 2\beta^2(t).$$

此方程为 Bernoulli 方程, 其解为

$$\beta(t) = \frac{\alpha(t)e^{4k^2 \int \alpha(\tau)d\tau}}{c - 2\int \alpha(\tau)e^{4k^2 \int \alpha(\tau)d\tau}d\tau}, \tag{1.68}$$

其中 c 为任意常数.

再作标度变换

$$u(x,t) = u_0(x,t)F(\varphi) = \left(-\frac{2\alpha(t)}{\beta(t)}\right)^{\frac{1}{2}} \varphi_x F(\varphi), \tag{1.69}$$

并将其代入方程 (1.62) 后利用 (1.64), (1.65) 式进行化简, 则得到

$$F''(\varphi) - 2F^3(\varphi) = 0.$$

1.3 求解不可积方程的标度变换法

上式两边乘以 $2F'(\varphi)$ 后积分, 则有

$$F'^2(\varphi) = F^4(\varphi) + c_0, \tag{1.70}$$

其中 c_0 为任意常数.

由于取 $c_0 = -1/4$ 时, 方程 (1.70) 具有 Jacobi 椭圆函数解

$$F(\varphi) = \mathrm{ds}\left(\varphi, \frac{\sqrt{2}}{2}\right), \tag{1.71}$$

从而由 (1.67), (1.69) 和 (1.71) 得到方程 (1.62) 的精确解

$$\begin{aligned}
u(x,t) =& u_0(x,t)F(\varphi) = \left(-\frac{2\alpha(t)}{\beta(t)}\right)^{\frac{1}{2}} \varphi_x F(\varphi) \\
=& k\left(-\frac{2\alpha(t)}{\beta(t)}\right)^{\frac{1}{2}} \left(Be^{kx+3k^2\int\alpha(\tau)d\tau} - Ce^{-kx+3k^2\int\alpha(\tau)d\tau}\right) \\
& \times \mathrm{ds}\left(A + Be^{kx+3k^2\int\alpha(\tau)d\tau} + Ce^{-kx+3k^2\int\alpha(\tau)d\tau}, \frac{\sqrt{2}}{2}\right),
\end{aligned}$$

其中 k, A, B, C 等为任意常数, $\beta(t)$ 由 (1.68) 式确定.

例 1.9 变系数 Fisher 方程

$$u_t - u_{xx} - b(t)u + a(t)u^2 = 0. \tag{1.72}$$

因为由领头先分析给出 $\alpha = -2, u_0 = \dfrac{6}{a(t)}\varphi_x^2$, 所以将变换

$$u(x,t) = u_0(x,t)\varphi^\alpha = \frac{6}{a(t)}\frac{\varphi_x^2}{\varphi^2} \tag{1.73}$$

代入方程后比较 φ^j ($j = -3, -2$) 的系数为零, 则得到约束方程组

$$\varphi_t - 5\varphi_{xx} = 0, \tag{1.74}$$

$$(a(t)b(t) + a'(t))\varphi_x^2 - 2a(t)\left(\varphi_x\varphi_{xt} - \varphi_{xx}^2 - \varphi_x\varphi_{xxx}\right) = 0. \tag{1.75}$$

设方程组有下面形式的解

$$\varphi(x,t) = A + Be^{kx+w(t)}, \tag{1.76}$$

并将其代入方程 (1.74) 和 (1.75) 后令 $e^{kx+w(t)}, e^{2kx+2w(t)}$ 的系数等于零, 则得

$$w'(t) - 5k^2 = 0, \quad a'(t) + \left(b(t) + 4k^2 - 2w'(t)\right)a(t) = 0,$$

从而有
$$w(t) = 5k^2 t, \quad a(t) = ce^{6k^2 t - \int b(\tau)d\tau}, \tag{1.77}$$

其中 c 为任意常数.

把标度变换
$$u(x,t) = u_0(x,t)F(\varphi) = \frac{6}{a(t)}\varphi_x^2 F(\varphi) \tag{1.78}$$

代入方程 (1.72) 后利用 (1.74), (1.75) 进行化简, 则得到方程
$$F''(\varphi) - 6F^2(\varphi) = 0,$$

或将其改写为
$$F'^2(\varphi) = 4F^3(\varphi) + C.$$

该方程的解可用 Weierstrass 椭圆函数表示为
$$F(\varphi) = \wp(\varphi, 0, g_3), \tag{1.79}$$

其中 $g_3 = -C$ 为任意常数.

由 (1.76)~(1.79) 式得到变系数 Fisher 方程的精确解
$$u(x,t) = u_0(x,t)F(\varphi) = \frac{6}{a(t)}\varphi_x^2 F(\varphi) = \frac{6k^2 B^2}{a(t)}e^{2k(x+5kt)}\wp\left(A + Be^{k(x+5kt)}, 0, g_3\right),$$

其中 k, A, B 等为常数, $a(t)$ 由 (1.77) 式确定.

值得指出的是标度变换法还可用于其他变系数非线性方程的求解且由于奇异流形函数的约束方程组的解的不同而可以构造出变系数非线性方程的不同形式的解.

1.4 求解不可积方程的二阶辅助方程法

本节将引入两个二阶辅助常微分方程, 并利用它们的解给出寻找不可积非线性方程精确行波解的一种直接代数方法. 作为方法的应用, 将给出若干 (1 + 1)-维不可积非线性方程的特殊形式的精确行波解以及孤波解与奇异孤波解.

由 1.3 节, 我们看到不可积非线性方程具有指数函数与 Weierstrass 椭圆函数的乘积或指数函数与 Jacobi 椭圆函数的乘积所构成的特殊形式的精确行波解. 现有的辅助方程法无法用来构造这类特殊形式的行波解. 因此, 必须给出特殊的求解

1.4 求解不可积方程的二阶辅助方程法

方法, 才能达到用代数方法构造这些特殊类型行波解的构想. 为此, 下面将给出利用两类二阶辅助方程的解来构造不可积非线性方程的上述特殊形式的行波解的一种直接代数方法, 即求解不可积非线性方程的二阶辅助方程法. 这一方法的基本步骤可简述如下:

第一步 对给定的非线性发展方程

$$P(u, u_t, u_x, u_{tt}, u_{xt}, u_{xx}, \cdots) = 0 \tag{1.80}$$

作行波变换

$$u(x,t) = u(\xi), \quad \xi = x - \omega t \tag{1.81}$$

后将其转化为常微分方程

$$Q\left(u, \frac{du}{d\xi}, \frac{d^2u}{d\xi^2}, \cdots\right) = 0. \tag{1.82}$$

第二步 假设方程 (1.82) 具有下面形式的解

$$u(\xi) = a_0 + a_1 F(\xi), \tag{1.83}$$

其中 a_0, a_1 为待定常数, $F(\xi)$ 为二阶辅助方程

$$F''(\xi) = bF^2(\xi) - 6a^2 F(\xi) + 5aF'(\xi) \tag{1.84}$$

的解

$$F(\xi) = \begin{cases} \dfrac{6}{b} e^{2a\xi} \wp\left(\dfrac{1}{a} e^{a\xi} + c_1, 0, g_3\right), \\ \dfrac{3a^2}{2b}\left[1 + \tanh\left(\dfrac{a}{2}\xi\right)\right]^2, \\ \dfrac{3a^2}{2b}\left[1 + \coth\left(\dfrac{a}{2}\xi\right)\right]^2 \end{cases} \tag{1.85}$$

或假设 (1.82) 具有下面形式的解

$$u(\xi) = a_1 F(\xi), \tag{1.86}$$

其中 a_1 为待定常数, 而 $F(\xi)$ 为二阶辅助方程

$$F''(\xi) = cF^3(\xi) - 2a^2 F(\xi) - 3aF'(\xi) \tag{1.87}$$

的解

$$F(\xi) = \begin{cases} \varepsilon a e^{-a\xi} \mathrm{ds}\left(e^{-a\xi} + c_2, \dfrac{\sqrt{2}}{2}\right), & c = 2, \\[2mm] \varepsilon a e^{-a\xi} \mathrm{nc}\left(\sqrt{2}e^{-a\xi} + c_2, \dfrac{\sqrt{2}}{2}\right), & c = 2, \\[2mm] \dfrac{\varepsilon a}{2}\left[1 - \tanh\left(\dfrac{a}{2}\xi\right)\right], & c = 2, \\[2mm] \dfrac{\varepsilon a}{2}\left[1 - \coth\left(\dfrac{a}{2}\xi\right)\right], & c = 2, \\[2mm] \varepsilon a e^{-a\xi} \mathrm{cn}\left(\sqrt{2}e^{-a\xi} + c_3, \dfrac{\sqrt{2}}{2}\right), & c = -2, \\[2mm] \dfrac{\sqrt{2}}{2}\varepsilon a e^{-a\xi} \mathrm{sd}\left(\sqrt{2}e^{-a\xi} + c_3, \dfrac{\sqrt{2}}{2}\right), & c = -2, \end{cases} \quad (1.88)$$

其中 $\varepsilon = \pm 1$, 而 a, b, c_1, c_2, c_3, g_3 等为任意常数.

第三步 将 (1.83) 同 (1.84) 或 (1.86) 同 (1.87) 一起代入方程 (1.82) 后令所有 $F^i(F')^j$ 项的系数等于零, 则得到一组以 a_0, a_1, a, b, ω 或以 a_1, a, ω 为未知数的代数方程组.

第四步 求解第三步得到的代数方程组, 并将所得到的解代入 (1.83) 或 (1.86) 并借助 (1.81), 则得到非线性方程 (1.80) 的精确行波解.

注 1.1 求解不可积非线性方程的二阶辅助方程法不需要确定平衡常数 n, 解的展开式一般都取 (1.83) 或 (1.86) 的形式. 此外, 也不需要确定常数 c_1, c_2, c_3 和 g_3, 它们始终扮演任意常数的角色.

注 1.2 事实上二阶辅助方程 (1.87) 还有复椭圆函数解, 但这里只考虑它的实椭圆函数解.

下面考虑求解不可积非线性方程的二阶辅助方程法的应用. 为此, 先给出利用二阶辅助方程 (1.84) 求解不可积非线性方程的几个简单实例.

例 1.10 Fisher 方程

$$u_t - \alpha u_{xx} - \beta(u - u^2) = 0 \tag{1.89}$$

是最简单的反应扩散方程, 用于描述流体力学、热核反应以及人口增殖等问题中的非线性现象, 其中 $\alpha > 0, \beta > 0$ 分别为扩散系数和反应系数.

将变换 (1.81) 代入 (1.89), 则得到如下常微分方程

$$-\omega u' - \alpha u'' - \beta(u - u^2) = 0. \tag{1.90}$$

1.4 求解不可积方程的二阶辅助方程法

再将 (1.83) 和 (1.84) 一起代入 (1.90) 后令 $F^j, F'(j=0,1,2)$ 的系数等于零, 则得到代数方程组

$$\begin{cases} \beta a_0^2 - \beta a_0 = 0, \\ -5\alpha a a_1 - \omega a_1 = 0, \\ \beta a_1^2 - \alpha b a_1 = 0, \\ 6\alpha a^2 a_1 + 2\beta a_0 a_1 - \beta a_1 = 0. \end{cases}$$

利用 Maple 求解, 则得到以上代数方程租的两组解

$$a = \pm\sqrt{\frac{\beta}{6\alpha}}, \quad a_0 = 0, \quad a_1 = \frac{\alpha b}{\beta}, \quad \omega = \mp 5\alpha\sqrt{\frac{\beta}{6\alpha}}. \tag{1.91}$$

分别将 (1.91) 同 (1.81), (1.85) 一起代入 (1.83), 则得到 Fisher 方程的如下精确行波解

$$u_1(x,t) = \frac{6\alpha}{\beta} e^{\pm 2\sqrt{\frac{\beta}{6\alpha}}\left(x \pm 5\alpha\sqrt{\frac{\beta}{6\alpha}}t\right)} \wp\left(\pm\sqrt{\frac{6\alpha}{\beta}} e^{\pm\sqrt{\frac{\beta}{6\alpha}}\left(x \pm 5\alpha\sqrt{\frac{\beta}{6\alpha}}t\right)} + c_1, 0, g_3\right),$$

$$u_2(x,t) = \frac{1}{4}\left[1 + \tanh\frac{1}{12}\sqrt{\frac{6\beta}{\alpha}}\left(x + \frac{5\alpha}{6}\sqrt{\frac{6\beta}{\alpha}}t\right)\right]^2,$$

$$u_3(x,t) = \frac{1}{4}\left[1 + \coth\frac{1}{12}\sqrt{\frac{6\beta}{\alpha}}\left(x + \frac{5\alpha}{6}\sqrt{\frac{6\beta}{\alpha}}t\right)\right]^2,$$

这里 c_1, g_3 为任意常数.

例 1.11 KdV-Burgers 方程

$$u_t + uu_x + \alpha u_{xx} + \beta u_{xxx} = 0 \tag{1.92}$$

来自含气泡液体的流动以及弹性管道中液体的流动问题的研究, 同时也用于湍流研究等领域, 其中 α 和 β 分别为耗散与色散系数.

将变换 (1.81) 代入 (1.92), 则得到常微分方程

$$-\omega u' + uu' + \alpha u'' + \beta u''' = 0. \tag{1.93}$$

把 (1.83) 和 (1.84) 一起代入 (1.93) 后令 F, F^2, F', FF' 的系数等于零, 则得到下面的代数方程组

$$\begin{cases} 2b\beta a_1 + a_1^2 = 0, \\ -30a^3\beta a_1 - 6a^2\alpha a_1 = 0, \\ 5ab\beta a_1 + b\alpha a_1 = 0, \\ 19a^2\beta a_1 + 5a\alpha a_1 + a_0 a_1 - \omega a_1 = 0. \end{cases}$$

利用 Maple 求得以上代数方程组的解

$$a = -\frac{\alpha}{5\beta}, \quad a_0 = \frac{6\alpha^2 + 25\omega\beta}{25\beta}, \quad a_1 = -2b\beta. \tag{1.94}$$

把 (1.94), (1.85) 和 (1.81) 代入 (1.83), 则得到 KdV-Burgers 方程的精确行波解

$$u_1(x,t) = -12\beta e^{-\frac{2\alpha}{5\beta}(x-\omega t)} \wp\left(-\frac{5\beta}{\alpha} e^{-\frac{\alpha}{5\beta}(x-\omega t)} + c_1, 0, g_3\right) + \frac{6\alpha^2 + 25\omega\beta}{25\beta},$$

$$u_2(x,t) = -\frac{3\alpha^2}{25\beta}\left[1 - \tanh\frac{\alpha}{10\beta}(x-\omega t)\right]^2 + \frac{6\alpha^2 + 25\omega\beta}{25\beta},$$

$$u_3(x,t) = -\frac{3\alpha^2}{25\beta}\left[1 - \coth\frac{\alpha}{10\beta}(x-\omega t)\right]^2 + \frac{6\alpha^2 + 25\omega\beta}{25\beta},$$

其中 c_1, g_3, ω 为任意常数.

例 1.12 RLW-Burgers 方程

$$u_t + u_x + 12uu_x - \alpha u_{xx} - \beta u_{xxt} = 0 \tag{1.95}$$

用于描述河渠中水波表面传播形态, 其中 $\alpha > 0, \beta > 0$ 为常数.

在变换 (1.81) 下方程 (1.95) 变成常微分方程

$$(1-\omega)u' + 12uu' - \alpha u'' + \beta\omega u''' = 0. \tag{1.96}$$

将 (1.83), (1.84) 代入 (1.96) 后令 F, F^2, F', FF' 的系数等于零, 则得到代数方程组

$$\begin{cases} 2b\beta\omega a_1 + 12a_1^2 = 0, \\ -30a^3\beta\omega a_1 + 6a^2\alpha a_1 = 0, \\ 5ab\beta\omega a_1 - \alpha ba_1 = 0, \\ 19a^2\beta\omega a_1 - 5a\alpha a_1 + 12a_0 a_1 + (1-\omega)a_1 = 0. \end{cases}$$

用 Maple 求得此代数方程组的解

$$a = \frac{\alpha}{5\beta\omega}, \quad a_0 = \frac{25\beta\omega(\omega-1) + 6\alpha^2}{300\beta\omega}, \quad a_1 = -\frac{b\beta\omega}{6}. \tag{1.97}$$

再将 (1.97), (1.85) 和 (1.81) 代入 (1.83), 则得到 RLW-Burgers 方程的精确行波解

$$u_1(x,t) = -\beta\omega e^{\frac{2\alpha}{5\beta\omega}(x-\omega t)} \wp\left(\frac{5\beta\omega}{\alpha} e^{\frac{\alpha}{5\beta\omega}(x-\omega t)} + c_1, 0, g_3\right) + \frac{25\beta\omega(\omega-1) + 6\alpha^2}{300\beta\omega},$$

$$u_2(x,t) = -\frac{\alpha^2}{100\beta\omega}\left[1 + \tanh\frac{\alpha}{10\beta\omega}(x-\omega t)\right]^2 + \frac{25\beta\omega(\omega-1) + 6\alpha^2}{300\beta\omega},$$

$$u_3(x,t) = -\frac{\alpha^2}{100\beta\omega}\left[1 + \coth\frac{\alpha}{10\beta\omega}(x-\omega t)\right]^2 + \frac{25\beta\omega(\omega-1) + 6\alpha^2}{300\beta\omega},$$

其中 c_1, g_3, ω 为任意常数.

1.4 求解不可积方程的二阶辅助方程法

例 1.13 考虑对流流体表面波理论中出现的非线性方程

$$u_t + uu_x + u_{xx} + pu_{xxx} + u_{xxxx} + q(uu_x)_x = 0, \tag{1.98}$$

其中 p, q 为常数.

在行波变换 (1.81) 下方程 (1.98) 将变成常微分方程

$$-\omega u' + uu' + u'' + pu''' + u^{(4)} + q(uu')' = 0. \tag{1.99}$$

将 (1.83), (1.84) 代入 (1.99) 后令 $F, F^2, F^3, F', FF', (F')^2$ 的系数等于零, 则得到代数方程组

$$\begin{cases} qa_1^2 + 2ba_1 = 0, \\ bqa_1^2 + 2b^2a_1 = 0, \\ -114a^4a_1 - 30a^3pa_1 - 6a^2qa_0a_1 - 6a^2a_1 = 0, \\ 5aqa_1^2 + 20aba_1 + 2bpa_1 + a_1^2 = 0, \\ -6a^2qa_1^2 + 7a^2ba_1 + 5abpa_1 + bqa_0a_1 + ba_1 = 0, \\ 65a^3a_1 + 19a^2pa_1 + 5aqa_0a_1 + 5aa_1 + a_0a_1 - \omega a_1 = 0. \end{cases}$$

用 Maple 求出该代数方程组的解

$$a = -\frac{pq-1}{5q}, \quad a_0 = \frac{6p^2q^2 + 13pq - 25q^2 - 19}{25q^3}, \quad a_1 = -\frac{2b}{q}, \quad \omega = \frac{pq - q^2 - 1}{q^3}. \tag{1.100}$$

再将 (1.100), (1.85) 和 (1.81) 代入 (1.83), 则得到方程 (1.98) 的精确行波解

$$u_1(x,t) = -\frac{12}{q} e^{-\frac{2(pq-1)}{5q}\left(x - \frac{pq-q^2-1}{q^3}t\right)} \wp\left(-\frac{5q}{pq-1}e^{-\frac{pq-1}{5q}\left(x-\frac{pq-q^2-1}{q^3}t\right)} + c_1, 0, g_3\right)$$
$$+ \frac{6p^2q^2 + 13pq - 25q^2 - 19}{25q^3},$$

$$u_2(x,t) = -\frac{3(pq-1)^2}{25q^3}\left[1 - \tanh\frac{pq-1}{10q}\left(x - \frac{pq-q^2-1}{q^3}t\right)\right]^2$$
$$+ \frac{6p^2q^2 + 13pq - 25q^2 - 19}{25q^3},$$

$$u_3(x,t) = -\frac{3(pq-1)^2}{25q^3}\left[1 - \coth\frac{pq-1}{10q}\left(x - \frac{pq-q^2-1}{q^3}t\right)\right]^2$$
$$+ \frac{6p^2q^2 + 13pq - 25q^2 - 19}{25q^3},$$

其中 $pq \neq 1, q \neq 0$, 而 c_1, g_3 为任意常数.

接下来, 我们给出利用二阶辅助方程 (1.87) 求解不可积非线性方程的几个例子.

例 1.14 Newell-Whitehead 方程

$$u_t - u_{xx} - u + u^3 = 0 \tag{1.101}$$

用于描述流体动力学、等离子体物理、热核反应和种群增殖中的许多非线性现象.

在变换 (1.81) 下方程 (1.101) 将变成常微分方程

$$-\omega u' - u'' - u + u^3 = 0. \tag{1.102}$$

将 (1.86) 同 (1.87) 一起代入 (1.102) 后令 F, F^3, F' 的系数等于零, 则得到代数方程组

$$\begin{cases} a_1^3 - ca_1 = 0, \\ 3aa_1 - \omega a_1 = 0, \\ 2a^2 a_1 - a_1 = 0. \end{cases} \tag{1.103}$$

解此代数方程组, 可得

$$a = \frac{\sqrt{2}}{2}, \quad a_1 = \pm\sqrt{c}, \quad \omega = \frac{3\sqrt{2}}{2}, \tag{1.104}$$

$$a = -\frac{\sqrt{2}}{2}, \quad a_1 = \pm\sqrt{c}, \quad \omega = -\frac{3\sqrt{2}}{2}. \tag{1.105}$$

当 $c = 2$ 时, 分别将 (1.104), (1.105) 同 (1.81) 和 (1.88) 一起代入 (1.86), 则得到 Newell-Whitehead 方程的精确行波解

$$u_1(x,t) = \varepsilon e^{-\frac{\sqrt{2}}{2}\left(x-\frac{3\sqrt{2}}{2}t\right)} \mathrm{ds}\left(e^{-\frac{\sqrt{2}}{2}\left(x-\frac{3\sqrt{2}}{2}t\right)} + c_2, \frac{\sqrt{2}}{2}\right),$$

$$u_2(x,t) = \varepsilon e^{-\frac{\sqrt{2}}{2}\left(x-\frac{3\sqrt{2}}{2}t\right)} \mathrm{nc}\left(\sqrt{2}e^{-\frac{\sqrt{2}}{2}\left(x-\frac{3\sqrt{2}}{2}t\right)} + c_2, \frac{\sqrt{2}}{2}\right),$$

$$u_3(x,t) = \frac{\varepsilon}{2}\left[1 - \tanh\frac{\sqrt{2}}{4}\left(x - \frac{3\sqrt{2}}{2}t\right)\right],$$

$$u_4(x,t) = \frac{\varepsilon}{2}\left[1 - \coth\frac{\sqrt{2}}{4}\left(x - \frac{3\sqrt{2}}{2}t\right)\right],$$

$$u_5(x,t) = \varepsilon e^{\frac{\sqrt{2}}{2}\left(x+\frac{3\sqrt{2}}{2}t\right)} \mathrm{ds}\left(e^{\frac{\sqrt{2}}{2}\left(x+\frac{3\sqrt{2}}{2}t\right)} + c_2, \frac{\sqrt{2}}{2}\right),$$

$$u_6(x,t) = \varepsilon e^{\frac{\sqrt{2}}{2}\left(x+\frac{3\sqrt{2}}{2}t\right)} \operatorname{nc}\left(\sqrt{2}e^{\frac{\sqrt{2}}{2}\left(x+\frac{3\sqrt{2}}{2}t\right)} + c_2, \frac{\sqrt{2}}{2}\right),$$

$$u_7(x,t) = \frac{\varepsilon}{2}\left[1 + \tanh\frac{\sqrt{2}}{4}\left(x+\frac{3\sqrt{2}}{2}t\right)\right],$$

$$u_8(x,t) = \frac{\varepsilon}{2}\left[1 + \coth\frac{\sqrt{2}}{4}\left(x+\frac{3\sqrt{2}}{2}t\right)\right],$$

这里 c_2 为任意常数.

例 1.15 mKdV-Burgers 方程

$$u_t + u^2 u_x - \alpha u_{xx} + \beta u_{xxx} = 0, \tag{1.106}$$

其中 $\alpha > 0$ 为耗散系数, β 为色散系数. 该方程是用来描述具有耗散和色散介质中长波传播的数学模型.

将变换 (1.81) 代入 (1.106), 则得到常微分方程

$$-\omega u' + u^2 u' - \alpha u'' + \beta u''' = 0. \tag{1.107}$$

把 (1.86) 同 (1.87) 一起代入 (1.107) 后令 F, F^3, F', F^2F' 的系数等于零, 则得到代数方程组

$$\begin{cases} a_1^3 + 3\beta c a_1 = 0, \\ -3a\beta c a_1 - \alpha c a_1 = 0, \\ 6a^3\beta a_1 + 2a^2\alpha a_1 = 0, \\ 7a^2\beta a_1 + 3a\alpha a_1 - \omega a_1 = 0. \end{cases}$$

用 Maple 求得该代数方程组的解为

$$a = -\frac{\alpha}{3\beta}, \quad a_1 = \pm\sqrt{-3\beta c}, \quad \omega = -\frac{2\alpha^2}{9\beta}. \tag{1.108}$$

当 $c = 2$ 时, 将 (1.108) 同 (1.88) 和 (1.81) 一起代入 (1.86), 则得到 mKdV-Burgers 方程的精确行波解

$$u_1(x,t) = \frac{\varepsilon\alpha\sqrt{-6\beta}}{3\beta} e^{\frac{\alpha}{3\beta}\left(x+\frac{2\alpha^2}{9\beta}t\right)} \operatorname{ds}\left(e^{\frac{\alpha}{3\beta}\left(x+\frac{2\alpha^2}{9\beta}t\right)} + c_2, \frac{\sqrt{2}}{2}\right), \quad \beta < 0,$$

$$u_2(x,t) = \frac{\varepsilon\alpha\sqrt{-6\beta}}{3\beta} e^{\frac{\alpha}{3\beta}\left(x+\frac{2\alpha^2}{9\beta}t\right)} \operatorname{nc}\left(\sqrt{2}e^{\frac{\alpha}{3\beta}\left(x+\frac{2\alpha^2}{9\beta}t\right)} + c_2, \frac{\sqrt{2}}{2}\right), \quad \beta < 0,$$

$$u_3(x,t) = \frac{\varepsilon\alpha\sqrt{-6\beta}}{6\beta}\left[1 + \tanh\frac{\alpha}{6\beta}\left(x+\frac{2\alpha^2}{9\beta}t\right)\right], \quad \beta < 0,$$

$$u_4(x,t) = \frac{\varepsilon\alpha\sqrt{-6\beta}}{6\beta}\left[1 + \coth\frac{\alpha}{6\beta}\left(x + \frac{2\alpha^2}{9\beta}t\right)\right], \quad \beta < 0,$$

当 $c = -2$ 时, 按照同样的步骤得到 mKdV-Burgers 方程的精确行波解

$$u_5(x,t) = \frac{\varepsilon\alpha\sqrt{6\beta}}{3\beta}e^{\frac{\alpha}{3\beta}\left(x+\frac{2\alpha^2}{9\beta}t\right)}\operatorname{cn}\left(\sqrt{2}e^{\frac{\alpha}{3\beta}\left(x+\frac{2\alpha^2}{9\beta}t\right)} + c_3, \frac{\sqrt{2}}{2}\right), \quad \beta > 0,$$

$$u_6(x,t) = \frac{\varepsilon\alpha\sqrt{3\beta}}{3\beta}e^{\frac{\alpha}{3\beta}\left(x+\frac{2\alpha^2}{9\beta}t\right)}\operatorname{sd}\left(\sqrt{2}e^{\frac{\alpha}{3\beta}\left(x+\frac{2\alpha^2}{9\beta}t\right)} + c_3, \frac{\sqrt{2}}{2}\right), \quad \beta > 0,$$

以上各式中的 c_2, c_3 为任意常数.

例 1.16 非线性电报方程

$$u_{tt} - u_{xx} + u_t + \alpha u + \beta u^3 = 0 \tag{1.109}$$

是在铺设大西洋电缆时发现的, 在电报信号传输中有着广泛的应用, 其中 α, β 为常数.

用行波变换 (1.81) 可将 (1.109) 转化为常微分方程

$$\left(\omega^2 - 1\right)u'' - \omega u' + \alpha u + \beta u^3 = 0. \tag{1.110}$$

将 (1.86) 同 (1.87) 一起代入 (1.110) 后令 F, F^3, F' 的系数等于零, 则得到代数方程组

$$\begin{cases} -3\omega^2 aa_1 + 3aa_1 - \omega a_1 = 0, \\ \beta a_1^3 + c\omega^2 a_1 - ca_1 = 0, \\ -2\omega^2 a^2 a_1 + 2a^2 a_1 + \alpha a_1 = 0. \end{cases}$$

解之得

$$a = \frac{9\alpha - 2}{2}\sqrt{\frac{\alpha}{9\alpha - 2}}, \quad a_1 = \pm\sqrt{\frac{-2c}{\beta(9\alpha - 2)}}, \quad \omega = -3\sqrt{\frac{\alpha}{9\alpha - 2}}, \tag{1.111}$$

$$a = -\frac{9\alpha - 2}{2}\sqrt{\frac{\alpha}{9\alpha - 2}}, \quad a_1 = \pm\sqrt{\frac{-2c}{\beta(9\alpha - 2)}}, \quad \omega = 3\sqrt{\frac{\alpha}{9\alpha - 2}}. \tag{1.112}$$

当 $c = 2$ 时, 分别将 (1.111), (1.113) 同 (1.81), (1.88) 一起代入 (1.86), 则得到非线性电报方程的精确行波解

$$u_1(x,t) = \varepsilon\sqrt{-\frac{\alpha}{\beta}}e^{-\frac{9\alpha-2}{2}\sqrt{\frac{\alpha}{9\alpha-2}}(x+3\sqrt{\frac{\alpha}{9\alpha-2}}t)}\operatorname{ds}\left(e^{-\frac{9\alpha-2}{2}\sqrt{\frac{\alpha}{9\alpha-2}}(x+3\sqrt{\frac{\alpha}{9\alpha-2}}t)} + c_2, \frac{\sqrt{2}}{2}\right),$$

$$u_2(x,t)=\varepsilon\sqrt{\frac{\alpha}{\beta}}e^{-\frac{9\alpha-2}{2}\sqrt{\frac{\alpha}{9\alpha-2}}(x+3\sqrt{\frac{\alpha}{9\alpha-2}}t)}\mathrm{nc}\left(\sqrt{2}e^{-\frac{9\alpha-2}{2}\sqrt{\frac{\alpha}{9\alpha-2}}(x+3\sqrt{\frac{\alpha}{9\alpha-2}}t)}+c_2,\frac{\sqrt{2}}{2}\right),$$

$$u_3(x,t)=\frac{\varepsilon}{2}\sqrt{-\frac{\alpha}{\beta}}\left[1-\tanh\frac{9\alpha-2}{4}\sqrt{\frac{\alpha}{9\alpha-2}}\left(x+3\sqrt{\frac{\alpha}{9\alpha-2}}t\right)\right],$$

$$u_4(x,t)=\frac{\varepsilon}{2}\sqrt{-\frac{\alpha}{\beta}}\left[1-\coth\frac{9\alpha-2}{4}\sqrt{\frac{\alpha}{9\alpha-2}}\left(x+3\sqrt{\frac{\alpha}{9\alpha-2}}t\right)\right],$$

$$u_5(x,t)=\varepsilon\sqrt{-\frac{\alpha}{\beta}}e^{\frac{9\alpha-2}{2}\sqrt{\frac{\alpha}{9\alpha-2}}(x-3\sqrt{\frac{\alpha}{9\alpha-2}}t)}\mathrm{ds}\left(e^{\frac{9\alpha-2}{2}\sqrt{\frac{\alpha}{9\alpha-2}}(x-3\sqrt{\frac{\alpha}{9\alpha-2}}t)}+c_2,\frac{\sqrt{2}}{2}\right),$$

$$u_6(x,t)=\varepsilon\sqrt{-\frac{\alpha}{\beta}}e^{\frac{9\alpha-2}{2}\sqrt{\frac{\alpha}{9\alpha-2}}(x-3\sqrt{\frac{\alpha}{9\alpha-2}}t)}\mathrm{nc}\left(\sqrt{2}e^{\frac{9\alpha-2}{2}\sqrt{\frac{\alpha}{9\alpha-2}}(x-3\sqrt{\frac{\alpha}{9\alpha-2}}t)}+c_2,\frac{\sqrt{2}}{2}\right),$$

$$u_7(x,t)=\frac{\varepsilon}{2}\sqrt{-\frac{\alpha}{\beta}}\left[1+\tanh\frac{9\alpha-2}{4}\sqrt{\frac{\alpha}{9\alpha-2}}\left(x-3\sqrt{\frac{\alpha}{9\alpha-2}}t\right)\right],$$

$$u_8(x,t)=\frac{\varepsilon}{2}\sqrt{-\frac{\alpha}{\beta}}\left[1+\coth\frac{9\alpha-2}{4}\sqrt{\frac{\alpha}{9\alpha-2}}\left(x-3\sqrt{\frac{\alpha}{9\alpha-2}}t\right)\right],$$

这里 $\alpha\beta<0, \alpha(9\alpha-2)>0$, c_2 为任意常数.

当 $c=-2$ 时, 按照同样的步骤可得到非线性电报方程的精确行波解

$$u_9(x,t)=\varepsilon\sqrt{\frac{\alpha}{\beta}}e^{-\frac{9\alpha-2}{2}\sqrt{\frac{\alpha}{9\alpha-2}}(x+3\sqrt{\frac{\alpha}{9\alpha-2}}t)}\mathrm{cn}\left(\sqrt{2}e^{-\frac{9\alpha-2}{2}\sqrt{\frac{\alpha}{9\alpha-2}}(x+3\sqrt{\frac{\alpha}{9\alpha-2}}t)}+c_3,\frac{\sqrt{2}}{2}\right),$$

$$u_{10}(x,t)=\varepsilon\sqrt{\frac{\alpha}{2\beta}}e^{-\frac{9\alpha-2}{2}\sqrt{\frac{\alpha}{9\alpha-2}}(x+3\sqrt{\frac{\alpha}{9\alpha-2}}t)}\mathrm{sd}\left(\sqrt{2}e^{-\frac{9\alpha-2}{2}\sqrt{\frac{\alpha}{9\alpha-2}}(x+3\sqrt{\frac{\alpha}{9\alpha-2}}t)}+c_3,\frac{\sqrt{2}}{2}\right),$$

$$u_{11}(x,t)=\varepsilon\sqrt{\frac{\alpha}{\beta}}e^{\frac{9\alpha-2}{2}\sqrt{\frac{\alpha}{9\alpha-2}}(x-3\sqrt{\frac{\alpha}{9\alpha-2}}t)}\mathrm{cn}\left(\sqrt{2}e^{\frac{9\alpha-2}{2}\sqrt{\frac{\alpha}{9\alpha-2}}(x-3\sqrt{\frac{\alpha}{9\alpha-2}}t)}+c_3,\frac{\sqrt{2}}{2}\right),$$

$$u_{12}(x,t)=\varepsilon\sqrt{\frac{\alpha}{2\beta}}e^{\frac{9\alpha-2}{2}\sqrt{\frac{\alpha}{9\alpha-2}}(x-3\sqrt{\frac{\alpha}{9\alpha-2}}t)}\mathrm{sd}\left(\sqrt{2}e^{\frac{9\alpha-2}{2}\sqrt{\frac{\alpha}{9\alpha-2}}(x-3\sqrt{\frac{\alpha}{9\alpha-2}}t)}+c_3,\frac{\sqrt{2}}{2}\right),$$

这里 $\alpha\beta>0, \alpha(9\alpha-2)>0$, c_3 为任意常数.

从以上实例看出, 求解不可积非线性方程的二阶辅助方程法是构造不可积非线性方程的由指数函数与 Weierstrass 椭圆函数的乘积或指数函数与 Jacobi 椭圆函数的乘积所表示的特殊形式的精确行波解以及孤波解与奇异孤波解的一种简单、有效的直接代数方法. 但这里指出的是该方法具有类型上的限制, 一般而言, 适用于行波解所满足的常微分方程取

$$Au''+Bu'+au+bu^2=0$$

或

$$Au''+Bu'+au+bu^3=0$$

等两种形式的不可积非线性方程.

还可以通过直接积分法求解方程 $\wp'^2(\xi) = 4\wp^3(\xi) - g_3$ 并利用 (1.85) 的第一式, 则可以得到方程 (1.84) 的如下 Jacobi 椭圆余弦波解

$$F(\xi) = \frac{3 \cdot 2^{\frac{1}{3}} g_3^{\frac{1}{3}} e^{2a\xi}}{b} \left(1 - \sqrt{3} + \frac{2\sqrt{3}}{1 + \mathrm{cn}\left(\frac{1}{a} 3^{\frac{1}{4}} 2^{\frac{2}{3}} g_3^{\frac{1}{6}} e^{a\xi}, \frac{\sqrt{6} - \sqrt{2}}{4}\right)} \right), \quad (1.113)$$

且可以利用这个解来构造不可积非线性方程的椭圆余弦波解.

此外, 二阶辅助方程 (1.84) 和 (1.87) 分别具有下面形式的单参数解

$$F(\xi) = \left[\frac{1 + \tanh\left(\frac{a}{2}\xi\right)}{r - \left(r + \frac{\varepsilon\sqrt{6b}}{3a}\right)\tanh\left(\frac{a}{2}\xi\right)} \right]^2 \quad (1.114)$$

和

$$F(\xi) = \frac{\varepsilon a(1-r)}{2} \left[\frac{\tanh\left(\frac{a}{2}\xi\right) - 1}{r \tanh\left(\frac{a}{2}\xi\right) + 1} \right], \quad c = 2, \quad r \neq 1 \quad (1.115)$$

其中 r 为参数, $\varepsilon = \pm 1$, 且这两个解分别包含了 (1.85) 和 (1.88) 给出的方程 (1.84) 和 (1.87) 的双曲正切函数解与双曲余切函数解. 因此, 通过选取 (1.114) 和 (1.115) 中的参数 r 的途径来构造不可积非线性方程的无穷多个孤波解.

第 2 章 Riccati 方程展开法

本章首先建立 Riccati 方程的 Bäcklund 变换与解的非线性叠加公式, 再由 Riccati 方程的一个已知解出发通过 Bäcklund 变换构造 Riccati 方程的双参数分式型解的途径推广扩展双曲正切函数法与广义 Riccati 方程映射法. 其次, 给出 Riccati 方程解的等价性的证明及解的分类. 最后, 给出 G'/G-展开法、$\mathrm{Exp}\,(-\varphi(\xi))$-展开法、Khater 展开法以及 w/g-展开法与 Riccati 方程展开法之间的联系.

2.1 扩展双曲正切函数法的推广

兰慧彬等于 1989 年提出双曲正切函数法之后, 于 1992 年 Malfliet 对该方法进行总结并加以系统化. 1996 年, Parkes 等给出双曲正切函数法的 Mathematica 程序包 ATFM. 1997 年, 李志斌等基于吴消元法发展双曲正切函数法的符号计算算法, 并于 2002 年给出双曲正切函数法的 Maple 程序包 RATH. 到 2004 年又给出双曲正切函数法与 Jacobi 椭圆函数展开法的 Maple 集成程序包 RAEEM. 2004 年, Baldwin 等给出双曲正切函数法, 双曲正割函数法与 Jacobi 椭圆函数展开法的 Mathematica 程序包 PDESpecialSolutions. 后来, 人们用其他双曲函数或不同双曲函数的适当组合式替代双曲正切函数法中的双曲正切函数而发展了应用更加广泛的双曲函数展开法. 2000 年, 范恩贵用 Riccati 方程

$$f'(\xi) = b + f^2(\xi) \tag{2.1}$$

的解

$$f(\xi) = \begin{cases} -\sqrt{-b}\tanh\left(\sqrt{-b}\,\xi\right), & b < 0, \\ -\sqrt{-b}\coth\left(\sqrt{-b}\,\xi\right), & b < 0, \\ -\dfrac{1}{\xi}, & b = 0, \\ \sqrt{b}\tan\left(\sqrt{b}\,\xi\right), & b > 0, \\ -\sqrt{b}\cot\left(\sqrt{b}\,\xi\right), & b > 0 \end{cases} \tag{2.2}$$

来替代双曲正切函数法中的双曲正切函数, 从而提出扩展双曲正切函数法, 这里 b 为任意参数. 显然, 扩展双曲正切函数法是双曲正切函数法的一种推广, 也是以

Riccati 方程 (2.1) 为辅助方程的一种辅助方程法, 并具有参数 b 的符号完全确定非线性波方程孤立波解的数量与类型的特点. 2007 年, 作者发现 Riccati 方程 (2.1) 的若干分式型新解并由此萌芽进一步推广扩展双曲正切函数法的想法, 并于 2017 年, 由 Riccati 方程 (2.1) 的 Bäcklund 变换出发通过构造 Riccati 方程 (2.1) 的分式型解的途径给出扩展双曲正切函数法的一种推广.

按照上述想法, 首先必须建立 Riccati 方程 (2.1) 的 Bäcklund 变换. 为此假设 $f_n(\xi)$ 和 $f_{n-1}(\xi)$ 为 Riccati 方程 (2.1) 的两个解, 即有

$$\frac{df_n(\xi)}{d\xi} = b + f_n^2(\xi), \quad \frac{df_{n-1}(\xi)}{d\xi} = b + f_{n-1}^2(\xi).$$

将上式改写为变量分离方程

$$\frac{df_n(\xi)}{b + f_n^2(\xi)} = \frac{df_{n-1}(\xi)}{b + f_{n-1}^2(\xi)}.$$

经积分上式可得到 Riccati 方程 (2.1) 的 Bäcklund 变换如下

$$f_n(\xi) = \frac{f_{n-1}(\xi) - bc}{1 + cf_{n-1}(\xi)}, \tag{2.3}$$

其中 c 为参数.

借助 Bäcklund 变换 (2.3) 可以给出 Riccati 方程 (2.1) 解的非线性叠加公式. 为此取 Riccati 方程 (2.1) 的四个解 $f_0 = f_0(\xi), f_1 = f_1(\xi; c_1), f_2 = f_2(\xi; c_2), f_3 = f_{12}(\xi; c_1, c_2) = f_{21}(\xi; c_2, c_1)$, 则由 Bäcklund 变换 (2.3) 可得 (图 2.1)

$$f_1 + c_1 f_0 f_1 = f_0 - bc_1, \tag{2.4}$$

$$f_2 + c_2 f_0 f_2 = f_0 - bc_2, \tag{2.5}$$

$$f_3 + c_2 f_1 f_3 = f_1 - bc_2, \tag{2.6}$$

$$f_3 + c_1 f_2 f_3 = f_2 - bc_1. \tag{2.7}$$

由 (2.4) 减去 (2.5), (2.6) 减去 (2.7), 则得到

$$f_1 - f_2 + (c_1 f_1 - c_2 f_2) f_0 = b(c_2 - c_1),$$

$$(c_2 f_1 - c_1 f_2) f_3 = f_1 - f_2 - b(c_2 - c_1).$$

将以上两式相加, 则得到 Riccati 方程 (2.1) 解的非线性叠加公式

$$f_3 = \frac{c_1 f_1 - c_2 f_2}{c_1 f_2 - c_2 f_1} f_0. \tag{2.8}$$

2.1 扩展双曲正切函数法的推广

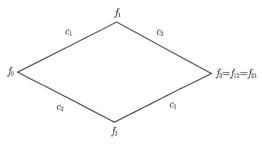

图 2.1 Lamb 交换图

现在我们由 Riccati 方程 (2.1) 的一个已知解出发通过 Bäcklund 变换 (2.3) 来构造 Riccati 方程 (2.1) 的非平凡且非退化的分式型解.

若取初始解 $f_0(\xi) = -\sqrt{-b}\tanh(\sqrt{-b}\xi)\,(b<0)$ 并将其代入 Bäcklund 变换 (2.3) 后置 $r_1 = 1, r_2 - \sqrt{-b}c$, 则得到

$$f_-(\xi) = -\frac{\sqrt{-b}\left(r_1\tanh\left(\sqrt{-b}\,\xi\right) + r_2\right)}{r_1 + r_2\tanh\left(\sqrt{-b}\,\xi\right)}, \quad b<0, \tag{2.9}$$

其中 $\Delta = \sqrt{-b}(r_2^2 - r_1^2) \neq 0$, r_1, r_2 为实参数. 不难直接验证 (2.9) 是 Riccati 方程 (2.1) 的一个分式型解, 且这个解是非平凡且非退化的条件为

$$r_2 \neq \pm r_1, \quad r_1^2 + r_2^2 \neq 0. \tag{2.10}$$

同理, 取初始解 $f_0(\xi) = \sqrt{b}\tan(\sqrt{b}\xi)\,(b>0)$, 并将其代入 Bäcklund 变换 (2.3) 后置 $r_3 = 1, r_4 = \sqrt{b}c$, 则得到 Riccati 方程 (2.1) 的另一个分式型解

$$f_+(\xi) = -\frac{\sqrt{b}\left(r_4 - r_3\tan\left(\sqrt{b}\,\xi\right)\right)}{r_3 + r_4\tan\left(\sqrt{b}\,\xi\right)}, \quad b>0, \tag{2.11}$$

这里 $\Delta = \sqrt{b}(r_3^2 + r_4^2) \neq 0$, 而 r_3, r_4 为两个实参数. 解 (2.11) 为非退化的条件为

$$r_3^2 + r_4^2 \neq 0. \tag{2.12}$$

注 2.1 用同样的方法, 由 (2.2) 式中的 coth 型解和 cot 型解出发经 Bäcklund 变换 (2.3) 也可以构造出 Riccati 方程 (2.1) 的另外两个分式型解

$$f(\xi) = -\frac{\sqrt{-b}(\gamma_2 + \gamma_1\coth(\sqrt{-b}\xi))}{\gamma_1 + \gamma_2\coth(\sqrt{-b}\xi)}, \quad b<0,$$

$$f(\xi) = \frac{\sqrt{b}(\gamma_4 - \gamma_3\cot(\sqrt{b}\xi))}{\gamma_3 + \gamma_4\cot(\sqrt{b}\xi)}, \quad b>0,$$

其中 $\gamma_i\,(i=1,2,3,4)$ 为实参数. 不过在具体求解非线性方程时这两个解与解 (2.9) 和 (2.11) 是等效的.

注 2.2 还有两种构造分式型解 (2.9) 和 (2.11) 的方法. 其一是待定解的方法, 即假设 Riccati 方程 (2.1) 的解为

$$f(\xi) = \frac{a_1 + a_2 \tanh\left(\sqrt{-b}\xi\right)}{b_1 + b_2 \tanh\left(\sqrt{-b}\xi\right)}, \quad b < 0$$

或

$$f(\xi) = \frac{a_1 + a_2 \tan\left(\sqrt{b}\xi\right)}{b_1 + b_2 \tan\left(\sqrt{b}\xi\right)}, \quad b > 0,$$

然后将其代入 Riccati 方程 (2.1), 并令 $\tanh\left(\sqrt{-b}\xi\right)$ 或 $\tan\left(\sqrt{b}\xi\right)$ 的各次幂的系数等于零, 得到一个代数方程组并由此确定常数 a_1, a_2, b_1 及 b_2 即可. 其二是在 Riccati 方程解的公式

$$f = f_1 - \frac{(f_1 - f_2)(f_1 - f_3)/(f_2 - f_3)}{(f_1 - f_3)/(f_2 - f_3) + c}$$

中取三个已知解 $f_i(\xi)$ $(i = 1, 2, 3)$ 来确定分式型解. 这两种方法都很容易实现, 故在此不再重述.

辅助方程法是用来寻找非线性波方程的行波解的, 而且辅助方程的每个解都代表着行波解. 因此, 辅助方程解的等价性与分类问题归结为行波解的等价性与分类问题. 事实上, (2.2) 给出 Riccati 方程 (2.1) 的解的分类, 也即许多文献中给出的 Riccati 方程 (2.1) 的新解都与 (2.2) 中包含的五种类型的解之一是等价的. 因为, 这些所谓的新解或者与 (2.2) 中某个解之间相差一个相位, 或者其表达式看似与 (2.2) 中的解不同, 但经简化后与 (2.2) 中的某个解是相同的或它们的相位之差是一个常数. 为说明这一点, 下面引入行波解的等价性概念.

定义 2.1 如果辅助方程 (1.8) 的两个解 $y_1 = f_1(\xi)$ 与 $y_2 = f_2(\eta)$ 的波形完全相同, 而相位之差是一个常数, 则称这两个解是等价的, 并记作 $f_1(\xi) \approx f_2(\eta)$.

分式型解 (2.9) 和 (2.11) 中分别取 $r_2 = 0$ 及 $r_1 = 0$ 和 $r_4 = 0$ 及 $r_3 = 0$ 时它们将给出解 (2.2) 中的双曲正切、双曲余切函数解和正切、余切函数解. 因此, 解 (2.2) 可以看作是分式型解 (2.9) 和 (2.11) 的特例. 事实上, 当选取满足条件 (2.10) 的其他参数值 r_i $(i = 1, 2)$ 时, 分式型解 (2.9) 将给出 Riccati 方程 (2.1) 的无穷多个新解. 对于分式型解 (2.11), 若置 $\alpha = \arctan(r_4/r_3)$ 和 $\beta = \text{arccot}(r_4/r_3)$, 则可将其改写成

$$f_+(\xi) = -\frac{\sqrt{b}\left(\tan\alpha - \tan\left(\sqrt{b}\xi\right)\right)}{1 + \tan\alpha\tan\left(\sqrt{b}\xi\right)} = -\sqrt{b}\tan\left(\sqrt{b}\xi - \alpha\right), \quad b > 0,$$

$$f_+(\xi) = -\frac{\sqrt{b}\left(\cot\beta\cot\left(\sqrt{b}\xi\right)-1\right)}{\cot\beta+\cot\left(\sqrt{b}\xi\right)} = -\sqrt{b}\cot\left(\sqrt{b}\xi+\beta\right), \quad b>0.$$

因此, 分式型解 (2.11) 与 (2.2) 中的正切函数解与余切函数解等价.

尽管分式型解 (2.11) 不能给出 Riccati 方程 (2.1) 的新解, 但在解的等价性的证明中起着不可或缺的桥梁作用. 另外, 在格式上与分式型解 (2.9) 保持统一起见, 有必要保留分式型解 (2.11).

根据以上所述, 将选择分式型解 (2.9) 和 (2.11) 为样本, 证明 Riccati 方程的其他已知解与这两组分式型解等价.

下面来证明 Riccati 方程 (2.1) 的如下已知解

$$f_1(\xi) = \sqrt{b}\left[\tanh\left(2\sqrt{b}\xi\right) + i\operatorname{csch}\left(2\sqrt{b}\xi\right)\right], \quad b<0,$$

$$f_2(\xi) = \sqrt{b}\left[\tan\left(2\sqrt{b}\xi\right) + \varepsilon\sec\left(2\sqrt{b}\xi\right)\right], \quad b>0,$$

$$f_3(\xi) = -\sqrt{-b}\left[\coth\left(2\sqrt{-b}\xi\right) + \varepsilon\operatorname{csch}\left(2\sqrt{-b}\xi\right)\right], \quad b<0,$$

$$f_4(\xi) = -\sqrt{b}\left[\cot\left(2\sqrt{b}\xi\right) + \varepsilon\csc\left(2\sqrt{b}\xi\right)\right], \quad b>0,$$

$$f_5(\xi) = \frac{b-\sqrt{-b}\tanh\left(\sqrt{-b}\xi\right)}{1+\sqrt{-b}\tanh\left(\sqrt{-b}\xi\right)}, \quad b<0,$$

$$f_6(\xi) = -\frac{\sqrt{b}\left(1-\tan\left(\sqrt{b}\xi\right)\right)}{1+\tan\left(\sqrt{b}\xi\right)}, \quad b>0,$$

$$f_7(\xi) = \frac{\sqrt{-b}\left(5-4\cosh\left(2\sqrt{-b}\xi\right)\right)}{3+4\sinh\left(2\sqrt{-b}\xi\right)}, \quad b<0,$$

$$f_8(\xi) = \frac{\sqrt{b}\left(4-5\cos\left(2\sqrt{b}\xi\right)\right)}{3+5\sin\left(2\sqrt{b}\xi\right)}, \quad b>0$$

与分式型解 (2.9) 或 (2.11) 等价.

容易直接证明下面的双曲函数恒等式

$$\begin{aligned}&\tanh\eta+i\operatorname{sech}\eta=\tanh\left(\frac{\eta}{2}+\frac{\pi i}{4}\right),\quad \tanh\eta-i\operatorname{sech}\eta=\coth\left(\frac{\eta}{2}+\frac{\pi i}{4}\right),\\&\coth\eta+\operatorname{csch}\eta=\coth\left(\frac{\eta}{2}\right),\quad \coth\eta-\operatorname{csch}\eta=\tanh\left(\frac{\eta}{2}\right)\end{aligned} \quad (2.13)$$

与三角函数恒等式

$$\begin{aligned}&\tan\eta+\sec\eta=\tan\left(\frac{\eta}{2}+\frac{\pi}{4}\right),\quad \tan\eta-\sec\eta=-\cot\left(\frac{\eta}{2}+\frac{\pi}{4}\right),\\&\cot\eta+\csc\eta=\cot\left(\frac{\eta}{2}\right),\quad \cot\eta-\csc\eta=-\tan\left(\frac{\eta}{2}\right).\end{aligned} \quad (2.14)$$

利用以上两组恒等式以及行波解等价的定义，有

$$f_1(\xi) = \begin{cases} -\sqrt{-b}\left[\tanh\left(2\sqrt{-b}\xi\right) + i\operatorname{sech}\left(2\sqrt{-b}\xi\right)\right], \\ -\sqrt{-b}\left[\tanh\left(2\sqrt{-b}\xi\right) - i\operatorname{sech}\left(2\sqrt{-b}\xi\right)\right] \end{cases}$$

$$= \begin{cases} -\sqrt{-b}\tanh\left(\sqrt{-b}\xi + \dfrac{\pi i}{4}\right) \approx f_-(\xi)|_{r_2=0}, \\ -\sqrt{-b}\coth\left(\sqrt{-b}\xi + \dfrac{\pi i}{4}\right) \approx f_-(\xi)|_{r_1=0}; \end{cases}$$

$$f_2(\xi) = \begin{cases} \sqrt{b}\left[\tan\left(2\sqrt{b}\xi\right) + \sec\left(2\sqrt{b}\xi\right)\right], \\ \sqrt{b}\left[\tan\left(2\sqrt{b}\xi\right) - \sec\left(2\sqrt{b}\xi\right)\right] \end{cases}$$

$$= \begin{cases} \sqrt{b}\tan\left(\sqrt{b}\xi + \dfrac{\pi}{4}\right) \approx f_+(\xi)|_{r_4=0}, \\ \sqrt{b}\cot\left(\sqrt{b}\xi + \dfrac{\pi}{4}\right) \approx f_+(\xi)|_{r_3=0}; \end{cases}$$

$$f_3(\xi) = \begin{cases} -\sqrt{-b}\left[\coth\left(2\sqrt{-b}\xi\right) + \operatorname{csch}\left(2\sqrt{-b}\xi\right)\right], \\ -\sqrt{-b}\left[\coth\left(2\sqrt{-b}\xi\right) - \operatorname{csch}\left(2\sqrt{-b}\xi\right)\right] \end{cases}$$

$$= \begin{cases} -\sqrt{-b}\coth\left(\sqrt{-b}\xi\right) = f_-(\xi)|_{r_1=0}, \\ -\sqrt{-b}\tanh\left(\sqrt{-b}\xi\right) = f_-(\xi)|_{r_2=0}; \end{cases}$$

$$f_4(\xi) = \begin{cases} -\sqrt{b}\left[\cot\left(2\sqrt{b}\xi\right) + \csc\left(2\sqrt{b}\xi\right)\right], \\ -\sqrt{b}\left[\cot\left(2\sqrt{b}\xi\right) - \csc\left(2\sqrt{b}\xi\right)\right] \end{cases}$$

$$= \begin{cases} -\sqrt{b}\cot\left(\sqrt{b}\xi\right) = f_+(\xi)|_{r_3=0}, \\ \sqrt{b}\tan\left(\sqrt{b}\xi\right) = f_+(\xi)|_{r_4=0}. \end{cases}$$

由分式型解的定义，容易直接看出

$$f_5(\xi) = f_-(\xi)|_{\{r_1=1, r_2=\sqrt{-b}\}}, \quad f_6(\xi) = f_+(\xi)|_{\{r_3=1, r_4=1\}}.$$

最后由恒等式

$$\sinh x = \frac{2\tanh\dfrac{x}{2}}{1-\tanh^2\dfrac{x}{2}}, \quad \cosh x = \frac{1+\tanh^2\dfrac{x}{2}}{1-\tanh^2\dfrac{x}{2}},$$

$$\sin x = \frac{2\tan\dfrac{x}{2}}{1+\tan^2\dfrac{x}{2}}, \quad \cos x = \frac{1-\tan^2\dfrac{x}{2}}{1+\tan^2\dfrac{x}{2}},$$

2.1 扩展双曲正切函数法的推广

可以得到

$$f_7(\xi) = \frac{\sqrt{-b}\left[5 - 4\dfrac{1+\tanh^2\left(\sqrt{-b}\xi\right)}{1-\tanh^2\left(\sqrt{-b}\xi\right)}\right]}{3 + 4\dfrac{2\tanh\left(\sqrt{-b}\xi\right)}{1-\tanh^2\left(\sqrt{-b}\xi\right)}}$$

$$= \frac{\sqrt{-b}\left[5\left(1-\tanh^2\left(\sqrt{-b}\xi\right)\right) - 4\left(1+\tanh^2\left(\sqrt{-b}\xi\right)\right)\right]}{3\left(1-\tanh^2\left(\sqrt{-b}\xi\right)\right) + 8\tanh\left(\sqrt{-b}\xi\right)}$$

$$= \frac{\sqrt{-b}\left(3\tanh\left(\sqrt{-b}\xi\right) - 1\right)}{\tanh\left(\sqrt{-b}\xi\right) - 3} = f_-(\xi)|_{\{r_1=-3, r_2=1\}},$$

$$f_8(\xi) = \frac{\sqrt{b}\left(4 - 5\dfrac{1-\tan^2\left(\sqrt{b}\xi\right)}{1+\tan^2\left(\sqrt{b}\xi\right)}\right)}{3 + 5\dfrac{2\tan\left(\sqrt{b}\xi\right)}{1+\tan^2\left(\sqrt{b}\xi\right)}}$$

$$= \frac{\sqrt{b}\left[4\left(1+\tan^2\left(\sqrt{b}\xi\right)\right) - 5\left(1-\tan^2\left(\sqrt{b}\xi\right)\right)\right]}{3\left(1+\tan^2\left(\sqrt{b}\xi\right)\right) + 10\tan\left(\sqrt{b}\xi\right)}$$

$$= \frac{\sqrt{b}\left(3\tan\left(\sqrt{b}\xi\right) - 1\right)}{3 + \tan\left(\sqrt{b}\xi\right)} = f_+(\xi)|_{\{r_3=3, r_4=1\}}.$$

由以上建立的 Riccati 方程 (2.1) 的分式型解给出扩展双曲正切函数法的推广, 则只需在 1.1 节的辅助方程法步骤的第二步中取:

(1) 辅助方程 (1.8) 为 Riccati 方程 (2.1);

(2) 辅助方程 (2.1) 的解为

$$f(\xi) = \begin{cases} -\dfrac{\sqrt{-b}\left(r_1\tanh\left(\sqrt{-b}\,\xi\right) + r_2\right)}{r_1 + r_2\tanh\left(\sqrt{-b}\,\xi\right)}, & b < 0, \\ -\dfrac{1}{\xi}, & b = 0, \\ -\dfrac{\sqrt{b}(r_4 - r_3\tan(\sqrt{b}\,\xi))}{r_3 + r_4\tan(\sqrt{b}\,\xi)}, & b > 0, \end{cases} \quad (2.15)$$

这里参数 r_1, r_2 和 r_3, r_4 分别满足条件 (2.10) 和 (2.12).

下面举例说明以上给出的推广的双曲正切函数法的应用.

例 2.1 著名的 KdV 方程

$$u_t + 6uu_x + u_{xxx} = 0 \tag{2.16}$$

是 Korteweg 和 de Vries 于 1895 年, 在研究浅水波运动时提出并给出它的孤立波解, 从而成功地解释了 Russel 于 1834 年观察到的奇特的水波现象, 从理论上证实了孤立波的存在. 此外, KdV 方程还可用来描述等离子的磁流波、离子声波、非谐晶格的振动、液气混合物中的压力波、低温条件下非线性晶格的声子波包的热激发等.

将行波变换

$$u(x,t) = u(\xi), \quad \xi = x - \omega t \tag{2.17}$$

代入 KdV 方程 (2.16) 后对 ξ 积分一次, 则得到如下常微分方程

$$u'' + 3u^2 - \omega u + C = 0, \tag{2.18}$$

其中 C 为积分常数.

由于线性最高阶导数项 u'' 的阶数 $O(u'') = n+2$, 最高幂次的非线性项 u^2 的阶数 $O(u^2) = 2n$, 因此得到平衡常数 $n = 2$. 于是可设方程 (2.18) 具有如下形式的解

$$u(\xi) = a_0 + a_1 f(\xi) + a_2 f^2(\xi), \tag{2.19}$$

这里 a_0, a_1, a_2, ω 等为待定常数, $f(\xi)$ 表示方程 (2.1) 的解.

将 (2.19) 和 (2.1) 一起代入 (2.18) 后令 $f^j(\xi)$ ($j = 0, 1, 2, 3, 4$) 的系数等于零, 则得到关于 a_0, a_1, a_2, ω 和 C 为未知数的代数方程组

$$\begin{cases} 3a_2^2 + 6a_2 = 0, \\ 6a_1 a_2 + 2a_1 = 0, \\ 6a_0 a_1 + 2a_1 b - \omega a_1 = 0, \\ 2a_2 b^2 + 3a_0^2 - \omega a_0 + C = 0, \\ 6a_0 a_2 + 3a_1^2 + 8a_2 b - \omega a_2 = 0. \end{cases}$$

用 Maple 求解, 则得到此代数方程组的解

$$a_0 = -\frac{4b}{3} + \frac{\omega}{6}, \quad a_1 = 0, \quad a_2 = -2, \quad C = -\frac{4b^2}{3} + \frac{\omega^2}{12}. \tag{2.20}$$

由于这里的 b 和 ω 为任意常数,因此不失一般性在 (2.20) 中取 $\omega = -4b$ 和 $\omega = 4b$,则有

$$a_0 = -2b, \quad a_1 = 0, \quad a_2 = -2, \quad \omega = -4b, \tag{2.21}$$

$$a_0 = -\frac{2}{3}b, \quad a_1 = 0, \quad a_2 = -2, \quad \omega = 4b. \tag{2.22}$$

将 (2.21) 和 (2.9),或 (2.21) 和 (2.11) 分别代入 (2.19) 并借助 (2.17),则得到 KdV 方程 (2.16) 的如下两族解

$$u_1(x,t) = -2b\left[1 - \left(\frac{r_1 \tanh\left(\sqrt{-b}(x+4bt)\right) + r_2}{r_2 \tanh\left(\sqrt{-b}(x+4bt)\right) + r_1}\right)^2\right], \quad b < 0, \tag{2.23}$$

$$u_2(x,t) = -2b\left[1 + \left(\frac{r_3 \tan\left(\sqrt{b}(x+4bt)\right) - r_4}{r_4 \tan\left(\sqrt{b}(x+4bt)\right) + r_3}\right)^2\right], \quad b > 0, \tag{2.24}$$

这里 u_1 和 u_2 分别满足条件 (2.10) 和 (2.12).

将 (2.22) 和 (2.9),或 (2.22) 和 (2.11) 分别代入 (2.19) 并借助 (2.17),则得到 KdV 方程 (2.16) 的另外两族解

$$u_3(x,t) = -\frac{2b}{3} + 2b\left(\frac{r_1 \tanh\left(\sqrt{-b}(x-4bt)\right) + r_2}{r_2 \tanh\left(\sqrt{-b}(x-4bt)\right) + r_1}\right)^2, \quad b < 0, \tag{2.25}$$

$$u_4(x,t) = -\frac{2b}{3} - 2b\left(\frac{r_4 - r_3 \tan\left(\sqrt{b}(x-4bt)\right)}{r_4 \tan\left(\sqrt{b}(x-4bt)\right) + r_3}\right)^2, \quad b > 0, \tag{2.26}$$

这里 u_3 和 u_4 分别满足条件 (2.10) 和 (2.12).

通常 (2.23) 和 (2.25) 表示钟状孤波解,(2.24) 和 (2.26) 表示奇异周期行波解. 在适当选取解 (2.23)~(2.26) 中的参数 r_i ($i=1,2,3,4$) 时可以得到 KdV 方程的一些已知解,例如:

(1) 在 (2.23) 和 (2.25) 中置 $r_2 = 0, b = -k^2$,则给出

$$u_5(x,t) = 2k^2 \text{sech}^2 k(x - 4k^2 t),$$

$$u_6(x,t) = \frac{2}{3}k^2 - 2k^2 \tanh^2 k(x + 4k^2 t).$$

(2) 在 (2.23) 和 (2.25) 中取 $r_1 = 0, b = -k^2$,则得到

$$u_7(x,t) = -2k^2 \text{csch}^2 k(x - 4k^2 t),$$

$$u_8(x,t) = \frac{2}{3}k^2 - 2k^2 \coth^2 k(x + 4k^2 t).$$

(3) 在 (2.24) 和 (2.26) 中置 $r_4 = 0, b = k^2$, 则给出

$$u_9(x,t) = -2k^2 \sec^2 k(x + 4k^2 t),$$
$$u_{10}(x,t) = -\frac{2}{3}k^2 - 2k^2 \tan^2 k(x - 4k^2 t).$$

(4) 在 (2.24) 和 (2.26) 中取 $r_3 = 0, b = k^2$, 则得到

$$u_{11}(x,t) = -2k^2 \csc^2 k(x + 4k^2 t),$$
$$u_{12}(x,t) = -\frac{2}{3}k^2 - 2k^2 \cot^2 k(x - 4k^2 t).$$

在 u_5, u_7, u_{10}, u_{12} 中置 $\omega = 4k^2$, 而在 u_6, u_8, u_9, u_{11} 中置 $\omega = -4k^2$, 则恰好得到 Kudryashov 于 2009 年给出的 KdV 方程的 8 个解. 除以上情况外, 选取解 (2.23) 和 (2.25) 中的参数 r_i $(i = 1, 2)$ 为满足条件 (2.10) 的其他值且随机变化时将得到 KdV 方程的无穷多个新的孤波解.

例 2.2 考虑具 Kerr 律非线性项的非线性 Shrödinger 方程

$$iu_t + u_{xx} + \alpha |u|^2 u + i\left[\gamma_1 u_{xxx} + \gamma_2 |u|^2 u_x + \gamma_3 \left(|u|^2\right)_x u\right] = 0, \tag{2.27}$$

其中 γ_1 为三阶色散项系数, γ_2 和 γ_3 为非线性色散项系数. 方程 (2.27) 用来描述光孤子在非线性光纤中的传播, 在半导体材料、光纤通信、等离子体物理、流体与固体力学等领域中有着广泛的应用.

为了寻找方程 (2.27) 的行波解, 引入变换

$$u(x,t) = \phi(\xi)e^{\eta}, \quad \xi = k(x - 2\alpha t), \quad \eta = i(Kx - \Omega t), \tag{2.28}$$

其中 k, α, K 和 Ω 为待定常数.

将 (2.28) 代入 (2.27) 后令其实部和虚部为零, 则给出

$$k^2 \gamma_1 \phi''' + (\gamma_2 + 2\gamma_3)\phi^2 \phi' + (2K - 2\alpha - 3\gamma_1 K^2)\phi' = 0, \tag{2.29}$$
$$k^2 (1 - 3\gamma_1 K)\phi'' + (\alpha - \gamma_2 K)\phi^3 + (\Omega - K^2 + \gamma_1 K^3)\phi = 0. \tag{2.30}$$

将 (2.30) 式关于 ξ 微分一次, 可得

$$k^2 (1 - 3\gamma_1 K)\phi''' + 3(\alpha - \gamma_2 K)\phi^2 \phi' + (\Omega - K^2 + \gamma_1 K^3)\phi' = 0. \tag{2.31}$$

令 (2.29) 和 (2.31) 两式中 $\phi''', \phi^2 \phi', \phi'$ 的系数相等, 则有

$$\begin{cases} \gamma_1 = 1 - 3\gamma_1 K, \\ \gamma_2 + 2\gamma_3 = 3(\alpha - \gamma_2 K), \\ 2K - 2\alpha - 3\gamma_1 K^2 = \Omega - K^2 + \gamma_1 K^3. \end{cases}$$

由上式可解得

$$\begin{cases} K = \dfrac{1-\gamma_1}{3\gamma_1}, \\ \Omega = -\dfrac{2(4\gamma_1^3 + 18\gamma_1^2\gamma_3 + 9\gamma_1\gamma_2 - 3\gamma_1 - 1)}{27\gamma_1^2}, \\ \alpha = \dfrac{2\gamma_1\gamma_3 + \gamma_2}{3\gamma_1}. \end{cases} \quad (2.32)$$

在此情形, 方程 (2.29) 和 (2.30) 可合并为同一个方程, 即

$$k^2\gamma_1\phi'' + B\phi + C\phi^3 = 0, \quad (2.33)$$

其中

$$B = \frac{\gamma_2 + 2\gamma_3}{3}, \quad C = \frac{1 - 2\gamma_2 - 4\gamma_1\gamma_3 - \gamma_1^2}{3\gamma_1}. \quad (2.34)$$

由于方程 (2.33) 中线性最高阶导数项 ϕ'' 的阶数是 $O(\phi'') = n+2$, 而最高幂次的非线性项 ϕ^3 的阶数为 $O(\phi^3) = 3n$, 从而由 $n+2 = 3n$ 可得平衡常数 $n = 1$. 于是可取方程 (2.33) 的截断形式级数解为

$$\phi = a_0 + a_1 f(\xi), \quad (2.35)$$

其中 a_0, a_1 为待定常数, $f(\xi)$ 为由 (2.15) 式给定的 Riccati 方程 (2.1) 的解.

将 (2.35) 和 Riccati 方程 (2.1) 一起代入 (2.33) 后令 $f^j(\xi)$ $(j = 0, 1, 2, 3)$ 的系数等于零, 则得到以 a_0, a_1, b, k 为未知数的代数方程组并用 Maple 求得它的解为

$$a_0 = 0, \quad a_1 = \pm k\sqrt{-\frac{2\gamma_1}{C}}, \quad b = -\frac{B}{2k^2\gamma_1}. \quad (2.36)$$

将 (2.36), (2.34) 和 (2.15) 一起代入 (2.35) 并借助 (2.28), 则得到方程 (2.27) 的分式型解

$$u(x,t) = \pm \left(\frac{(\gamma_2 + 2\gamma_3)\gamma_1}{\gamma_1^2 + 4\gamma_1\gamma_3 + 2\gamma_2 - 1}\right)^{\frac{1}{2}} \frac{r_1 \tanh(\xi_1) + r_2}{r_1 + r_2 \tanh(\xi_1)} e^{i(Kx - \Omega t)},$$

$$\xi_1 = \left(\frac{\gamma_2 + 2\gamma_3}{6\gamma_1}\right)^{\frac{1}{2}} (x - 2\alpha t), \quad (2.37)$$

$$u(x,t) = \pm \left(\frac{(\gamma_2 + 2\gamma_3)\gamma_1}{1 - 2\gamma_2 - 4\gamma_1\gamma_3 - \gamma_1^2}\right)^{\frac{1}{2}} \frac{r_4 - r_3 \tan(\xi_2)}{r_3 + r_4 \tan(\xi_2)} e^{i(Kx - \Omega t)},$$

$$\xi_2 = \left(-\frac{\gamma_2 + 2\gamma_3}{6\gamma_1}\right)^{\frac{1}{2}} (x - 2\alpha t), \quad (2.38)$$

其中 K, Ω, α 由 (2.32) 确定.

在 (2.37) 中取 $r_2 = 0$ 及 $r_1 = 0$, (2.38) 中取 $r_4 = 0$ 及 $r_3 = 0$, 则得到如下四个解

$$u_1(x,t) = \pm \left(\frac{(\gamma_2 + 2\gamma_3)\gamma_1}{\gamma_1^2 + 4\gamma_1\gamma_3 + 2\gamma_2 - 1} \right)^{\frac{1}{2}} e^{i(Kx - \Omega t)} \tanh(\xi_3),$$

$$u_2(x,t) = \pm \left(\frac{(\gamma_2 + 2\gamma_3)\gamma_1}{\gamma_1^2 + 4\gamma_1\gamma_3 + 2\gamma_2 - 1} \right)^{\frac{1}{2}} e^{i(Kx - \Omega t)} \coth(\xi_3),$$

$$\xi_3 = \left[\left(\frac{\gamma_2 + 2\gamma_3}{6\gamma_1} \right)^{\frac{1}{2}} (x - 2\alpha t) \right],$$

$$u_3(x,t) = \pm \left(\frac{(\gamma_2 + 2\gamma_3)\gamma_1}{1 - 2\gamma_2 - 4\gamma_1\gamma_3 - \gamma_1^2} \right)^{\frac{1}{2}} e^{i(Kx - \Omega t)} \tan(\xi_4),$$

$$u_4(x,t) = \pm \left(\frac{(\gamma_2 + 2\gamma_3)\gamma_1}{1 - 2\gamma_2 - 4\gamma_1\gamma_3 - \gamma_1^2} \right)^{\frac{1}{2}} e^{i(Kx - \Omega t)} \cot(\xi_4),$$

$$\xi_4 = \left[\left(-\frac{\gamma_2 + 2\gamma_3}{6\gamma_1} \right)^{\frac{1}{2}} (x - 2\alpha t) \right],$$

这里 K, ω, α 由 (2.32) 式确定.

以上四个解是 Shehata 于 2016 年给出, 但他未能确定出 K, Ω, α 的具体表达式, 其中解 u_1 为暗孤子解, u_2 为奇异孤波解, u_3 和 u_4 为奇异周期行波解.

2.2 广义 Riccati 方程映射法的推广

人们从不同角度出发, 对扩展双曲函数法进行推广, 给出以不同名字命名的但都以 Riccati 方程为辅助方程的各种展开法. 2005 年, 谢福鼎用广义 Riccati 方程以及它的 27 个解来替代扩展双曲正切函数法中的 Riccati 方程 (2.1) 和它的解 (2.2), 并由此提出广义 Riccati 方程映射法. 后来, 2008 年, 朱顺东把 G'/G-展开法中的函数 G 所满足的二阶线性方程及其解换成广义 Riccati 方程和它的 27 个解而提出拓展的广义 Riccati 方程映射法. 本节介绍作者于 2017 年用广义 Riccati 方程的双参数分式型解替代原有 27 个解而提出的通用 Riccati 方程展开法.

Riccati 方程展开法是辅助方程法的一种, 通常取辅助方程为广义 Riccati 方程

$$F'(\xi) = c_0 + c_1 F(\xi) + c_2 F^2(\xi), \tag{2.39}$$

而方程 (2.39) 的基本解取为

$$F(\xi) = \begin{cases} -\dfrac{c_1}{2c_2} - \dfrac{\sqrt{\Delta}}{2c_2}\tanh\left(\dfrac{\sqrt{\Delta}}{2}\xi\right), & \Delta > 0, \\ -\dfrac{c_1}{2c_2} - \dfrac{\sqrt{\Delta}}{2c_2}\coth\left(\dfrac{\sqrt{\Delta}}{2}\xi\right), & \Delta > 0, \\ -\dfrac{c_1}{2c_2} - \dfrac{1}{c_2\xi + c}, & \Delta = 0, \\ -\dfrac{c_1}{2c_2} + \dfrac{\sqrt{-\Delta}}{2c_2}\tan\left(\dfrac{\sqrt{-\Delta}}{2}\xi\right), & \Delta < 0, \\ -\dfrac{c_1}{2c_2} - \dfrac{\sqrt{-\Delta}}{2c_2}\cot\left(\dfrac{\sqrt{-\Delta}}{2}\xi\right), & \Delta < 0, \end{cases} \quad (2.40)$$

其中 c_0, c_1, c_2 为任意常数, 而 $\Delta = c_1^2 - 4c_0c_2$.

下面将采用 2.1 节中的方法, 给出广义 Riccati 方程映射法的推广, 即通用 Riccati 方程展开法. 为此, 首先构造 Riccati 方程 (2.39) 的 Bäcklund 变换和解的非线性叠加公式.

假设 $F_n(\xi)$ 和 $F_{n-1}(\xi)$ 为 Riccati 方程 (2.39) 的两个解, 则有

$$F_n'(\xi) = c_0 + c_1 F_n(\xi) + c_2 F_n^2(\xi),$$
$$F_{n-1}'(\xi) = c_0 + c_1 F_{n-1}(\xi) + c_2 F_{n-1}^2(\xi).$$

由以上两式可得变量分离方程

$$\frac{dF_n}{c_0 + c_1 F_n + c_2 F_n^2} = \frac{dF_{n-1}}{c_0 + c_1 F_{n-1} + c_2 F_{n-1}^2}.$$

上式两边积分后得

$$\operatorname{artanh}\frac{2c_2 F_n + c_1}{\sqrt{\Delta}} - \operatorname{artanh}\frac{2c_2 F_{n-1} + c_1}{\sqrt{\Delta}} = \operatorname{artanh}(A), \quad \Delta > 0,$$
$$\arctan\frac{2c_2 F_n + c_1}{\sqrt{-\Delta}} - \arctan\frac{2c_2 F_{n-1} + c_1}{\sqrt{-\Delta}} = \arctan(B), \quad \Delta < 0,$$

这里 A 和 B 为积分常数.

由以上两式解出 F_n 并置 $A = \alpha^{-1}$ 和 $B = \beta^{-1}$, 则得到 Riccati 方程 (2.39) 的 Bäcklund 变换如下

$$F_n(\xi) = \frac{\left(\alpha\sqrt{\Delta} - c_1\right)F_{n-1}(\xi) - 2c_0}{2c_2 F_{n-1}(\xi) + \alpha\sqrt{\Delta} + c_1}, \quad \Delta > 0, \quad (2.41)$$

$$F_n(\xi) = \frac{\left(\beta\sqrt{-\Delta} + c_1\right) F_{n-1}(\xi) + 2c_0}{\beta\sqrt{-\Delta} - c_1 - 2c_2 F_{n-1}(\xi)}, \quad \Delta < 0. \tag{2.42}$$

下面分两种情形来建立 Riccati 方程 (2.39) 解的非线性叠加公式.

情形 1 当 $\Delta = c_1^2 - 4c_0 c_2 > 0$ 时

取方程 (2.39) 的四个解 $F_0 = F_0(\xi), F_1 = F_1(\xi; \alpha_1), F_2 = F_2(\xi; \alpha_2), F_3 = F_{12}(\xi; \alpha_1, \alpha_2) = F_{21}(\xi; \alpha_2, \alpha_1)$, 并将其代入 Bäcklund 变换 (2.41), 则得

$$F_1 = \frac{\left(\alpha_1\sqrt{\Delta} - c_1\right) F_0 - 2c_0}{2c_2 F_0 + \alpha_1\sqrt{\Delta} + c_1},$$

$$F_2 = \frac{\left(\alpha_2\sqrt{\Delta} - c_1\right) F_0 - 2c_0}{2c_2 F_0 + \alpha_2\sqrt{\Delta} + c_1},$$

$$F_3 = \frac{\left(\alpha_2\sqrt{\Delta} - c_1\right) F_1 - 2c_0}{2c_2 F_1 + \alpha_2\sqrt{\Delta} + c_1},$$

$$F_3 = \frac{\left(\alpha_1\sqrt{\Delta} - c_1\right) F_2 - 2c_0}{2c_2 F_2 + \alpha_1\sqrt{\Delta} + c_1}$$

或等价地可以写成

$$\left(\alpha_1\sqrt{\Delta} + c_1\right) F_1 + 2c_2 F_0 F_1 = \left(\alpha_1\sqrt{\Delta} - c_1\right) F_0 - 2c_0, \tag{2.43}$$

$$\left(\alpha_2\sqrt{\Delta} + c_1\right) F_2 + 2c_2 F_0 F_2 = \left(\alpha_2\sqrt{\Delta} - c_1\right) F_0 - 2c_0, \tag{2.44}$$

$$\left(\alpha_2\sqrt{\Delta} + c_1\right) F_3 + 2c_2 F_1 F_3 = \left(\alpha_2\sqrt{\Delta} - c_1\right) F_1 - 2c_0, \tag{2.45}$$

$$\left(\alpha_1\sqrt{\Delta} + c_1\right) F_3 + 2c_2 F_2 F_3 = \left(\alpha_1\sqrt{\Delta} - c_1\right) F_2 - 2c_0. \tag{2.46}$$

将 (2.43) 式乘以 F_2, (2.44) 式乘以 F_1 后相减有

$$\sqrt{\Delta}\left(\alpha_1 - \alpha_2\right) F_1 F_2 = \sqrt{\Delta}\left(\alpha_1 F_2 - \alpha_2 F_1\right) F_0 + c_1\left(F_1 - F_2\right) F_0 + 2c_0\left(F_1 - F_2\right).$$

同理, (2.45) 式乘以 F_2, (2.46) 乘以 F_1 后相减有

$$\sqrt{\Delta}\left(\alpha_2 F_2 - \alpha_1 F_1\right) F_3 = \sqrt{\Delta}\left(\alpha_2 - \alpha_1\right) F_1 F_2 + 2c_0\left(F_1 - F_2\right).$$

由以上两式解出 F_3, 则得到 Riccati 方程 (2.39) 解的非线性叠加公式

$$F_3 = \frac{\alpha_1 F_2 - \alpha_2 F_1}{\alpha_1 F_1 - \alpha_2 F_2} F_0 - \frac{c_1}{\sqrt{\Delta}}\left(F_2 - F_1\right) F_0, \quad \Delta > 0. \tag{2.47}$$

情形 2 当 $\Delta = c_1^2 - 4c_0 c_2 < 0$ 时

2.2 广义 Riccati 方程映射法的推广

在此情形, 取 Riccati 方程 (2.39) 的四个解为 $F_0 = F_0(\xi), F_1 = F_1(\xi;\beta_1), F_2 = F_2(\xi;\beta_2), F_3 = F_{12}(\xi;\beta_1,\beta_2) = F_{21}(\xi;\beta_2,\beta_1)$, 并将其代入 Bäcklund 变换 (2.42), 则有

$$F_1 = \frac{\left(\beta_1\sqrt{-\Delta} + c_1\right)F_0 + 2c_0}{\beta_1\sqrt{-\Delta} - c_1 - 2c_2 F_0},$$

$$F_2 = \frac{\left(\beta_2\sqrt{-\Delta} + c_1\right)F_0 + 2c_0}{\beta_2\sqrt{-\Delta} - c_1 - 2c_2 F_0},$$

$$F_3 = \frac{\left(\beta_2\sqrt{-\Delta} + c_1\right)F_1 + 2c_0}{\beta_2\sqrt{-\Delta} - c_1 - 2c_2 F_1},$$

$$F_3 = \frac{\left(\beta_1\sqrt{-\Delta} + c_1\right)F_2 + 2c_0}{\beta_1\sqrt{-\Delta} - c_1 - 2c_2 F_2}.$$

或等价地有

$$\left(\beta_1\sqrt{-\Delta} - c_1\right)F_1 - 2c_2 F_0 F_1 = \left(\beta_1\sqrt{-\Delta} + c_1\right)F_0 + 2c_0,$$
$$\left(\beta_2\sqrt{-\Delta} - c_1\right)F_2 - 2c_2 F_0 F_2 = \left(\beta_2\sqrt{-\Delta} + c_1\right)F_0 + 2c_0,$$
$$\left(\beta_2\sqrt{-\Delta} - c_1\right)F_3 - 2c_2 F_1 F_3 = \left(\beta_2\sqrt{-\Delta} + c_1\right)F_1 + 2c_0,$$
$$\left(\beta_1\sqrt{-\Delta} - c_1\right)F_3 - 2c_2 F_2 F_3 = \left(\beta_1\sqrt{-\Delta} + c_1\right)F_2 + 2c_0.$$

由以上可以得到如下两个表达式

$$\sqrt{-\Delta}(\beta_1 - \beta_2)F_1 F_2 = \sqrt{-\Delta}(\beta_1 F_2 - \beta_2 F_1)F_0 + c_1(F_2 - F_1)F_0 + 2c_0(F_2 - F_1),$$
$$\sqrt{-\Delta}(\beta_2 F_2 - \beta_1 F_1)F_3 = \sqrt{-\Delta}(\beta_2 - \beta_1)F_1 F_2 + 2c_0(F_2 - F_1).$$

由此解出 F_3, 则得到 Riccati 方程 (2.39) 解的非线性叠加公式

$$F_3 = \frac{\beta_1 F_2 - \beta_2 F_1}{\beta_1 F_1 - \beta_2 F_2}F_0 - \frac{c_1}{\sqrt{-\Delta}}(F_2 - F_1)F_0, \quad \Delta < 0. \tag{2.48}$$

下面由 Riccati 方程 (2.39) 的一个已知解出发通过 Bäcklund 变换来构造 Riccati 方程 (2.39) 的分式型解.

先选取 Riccati 方程 (2.39) 的解

$$F(\xi) = -\frac{c_1}{2c_2} - \frac{\sqrt{\Delta}}{2c_2}\tanh\left(\frac{\sqrt{\Delta}}{2}\xi\right), \quad \Delta > 0,$$

并将其代入 Bäcklund 变换 (2.41), 则有

$$F(\xi) = \frac{\sqrt{\Delta} - \alpha c_1 - \left(\alpha\sqrt{\Delta} - c_1\right)\tanh\left(\frac{\sqrt{\Delta}}{2}\xi\right)}{2c_2\left(\alpha - \tanh\left(\frac{\sqrt{\Delta}}{2}\xi\right)\right)}$$

$$= -\frac{c_1}{2c_2} - \frac{\sqrt{\Delta}\left(\alpha\tanh\left(\frac{\sqrt{\Delta}}{2}\xi\right) - 1\right)}{2c_2\left(\alpha - \tanh\left(\frac{\sqrt{\Delta}}{2}\xi\right)\right)}.$$

再置 $r_1 = \alpha, r_2 = -1$, 则上式可改写为

$$F_+(\xi) = -\frac{c_1}{2c_2} - \frac{\sqrt{\Delta}\left(r_1\tanh\left(\frac{\sqrt{\Delta}}{2}\xi\right) + r_2\right)}{2c_2\left(r_1 + r_2\tanh\left(\frac{\sqrt{\Delta}}{2}\xi\right)\right)}, \quad \Delta > 0. \tag{2.49}$$

表达式 (2.49) 为非平凡且非退化的条件为

$$r_2 \neq \pm r_1, \quad r_1^2 + r_2^2 \neq 0. \tag{2.50}$$

在条件 (2.50) 下, 容易验证 (2.49) 是 Riccati 方程 (2.39) 的一个双参数分式型解. 显然, 当 $r_2 = 0$ 和 $r_1 = 0$ 时, (2.49) 将分别约化到 Riccati 方程 (2.39) 的解 (2.40) 中的第一个解和第二个解.

如果选择 (2.40) 中的第四个解, 即

$$F(\xi) = -\frac{c_1}{2c_2} + \frac{\sqrt{-\Delta}}{2c_2}\tan\left(\frac{\sqrt{-\Delta}}{2}\xi\right), \quad \Delta < 0$$

作为初始解代入 Bäcklund 变换 (2.42), 则得到

$$F(\xi) = \frac{\sqrt{-\Delta} - \beta c_1 + \left(\beta\sqrt{-\Delta} + c_1\right)\tan\left(\frac{\sqrt{-\Delta}}{2}\xi\right)}{2c_2\left(\beta - \tan\left(\frac{\sqrt{-\Delta}}{2}\xi\right)\right)}$$

$$= -\frac{c_1}{2c_2} + \frac{\sqrt{-\Delta}\left(\beta\tan\left(\frac{\sqrt{-\Delta}}{2}\xi\right) + 1\right)}{2c_2\left(\beta - \tan\left(\frac{\sqrt{-\Delta}}{2}\xi\right)\right)}.$$

2.2 广义 Riccati 方程映射法的推广

在上式中置 $r_3 = \beta, r_4 = -1$, 则得到 Riccati 方程 (2.39) 的另一个双参数分式型解

$$F_-(\xi) = -\frac{c_1}{2c_2} + \frac{\sqrt{-\Delta}\left(r_3 \tan\left(\frac{\sqrt{-\Delta}}{2}\xi\right) - r_4\right)}{2c_2\left(r_3 + r_4 \tan\left(\frac{\sqrt{-\Delta}}{2}\xi\right)\right)}, \quad \Delta < 0, \tag{2.51}$$

而该解为非退化的条件为

$$r_3^2 + r_4^2 \neq 0. \tag{2.52}$$

不难看出当 $r_4 = 0$ 和 $r_3 = 0$ 时, 解 (2.51) 将分别约化到 Riccati 方程的解 (2.40) 中的第四个解和第五个解.

注 2.3 在分式型解 (2.51) 中置 $\alpha = \arctan(r_4/r_3)$ 和 $\beta = \text{arccot}(r_4/r_3)$, 则可将 (2.51) 改写成

$$F_-(\xi) = -\frac{c_1}{2c_2} + \frac{\sqrt{-\Delta}}{2c_2}\tan\left(\frac{\sqrt{-\Delta}}{2}\xi - \alpha\right), \quad \Delta < 0$$

和

$$F_-(\xi) = -\frac{c_1}{2c_2} - \frac{\sqrt{-\Delta}}{2c_2}\cot\left(\frac{\sqrt{-\Delta}}{2}\xi + \beta\right), \quad \Delta < 0.$$

因此, 分式型解 (2.51) 与 (2.40) 中的正切函数解与余切函数解等价. 这说明 (2.51) 不能给出 Riccati 方程 (2.39) 的新解, 但是为了证明解的等价性和与分式型解 (2.49) 保持统一格式的需要而有必要保留解 (2.51).

注 2.4 当 $c_0 = b, c_1 = 0, c_2 = 1$ 时, 方程 (2.39) 将变成 Riccati 方程

$$F'(\xi) = b + F^2(\xi),$$

而在 Bäcklund 变换 (2.41) 和 (2.42) 中分别置 $c = 1/\alpha\sqrt{-b}$ 和 $c = -1/\beta\sqrt{b}$, 则它们就可合并为同一个表达式

$$F_n = \frac{F_{n-1} - bc}{1 + cF_{n-1}},$$

这与 2.1 节中的 Bäcklund 变换 (2.3) 相一致. 此外, 在此情形下分式型解 (2.49) 和 (2.51) 也刚好约化到 2.1 节中给出的分式型解 (2.9) 和 (2.11).

由以上分式型解的建立过程可知 Riccati 方程 (2.39) 的解 (2.40) 中的第一、第二与第四、第五个解都是分式型解 $F_+(\xi)$ 与 $F_-(\xi)$ 的特例. 以下将 (2.40) 中的有理解记作

$$F_0(\xi) = -\frac{c_1}{2c_2} - \frac{1}{c_2\xi + c}, \quad \Delta = 0. \tag{2.53}$$

此外容易看出,当 $c_2 = 0$ 时 Riccati 方程 (2.39) 将约化到一阶线性方程,此时有指数函数解

$$F_e(\xi) = -\frac{c_0}{c_1} + de^{c_1\xi}, \quad c_2 = 0, \tag{2.54}$$

其中 d 为任意常数.

由以上 Riccati 方程 (2.39) 的分式型解、有理解和指数解可以给出通用 Riccati 方程展开法,即在 1.1 节的辅助方程法步骤的第二步中取:

(1) 辅助方程为广义 Riccati 方程 (2.39);

(2) 辅助方程 (2.39) 的解为

$$F(\xi) = \begin{cases} F_+(\xi), & \Delta = c_1^2 - 4c_0c_2 > 0, \\ F_0(\xi), & \Delta = c_1^2 - 4c_0c_2 = 0, \\ F_-(\xi), & \Delta = c_1^2 - 4c_0c_2 < 0, \\ F_e(\xi), & c_2 = 0, \end{cases} \tag{2.55}$$

其中 $F_+(\xi), F_-(\xi), F_0(\xi)$ 和 $F_e(\xi)$ 分别由 (2.49), (2.51), (2.53) 和 (2.54) 式给定.

作为应用,下面用通用 Riccati 方程展开法求解两类新的 Benjamin-Bona-Mahony (BBM) 方程.

例 2.3 考虑 Ostrovsky-Benjamin-Bona-Mahony (OS-BBM) 方程

$$\left(u_t + u_x - \alpha(u^2)_x - \beta u_{xxt}\right)_x = \gamma\left(u + u^2\right), \tag{2.56}$$

其中 α, β, γ 为常数,该方程用于描述海流运动.

利用行波变换

$$u(x,t) = u(\xi), \quad \xi = x - \omega t, \tag{2.57}$$

将方程 (2.56) 转化为常微分方程

$$(1-\omega)u'' - 2\alpha\left((u')^2 + uu''\right) + \beta\omega u^{(4)} - \gamma(u+u^2) = 0. \tag{2.58}$$

因为线性最高阶导数项 $u^{(4)}$ 的阶数为 $O(u^{(4)}) = n+4$,最高幂次的非线性项 uu''(或 $(u')^2$) 的阶数为 $O(uu'') = 2n+2$,所以平衡常数为 $n=2$. 于是,可设 OS-BBM 方程具有如下截断形式级数解

$$u(\xi) = a_0 + a_1 F(\xi) + a_2 F^2(\xi), \tag{2.59}$$

这里 a_i $(i=0,1,2)$ 为待定常数.

2.2 广义 Riccati 方程映射法的推广

将 (2.59) 和 (2.39) 一起代入方程 (2.58) 后令 $F^j(\xi)$ $(j = 0, 1, \cdots, 6)$ 的系数等于零, 则得到以 a_i, c_i $(i = 0, 1, 2)$ 和 ω 为未知数的代数方程组

$- 12\alpha a_0 a_2 c_1 c_0 + 30\beta\omega a_2 c_1^3 c_0 - 4\alpha a_0 a_1 c_2 c_0 - \omega a_1 c_1^2 + 16\beta\omega a_1 c_2^2 c_0^2 + a_1 c_1^2$
$+ 120\beta\omega a_2 c_1 c_2 c_0^2 + 22\beta\omega a_1 c_2 c_1^2 c_0 - 12\alpha a_1 a_2 c_0^2 - 6\omega a_2 c_1 c_0 - 6\alpha a_1^2 c_1 c_0$
$- 2\alpha a_0 a_1 c_1^2 + \beta\omega a_1 c_1^4 - 2\omega a_1 c_2 c_0 - 2\gamma a_1 a_0 + 6a_2 c_1 c_0 + 2a_1 c_2 c_0 - \gamma a_1 = 0,$
$- 30\alpha a_2 a_1 c_1 c_0 - 16\alpha a_0 a_2 c_2 c_0 + 136\beta\omega a_2 c_2^2 c_0^2 - \gamma a_1^2 - 6\alpha a_0 a_1 c_2 c_1 - \gamma a_2$
$+ 15\beta\omega a_1 c_2 c_1^3 + 232\beta\omega a_2 c_2 c_1^2 c_0 + 60\beta\omega a_1 c_2^2 c_1 c_0 - 8\alpha a_0 a_2 c_1^2 + 16\beta\omega a_2 c_1^4$
$- 8\omega a_2 c_2 c_0 - 8\alpha a_1^2 c_2 c_0 - 3\omega a_1 c_2 c_1 - 2\gamma a_2 a_0 + 8a_2 c_2 c_0 + 3a_1 c_2 c_1$
$- 4\omega a_2 c_1^2 - 12\alpha a_2^2 c_0^2 - 4\alpha a_1^2 c_1^2 + 4a_2 c_1^2 = 0,$
$120 a_2 \beta c_2^4 \omega - 20 a_2^2 \alpha c_2^2 = 0,$
$24 a_1 \beta c_2^4 \omega + 336 a_2 \beta c_1 c_2^3 \omega - 24 a_1 a_2 \alpha c_2^2 - 36 a_2^2 \alpha c_1 c_2 = 0,$
$60 a_1 \beta c_1 c_2^3 \omega + 240 a_2 \beta c_0 c_2^3 \omega + 330 a_2 \beta c_1^2 c_2^2 \omega - 12 a_0 a_2 \alpha c_2^2 - 6 a_1^2 \alpha c_2^2$
$- 42 a_1 a_2 \alpha c_1 c_2 - 32 a_2^2 \alpha c_0 c_2 - 16 a_2^2 \alpha c_1^2 - 6 a_2 c_2^2 \omega - a_2^2 \gamma + 6 a_2 c_2^2 = 0,$
$8 a_1 \beta c_0^2 c_1 c_2 \omega + a_1 \beta c_0 c_1^3 \omega + 16 a_2 \beta c_0^3 c_2 \omega + 14 a_2 \beta c_0^2 c_1^2 \omega - 2 a_0 a_1 \alpha c_0 c_1 - a_0 \gamma$
$- 4 a_0 a_2 \alpha c_0^2 - 2 a_1^2 \alpha c_0^2 - a_1 c_0 c_1 \omega - 2 a_2 c_0^2 \omega - a_0^2 \gamma + a_1 c_0 c_1 + 2 a_2 c_0^2 = 0,$
$40 a_1 \beta c_0 c_2^3 \omega + 50 a_1 \beta c_1^2 c_2^2 \omega + 440 a_2 \beta c_0 c_1 c_2^2 \omega + 130 a_2 \beta c_1^3 c_2 \omega - 4 a_0 a_1 \alpha c_2^2$
$- 20 a_0 a_2 \alpha c_1 c_2 - 10 a_1^2 \alpha c_1 c_2 - 36 a_1 a_2 \alpha c_0 c_2 - 18 a_1 a_2 \alpha c_1^2 - 28 a_2^2 \alpha c_0 c_1$
$- 2 a_1 c_2^2 \omega - 10 a_2 c_1 c_2 \omega - 2 a_1 a_2 \gamma + 2 a_1 c_2^2 + 10 a_2 c_1 c_2 = 0.$

用 Maple 求解该方程组, 可得

$$a_0 = \frac{3\beta(\alpha+1)c_1^2 + \beta\gamma + \alpha}{2(\beta\gamma+\alpha)}, \quad a_1 = \frac{6\beta(\alpha+1)c_1 c_2}{\beta\gamma+\alpha},$$
$$a_2 = \frac{6\beta(\alpha+1)c_2^2}{\beta\gamma+\alpha}, \quad c_0 = \frac{\beta(\alpha+1)c_1^2 + \beta\gamma + \alpha}{4\beta(\alpha+1)c_2},$$
$$\omega = \frac{\alpha(\alpha+1)}{\beta\gamma+\alpha}, \quad \Delta = -\frac{\beta\gamma+\alpha}{\beta(\alpha+1)}. \tag{2.60}$$

$$a_0 = \frac{3\beta(\alpha+1)c_1^2 - 3(\beta\gamma+\alpha)}{2(\beta\gamma+\alpha)}, \quad a_1 = \frac{6\beta(\alpha+1)c_1 c_2}{\beta\gamma+\alpha},$$
$$a_2 = \frac{6\beta(\alpha+1)c_2^2}{\beta\gamma+\alpha}, \quad c_0 = \frac{\beta(\alpha+1)c_1^2 - \beta\gamma - \alpha}{4\beta(\alpha+1)c_2},$$
$$\omega = \frac{\alpha(\alpha+1)}{\beta\gamma+\alpha}, \quad \Delta = \frac{\beta\gamma+\alpha}{\beta(\alpha+1)}. \tag{2.61}$$

$$a_2 = 0, \quad c_0 = \mp \frac{a_0 \gamma}{2a_1 \alpha \sqrt{-\frac{\gamma}{\alpha}}}, \quad c_1 = \pm \frac{1}{2} \sqrt{-\frac{\gamma}{\alpha}}, \quad c_2 = 0,$$

$$\omega = \frac{4\alpha(4\alpha + 1)}{\beta\gamma + 4\alpha}, \quad \Delta = -\frac{\gamma}{4\alpha}. \tag{2.62}$$

$$a_2 = 0, \quad c_0 = \mp \frac{(a_0 + 1)\gamma}{2a_1 \alpha \sqrt{-\frac{\gamma}{\alpha}}}, \quad c_1 = \pm \frac{1}{2} \sqrt{-\frac{\gamma}{\alpha}}, \quad c_2 = 0,$$

$$\omega = -\frac{4\alpha(2\alpha + 1)}{\beta\gamma + 4\alpha}, \quad \Delta = -\frac{\gamma}{4\alpha}. \tag{2.63}$$

将 (2.60) 和 $F_+(\xi)$, $F_-(\xi)$ 一起代入 (2.59) 并借助 (2.57), 则得到 OS-BBM 的如下行波解

$$u_1(x,t) = -\frac{(3r_1^2 - r_2^2)\tanh^2(\eta_1) + 4r_1 r_2 \tanh(\eta_1) - r_1^2 + 3r_2^2}{2(r_1 + r_2 \tanh(\eta_1))^2},$$

$$\eta_1 = \frac{1}{2}\sqrt{-\frac{\beta\gamma + \alpha}{\beta(\alpha + 1)}} \left(x - \frac{\alpha(\alpha + 1)}{\beta\gamma + \alpha} t \right), \tag{2.64}$$

其中 $\beta(\alpha + 1)(\beta\gamma + \alpha) < 0$.

$$u_2(x,t) = \frac{(3r_3^2 + r_4^2)\tan^2(\eta_2) - 4r_3 r_4 \tan(\eta_2) + r_3^2 + 3r_4^2}{2(r_3 + r_4 \tan(\eta_2))^2},$$

$$\eta_2 = \frac{1}{2}\sqrt{\frac{\beta\gamma + \alpha}{\beta(\alpha + 1)}} \left(x - \frac{\alpha(\alpha + 1)}{\beta\gamma + \alpha} t \right), \tag{2.65}$$

其中 $\beta(\alpha + 1)(\beta\gamma + \alpha) > 0$.

特别取 $r_2 = 0$ 和 $r_1 = 0$, 则 (2.64) 约化到孤立波解

$$u_{1a}(x,t) = -\frac{3}{2}\tanh^2 \frac{1}{2}\sqrt{-\frac{\beta\gamma + \alpha}{\beta(\alpha + 1)}} \left(x - \frac{\alpha(\alpha + 1)}{\beta\gamma + \alpha} t \right) + \frac{1}{2}$$

$$= \frac{3}{2}\text{sech}^2 \frac{1}{2}\sqrt{-\frac{\beta\gamma + \alpha}{\beta(\alpha + 1)}} \left(x - \frac{\alpha(\alpha + 1)}{\beta\gamma + \alpha} t \right) - 1,$$

$$u_{1b}(x,t) = -\frac{3}{2}\coth^2 \frac{1}{2}\sqrt{-\frac{\beta\gamma + \alpha}{\beta(\alpha + 1)}} \left(x - \frac{\alpha(\alpha + 1)}{\beta\gamma + \alpha} t \right) + \frac{1}{2}$$

$$= -\frac{3}{2}\text{csch}^2 \frac{1}{2}\sqrt{-\frac{\beta\gamma + \alpha}{\beta(\alpha + 1)}} \left(x - \frac{\alpha(\alpha + 1)}{\beta\gamma + \alpha} t \right) - 1.$$

取 $r_4 = 0$ 和 $r_3 = 0$ 时 (2.65) 约化为奇异周期行波解

$$u_{2a}(x,t) = \frac{3}{2}\tan^2 \frac{1}{2}\sqrt{\frac{\beta\gamma + \alpha}{\beta(\alpha + 1)}} \left(x - \frac{\alpha(\alpha + 1)}{\beta\gamma + \alpha} t \right) + \frac{1}{2},$$

2.2 广义 Riccati 方程映射法的推广

$$u_{2b}(x,t) = \frac{3}{2}\cot^2\frac{1}{2}\sqrt{\frac{\beta\gamma+\alpha}{\beta(\alpha+1)}}\left(x - \frac{\alpha(\alpha+1)}{\beta\gamma+\alpha}t\right) + \frac{1}{2}.$$

解 u_{1a}, u_{1b}, u_{2b} 为杨守祥等于 2011 年给出的已知解, 而 u_{2a} 为新解.

将 (2.61) 和 $F_+(\xi), F_-(\xi)$ 一起代入 (2.59) 并借助 (2.57), 则得到 OS-BBM 方程的如下行波解

$$u_3(x,t) = \frac{3}{2}\frac{(r_1^2 - r_2^2)\tanh^2(\eta_3) + r_2^2 - r_1^2}{(r_1 + r_2\tanh(\eta_3))^2},$$

$$\eta_3 = \frac{1}{2}\sqrt{\frac{\beta\gamma+\alpha}{\beta(\alpha+1)}}\left(x - \frac{\alpha(\alpha+1)}{\beta\gamma+\alpha}t\right), \tag{2.66}$$

$$u_4(x,t) = -\frac{3}{2}\frac{(r_3^2 + r_4^2)(1 + \tan^2(\eta_4))}{(r_3 + r_4\tan(\eta_4))^2},$$

$$\eta_4 = \frac{1}{2}\sqrt{-\frac{\beta\gamma+\alpha}{\beta(\alpha+1)}}\left(x - \frac{\alpha(\alpha+1)}{\beta\gamma+\alpha}t\right), \tag{2.67}$$

这里 (2.66) 和 (2.67) 分别满足条件 $\beta(\alpha+1)(\beta\gamma+\alpha) > 0$ 和 $\beta(\alpha+1)(\beta\gamma+\alpha) < 0$.

在 (2.66) 中置 $r_2 = 0$ 及 $r_1 = 0$, 在 (2.67) 中置 $r_4 = 0$ 及 $r_3 = 0$, 那么分别得到下面的孤立波解和奇异周期行波解

$$u_{3a}(x,t) = -\frac{3}{2}\text{sech}^2\frac{1}{2}\sqrt{\frac{\beta\gamma+\alpha}{\beta(\alpha+1)}}\left(x - \frac{\alpha(\alpha+1)}{\beta\gamma+\alpha}t\right),$$

$$u_{3b}(x,t) = \frac{3}{2}\text{csch}^2\frac{1}{2}\sqrt{\frac{\beta\gamma+\alpha}{\beta(\alpha+1)}}\left(x - \frac{\alpha(\alpha+1)}{\beta\gamma+\alpha}t\right),$$

$$u_{4a}(x,t) = -\frac{3}{2}\sec^2\frac{1}{2}\sqrt{-\frac{\beta\gamma+\alpha}{\beta(\alpha+1)}}\left(x - \frac{\alpha(\alpha+1)}{\beta\gamma+\alpha}t\right),$$

$$u_{4b}(x,t) = -\frac{3}{2}\cot^2\frac{1}{2}\sqrt{-\frac{\beta\gamma+\alpha}{\beta(\alpha+1)}}\left(x - \frac{\alpha(\alpha+1)}{\beta\gamma+\alpha}t\right) - \frac{3}{2}.$$

解 u_{3a}, u_{3b}, u_{4b} 也是杨守祥等于 2011 年给出的已知解, 而 u_{4a} 为新解且 u_{3a} 为 Alquran 于 2012 年得到的亮孤子解.

将 (2.62) 和 (2.63) 代入 (2.59) 并借助 (2.57), 则得到 OS-BBM 方程的如下指数函数解

$$u_5(x,t) = Ae^{\pm\frac{1}{2}\sqrt{-\frac{\gamma}{\alpha}}\left(x - \frac{4\alpha(4\alpha+1)}{\beta\gamma+4\alpha}t\right)},$$

$$u_6(x,t) = Ae^{\pm\frac{1}{2}\sqrt{-\frac{\gamma}{\alpha}}\left(x+\frac{4\alpha(2\alpha-1)}{\beta\gamma+4\alpha}t\right)} - 1,$$

其中 $A = a_1 d \neq 0$ 为任意常数.

例 2.4 考虑一类新的 Benjamin-Bona-Mahony 方程

$$u_t + au_x + bu_{xxt} + \left(pe^u + qe^{-u}\right)_x = 0, \tag{2.68}$$

这里 a, b, p, q 为常数, $ab \neq 0$ 且 $qp \neq 0$.

利用对数变换

$$u(x,t) = \ln v(x,t), \tag{2.69}$$

可将方程 (2.68) 转化为方程

$$(v_t + av_x + bv_{xxt})v^2 - b(v_{xx}v_t + 2v_xv_{xt})v + 2bv_x^2 v_t + (pv^2 - q)vv_x = 0. \tag{2.70}$$

将行波变换

$$v(x,t) = v(\xi), \quad \xi = x - \omega t, \tag{2.71}$$

代入 (2.70), 则得

$$((a-\omega)v' - b\omega v''')v^2 + b\omega\left(3vv'' - 2(v')^2\right)v' + (pv^2 - q)vv' = 0. \tag{2.72}$$

由于方程中 v^2v''' 项的阶数为 $O(v^2v''') = 3n+3$, v^3v' 项的阶数为 $O(v^3v') = 4n+1$, 因此平衡常数 $n = 2$. 于是可将方程 (2.72) 的截断形式级数解取为

$$v(\xi) = a_0 + a_1 F(\xi) + a_2 F^2(\xi), \tag{2.73}$$

其中 a_i ($i = 0, 1, 2$) 为待定常数.

将 (2.73), (2.39) 一起代入 (2.72) 后令 $F^j(\xi)$ ($j = 0, 1, \cdots, 9$) 的系数等于零, 则得到关于未知数 $a_0, a_1, a_2, c_0, c_1, c_2$ 及 ω 的冗长的代数方程组. 可以验证当 $a_2 = 0$ 时, 该代数方程组不存在非零解. 因而只有当 $a_2 \neq 0$ 时, 该代数方程组才有可能存在非零解. 不失一般性, 取 $a_2 = 1$ 并用 Maple 求解该代数方程组, 则得

$$a_0 = 0, \quad a_1 = 0, \quad c_0 = \pm\sqrt{\frac{-q}{2ab}}, \quad c_1 = 0, \quad c_2 = \mp\sqrt{\frac{p}{2ab}}, \quad \omega = a, \tag{2.74}$$

$$a_0 = 0, \quad a_1 = 0, \quad c_0 = \pm\sqrt{\frac{-q}{2ab}}, \quad c_1 = 0, \quad c_2 = \pm\sqrt{\frac{p}{2ab}}, \quad \omega = a. \tag{2.75}$$

2.2 广义 Riccati 方程映射法的推广

将 (2.74) 和 (2.75) 分别代入 (2.73) 并用关系式 (2.71) 和 (2.69), 则得到方程 (2.68) 的如下精确行波解

$$u_1(x,t) = \ln\left[\frac{\sqrt{-qp}}{p}\left(\frac{r_1 \tanh\sqrt{\frac{\sqrt{-qp}}{2ab}}\xi + r_2}{r_1 + r_2 \tanh\sqrt{\frac{\sqrt{-qp}}{2ab}}\xi}\right)^2\right],$$

$$\xi = x - at, \quad ab > 0, \quad q < 0, \quad p > 0,$$

$$u_2(x,t) = \ln\left[-\frac{\sqrt{-qp}}{p}\left(\frac{r_1 \tanh\sqrt{-\frac{\sqrt{-qp}}{2ab}}\xi + r_2}{r_1 + r_2 \tanh\sqrt{-\frac{\sqrt{-qp}}{2ab}}\xi}\right)^2\right],$$

$$\xi = x - at, \quad ab < 0, \quad q > 0, \quad p < 0,$$

$$u_3(x,t) = \ln\left[\frac{\sqrt{-qp}}{p}\left(\frac{r_3 \tan\sqrt{\frac{\sqrt{-qp}}{2ab}}\xi - r_4}{r_3 + r_4 \tan\sqrt{\frac{\sqrt{-qp}}{2ab}}\xi}\right)^2\right],$$

$$\xi = x - at, \quad ab > 0, \quad q < 0, \quad p > 0,$$

$$u_4(x,t) = \ln\left[-\frac{\sqrt{-qp}}{p}\left(\frac{r_3 \tan\sqrt{-\frac{\sqrt{-qp}}{2ab}}\xi - r_4}{r_3 + r_4 \tan\sqrt{-\frac{\sqrt{-qp}}{2ab}}\xi}\right)^2\right],$$

$$\xi = x - at, \quad ab < 0, \quad q > 0, \quad p < 0.$$

事实上, 代数方程组还有另外八组解, 但与此相对应只能得到方程 (2.68) 的以上四个解, 故在这里未列出这些重复的解.

在 u_1 和 u_2 中分别取 $r_2 = 0$ 和 $r_1 = 0$ 以及在 u_3 和 u_4 中分别置 $r_4 = 0$ 和 $r_3 = 0$, 则将得到 Abazari 于 2013 年给出的四组解. 对于满足条件 (2.50) 而随机变化的参数 $r_i(i = 1, 2)$ 的值而言对应地可以得到方程 (2.68) 的无穷多个新的孤波解.

由前面讨论和举例, 不难看出通用 Riccati 方程展开法不但能够给出广义 Riccati 方程映射法所能获得的所有解, 而且随参数 r_i ($i = 1, 2, 3, 4$) 的随机变化而给出所考虑的非线性波方程的无穷多个精确行波解. 所以, 广义 Riccati 方程映射法可视为通用 Riccati 方程展开法的特例.

2.3 解的等价性的证明

下面给出谢福鼎于 2005 年给出的广义 Riccati 方程的 27 个解与解 (2.55) 的等价性. 在下面证明中沿用 Naher 于 2012 年采用的记号, 记广义 Riccati 方程 (2.39) 的解为 $G_i(\xi)$ $(i=1,2,\cdots,27)$, 将 w,u,v,η 换成 c_0,c_1,c_2,ξ 等.

由分式型解的定义, 直接可以看出

$$G_1(\xi) = -\frac{1}{2c_2}\left(c_1 + \sqrt{\Delta}\tanh\left(\frac{\sqrt{\Delta}}{2}\xi\right)\right) = F_+(\xi)|_{r_2=0},$$

$$G_2(\xi) = -\frac{1}{2c_2}\left(c_1 + \sqrt{\Delta}\coth\left(\frac{\sqrt{\Delta}}{2}\xi\right)\right) = F_+(\xi)|_{r_1=0},$$

$$G_{13}(\xi) = \frac{1}{2c_2}\left(-c_1 + \sqrt{-\Delta}\tan\left(\frac{\sqrt{-\Delta}}{2}\xi\right)\right) = F_-(\xi)|_{r_4=0},$$

$$G_{14}(\xi) = -\frac{1}{2c_2}\left(c_1 + \sqrt{-\Delta}\cot\left(\frac{\sqrt{-\Delta}}{2}\xi\right)\right) = F_-(\xi)|_{r_3=0}.$$

利用恒等式 (2.13), (2.14) 以及

$$\tanh\eta + \coth\eta = 2\coth(2\eta), \quad \tan\eta - \cot\eta = -2\cot(2\eta), \tag{2.76}$$

可得

$$G_3(\xi) = -\frac{1}{2c_2}\left(c_1 + \sqrt{\Delta}\left(\tanh\left(\sqrt{\Delta}\xi\right) \pm i\,\text{sech}\left(\sqrt{\Delta}\xi\right)\right)\right)$$

$$= \begin{cases} -\dfrac{c_1}{2c_2} - \dfrac{\sqrt{\Delta}}{2c_2}\left(\tanh\left(\sqrt{\Delta}\xi\right) + i\,\text{sech}\left(\sqrt{\Delta}\xi\right)\right), \\ -\dfrac{c_1}{2c_2} - \dfrac{\sqrt{\Delta}}{2c_2}\left(\tanh\left(\sqrt{\Delta}\xi\right) - i\,\text{sech}\left(\sqrt{\Delta}\xi\right)\right) \end{cases}$$

$$= \begin{cases} -\dfrac{c_1}{2c_2} - \dfrac{\sqrt{\Delta}}{2c_2}\tanh\left(\dfrac{\sqrt{\Delta}}{2}\xi + \dfrac{\pi i}{4}\right) \approx F_+(\xi)|_{r_2=0}, \\ -\dfrac{c_1}{2c_2} - \dfrac{\sqrt{\Delta}}{2c_2}\coth\left(\dfrac{\sqrt{\Delta}}{2}\xi + \dfrac{\pi i}{4}\right) \approx F_+(\xi)|_{r_1=0}. \end{cases}$$

$$G_4(\xi) = -\frac{1}{2c_2}\left(c_1 + \sqrt{\Delta}\left(\coth\left(\sqrt{\Delta}\xi\right) \pm \text{csch}\left(\sqrt{\Delta}\xi\right)\right)\right)$$

2.3 解的等价性的证明

$$= \begin{cases} -\dfrac{c_1}{2c_2} - \dfrac{\sqrt{\Delta}}{2c_2}\left(\coth\left(\sqrt{\Delta}\xi\right) + \operatorname{csch}\left(\sqrt{\Delta}\xi\right)\right), \\ -\dfrac{c_1}{2c_2} - \dfrac{\sqrt{\Delta}}{2c_2}\left(\coth\left(\sqrt{\Delta}\xi\right) - \operatorname{csch}\left(\sqrt{\Delta}\xi\right)\right) \end{cases}$$

$$= \begin{cases} -\dfrac{c_1}{2c_2} - \dfrac{\sqrt{\Delta}}{2c_2}\coth\left(\dfrac{\sqrt{\Delta}}{2}\xi\right) = F_+(\xi)|_{r_1=0}, \\ -\dfrac{c_1}{2c_2} - \dfrac{\sqrt{\Delta}}{2c_2}\tanh\left(\dfrac{\sqrt{\Delta}}{2}\xi\right) = F_+(\xi)|_{r_2=0}. \end{cases}$$

$$G_5(\xi) = -\dfrac{1}{4c_2}\left(2c_1 + \sqrt{\Delta}\left(\tanh\left(\dfrac{\sqrt{\Delta}}{4}\xi\right) + \coth\left(\dfrac{\sqrt{\Delta}}{4}\xi\right)\right)\right)$$

$$= -\dfrac{c_1}{2c_2} - \dfrac{\sqrt{\Delta}}{2c_2}\coth\left(\dfrac{\sqrt{\Delta}}{2}\xi\right) = F_+(\xi)|_{r_1=0}.$$

$$G_{15}(\xi) = \dfrac{1}{2c_2}\left(-c_1 + \sqrt{-\Delta}\left(\tan\left(\sqrt{-\Delta}\xi\right) \pm \sec\left(\sqrt{-\Delta}\xi\right)\right)\right)$$

$$= \begin{cases} -\dfrac{c_1}{2c_2} + \dfrac{\sqrt{-\Delta}}{2c_2}\left(\tan\left(\sqrt{-\Delta}\xi\right) + \sec\left(\sqrt{-\Delta}\xi\right)\right), \\ -\dfrac{c_1}{2c_2} + \dfrac{\sqrt{-\Delta}}{2c_2}\left(\tan\left(\sqrt{-\Delta}\xi\right) - \sec\left(\sqrt{-\Delta}\xi\right)\right) \end{cases}$$

$$= \begin{cases} -\dfrac{c_1}{2c_2} + \dfrac{\sqrt{-\Delta}}{2c_2}\tan\left(\dfrac{\sqrt{-\Delta}}{2}\xi + \dfrac{\pi}{4}\right) \approx F_-(\xi)|_{r_4=0}, \\ -\dfrac{c_1}{2c_2} - \dfrac{\sqrt{-\Delta}}{2c_2}\cot\left(\dfrac{\sqrt{-\Delta}}{2}\xi + \dfrac{\pi}{4}\right) \approx F_-(\xi)|_{r_3=0}. \end{cases}$$

$$G_{16}(\xi) = -\dfrac{1}{2c_2}\left(c_1 + \sqrt{-\Delta}\left(\cot\left(\sqrt{-\Delta}\xi\right) \pm \csc\left(\sqrt{-\Delta}\xi\right)\right)\right)$$

$$= \begin{cases} -\dfrac{c_1}{2c_2} - \dfrac{\sqrt{-\Delta}}{2c_2}\left(\cot\left(\sqrt{-\Delta}\xi\right) + \csc\left(\sqrt{-\Delta}\xi\right)\right), \\ -\dfrac{c_1}{2c_2} - \dfrac{\sqrt{-\Delta}}{2c_2}\left(\cot\left(\sqrt{-\Delta}\xi\right) - \csc\left(\sqrt{-\Delta}\xi\right)\right) \end{cases}$$

$$= \begin{cases} -\dfrac{c_1}{2c_2} - \dfrac{\sqrt{-\Delta}}{2}\cot\left(\dfrac{\sqrt{-\Delta}}{2}\xi\right) = F_-(\xi)|_{r_3=0}, \\ -\dfrac{c_1}{2c_2} + \dfrac{\sqrt{-\Delta}}{2}\tan\left(\dfrac{\sqrt{-\Delta}}{2}\xi\right) = F_-(\xi)|_{r_4=0}. \end{cases}$$

$$G_{17}(\xi) = \dfrac{1}{4c_2}\left(-2c_1 + \sqrt{-\Delta}\left(\tan\left(\dfrac{\sqrt{-\Delta}}{4}\xi\right) - \cot\left(\dfrac{\sqrt{-\Delta}}{4}\xi\right)\right)\right)$$

$$= -\frac{c_1}{2c_2} - \frac{\sqrt{-\Delta}}{2c_2}\cot\left(\frac{\sqrt{-\Delta}}{2}\xi\right) = F_-(\xi)|_{r_3=0}.$$

由双曲函数与三角函数的定义，有

$$G_8(\xi) = \frac{2c_0 \cosh\left(\frac{\sqrt{\Delta}}{2}\xi\right)}{\sqrt{\Delta}\sinh\left(\frac{\sqrt{\Delta}}{2}\xi\right) - c_1 \cosh\left(\frac{\sqrt{\Delta}}{2}\xi\right)}$$

$$= \frac{2c_0}{\sqrt{\Delta}\tanh\left(\frac{\sqrt{\Delta}}{2}\xi\right) - c_1} = F_+(\xi)\Big|_{\left\{r_1=-\frac{c_1}{2c_2},\, r_2=\frac{\sqrt{\Delta}}{2c_2}\right\}}.$$

$$G_9(\xi) = \frac{-2c_0 \sinh\left(\frac{\sqrt{\Delta}}{2}\xi\right)}{c_1 \sinh\left(\frac{\sqrt{\Delta}}{2}\xi\right) - \sqrt{\Delta}\cosh\left(\frac{\sqrt{\Delta}}{2}\xi\right)}$$

$$= \frac{2c_0}{\sqrt{\Delta}\coth\left(\frac{\sqrt{\Delta}}{2}\xi\right) - c_1} = F_+(\xi)\Big|_{\left\{r_1=\frac{\sqrt{\Delta}}{2c_2},\, r_2=-\frac{c_1}{2c_2}\right\}}.$$

$$G_{20}(\xi) = \frac{-2c_0 \cos\left(\frac{\sqrt{-\Delta}}{2}\xi\right)}{\sqrt{-\Delta}\sin\left(\frac{\sqrt{-\Delta}}{2}\xi\right) + c_1 \cos\left(\frac{\sqrt{-\Delta}}{2}\xi\right)}$$

$$= \frac{-2c_0}{\sqrt{-\Delta}\tan\left(\frac{\sqrt{-\Delta}}{2}\xi\right) + c_1} = F_-(\xi)\Big|_{\left\{r_3=\frac{c_1}{2c_2},\, r_4=\frac{\sqrt{-\Delta}}{2c_2}\right\}}.$$

$$G_{21}(\xi) = \frac{2c_0 \sin\left(\frac{\sqrt{-\Delta}}{2}\xi\right)}{-c_1 \sin\left(\frac{\sqrt{-\Delta}}{2}\xi\right) + \sqrt{-\Delta}\cos\left(\frac{\sqrt{-\Delta}}{2}\xi\right)}$$

$$= \frac{2c_0}{\sqrt{-\Delta}\cot\left(\frac{\sqrt{-\Delta}}{2}\xi\right) - c_1} = F_-(\xi)\Big|_{\left\{r_3=\frac{\sqrt{-\Delta}}{2c_2},\, r_4=-\frac{c_1}{2c_2}\right\}}.$$

由双曲函数的定义、等式 (2.13), (2.14), (2.76) 和下面等式

$$\sinh^2\frac{x}{2} = \frac{1}{2}(\cosh x - 1), \quad \cosh^2\frac{x}{2} = \frac{1}{2}(\cosh x + 1),$$
$$\sin^2\frac{x}{2} = \frac{1}{2}(1 - \cos x), \quad \cos^2\frac{x}{2} = \frac{1}{2}(1 + \cos x)$$

(2.77)

2.3 解的等价性的证明

可以推出

$$G_{10}(\xi) = \frac{2c_0 \cosh\left(\sqrt{\Delta}\xi\right)}{\sqrt{\Delta}\sinh\left(\sqrt{\Delta}\xi\right) - c_1 \cosh\left(\sqrt{\Delta}\xi\right) \pm i\sqrt{\Delta}}$$

$$= \frac{2c_0}{\sqrt{\Delta}\left(\tanh\left(\sqrt{\Delta}\xi\right) \pm i\,\mathrm{sech}\left(\sqrt{\Delta}\xi\right)\right) - c_1}$$

$$= \begin{cases} \dfrac{2c_0}{\sqrt{\Delta}\left(\tanh\left(\sqrt{\Delta}\xi\right) + i\,\mathrm{sech}\left(\sqrt{\Delta}\xi\right)\right) - c_1}, \\[2ex] \dfrac{2c_0}{\sqrt{\Delta}\left(\tanh\left(\sqrt{\Delta}\xi\right) - i\,\mathrm{sech}\left(\sqrt{\Delta}\xi\right)\right) - c_1} \end{cases}$$

$$= \begin{cases} \dfrac{2c_0}{\sqrt{\Delta}\tanh\left(\dfrac{\sqrt{\Delta}}{2}\xi + \dfrac{\pi i}{4}\right) - c_1} = F_+(\xi)\bigg|_{\left\{r_1=-\frac{c_1}{2c_2},\, r_2=\frac{\sqrt{\Delta}}{2c_2}\right\}}, \\[3ex] \dfrac{2c_0}{\sqrt{\Delta}\coth\left(\dfrac{\sqrt{\Delta}}{2}\xi + \dfrac{\pi i}{4}\right) - c_1} = F_+(\xi)\bigg|_{\left\{r_1=\frac{\sqrt{\Delta}}{2c_2},\, r_2=-\frac{c_1}{2c_2}\right\}}. \end{cases}$$

$$G_{11}(\xi) = \frac{2c_0 \sinh\left(\sqrt{\Delta}\xi\right)}{-c_1 \sinh\left(\sqrt{\Delta}\xi\right) + \sqrt{\Delta}\cosh\left(\sqrt{\Delta}\xi\right) \pm \sqrt{\Delta}}$$

$$= \frac{2c_0}{\sqrt{\Delta}\left(\coth\left(\sqrt{\Delta}\xi\right) \pm \mathrm{csch}\left(\sqrt{\Delta}\xi\right)\right) - c_1}$$

$$= \begin{cases} \dfrac{2c_0}{\sqrt{\Delta}\left(\coth\left(\sqrt{\Delta}\xi\right) + \mathrm{csch}\left(\sqrt{\Delta}\xi\right)\right) - c_1}, \\[2ex] \dfrac{2c_0}{\sqrt{\Delta}\left(\coth\left(\sqrt{\Delta}\xi\right) - \mathrm{csch}\left(\sqrt{\Delta}\xi\right)\right) - c_1} \end{cases}$$

$$= \begin{cases} \dfrac{2c_0}{\sqrt{\Delta}\coth\left(\dfrac{\sqrt{\Delta}}{2}\xi\right) - c_1} = F_+(\xi)\bigg|_{\left\{r_1=\frac{\sqrt{\Delta}}{2c_2},\, r_2=-\frac{c_1}{2c_2}\right\}}, \\[3ex] \dfrac{2c_0}{\sqrt{\Delta}\tanh\left(\dfrac{\sqrt{\Delta}}{2}\xi\right) - c_1} = F_+(\xi)\bigg|_{\left\{r_1=-\frac{c_1}{2c_2},\, r_2=\frac{\sqrt{\Delta}}{2c_2}\right\}}. \end{cases}$$

$$G_{12}(\xi) = \frac{4c_0 \sinh\left(\dfrac{\sqrt{\Delta}}{4}\xi\right)\cosh\left(\dfrac{\sqrt{\Delta}}{4}\xi\right)}{-2c_1 \sinh\left(\dfrac{\sqrt{\Delta}}{4}\xi\right)\cosh\left(\dfrac{\sqrt{\Delta}}{4}\xi\right) + 2\sqrt{\Delta}\cosh^2\left(\dfrac{\sqrt{\Delta}}{4}\xi\right) - \sqrt{\Delta}}$$

$$= \frac{2c_0 \sinh\left(\frac{\sqrt{\Delta}}{2}\xi\right)}{-c_1 \sinh\left(\frac{\sqrt{\Delta}}{2}\xi\right) + \sqrt{\Delta}\cosh\left(\frac{\sqrt{\Delta}}{2}\xi\right)}$$

$$= \frac{2c_0}{\sqrt{\Delta}\coth\left(\frac{\sqrt{\Delta}}{2}\xi\right) - c_1} = F_+(\xi)\bigg|_{\left\{r_1=\frac{\sqrt{\Delta}}{2c_2}, r_2=-\frac{c_1}{2c_2}\right\}}.$$

$$G_{22}(\xi) = \frac{-2c_0 \cos\left(\sqrt{-\Delta}\xi\right)}{\sqrt{-\Delta}\sin\left(\sqrt{-\Delta}\xi\right) + c_1 \cos\left(\sqrt{-\Delta}\xi\right) \pm \sqrt{-\Delta}}$$

$$= \frac{-2c_0}{\sqrt{-\Delta}\left(\tan\left(\sqrt{-\Delta}\xi\right) \pm \sec\left(\sqrt{-\Delta}\xi\right)\right) + c_1}$$

$$= \begin{cases} \dfrac{-2c_0}{\sqrt{-\Delta}\left(\tan\left(\sqrt{\Delta}\xi\right) + \sec\left(\sqrt{-\Delta}\xi\right)\right) + c_1}, \\ \dfrac{-2c_0}{\sqrt{-\Delta}\left(\tan\left(\sqrt{-\Delta}\xi\right) - \sec\left(\sqrt{-\Delta}\xi\right)\right) + c_1} \end{cases}$$

$$= \begin{cases} \dfrac{-2c_0}{\sqrt{-\Delta}\tan\left(\dfrac{\sqrt{-\Delta}}{2}\xi + \dfrac{\pi}{4}\right) + c_1} = F_-(\xi)\bigg|_{\left\{r_3=\frac{c_1}{2c_2}, r_4=\frac{\sqrt{-\Delta}}{2c_2}\right\}}, \\ \dfrac{2c_0}{\sqrt{-\Delta}\cot\left(\dfrac{\sqrt{-\Delta}}{2}\xi + \dfrac{\pi}{4}\right) - c_1} = F_-(\xi)\bigg|_{\left\{r_3=\frac{\sqrt{-\Delta}}{2c_2}, r_4=-\frac{c_1}{2c_2}\right\}} \end{cases}.$$

$$G_{23}(\xi) = \frac{2c_0 \sin\left(\sqrt{-\Delta}\xi\right)}{-c_1 \sin\left(\sqrt{-\Delta}\xi\right) + \sqrt{-\Delta}\cos\left(\sqrt{-\Delta}\xi\right) \pm \sqrt{-\Delta}}$$

$$= \frac{2c_0}{\sqrt{-\Delta}\left(\cot\left(\sqrt{-\Delta}\xi\right) \pm \csc\left(\sqrt{-\Delta}\xi\right)\right) - c_1}$$

$$= \begin{cases} \dfrac{2c_0}{\sqrt{-\Delta}\left(\cot\left(\sqrt{-\Delta}\xi\right) + \csc\left(\sqrt{-\Delta}\xi\right)\right) - c_1}, \\ \dfrac{2c_0}{\sqrt{\Delta}\left(\coth\left(\sqrt{\Delta}\xi\right) - \csc\left(\sqrt{\Delta}\xi\right)\right) - c_1} \end{cases}$$

$$= \begin{cases} \dfrac{2c_0}{\sqrt{-\Delta}\cot\left(\dfrac{\sqrt{-\Delta}}{2}\xi\right) - c_1} = F_-(\xi)\bigg|_{\left\{r_3=\frac{\sqrt{-\Delta}}{2c_2}, r_4=-\frac{c_1}{2c_2}\right\}}, \\ \dfrac{-2c_0}{\sqrt{-\Delta}\tan\left(\dfrac{\sqrt{-\Delta}}{2}\xi\right) + c_1} = F_-(\xi)\bigg|_{\left\{r_3=\frac{c_1}{2c_2}, r_4=\frac{\sqrt{-\Delta}}{2c_2}\right\}} \end{cases}.$$

2.3 解的等价性的证明

$$G_{24}(\xi) = \frac{4c_0 \sin\left(\frac{\sqrt{-\Delta}}{4}\xi\right)\cos\left(\frac{-\sqrt{\Delta}}{4}\xi\right)}{2\sqrt{-\Delta}\cos^2\left(\frac{\sqrt{\Delta}}{4}\xi\right) - 2c_1 \sin\left(\frac{-\sqrt{\Delta}}{4}\xi\right)\cos\left(\frac{\sqrt{-\Delta}}{4}\xi\right) - \sqrt{-\Delta}}$$

$$= \frac{2c_0 \sin\left(\frac{\sqrt{-\Delta}}{2}\xi\right)}{\sqrt{-\Delta}\cos\left(\frac{-\sqrt{\Delta}}{2}\xi\right) - c_1 \sin\left(\frac{\sqrt{-\Delta}}{2}\xi\right)}$$

$$= \frac{2c_0}{\sqrt{-\Delta}\cot\left(\frac{\sqrt{-\Delta}}{2}\xi\right) - c_1} = F_-(\xi)\bigg|_{\left\{r_3 = \frac{\sqrt{-\Delta}}{2c_2}, r_4 = -\frac{c_1}{2c_2}\right\}}.$$

由双曲函数的定义和等式

$$\frac{1}{1+e^x} = \frac{1}{2}\left(1 - \tanh\frac{x}{2}\right), \quad \frac{1}{1-e^x} = \frac{1}{2}\left(1 - \coth\frac{x}{2}\right), \tag{2.78}$$

可以推出

$$G_{25}(\xi) = \frac{-c_1 f_1}{c_2 \left(f_1 + \cosh(c_1\xi) - \sinh(c_1\xi)\right)}$$

$$= \frac{-c_1 f_1}{c_2 \left(f_1 + e^{-c_1\xi}\right)} = \frac{-c_1}{c_2 \left(1 + f_1^{-1}e^{-c_1\xi}\right)}$$

$$= \begin{cases} \dfrac{-c_1}{c_2 \left(1 + e^{-c_1\xi - \ln(f_1)}\right)}, & f_1 > 0, \\ \dfrac{-c_1}{c_2 \left(1 - e^{-c_1\xi - \ln(-f_1)}\right)}, & f_1 < 0 \end{cases}$$

$$= \begin{cases} -\dfrac{c_1}{2c_2}\left(1 + \tanh\dfrac{1}{2}(c_1\xi + \ln(f_1))\right) \approxeq F_+(\xi)\bigg|_{\{r_2=0, c_0=0\}}, & f_1 > 0, \\ -\dfrac{c_1}{2c_2}\left(1 + \coth\dfrac{1}{2}(c_1\xi + \ln(-f_1))\right) \approxeq F_+(\xi)\bigg|_{\{r_1=0, c_0=0\}}, & f_1 < 0. \end{cases}$$

$$G_{26}(\xi) = \frac{-c_1 \left(\cosh(c_1\xi) + \sinh(c_1\xi)\right)}{c_2 \left(f_1 + \cosh(c_1\xi) + \sinh(c_1\xi)\right)}$$

$$= \frac{-c_1 e^{c_1\xi}}{c_2 \left(f_1 + e^{c_1\xi}\right)} = \frac{-c_1}{c_2 \left(1 + f_1 e^{-c_1\xi}\right)}$$

$$= \begin{cases} \dfrac{-c_1}{c_2 \left(1 + e^{-c_1\xi + \ln(f_1)}\right)}, & f_1 > 0, \\ \dfrac{-c_1}{c_2 \left(1 - e^{-c_1\xi + \ln(-f_1)}\right)}, & f_1 < 0 \end{cases}$$

$$= \begin{cases} -\dfrac{c_1}{2c_2}\left(1+\tanh\dfrac{1}{2}(c_1\xi-\ln(f_1))\right) \approx F_+(\xi)\Big|_{\{r_2=0,c_0=0\}}, & f_1>0, \\ -\dfrac{c_1}{2c_2}\left(1+\coth\dfrac{1}{2}(c_1\xi-\ln(-f_1))\right) \approx F_+(\xi)\Big|_{\{r_1=0,c_0=0\}}, & f_1<0. \end{cases}$$

由 $F_0(\xi)$ 的定义, 可得

$$F_0(\xi)|_{\{c_1=0,c=l_1\}} = \frac{-1}{c_2\xi+l_1} = G_{27}(\xi).$$

对于剩下的四组解

$$G_6(\xi) = \frac{1}{2c_2}\left(-c_1 + \frac{\pm\sqrt{(D^2+E^2)\Delta}-D\sqrt{\Delta}\cosh\left(\sqrt{\Delta}\xi\right)}{D\sinh\left(\sqrt{\Delta}\xi\right)+E}\right),$$

$$G_7(\xi) = \frac{1}{2c_2}\left(-c_1 - \frac{\pm\sqrt{(D^2+E^2)\Delta}+D\sqrt{\Delta}\cosh\left(\sqrt{\Delta}\xi\right)}{D\sinh\left(\sqrt{\Delta}\xi\right)+E}\right),$$

$$G_{18}(\xi) = \frac{1}{2c_2}\left(-c_1 + \frac{\pm\sqrt{-(D^2-E^2)\Delta}-D\sqrt{-\Delta}\cos\left(\sqrt{-\Delta}\xi\right)}{D\sin\left(\sqrt{-\Delta}\xi\right)+E}\right),$$

$$G_{19}(\xi) = \frac{1}{2c_2}\left(-c_1 - \frac{\pm\sqrt{-(D^2-E^2)\Delta}+D\sqrt{-\Delta}\cos\left(\sqrt{-\Delta}\xi\right)}{D\sin\left(\sqrt{-\Delta}\xi\right)+E}\right),$$

当 $D^2+E^2 \neq 0$ 时, 是否与 $F_+(\xi)$ 和 $F_-(\xi)$ 等价, 还需进一步研究. 这说明 $i \neq 6,7,18,19$, 则 $G_i(\xi)$ 等价于 $F_+(\xi), F_-(\xi)$ 或 $F_0(\xi)$. 因此, (2.55) 恰好给出了广义 Riccati 方程 (2.39) 解的分类.

2.4 四种展开法与 Riccati 方程展开法的联系

本节将给出 G'/G-展开法、$\text{Exp}(-\varphi(\xi))$-展开法、Khater 展开法以及 w/g-展开法与 Riccati 方程展开法之间的联系, 以说明用 Riccati 方程展开法来代替这四种展开法的合理性.

2.4.1 G'/G-展开法

2008 年, 王明亮等提出构造非线性波方程精确行波解的 G'/G-展开法, 其基本思想是在辅助方程法步骤第二步中的辅助方程选为二阶线性方程

$$G''(\xi) + \lambda G'(\xi) + \mu G(\xi) = 0, \tag{2.79}$$

2.4 四种展开法与 Riccati 方程展开法的联系

其中 λ, μ 为常数.

按照特征根的取值情况, 取方程 (2.79) 的如下三种解

$$G(\xi) = \begin{cases} \left[c_1 \sinh\left(\dfrac{\sqrt{\Delta}}{2}\xi\right) + c_2 \cosh\left(\dfrac{\sqrt{\Delta}}{2}\xi\right) \right] e^{-\frac{\lambda}{2}\xi}, & \Delta > 0, \\ \left[c_1 \sin\left(\dfrac{\sqrt{-\Delta}}{2}\xi\right) + c_2 \cos\left(\dfrac{\sqrt{-\Delta}}{2}\xi\right) \right] e^{-\frac{\lambda}{2}\xi}, & \Delta < 0, \\ (c_1 + c_2 \xi) e^{-\frac{\lambda}{2}\xi}, & \Delta = 0, \end{cases} \quad (2.80)$$

其中 $\Delta = \lambda^2 - 4\mu$, 而 c_1, c_2 为任意常数.

与其他展开法不同的是 G'/G-展开法不是把非线性波方程的行波解展开为 $G(\xi)$ 的截断形式级数, 而是展开为 G'/G 的截断形式级数, 即把辅助方程法步骤第二步的展开式 (1.9) 修改为

$$u(\xi) = \sum_{i=0}^{n} a_i \left(\frac{G'(\xi)}{G(\xi)} \right)^i, \quad (2.81)$$

其中 a_i $(i = 0, 1, \cdots, n)$ 为待定常数.

直接由方程 (2.79) 出发递推计算出 G'/G 关于 ξ 的各阶导数, 则有

$$\left(\frac{G'}{G}\right)' = -\left(\frac{G'}{G}\right)^2 - \lambda\left(\frac{G'}{G}\right) - \mu, \quad (2.82)$$

$$\left(\frac{G'}{G}\right)'' = 2\left(\frac{G'}{G}\right)^3 + 3\lambda\left(\frac{G'}{G}\right)^2 + (\lambda^2 + 2\mu)\left(\frac{G'}{G}\right) + \mu\lambda,$$

$$\left(\frac{G'}{G}\right)''' = -6\left(\frac{G'}{G}\right)^4 - 12\lambda\left(\frac{G'}{G}\right)^3 - (8\mu + 7\lambda^2)\left(\frac{G'}{G}\right)^2$$
$$- (\lambda^3 + 8\mu\lambda)\left(\frac{G'}{G}\right) - (2\mu^2 + \mu\lambda^2),$$

......

由上式可以看出 G'/G 恰好满足 Riccati 方程. 因此, 只要作变换

$$f(\xi) = \frac{G'(\xi)}{G(\xi)}, \quad (2.83)$$

则 $f(\xi)$ 就满足 Riccati 方程

$$f'(\xi) = -\mu - \lambda f(\xi) - f^2(\xi), \quad (2.84)$$

并且 G'/G 的各阶导数的递推关系式中把 G'/G 换成 $f(\xi)$ 也成立. 不仅如此, 解的展开式 (2.81) 将变成

$$u(\xi) = \sum_{i=0}^{n} a_i f^i(\xi), \tag{2.85}$$

这里的 $f(\xi)$ 表示 Riccati 方程 (2.84) 的解, 即

$$f(\xi) = \begin{cases} -\dfrac{\lambda}{2} + \dfrac{\sqrt{\Delta}}{2}\tanh\left(\dfrac{\sqrt{\Delta}}{2}\xi\right), & \Delta = \lambda^2 - 4\mu > 0, \\[2mm] -\dfrac{\lambda}{2} + \dfrac{\sqrt{\Delta}}{2}\coth\left(\dfrac{\sqrt{\Delta}}{2}\xi\right), & \Delta = \lambda^2 - 4\mu > 0, \\[2mm] -\dfrac{\lambda}{2} + \dfrac{1}{\xi + \xi_0}, & \Delta = \lambda^2 - 4\mu = 0, \\[2mm] -\dfrac{\lambda}{2} - \dfrac{\sqrt{-\Delta}}{2}\tan\left(\dfrac{\sqrt{-\Delta}}{2}\xi\right), & \Delta = \lambda^2 - 4\mu < 0, \\[2mm] -\dfrac{\lambda}{2} + \dfrac{\sqrt{-\Delta}}{2}\cot\left(\dfrac{\sqrt{-\Delta}}{2}\xi\right), & \Delta = \lambda^2 - 4\mu < 0. \end{cases} \tag{2.86}$$

这个解与由 (2.80) 通过表达式 G'/G 算出的解相一致. 根据以上讨论可知, G'/G-展开法只是 Riccati 方程展开法的特例, 即相当于在 Riccati 方程展开法中的辅助方程取方程 (2.84) 的特殊情况. 另外, 刘春平于 2009 年也已证明 G'/G-展开法与扩展双曲正切函数法等价, 所以 G'/G-展开法自然成为 Riccati 方程展开法的特例.

2.4.2 $\text{Exp}(-\varphi(\xi))$-展开法

2008 年, 赵梅妹等提出的 $\text{Exp}(-\varphi(\xi))$-展开法所采用的辅助方程为

$$\varphi'(\xi) = \exp(-\varphi(\xi)) + \mu\exp(\varphi(\xi)) + \lambda, \tag{2.87}$$

其中 μ, λ 为常数. 通常方程 (2.87) 的解可以分以下两种情况讨论.

情形1 当 $\mu = 0$ 时,

$$\varphi_1(\xi) = -\ln\left(\frac{\lambda}{e^{\lambda\xi} - 1}\right), \quad \lambda \neq 0,$$

$$\varphi_2(\xi) = \ln(\xi), \quad \lambda = 0.$$

情形2 当 $\mu \neq 0$ 时, 令

$$f(\xi) = \exp(\varphi(\xi)), \tag{2.88}$$

则方程 (2.87) 变成 Riccati 方程

$$f'(\xi) = 1 + \lambda f(\xi) + \mu f^2(\xi). \tag{2.89}$$

2.4 四种展开法与 Riccati 方程展开法的联系

于是可以借助方程 (2.89) 的解给出方程 (2.87) 的解如下

$$\varphi_3(\xi) = \ln\left(\frac{-\sqrt{\Delta}\tanh\left(\frac{\sqrt{\Delta}}{2}\xi\right) - \lambda}{2\mu}\right), \quad \Delta = \lambda^2 - 4\mu > 0,$$

$$\varphi_4(\xi) = \ln\left(\frac{-\sqrt{\Delta}\coth\left(\frac{\sqrt{\Delta}}{2}\xi\right) - \lambda}{2\mu}\right), \quad \Delta = \lambda^2 - 4\mu > 0,$$

$$\varphi_5(\xi) = \ln\left(\frac{\sqrt{-\Delta}\tan\left(\frac{\sqrt{-\Delta}}{2}\xi\right) - \lambda}{2\mu}\right), \quad \Delta = \lambda^2 - 4\mu < 0,$$

$$\varphi_6(\xi) = \ln\left(\frac{-\sqrt{-\Delta}\cot\left(\frac{\sqrt{-\Delta}}{2}\xi\right) - \lambda}{2\mu}\right), \quad \Delta = \lambda^2 - 4\mu < 0,$$

$$\varphi_7(\xi) = \ln\left(\frac{-2\lambda\xi - 4}{\lambda^2\xi}\right), \quad \Delta = \lambda^2 - 4\mu = 0.$$

$\operatorname{Exp}(-\varphi(\xi))$-展开法与其他辅助方程法的区别在于辅助方程法步骤第二步的展开式 (1.9) 换成如下展开式

$$u(\xi) = \sum_{i=0}^{n} a_i \left[\exp(-\varphi(\xi))\right]^i, \quad (2.90)$$

其中 a_i $(i=0,1,\cdots,n)$ 为待定常数.

由以上可知, $\operatorname{Exp}(-\varphi(\xi))$-展开法所用的辅助方程 (2.87) 经变换 (2.88) 可化为 Riccati 方程 (2.89). 因此, $\operatorname{Exp}(-\varphi(\xi))$-展开法事实上是以 Riccati 方程 (2.89) 为辅助方程并取解的展开式为负幂次的截断形式级数

$$u(\xi) = \sum_{i=0}^{n} a_i \left[\exp(-\varphi(\xi))\right]^i = \sum_{i=0}^{n} \frac{a_i}{f^i(\xi)} \quad (2.91)$$

的 Riccati 方程展开法, 其中 $f(\xi)$ 为 Riccati 方程 (2.89) 的由下式给定的解

$$f(\xi) = \begin{cases} \dfrac{-\sqrt{\Delta}\tanh\left(\dfrac{\sqrt{\Delta}}{2}\xi\right) - \lambda}{2\mu}, & \Delta = \lambda^2 - 4\mu > 0, \\[2mm] \dfrac{-\sqrt{\Delta}\coth\left(\dfrac{\sqrt{\Delta}}{2}\xi\right) - \lambda}{2\mu}, & \Delta = \lambda^2 - 4\mu > 0, \\[2mm] \dfrac{\sqrt{-\Delta}\tan\left(\dfrac{\sqrt{-\Delta}}{2}\xi\right) - \lambda}{2\mu}, & \Delta = \lambda^2 - 4\mu < 0, \\[2mm] \dfrac{-\sqrt{-\Delta}\cot\left(\dfrac{\sqrt{-\Delta}}{2}\xi\right) - \lambda}{2\mu}, & \Delta = \lambda^2 - 4\mu < 0, \\[2mm] \dfrac{-2\lambda\xi - 4}{\lambda^2\xi}, & \Delta = \lambda^2 - 4\mu = 0, \\[2mm] \dfrac{1}{\lambda}\left(e^{\lambda\xi} - 1\right), & \mu = 0, \lambda \neq 0, \\[2mm] \xi, \mu = 0, & \lambda = 0. \end{cases} \quad (2.92)$$

例 2.5 考虑广义变系数 KdV 方程

$$u_t + 2\beta(t)u + [\alpha(t) + \beta(t)x]u_x - 3c\gamma(t)uu_x + \gamma(t)u_{xxx} = 0, \quad (2.93)$$

其中 $\alpha(t), \beta(t), \gamma(t)$ 为变量 t 的已知函数, c 为常数.

由于方程中线性最高阶导数项 u_{xxx} 的阶数为 $O(u_{xxx}) = n+3$, 最高幂次的非线性项 uu_x 的阶数为 $O(uu_x) = 2n+1$, 故平衡常数 $n = 2$. 根据以上讨论, 可将方程 (2.93) 的解展开为 Riccati 方程解的负幂次的截断形式级数, 即可设

$$u(x,t) = a_0(t) + \frac{a_1(t)}{f(\xi)} + \frac{a_2(t)}{f^2(\xi)}, \quad \xi = p(t)x + q(t), \quad (2.94)$$

其中 $a_0(t), a_1(t), a_2(t), p(t), q(t)$ 等为待定函数.

将 (2.94) 同 Riccati 方程 (2.89) 一起代入方程 (2.93) 后令 xf^{-i} ($i = 1, 2, 3$), f^{-j} ($j = 0, 1, 2, 3, 4, 5$) 的系数等于零, 则得到常微分方程组

$$\frac{da_0(t)}{dt} + 2\beta(t)a_0(t) = 0,$$

$$-2a_2(t)\left(\frac{dp(t)}{dt} + \beta(t)p(t)\right) = 0,$$

2.4 四种展开法与 Riccati 方程展开法的联系

$$6\gamma(t)p(t)a_2(t)\left(ca_2(t)-4p^2(t)\right)=0,$$

$$-(\lambda+\mu)a_1(t)\left(\frac{dp(t)}{dt}+\beta(t)p(t)\right)=0,$$

$$-(2\lambda a_2(t)+2\mu a_2(t)+a_1(t))\left(\frac{dp(t)}{dt}+\beta(t)p(t)\right)=0,$$

$$3\gamma(t)p(t)\left[2c(\lambda+\mu)a_2^2(t)-18(\lambda+\mu)a_2(t)p^2(t)+3ca_1(t)a_2(t)-2p^2(t)a_1(t)\right]=0,$$

$$6c\gamma(t)p(t)a_0(t)a_2(t)-76\lambda\mu\gamma(t)p^3(t)a_2(t)+9c(\lambda+\mu)\gamma(t)p(t)a_1(t)a_2(t)$$
$$-12(\lambda+\mu)\gamma(t)p^3(t)a_1(t)-38(\lambda^2+\mu^2)\gamma(t)p^3(t)a_2(t)$$
$$+3c\gamma(t)p(t)a_1^2(t)-2\alpha(t)p(t)a_2(t)-2a_2(t)\frac{dq(t)}{dt}=0,$$

$$-3\lambda\mu(\lambda+\mu)\gamma(t)p^3(t)a_1(t)+3c(\lambda+\mu)\gamma(t)p(t)a_0(t)a_1(t)+\frac{da_1(t)}{dt}$$
$$-(\lambda+\mu)\alpha(t)p(t)a_1(t)-(\lambda^3+\mu^3)\gamma(t)p^3(t)a_1(t)-(\lambda+\mu)\frac{dq(t)}{dt}a_1(t)=0,$$

$$3c\gamma(t)p(t)a_1(t)\left(\lambda a_1(t)+\mu a_1(t)+a_0(t)\right)-2\lambda\mu\gamma(t)p^3(t)\left(12\lambda a_2(t)\right.$$
$$+12\mu a_2(t)+7a_1(t))+6c(\lambda+\mu)\gamma(t)p(t)a_0(t)a_2(t)+\frac{da_2(t)}{dt}$$
$$-2(\lambda+\mu)\alpha(t)p(t)a_2(t)-7(\lambda^2+\mu^2)\gamma(t)p^3(t)a_1(t)-2(\lambda+\mu)\frac{dq(t)}{dt}a_2(t)$$
$$-8(\lambda^3+\mu^3)\gamma(t)p^3(t)a_2(t)-\alpha(t)p(t)a_1(t)+2\beta(t)a_2(t)-a_1(t)\frac{dq(t)}{dt}=0.$$

借助 Maple 系统可得该方程组的解为

$$a_0(t)=c_0e^{-2\int\beta(\tau)d\tau},\quad a_1(t)=\frac{4(\lambda+\mu)}{c}p^2(t),$$
$$a_2(t)=\frac{4}{c}p^2(t),\quad p(t)=c_1e^{-\int\beta(\tau)d\tau},$$
$$q(t)=-\int p(\tau)\left[(\lambda+\mu)^2\gamma(\tau)p^2(\tau)-3c\gamma(\tau)a_0(\tau)+\alpha(\tau)\right]d\tau+c_2. \tag{2.95}$$

将 (2.95) 代入 (2.94), 则得到广义变系数 KdV 方程的精确行波解

$$u_1(x,t)=e^{-2\int\beta(\tau)d\tau}\left[c_0-\frac{8\mu(\lambda+\mu)c_1^2}{c\left(\sqrt{\lambda^2-4\mu}\tanh\left(\frac{\sqrt{\lambda^2-4\mu}}{2}\xi\right)+\lambda\right)}\right.$$

$$+\frac{16\mu^2 c_1^2}{c\left(\sqrt{\lambda^2-4\mu}\tanh\left(\frac{\sqrt{\lambda^2-4\mu}}{2}\xi\right)+\lambda\right)^2}\Bigg], \quad \Delta=\lambda^2-4\mu>0,$$

$$u_2(x,t)=e^{-2\int\beta(\tau)d\tau}\Bigg[c_0-\frac{8\mu(\lambda+\mu)c_1^2}{c\left(\sqrt{\lambda^2-4\mu}\coth\left(\frac{\sqrt{\lambda^2-4\mu}}{2}\xi\right)+\lambda\right)}$$

$$+\frac{16\mu^2 c_1^2}{c\left(\sqrt{\lambda^2-4\mu}\coth\left(\frac{\sqrt{\lambda^2-4\mu}}{2}\xi\right)+\lambda\right)^2}\Bigg], \quad \Delta=\lambda^2-4\mu>0,$$

$$u_3(x,t)=e^{-2\int\beta(\tau)d\tau}\Bigg[c_0+\frac{8\mu(\lambda+\mu)c_1^2}{c\left(\sqrt{4\mu-\lambda^2}\tan\left(\frac{\sqrt{4\mu-\lambda^2}}{2}\xi\right)-\lambda\right)}$$

$$+\frac{16\mu^2 c_1^2}{c\left(\sqrt{4\mu-\lambda^2}\tan\left(\frac{\sqrt{4\mu-\lambda^2}}{2}\xi\right)-\lambda\right)^2}\Bigg], \quad \Delta=\lambda^2-4\mu<0,$$

$$u_4(x,t)=e^{-2\int\beta(\tau)d\tau}\Bigg[c_0-\frac{8\mu(\lambda+\mu)c_1^2}{c\left(\sqrt{4\mu-\lambda^2}\cot\left(\frac{\sqrt{4\mu-\lambda^2}}{2}\xi\right)+\lambda\right)}$$

$$+\frac{16\mu^2 c_1^2}{c\left(\sqrt{4\mu-\lambda^2}\cot\left(\frac{\sqrt{4\mu-\lambda^2}}{2}\xi\right)+\lambda\right)^2}\Bigg], \quad \Delta=\lambda^2-4\mu<0,$$

其中 ξ 由下式给定

$$\xi=c_1 x e^{-\int\beta(\tau)d\tau}$$
$$-c_1\int e^{-\int\beta(\tau)d\tau}\left[\left((\lambda+\mu)^2 c_1^2-3cc_0\right)\gamma(\tau)e^{-2\int\beta(\tau)d\tau}+\alpha(\tau)\right]d\tau+c_2,$$

2.4 四种展开法与 Riccati 方程展开法的联系

且以上各式中的 c_0, c_1, c_2 为任意常数.

当 $\Delta = \lambda^2 - 4\mu = 0$, 即 $\mu = \lambda^2/4$ 时, 同以上步骤可得到

$$a_0(t) = c_0 e^{-2\int \beta(\tau)d\tau}, \quad a_1(t) = \frac{\lambda^2 + 4\lambda}{c} p^2(t),$$

$$a_2(t) = \frac{4}{c} p^2(t), \quad p(t) = c_1 e^{-\int \beta(\tau)d\tau},$$

$$q(t) = -\frac{1}{16} \int p(\tau) \left[\lambda^2(\lambda+4)^2 \gamma(\tau) p^2(\tau) - 48c\gamma(\tau) a_0(\tau) + 16\alpha(\tau)\right] d\tau + c_2.$$

由此得到方程 (2.93) 的如下解

$$u_5(x,t) = e^{-2\int \beta(\tau)d\tau} \left[c_0 - \frac{(\lambda+4)\lambda^3 c_1^2 \xi}{2c(\lambda\xi + 2)} + \frac{\lambda^4 c_1^2 \xi^2}{c(\lambda\xi + 2)^2}\right],$$

$$\xi = c_2 + c_1 x e^{-\int \beta(\tau)d\tau}$$

$$- \frac{c_1}{16} \int e^{-\int \beta(\tau)d\tau} \left[\left((\lambda+4)^2 \lambda^2 c_1^2 - 48cc_0\right) \gamma(\tau) e^{-2\int \beta(\tau)d\tau} + 16\alpha(\tau)\right] d\tau,$$

其中 c_0, c_1, c_2 为任意常数.

当 $\mu = 0, \lambda \neq 0$ 时, 同理得到

$$a_0(t) = c_0 e^{-2\int \beta(\tau)d\tau}, \quad a_1(t) = \frac{4\lambda}{c} p^2(t),$$

$$a_2(t) = \frac{4}{c} p^2(t), \quad p(t) = c_1 e^{-\int \beta(\tau)d\tau},$$

$$q(t) = -\int p(\tau) \left[\lambda^2 \gamma(\tau) p^2(\tau) - 3c\gamma(\tau) a_0(\tau) + \alpha(\tau)\right] d\tau + c_2.$$

由此可得到方程 (2.93) 的解

$$u_6(x,t) = e^{-2\int \beta(\tau)d\tau} \left[c_0 + \frac{4\lambda^2 c_1^2}{c(e^{\lambda\xi} - 1)} + \frac{4\lambda^2 c_1^2}{c(e^{\lambda\xi} - 1)^2}\right],$$

$$\xi = c_2 + c_1 x e^{-\int \beta(\tau)d\tau}$$

$$- c_1 \int e^{-\int \beta(\tau)d\tau} \left[(\lambda^2 c_1^2 - 3cc_0)\gamma(\tau) e^{-2\int \beta(\tau)d\tau} + \alpha(\tau)\right] d\tau,$$

其中 c_0, c_1, c_2 为任意常数.

当 $\lambda = \mu = 0$ 时, 则有

$$a_0(t) = c_0 e^{-2\int \beta(\tau)d\tau}, \quad a_1(t) = 0, \quad a_2(t) = \frac{4}{c} p^2(t), \quad p(t) = c_1 e^{-\int \beta(\tau)d\tau},$$

$$q(t) = \int p(\tau) \left[3c\gamma(\tau) a_0(\tau) - \alpha(\tau)\right] d\tau + c_2.$$

由此可得到方程 (2.93) 的解

$$u_7(x,t) = e^{-2\int \beta(\tau)d\tau}\left[c_0 + \frac{4c_1^2}{c\xi^2}\right],$$

$$\xi = c_2 + c_1 x e^{-\int \beta(\tau)d\tau} + c_1 \int e^{-\int \beta(\tau)d\tau}\left[3cc_0\gamma(\tau)e^{-2\int \beta(\tau)d\tau} - \alpha(\tau)\right]d\tau,$$

其中 c_0, c_1, c_2 为任意常数.

2.4.3 Khater 展开法

2017 年, Khater 等提出的 Khater 展开法所选取的辅助方程为

$$f'(\xi) = \frac{1}{\ln a}\left(\alpha a^{-f(\xi)} + \beta + \sigma a^{f(\xi)}\right), \tag{2.96}$$

而解的展开式为

$$u(\xi) = \sum_{i=0}^{N} a_i a^{if(\xi)}, \tag{2.97}$$

其中 α, β, σ 为参数, a_i $(i = 0, 1, \cdots, N)$ 为待定常数. 显然, 作者是把 $\mathrm{Exp}(-\varphi(\xi))$-展开法推广到一般指数函数上. 因为, 方程 (2.96) 两边乘以 $a^{f(\xi)}\ln a$, 所以有

$$\frac{d}{d\xi}a^{f(\xi)} = a^{f(\xi)}\ln a \times f'(\xi) = \alpha + \beta a^{f(\xi)} + \sigma a^{2f(\xi)},$$

亦即 $F(\xi) = a^{f(\xi)}$ 恰好满足 Riccati 方程

$$F'(\xi) = \alpha + \beta F(\xi) + \sigma F^2(\xi), \tag{2.98}$$

而展开式 (2.97), 则变成

$$u(\xi) = \sum_{i=0}^{N} a_i a^{if(\xi)} = \sum_{i=0}^{N} a_i F^i(\xi). \tag{2.99}$$

因此, Khater 展开法变成 Riccati 方程展开法, 或者说可用 Riccati 方程 (2.98) 作为辅助方程, 解的展开式取 (2.99) 来求出非线性波方程的解, 则得到与 Khater 展开法给出的解相同的解. 但注意的是 Khater 等给出辅助方程 (2.96) 的许多错误的解, 不能直接借用.

2.4.4 w/g-展开法

2009 年, 李文安等提出 G'/G-展开法的一个推广, 并将其命名为 w/g-展开法, 且指出这一方法包含了 G'/G-展开法、双曲正切函数展开法、g'/g^2-展开法和 g'-展开法等. 后来, 于 2014 年, Zayed 对该方法进行推广并给出修正 w/g-展开法.

2.4 四种展开法与 Riccati 方程展开法的联系

w/g-展开法所选取的非线性波方程解的展开式为

$$u(x,t) = u(\xi) = \sum_{j=0}^{n} a_j \left(\frac{w}{g}\right)^j, \quad \xi = x - \omega t, \tag{2.100}$$

其中 $a_j\ (j=0,1,\cdots,n)$, ω 为待定常数, 函数 $w=w(\xi), g=g(\xi)$ 满足下面辅助方程

$$\left(\frac{w}{g}\right)' = a + b\frac{w}{g} + c\left(\frac{w}{g}\right)^2, \tag{2.101}$$

这里 a,b,c 为常数.

w/g-展开法所包含的四种特殊情形如下:

情形1 当 $w=g', a=-\mu, b=-\lambda, c=-1$ 时, (2.100) 和 (2.101) 分别约化为

$$u(x,t) = u(\xi) = \sum_{j=0}^{n} a_j \left(\frac{g'}{g}\right)^j, \quad \xi = x - \omega t \tag{2.102}$$

和

$$g'' + \lambda g' + \mu g = 0, \tag{2.103}$$

即此情形刚好变成 G'/G-展开法, 从而可用 Riccati 方程展开法来替代.

情形2 当 $w=\tanh\xi, g=1, a=1, b=0, c=-1$ 时, (2.100) 和 (2.101) 约化为

$$u(x,t) = u(\xi) = \sum_{j=0}^{n} a_j \tanh^j \xi, \quad \xi = x - \omega t \tag{2.104}$$

和

$$w' = 1 - w^2, \tag{2.105}$$

即此情形刚好变成扩展双曲正切函数法的特例, 从而也可用 Riccati 方程展开法来代替.

情形3 当 $w=g'/g, b=0$ 时, (2.100) 和 (2.101) 分别约化为

$$u(x,t) = u(\xi) = \sum_{j=0}^{n} a_j \left(\frac{g'}{g^2}\right)^j, \quad \xi = x - \omega t \tag{2.106}$$

和

$$\left(\frac{g'}{g^2}\right)' = a + c\left(\frac{g'}{g^2}\right)^2, \tag{2.107}$$

即此情形在变换 $F(\xi) = g'/g^2$ 下刚好变成 $b=0$ 时的 Riccati 方程展开法.

情形4 当 $w = gg'$ 时, (2.100) 和 (2.101) 分别约化为

$$u(x,t) = u(\xi) = \sum_{j=0}^{n} a_j (g')^j, \quad \xi = x - \omega t \tag{2.108}$$

和

$$g'' = a + bg' + cg'^2, \tag{2.109}$$

即此情形在变换 $F(\xi) = g'$ 下刚好变成 Riccati 方程展开法.

总之, 对 w/g-展开法, 如果置 $F(\xi) = w(\xi)/g(\xi)$, 则 (2.100) 和 (2.101) 分别变成

$$u(\xi) = \sum_{j=0}^{n} a_j F^j(\xi)$$

和

$$F'^2(\xi) = a + bF(\xi) + cF^2(\xi).$$

同时, 注意到 w/g-展开法中没有必要分别算出 w 与 g 的表达式, 而只需计算表达式 $F(\xi) = w(\xi)/g(\xi)$ 的事实可知在 Riccati 方程 (2.101) 中无论怎样选择 w, w/g-展开法总会变成 Riccati 方程展开法.

作为 Riccati 方程展开法的讨论, 这里说明的是对于反射 Riccati 方程法已有相关文献进行了专门的讨论, 故对此不再进行重述.

第 3 章 辅助方程法

本章介绍构造非线性波方程的孤波解、三角函数周期解、指数函数解与有理解的另一种代数方法——辅助方程法. 首先, 利用直接积分法给出辅助方程的 Bäcklund 变换, 并用间接变换法建立辅助方程的 Bäcklund 变换与解的非线性叠加公式. 其次, 给出辅助方程解的等价性的证明和解的分类. 最后, 介绍辅助方程法的一种推广.

2003 年, 我们借助一阶常微分方程 (属于第四种椭圆方程)

$$F'^2(\xi) = c_2 F^2(\xi) + c_3 F^3(\xi) + c_4 F^4(\xi), \tag{3.1}$$

以及它的解

$$F(\xi) = \begin{cases} \dfrac{-c_2 c_3 \mathrm{sech}^2\left(\pm\dfrac{\sqrt{c_2}}{2}\xi\right)}{c_3^2 - c_2 c_4\left(1 - \tanh\left(\pm\dfrac{\sqrt{c_2}}{2}\xi\right)\right)^2}, & c_2 > 0, \\[2ex] \dfrac{2 c_2 \mathrm{sech}\left(\sqrt{c_2}\xi\right)}{\sqrt{c_3^2 - 4 c_2 c_4} - c_3 \mathrm{sech}\left(\sqrt{c_2}\xi\right)}, & \Delta = c_3^2 - 4 c_2 c_4 > 0, \ c_2 > 0 \end{cases} \tag{3.2}$$

提出辅助方程法, 并于 2006 年将这一结果推广到另一辅助方程

$$F'^2(\xi) = a F^2(\xi) + b F^4(\xi) + c F^6(\xi), \tag{3.3}$$

的情形. 2006 年, 作者给出方程 (3.1) 的 14 种解, 2007 年将这一结果从方程 (3.1) 推广到方程 (3.3). 2009 年, 刘春平等给出辅助方程 (3.1) 的由 6 个解组成的解的分类 (按正负号合并后为 4 种) 并证明了 (3.2) 式中的第一个解与这 6 种解之间的等价性. 2009 年, 刘晓平等又考虑了辅助方程 (3.1) 与 (3.3) 的解之间的联系以及以上 14 种解与 6 种解之间的等价性. 尽管如此, 到目前为止在许多文献中仍在沿用当初的 14 种解, 且前后有不少作者给出辅助方程 (3.1) 的许多形式不同的所谓新解. 因此, 有必要审视辅助方程 (3.1) 的已知解并对其重新分类.

3.1 Bäcklund 变换与非线性叠加公式

本节首先利用直接积分法来构造方程 (3.1) 的 Bäcklund 变换, 其次借助方程

(3.1) 与 Riccati 方程 (2.1) 之间的变换关系来构造方程 (3.1) 的 Bäcklund 变换以及解的非线性叠加公式.

3.1.1 直接积分法

设 $F_n(\xi)$ 和 $F_{n-1}(\xi)$ 为方程 (3.1) 的两个解, 亦即有

$$F_n'^2(\xi) = c_2 F_n^2(\xi) + c_3 F_n^3(\xi) + c_4 F_n^4(\xi),$$

$$F_{n-1}'^2(\xi) = c_2 F_{n-1}^2(\xi) + c_3 F_{n-1}^3(\xi) + c_4 F_{n-1}^4(\xi),$$

或将上两式改写成分离变量的形式, 则有

$$\frac{dF_n}{\sqrt{c_2 F_n^2 + c_3 F_n^3 + c_4 F_n^4}} = \frac{dF_{n-1}}{\sqrt{c_2 F_{n-1}^2 + c_3 F_{n-1}^3 + c_4 F_{n-1}^4}}.$$

上式两边关于 ξ 积分, 可得

$$\frac{1}{\sqrt{c_2}} \operatorname{artanh}\left(\frac{c_3 F_n + 2c_2}{2\sqrt{c_2}\sqrt{c_2 + c_3 F_n + c_4 F_n^2}}\right) - \frac{1}{\sqrt{c_2}} \operatorname{artanh}(A)$$
$$= \frac{1}{\sqrt{c_2}} \operatorname{artanh}\left(\frac{c_3 F_{n-1} + 2c_2}{2\sqrt{c_2}\sqrt{c_2 + c_3 F_{n-1} + c_4 F_{n-1}^2}}\right), \quad c_2 > 0, \quad (3.4)$$

$$\frac{1}{\sqrt{-c_2}} \arctan\left(\frac{c_3 F_n + 2c_2}{2\sqrt{-c_2}\sqrt{c_2 + c_3 F_n + c_4 F_n^2}}\right) - \frac{1}{\sqrt{-c_2}} \arctan(B)$$
$$= \frac{1}{\sqrt{-c_2}} \arctan\left(\frac{c_3 F_{n-1} + 2c_2}{2\sqrt{-c_2}\sqrt{c_2 + c_3 F_{n-1} + c_4 F_{n-1}^2}}\right), \quad c_2 < 0, \quad (3.5)$$

$$\frac{1}{\sqrt{-c_2}} \arcsin\left(\frac{c_3 F_n + 2c_2}{F_n \sqrt{c_3^2 - 4c_2 c_4}}\right) - \frac{1}{\sqrt{-c_2}} \arcsin\left(\frac{C}{\Delta}\right)$$
$$= \frac{1}{\sqrt{-c_2}} \arcsin\left(\frac{c_3 F_{n-1} + 2c_2}{F_{n-1} \sqrt{c_3^2 - 4c_2 c_4}}\right), \quad c_2 < 0, \Delta = c_3^2 - 4c_2 c_4 > 0, \quad (3.6)$$

其中 A, B, C 为积分常数.

从以上三式中解出 F_n 就可以得出辅助方程 (3.1) 的 Bäcklund 变换. 为此, 先将以上三式转化为代数方程, 再通过求解代数方程来确定 F_n. 下面分别考虑由以上三式确定方程 (3.1) 的 Bäcklund 变换的具体过程.

对于 (3.4), 先借助等式

$$\operatorname{artanh} x = \frac{1}{2} \ln \frac{1+x}{1-x},$$

3.1 Bäcklund 变换与非线性叠加公式

可得到如下等式

$$\operatorname{artanh} x - \operatorname{artanh} y = \frac{1}{2}\ln\frac{1+x}{1-x} - \frac{1}{2}\ln\frac{1+y}{1-y} = \frac{1}{2}\ln\frac{(1+x)(1-y)}{(1-x)(1+y)}.$$

在上式中置

$$x = \frac{c_3 F_n + 2c_2}{2\sqrt{c_2}\sqrt{c_2 + c_3 F_n + c_4 F_n^2}}, \quad y = \frac{c_3 F_{n-1} + 2c_2}{2\sqrt{c_2}\sqrt{c_2 + c_3 F_{n-1} + c_4 F_{n-1}^2}},$$

那么 (3.4) 可以改写成

$$\frac{1}{2}\ln\frac{(1+x)(1-y)}{(1-x)(1+y)} = \frac{1}{2}\ln\frac{1+A}{1-A},$$

亦即解出

$$\frac{c_3 F_n + 2c_2}{2\sqrt{c_2}\sqrt{c_2 + c_3 F_n + c_4 F_n^2}} = x = \frac{A+y}{1+Ay} = \frac{2A\sqrt{c_2}T_{n-1} + c_3 F_{n-1} + 2c_2}{2\sqrt{c_2}T_{n-1} + A(c_3 F_{n-1} + 2c_2)},$$

其中 $T_{n-1} = \sqrt{c_2 + c_3 F_{n-1} + c_4 F_{n-1}^2}$. 再将上式改写成

$$\frac{c_3 F_n + 2c_2}{\sqrt{c_2 + c_3 F_n + c_4 F_n^2}} = \frac{2\sqrt{c_2}\left[2A\sqrt{c_2}T_{n-1} + c_3 F_{n-1} + 2c_2\right]}{2\sqrt{c_2}T_{n-1} + A(c_3 F_{n-1} + 2c_2)}.$$

置 $A = 2\sqrt{c_2}\alpha$, 则可将上式改写成

$$\frac{c_3 F_n + 2c_2}{\sqrt{c_2 + c_3 F_n + c_4 F_n^2}} = \frac{4c_2\alpha T_{n-1} + c_3 F_{n-1} + 2c_2}{T_{n-1} + \alpha(c_3 F_{n-1} + 2c_2)} \triangleq M_{n-1}.$$

上式两边平方后经整理可得到如下 F_n 所满足的二次代数方程

$$(c_3^2 - c_4 M_{n-1}^2)F_n^2 + (4c_2 c_3 - c_3 M_{n-1}^2)F_n + 4c_2^2 - c_2 M_{n-1}^2 = 0. \tag{3.7}$$

根据一元二次方程的求根公式解出方程 (3.7) 的未知变量 F_n 就得到辅助方程 (3.1) 的第一种 Bäcklund 变换为

$$\begin{cases} F_n = \dfrac{c_3 M_{n-1}^2 - 4c_2 c_3 \pm M_{n-1}\sqrt{(c_3^2 - 4c_2 c_4)(M_{n-1}^2 - 4c_2)}}{2(c_3^2 - c_4 M_{n-1}^2)}, \\ M_{n-1} = \dfrac{4c_2\alpha T_{n-1} + c_3 F_{n-1} + 2c_2}{T_{n-1} + \alpha(c_3 F_{n-1} + 2c_2)}, \\ T_{n-1} = \sqrt{c_2 + c_3 F_{n-1} + c_4 F_{n-1}^2}, \quad c_2 > 0, \end{cases} \tag{3.8}$$

其中 α 为任意常数.

对应于等式 (3.5), 置

$$x = \frac{c_3 F_n + 2c_2}{2\sqrt{-c_2}\sqrt{c_2 + c_3 F_n + c_4 F_n^2}}, \quad y = \frac{c_3 F_{n-1} + 2c_2}{2\sqrt{-c_2}\sqrt{c_2 + c_3 F_{n-1} + c_4 F_{n-1}^2}},$$

并借助恒等式 $\arctan x - \arctan y = \arctan \dfrac{x-y}{1+xy}$, 则可将 (3.5) 改写为

$$\arctan \frac{x-y}{1+xy} = \arctan(B) \Longrightarrow \frac{x-y}{1+xy} = B.$$

由上式可以解出

$$\frac{c_3 F_n + 2c_2}{2\sqrt{-c_2}\sqrt{c_2 + c_3 F_n + c_4 F_n^2}} = x = \frac{B+y}{1-By} = \frac{2\sqrt{-c_2} B T_{n-1} + c_3 F_{n-1} + 2c_2}{2\sqrt{-c_2} T_{n-1} - B(c_3 F_{n-1} + 2c_2)},$$

其中 $T_{n-1} = \sqrt{c_2 + c_3 F_{n-1} + c_4 F_{n-1}^2}$. 若在上式中置 $B = 2\sqrt{-c_2}\beta$, 则有

$$\frac{c_3 F_n + 2c_2}{\sqrt{c_2 + c_3 F_n + c_4 F_n^2}} = \frac{-4c_2 \beta T_{n-1} + c_3 F_{n-1} + 2c_2}{T_{n-1} - \beta(c_3 F_{n-1} + 2c_2)} \triangleq K_{n-1}.$$

上式两边平方后经整理, 则得到如下二次代数方程

$$(c_3^2 - c_4 K_{n-1}^2) F_n^2 + (4c_2 c_3 - c_3 K_{n-1}^2) F_n + 4c_2^2 - c_2 K_{n-1}^2 = 0. \tag{3.9}$$

解此代数方程, 则得到辅助方程 (3.1) 的第二种 Bäcklund 变换

$$\begin{cases} F_n = \dfrac{c_3 K_{n-1}^2 - 4c_2 c_3 \pm K_{n-1}\sqrt{(c_3^2 - 4c_2 c_4)(K_{n-1}^2 - 4c_2)}}{2(c_3^2 - c_4 K_{n-1}^2)}, \\ K_{n-1} = \dfrac{-4c_2 \beta T_{n-1} + c_3 F_{n-1} + 2c_2}{T_{n-1} - \beta(c_3 F_{n-1} + 2c_2)}, \\ T_{n-1} = \sqrt{c_2 + c_3 F_{n-1} + c_4 F_{n-1}^2}, \quad c_2 < 0, \end{cases} \tag{3.10}$$

其中 β 为任意参数.

对于等式 (3.6), 令

$$x = \frac{c_3 F_n + 2c_2}{\sqrt{\Delta} F_n}, \quad y = \frac{c_3 F_{n-1} + 2c_2}{\sqrt{\Delta} F_{n-1}}, \quad \Delta = c_3^2 - 4c_2 c_4,$$

并借助恒等式 $\arcsin x - \arcsin y = \arcsin\left(x\sqrt{1-y^2} - y\sqrt{1-x^2}\right)$, 将 (3.6) 改写成

$$\frac{c_3 F_n + 2c_2}{\sqrt{\Delta} F_n}\sqrt{1 - \left(\frac{c_3 F_{n-1} + 2c_2}{\sqrt{\Delta} F_{n-1}}\right)^2} - \frac{c_3 F_{n-1} + 2c_2}{\sqrt{\Delta} F_{n-1}}\sqrt{1 - \left(\frac{c_3 F_n + 2c_2}{\sqrt{\Delta} F_n}\right)^2} = \frac{C}{\Delta}.$$

3.1 Bäcklund 变换与非线性叠加公式

经简单计算可将上式简化为

$$2\sqrt{-c_2}(c_3F_n + 2c_2)\sqrt{c_2 + c_3F_{n-1} + c_4F_{n-1}^2}$$
$$- 2\sqrt{-c_2}(c_3F_{n-1} + 2c_2)\sqrt{c_2 + c_3F_n + c_4F_n^2} = CF_nF_{n-1}.$$

置 $C = 2\sqrt{-c_2}\gamma, T_{n-1} = \sqrt{c_2 + c_3F_{n-1} + c_4F_{n-1}^2}$,则上式可化简为

$$(c_3F_n + 2c_2)T_{n-1} - (c_3F_{n-1} + 2c_2)\sqrt{c_2 + c_3F_n + c_4F_n^2} = \gamma F_nF_{n-1}.$$

上式移项后平方并整理,则得到 F_n 所满足的二次代数方程

$$\begin{aligned}&\left[(\gamma^2 - c_3^2c_4)F_{n-1}^2 - 2c_3(\gamma T_{n-1} + 2c_2c_4)F_{n-1} + c_3^2T_{n-1}^2 - 4c_2^2c_4\right]F_n^2\\&+ \left[-c_3^3F_{n-1}^2 - 4c_2(\gamma T_{n-1} + c_3^2)F_{n-1} + 4c_2c_3(T_{n-1}^2 - c_2)\right]F_n\\&- c_3^2c_2F_{n-1}^2 - 4c_2^2c_3F_{n-1} + 4c_2^2T_{n-1}^2 - 4c_2^3 = 0.\end{aligned} \quad (3.11)$$

解方程 (3.11), 则得到辅助方程 (3.1) 的第三种 Bäcklund 变换

$$\begin{cases} F_n = \dfrac{F_{n-1}\left[(c_3^3 - 4c_2c_3c_4)F_{n-1} + 4c_2\gamma T_{n-1} \pm H_{n-1}\right]}{2\left[\gamma F_{n-1}^2 + (c_3^3 - 4c_2c_3c_4 - 2\gamma c_3T_{n-1})F_{n-1} + c_2(c_3^2 - 4c_2c_4)\right]}, \\ H_{n-1} = (c_3F_{n-1} + 2c_2)\sqrt{(c_3^2 - 4c_2c_3)^2 + 4c_2\gamma^2}, \\ T_{n-1} = \sqrt{c_2 + c_3F_{n-1} + c_4F_{n-1}^2}, c_2 < 0, \quad \Delta = c_3^2 - 4c_2c_4 > 0, \end{cases} \quad (3.12)$$

其中 γ 为任意参数.

在以上得到的三种 Bäcklund 变换 (3.8), (3.10) 和 (3.12) 中取 $c_3 = 0$ 和 $c_4 = 0$ 时可以得到方程

$$F'^2(\xi) = c_2F^2(\xi) + c_4F^4(\xi)$$

和方程

$$F'^2(\xi) = c_2F^2(\xi) + c_3F^3(\xi)$$

的 Bäcklund 变换. 但由于以上三个 Bäcklund 变换中不能取 $c_2 = 0$, 于是不能由 (3.8), (3.10) 和 (3.12) 得到方程

$$F'^2(\xi) = c_3F^3(\xi) + c_4F^4(\xi) \quad (3.13)$$

的 Bäcklund 变换. 因此, 必须单独给出方程 (3.13) 的 Bäcklund 变换. 为此, 假设 $F_n(\xi), F_{n-1}(\xi)$ 为方程 (3.13) 的两个解, 则有

$$F_n'^2(\xi) = c_3F_n^3(\xi) + c_4F_n^4(\xi), \quad F_{n-1}'^2(\xi) = c_3F_{n-1}^3(\xi) + c_4F_{n-1}^4(\xi).$$

将上式改写为

$$\frac{dF_n}{\sqrt{c_3 F_n^3 + c_4 F_n^4}} = \frac{dF_{n-1}}{\sqrt{c_3 F_{n-1}^3 + c_4 F_{n-1}^4}}.$$

上式两边积分可得

$$\frac{\sqrt{c_3 F_n + c_4 F_n^2}}{F_n} = \frac{\sqrt{c_3 F_{n-1} + c_4 F_{n-1}^2}}{F_{n-1}} + \sigma,$$

这里 σ 为任意参数.

上式两边平方后得到

$$c_4 + \frac{c_3}{F_n} = \left(\frac{\sqrt{c_3 F_{n-1} + c_4 F_{n-1}^2}}{F_{n-1}} + \sigma \right)^2.$$

由上式解出 F_n, 则得到方程 (3.13) 的 Bäcklund 变换

$$F_n = \frac{c_3 F_{n-1}}{c_3 + 2\sigma \sqrt{c_3 F_{n-1} + c_4 F_{n-1}^2} + \sigma^2 F_{n-1}}, \tag{3.14}$$

其中 σ 为任意参数.

3.1.2 间接变换法

引入变换

$$F(\xi) = \frac{4f^2(\xi) - c_2}{c_3 - 4\sqrt{c_4} f(\xi)}, \tag{3.15}$$

并将其代入方程 (3.1), 则得到

$$\left(\frac{dF}{d\xi} \right)^2 - c_2 F^2 - c_3 F^3 - c_4 F^4 = \frac{16 \left(\frac{df}{d\xi} - f^2 + \frac{c_2}{4} \right) \left(\frac{df}{d\xi} + f^2 - \frac{c_2}{4} \right) H(f)}{\left(4\sqrt{c_4} f - c_3 \right)^4},$$

$$H(f) = 16 c_4 f^4 - 16 c_3 \sqrt{c_4} f^3 + \left(4c_3^2 + 8 c_2 c_4 \right) f^2 - 4 c_2 c_3 \sqrt{c_4} f + c_2^2 c_4.$$

由此知, $F(\xi)$ 是辅助方程 (3.1) 的解当且仅当 $f(\xi)$ 是 Riccati 方程

$$f'(\xi) = f^2(\xi) - \frac{1}{4} c_2 \tag{3.16}$$

的解. 这说明辅助方程 (3.1) 的 Bäcklund 变换与解的非线性叠加公式可以经过变换 (3.15) 而间接地从 Riccati 方程 (3.16) 的 Bäcklund 变换与解的非线性叠加公式得出.

利用 Riccati 方程 (2.1) 的 Bäcklund 变换 (2.3) 和解非线性叠加公式 (2.8), 则得到 Riccati 方程 (3.16) 的 Bäcklund 变换

$$f_n = \frac{f_{n-1} + \frac{c_2}{4}\alpha}{1 + \alpha f_{n-1}} = \frac{4f_{n-1} + \alpha c_2}{4 + 4\alpha f_{n-1}} \tag{3.17}$$

和解的非线性叠加公式

$$f_3 = \frac{\alpha_1 f_2 - \alpha_2 f_1}{\alpha_1 f_1 - \alpha_2 f_2} f_0, \tag{3.18}$$

其中 f_n, f_{n-1}, f_i $(i = 0, 1, 2, 3)$ 是方程 (3.16) 的解, α, α_i $(i = 1, 2)$ 等为任意常数.

利用变换 (3.15) 可将方程 (3.1) 的两个解 F_n 和 F_{n-1} 表示为

$$F_n = \frac{4f_n^2 - c_2}{c_3 - 4\sqrt{c_4}f_n}, \tag{3.19}$$

$$F_{n-1} = \frac{4f_{n-1}^2 - c_2}{c_3 - 4\sqrt{c_4}f_{n-1}}. \tag{3.20}$$

由 (3.20) 可以解出

$$f_{n-1} = -\frac{1}{2}\sqrt{c_4}F_{n-1} + \frac{\varepsilon}{2}T_{n-1}, \quad T_{n-1} = \sqrt{c_2 + c_3 F_{n-1} + c_4 F_{n-1}^2}, \quad \varepsilon = \pm 1. \tag{3.21}$$

因此, 将 (3.17) 和 (3.21) 一起代入 (3.19), 则得到方程 (3.1) 的 Bäcklund 变换

$$F_n = \frac{H_{n-1}^2 - c_2}{c_3 - 2\sqrt{c_4}H_{n-1}}, \quad H_{n-1} = \frac{2(\varepsilon T_{n-1} - \sqrt{c_4}F_{n-1}) + \alpha c_2}{2 + \alpha(\varepsilon T_{n-1} - \sqrt{c_4}F_{n-1})}, \tag{3.22}$$

这里 T_{n-1} 由 (3.21) 式给定.

再由 (3.18) 和 (3.19), 容易给出辅助方程 (3.1) 的解的非线性叠加公式如下

$$\begin{cases} F_3 = \dfrac{4f_3^2 - c_2}{c_3 - 4\sqrt{c_4}f_3}, \quad f_3 = \dfrac{\alpha_1 f_2 - \alpha_2 f_1}{\alpha_1 f_1 - \alpha_2 f_2} f_0, \\ f_n = \dfrac{1}{2}(\varepsilon T_n - \sqrt{c_4}F_n), \quad T_n = \sqrt{c_2 + c_3 F_n + c_4 F_n^2}, \quad n = 0, 1, 2. \end{cases} \tag{3.23}$$

3.2 解的等价性及其分类

不同文献中给出辅助方程 (3.1) 的许多解, 难以一一直接验证它们之间的等价性. 因此, 有必要建立一种统一的证明途径. 下面给出的四个引理就是为此目的而归纳形成, 且对行波解等价性的证明和行波解的简化具有普遍意义.

引理 3.1　对任意实数 $\alpha > 0, \beta > 0$, 下面等式成立

$$\begin{cases} \alpha e^\xi + \beta e^{-\xi} = 2\sqrt{\alpha\beta}\cosh\left(\xi + \dfrac{1}{2}\ln\dfrac{\alpha}{\beta}\right), \\ \alpha e^\xi - \beta e^{-\xi} = 2\sqrt{\alpha\beta}\sinh\left(\xi + \dfrac{1}{2}\ln\dfrac{\alpha}{\beta}\right). \end{cases} \tag{3.24}$$

引理 3.2　对任意实数 A, B, 当 $A^2 > B^2$ 时下面等式成立

$$\begin{cases} A\sinh\eta \pm B\cosh\eta = \sqrt{A^2 - B^2}\sinh\left(\eta \pm \dfrac{1}{2}\ln\dfrac{A+B}{A-B}\right), & A > B, \\ A\sinh\eta \pm B\cosh\eta = -\sqrt{A^2 - B^2}\sinh\left(\eta \pm \dfrac{1}{2}\ln\dfrac{A+B}{A-B}\right), & A < B. \end{cases} \tag{3.25}$$

引理 3.3　对任意实数 A, B, 当 $A^2 < B^2$ 时下面等式成立

$$\begin{cases} A\sinh\eta \pm B\cosh\eta = \mp\sqrt{B^2 - A^2}\cosh\left(\eta \pm \dfrac{1}{2}\ln\dfrac{B+A}{B-A}\right), & A > B, \\ A\sinh\eta \pm B\cosh\eta = \pm\sqrt{B^2 - A^2}\cosh\left(\eta \pm \dfrac{1}{2}\ln\dfrac{B+A}{B-A}\right), & A < B. \end{cases} \tag{3.26}$$

引理 3.4　对任意实数 A, B, 下面等式成立

$$\begin{cases} A\sin\eta \pm B\cos\eta = \sqrt{A^2 + B^2}\sin(\eta \pm \theta), \\ A\cos\eta \pm B\sin\eta = \sqrt{A^2 + B^2}\cos(\eta \mp \theta), \end{cases} \tag{3.27}$$

其中 $\theta = \arctan(B/A)$.

引理 3.1 和引理 3.4 的证明是直接的, 引理 3.2 和引理 3.3 可以用引理 3.1 来证明, 故以上引理的证明从略.

下面考虑作者于 2009 年给出的辅助方程 (3.1) 的 14 个解之间的等价关系. 为此记 $\Delta = c_3^2 - 4c_2c_4, \varepsilon = \pm 1$, 并把这 14 个解当中的 6 个独立的解

$$F_1(\xi) = \frac{2c_2}{\varepsilon\sqrt{\Delta}\cosh\left(\sqrt{c_2}\xi\right) - c_3}, \quad \Delta > 0, \quad c_2 > 0,$$

$$F_2(\xi) = \frac{2c_2}{\varepsilon\sqrt{-\Delta}\sinh\left(\sqrt{c_2}\xi\right) - c_3}, \quad \Delta < 0, \quad c_2 > 0,$$

$$F_{3a}(\xi) = \frac{2c_2}{\varepsilon\sqrt{\Delta}\cos\left(\sqrt{-c_2}\xi\right) - c_3}, \quad \Delta > 0, \quad c_2 < 0,$$

$$F_{3b}(\xi) = \frac{2c_2}{\varepsilon\sqrt{\Delta}\sin\left(\sqrt{-c_2}\xi\right) - c_3}, \quad \Delta > 0, \quad c_2 < 0,$$

3.2 解的等价性及其分类

$$F_4(\xi) = -\frac{c_2}{c_3}\left[1 + \varepsilon \tanh\left(\frac{\sqrt{c_2}}{2}\xi\right)\right], \quad \Delta = 0, \quad c_2 > 0,$$

$$F_5(\xi) = -\frac{c_2}{c_3}\left[1 + \varepsilon \coth\left(\frac{\sqrt{c_2}}{2}\xi\right)\right], \quad \Delta = 0, \quad c_2 > 0$$

视为基本解, 则可以证明其他 8 个解

$$z_1(\xi) = \frac{-c_2 c_3 \mathrm{sech}^2\left(\frac{\sqrt{c_2}}{2}\xi\right)}{c_3^2 - c_2 c_4\left(1 + \varepsilon \tanh\left(\frac{\sqrt{c_2}}{2}\xi\right)\right)^2}, \quad c_2 > 0,$$

$$z_2(\xi) = \frac{c_2 c_3 \mathrm{csch}^2\left(\frac{\sqrt{c_2}}{2}\xi\right)}{c_3^2 - c_2 c_4\left(1 + \varepsilon \coth\left(\frac{\sqrt{c_2}}{2}\xi\right)\right)^2}, \quad c_2 > 0,$$

$$z_3(\xi) = \frac{-c_2 \mathrm{sech}^2\left(\frac{\sqrt{c_2}}{2}\xi\right)}{c_3 + 2\varepsilon\sqrt{c_2 c_4}\tanh\left(\frac{\sqrt{c_2}}{2}\xi\right)}, \quad c_2 > 0, \quad c_4 > 0,$$

$$z_4(\xi) = \frac{c_2 \mathrm{csch}^2\left(\frac{\sqrt{c_2}}{2}\xi\right)}{c_3 + 2\varepsilon\sqrt{c_2 c_4}\coth\left(\frac{\sqrt{c_2}}{2}\xi\right)}, \quad c_2 > 0, \quad c_4 > 0,$$

$$z_5(\xi) = \frac{-c_2 \sec^2\left(\frac{\sqrt{-c_2}}{2}\xi\right)}{c_3 + 2\varepsilon\sqrt{-c_2 c_4}\tan\left(\frac{\sqrt{-c_2}}{2}\xi\right)}, \quad c_2 < 0, \quad c_4 > 0,$$

$$z_6(\xi) = \frac{-c_2 \csc^2\left(\frac{\sqrt{-c_2}}{2}\xi\right)}{c_3 + 2\varepsilon\sqrt{-c_2 c_4}\cot\left(\frac{\sqrt{-c_2}}{2}\xi\right)}, \quad c_2 < 0, \quad c_4 > 0,$$

$$z_7(\xi) = \frac{4c_2 e^{\varepsilon\sqrt{c_2}\xi}}{(e^{\varepsilon\sqrt{c_2}\xi} - c_3)^2 - 4c_2 c_4}, \quad c_2 > 0,$$

$$z_8(\xi) = \frac{4\varepsilon e^{\varepsilon\sqrt{c_2}\xi}}{1 - 4c_2 c_4 e^{2\varepsilon\sqrt{c_2}\xi}}, \quad c_2 > 0, \ c_3 = 0$$

与以上 6 个解等价, 即有下面的定理.

定理 3.1　置 $\Delta = c_3^2 - 4c_2c_4, \varepsilon = \pm 1$, 那么

(1) 当 $c_2 > 0$ 时, 若 $\Delta > 0$, 则 $z_i(\xi) \approx F_1(\xi)\,(i=1,2)$; 若 $\Delta < 0$, 则 $z_i(\xi) \approx F_2(\xi)\,(i=1,2)$.

(2) 当 $c_2 > 0, c_4 > 0$ 时, 若 $\Delta > 0$, 则 $z_i(\xi) \approx F_1(\xi)\,(i=3,4)$; 若 $\Delta < 0$, 则 $z_i(\xi) \approx F_2(\xi)\,(i=3,4)$. 若 $\Delta = 0$, 则 $z_3(\xi) = F_4(\xi), z_4(\xi) = F_5(\xi)$.

(3) 当 $c_2 < 0, c_4 > 0$ 时, 若 $\Delta > 0$, 则 $z_i(\xi) \approx F_{3a}(\xi)|_{\varepsilon=-1}, z_i(\xi) \approx F_{3b}(\xi)\,(i=5,6)$.

(4) 当 $c_2 > 0$ 时, 若 $\Delta > 0$, 则 $z_7(\xi) \approx F_1(\xi)|_{\varepsilon=1}$; 若 $\Delta < 0$, 则 $z_7(\xi) \approx F_2(\xi)$. 若 $\Delta = 0, c_3 < 0$, 则 $z_7(\xi) \approx F_4(\xi)$; 若 $\Delta = 0, c_3 > 0$, 则 $z_7(\xi) \approx F_5(\xi)$.

(5) 当 $c_2 > 0, c_3 = 0$ 时, 若 $c_4 < 0$, 则 $z_8(\xi) \approx F_1(\xi)$; 若 $c_4 > 0$, 则 $z_8(\xi) \approx F_2(\xi)$.

证　(1) 利用下面的双曲函数恒等式

$$\mathrm{sech}\,x = \frac{1}{\cosh x}, \quad \mathrm{csch}\,x = \frac{1}{\sinh x}, \quad \sinh x = 2\sinh\frac{x}{2}\cosh\frac{x}{2},$$

以及 (2.77) 中的前两个等式, 可以将 $z_1(\xi), z_2(\xi)$ 改写成

$$z_1(\xi) = \frac{-2c_2c_3}{c_3^2 \mp \left[2c_2c_4 \sinh\left(\sqrt{c_2}\xi\right) \mp (c_3^2 - 2c_2c_4) \cosh\left(\sqrt{c_2}\xi\right)\right]}, \tag{3.28}$$

$$z_2(\xi) = \frac{2c_2c_3}{-c_3^2 \mp \left[2c_2c_4 \sinh\left(\sqrt{c_2}\xi\right) \mp (c_3^2 - 2c_2c_4) \cosh\left(\sqrt{c_2}\xi\right)\right]}. \tag{3.29}$$

置 $A = 2c_2c_4, B = c_3^2 - 2c_2c_4$, 则 $A^2 - B^2 = -c_3^2\Delta$. 因此, 当 $\Delta > 0$ 时 $A^2 < B^2$ 且 $A < B$, 故由引理 3.3 的第二式, 得

$$2c_2c_4 \sinh\left(\sqrt{c_2}\xi\right) \mp (c_3^2 - 2c_2c_4) \cosh\left(\sqrt{c_2}\xi\right) = \mp c_3\sqrt{\Delta}\cosh\left(\sqrt{c_2}\xi \mp \frac{1}{2}\ln\left(\frac{c_3^2}{\Delta}\right)\right),$$

而当 $\Delta < 0$ 时 $A^2 > B^2$ 且 $A > B$, 故由引理 3.2 的第一式, 得

$$2c_2c_4 \sinh\left(\sqrt{c_2}\xi\right) \mp (c_3^2 - 2c_2c_4) \cosh\left(\sqrt{c_2}\xi\right) = \pm c_3\sqrt{-\Delta}\sinh\left(\sqrt{c_2}\xi \mp \frac{1}{2}\ln\left(\frac{c_3^2}{-\Delta}\right)\right).$$

再将以上两式代入 (3.28) 和 (3.29) 式, 则得到

$$z_1(\xi) = \begin{cases} \dfrac{2c_2}{\varepsilon\sqrt{\Delta}\cosh\left(\sqrt{c_2}\xi \mp \dfrac{1}{2}\ln\left(\dfrac{c_3^2}{\Delta}\right)\right) - c_3}, & \Delta > 0,\ c_2 > 0, \\[2ex] \dfrac{2c_2}{\varepsilon\sqrt{-\Delta}\sinh\left(\sqrt{c_2}\xi \mp \dfrac{1}{2}\ln(\dfrac{c_3^2}{-\Delta})\right) - c_3}, & \Delta < 0,\ c_2 > 0, \end{cases}$$

3.2 解的等价性及其分类

$$z_2(\xi) = \begin{cases} \dfrac{2c_2}{\varepsilon\sqrt{\Delta}\cosh\left(\sqrt{c_2}\xi \mp \dfrac{1}{2}\ln\left(\dfrac{c_3^2}{\Delta}\right)\right) - c_3}, & \Delta > 0, c_2 > 0, \\[2mm] \dfrac{2c_2}{\varepsilon\sqrt{-\Delta}\sinh\left(\sqrt{c_2}\xi \mp \dfrac{1}{2}\ln\left(\dfrac{c_3^2}{-\Delta}\right)\right) - c_3}, & \Delta < 0, c_2 > 0. \end{cases}$$

(2) 同理, 可以将 $z_3(\xi)$ 和 $z_4(\xi)$ 改写成

$$z_3(\xi) = \frac{-2c_2}{c_3 \pm \left[2\sqrt{c_2 c_4}\sinh\left(\sqrt{c_2}\xi\right) \pm c_3\cosh\left(\sqrt{c_2}\xi\right)\right]}, \tag{3.30}$$

$$z_4(\xi) = \frac{2c_2}{-c_3 \pm \left[2\sqrt{c_2 c_4}\sinh\left(\sqrt{c_2}\xi\right) \pm c_3\cosh\left(\sqrt{c_2}\xi\right)\right]}. \tag{3.31}$$

置 $A = 2\sqrt{c_2 c_4}, B = c_3$, 则 $A^2 - B^2 = -\Delta$. 当 $\Delta > 0$ 时 $A^2 < B^2$, 故由引理 3.3 可得

$$2\sqrt{c_2 c_4}\sinh\left(\sqrt{c_2}\xi\right) \pm c_3\cosh\left(\sqrt{c_2}\xi\right) = \pm\sqrt{\Delta}\cosh\left(\sqrt{c_2}\xi \pm \frac{1}{2}\ln\left(\frac{c_3 + 2\sqrt{c_2 c_4}}{c_3 - 2\sqrt{c_2 c_4}}\right)\right).$$

当 $\Delta < 0$ 时 $A^2 > B^2$, 故由引理 3.2, 得

$$2\sqrt{c_2 c_4}\sinh\left(\sqrt{c_2}\xi\right) \pm c_3\cosh\left(\sqrt{c_2}\xi\right) = \pm\sqrt{-\Delta}\sinh\left(\sqrt{c_2}\xi \pm \frac{1}{2}\ln\left(\frac{2\sqrt{c_2 c_4} + c_3}{2\sqrt{c_2 c_4} - c_3}\right)\right).$$

将以上两式代入 (3.30) 和 (3.31), 则有

$$z_3(\xi) = \begin{cases} \dfrac{2c_2}{\varepsilon\sqrt{\Delta}\cosh\left(\sqrt{c_2}\xi \pm \dfrac{1}{2}\ln\left(\dfrac{c_3 + 2\sqrt{c_2 c_4}}{c_3 - 2\sqrt{c_2 c_4}}\right)\right) - c_3}, & \Delta > 0, c_2 > 0, c_4 > 0, \\[2mm] \dfrac{2c_2}{\varepsilon\sqrt{-\Delta}\sinh\left(\sqrt{c_2}\xi \pm \dfrac{1}{2}\ln\left(\dfrac{2\sqrt{c_2 c_4} + c_3}{2\sqrt{c_2 c_4} - c_3}\right)\right) - c_3}, & \Delta < 0, c_2 > 0, c_4 > 0, \end{cases}$$

$$z_4(\xi) = \begin{cases} \dfrac{2c_2}{\varepsilon\sqrt{\Delta}\cosh\left(\sqrt{c_2}\xi \pm \dfrac{1}{2}\ln\left(\dfrac{c_3 + 2\sqrt{c_2 c_4}}{c_3 - 2\sqrt{c_2 c_4}}\right)\right) - c_3}, & \Delta > 0, c_2 > 0, c_4 > 0, \\[2mm] \dfrac{2c_2}{\varepsilon\sqrt{-\Delta}\sinh\left(\sqrt{c_2}\xi \pm \dfrac{1}{2}\ln\left(\dfrac{2\sqrt{c_2 c_4} + c_3}{2\sqrt{c_2 c_4} - c_3}\right)\right) - c_3}, & \Delta < 0, c_2 > 0, c_4 > 0. \end{cases}$$

当 $\Delta = 0, c_2 > 0, c_4 > 0$ 时, 由于 $4c_2 c_4 = c_3^2$, 从而有

$$z_3(\xi) = \frac{-c_2\left(1 - \tanh^2\left(\dfrac{\sqrt{c_2}}{2}\xi\right)\right)}{c_3 + \varepsilon c_3 \tanh\left(\dfrac{\sqrt{c_2}}{2}\xi\right)} = -\frac{c_2}{c_3}\left[1 + \varepsilon\tanh\left(\frac{\sqrt{c_2}}{2}\xi\right)\right],$$

$$z_4(\xi) = \frac{-c_2\left(1 - \coth^2\left(\frac{\sqrt{c_2}}{2}\xi\right)\right)}{c_3 + \varepsilon c_3 \coth\left(\frac{\sqrt{c_2}}{2}\xi\right)} = -\frac{c_2}{c_3}\left[1 + \varepsilon \coth\left(\frac{\sqrt{c_2}}{2}\xi\right)\right].$$

(3) 利用恒等式

$$\sec x = \frac{1}{\cos x}, \quad \csc x = \frac{1}{\sin x}, \quad \sin x = 2\sin\frac{x}{2}\cos\frac{x}{2},$$

以及 (2.77) 的后两个等式简化 $z_5(\xi)$ 和 $z_6(\xi)$ 并用引理 3.4, 则有

$$z_5(\xi) = \frac{-2c_2}{2\varepsilon\sqrt{-c_2 c_4}\sin\left(\sqrt{-c_2}\xi\right) + c_3\cos\left(\sqrt{-c_2}\xi\right) + c_3}$$

$$= \begin{cases} \dfrac{2c_2}{-\sqrt{\Delta}\cos\left(\sqrt{-c_2}\xi \mp \theta_1\right) - c_3}, & \Delta > 0,\ c_2 < 0,\ c_4 > 0, \\[2mm] \dfrac{2c_2}{\varepsilon\sqrt{\Delta}\sin\left(\sqrt{-c_2}\xi \pm \theta_2\right) - c_3}, & \Delta > 0,\ c_2 < 0,\ c_4 > 0, \end{cases}$$

$$z_6(\xi) = \frac{-2c_2}{c_3 - c_3\cos\left(\sqrt{-c_2}\xi\right) + 2\varepsilon\sqrt{-c_2 c_4}\sin\left(\sqrt{-c_2}\xi\right)}$$

$$= \begin{cases} \dfrac{2c_2}{-\sqrt{\Delta}\cos\left(\sqrt{-c_2}\xi \pm \theta_1\right) - c_3}, & \Delta > 0,\ c_2 < 0,\ c_4 > 0, \\[2mm] \dfrac{2c_2}{\varepsilon\sqrt{\Delta}\sin\left(\sqrt{-c_2}\xi \mp \theta_2\right) - c_3}, & \Delta > 0,\ c_2 < 0,\ c_4 > 0, \end{cases}$$

这里 $\theta_1 = \arctan\left(\dfrac{2\sqrt{-c_2 c_4}}{c_3}\right), \theta_2 = \arctan\left(\dfrac{c_3}{2\sqrt{-c_2 c_4}}\right)$.

(4) 对 $z_7(\xi)$ 的分母进行展开后分子、分母除以 $e^{\varepsilon\sqrt{c_2}\xi}$, 再用引理 3.1, 则得到

$$z_7(\xi) = \frac{4c_2}{e^{\varepsilon\sqrt{c_2}\xi} + (c_3^2 - 4c_2 c_4)e^{-\varepsilon\sqrt{c_2}\xi} - 2c_3}$$

$$= \begin{cases} \dfrac{2c_2}{\sqrt{\Delta}\cosh\left(\varepsilon\sqrt{c_2}\xi + \frac{1}{2}\ln\left(\frac{1}{\Delta}\right)\right) - c_3}, & \Delta > 0,\ c_2 > 0, \\[2mm] \dfrac{2c_2}{\sqrt{-\Delta}\sinh\left(\varepsilon\sqrt{c_2}\xi + \frac{1}{2}\ln\left(\frac{1}{-\Delta}\right)\right) - c_3}, & \Delta < 0,\ c_2 > 0 \end{cases}$$

$$= \begin{cases} \dfrac{2c_2}{\sqrt{\Delta}\cosh\left(\sqrt{c_2}\xi \pm \frac{1}{2}\ln\left(\frac{1}{\Delta}\right)\right) - c_3}, & \Delta > 0,\ c_2 > 0, \\[2mm] \dfrac{2c_2}{\varepsilon\sqrt{-\Delta}\sinh\left(\sqrt{c_2}\xi \pm \frac{1}{2}\ln\left(\frac{1}{-\Delta}\right)\right) - c_3}, & \Delta < 0,\ c_2 > 0. \end{cases}$$

3.2 解的等价性及其分类

当 $\Delta = 0, c_2 > 0$ 时, 利用等式 (2.78) 有

$$z_7(\xi) = \frac{4c_2}{e^{\varepsilon\sqrt{c_2}\xi} - 2c_3} = \begin{cases} -\dfrac{2c_2}{c_3} \dfrac{1}{1 - e^{\varepsilon\sqrt{c_2}\xi + \ln(\frac{1}{2c_3})}}, & c_3 > 0 \\ -\dfrac{2c_2}{c_3} \dfrac{1}{1 + e^{\varepsilon\sqrt{c_2}\xi + \ln\left(\frac{-1}{2c_3}\right)}}, & c_3 > 0 \end{cases}$$

$$= \begin{cases} -\dfrac{c_2}{c_3}\left[1 - \coth\left(\dfrac{\varepsilon\sqrt{c_2}}{2}\xi + \ln\left(\dfrac{1}{2c_3}\right)\right)\right], & c_3 > 0, \\ -\dfrac{c_2}{c_3}\left[1 - \tanh\left(\dfrac{\varepsilon\sqrt{c_2}}{2}\xi + \ln\left(\dfrac{-1}{2c_3}\right)\right)\right], & c_3 < 0 \end{cases}$$

$$= \begin{cases} -\dfrac{c_2}{c_3}\left[1 + \varepsilon\coth\left(\dfrac{\sqrt{c_2}}{2}\xi \pm \ln\left(\dfrac{1}{2c_3}\right)\right)\right], & c_3 > 0, \\ -\dfrac{c_2}{c_3}\left[1 + \varepsilon\tanh\left(\dfrac{\sqrt{c_2}}{2}\xi \pm \ln\left(\dfrac{-1}{2c_3}\right)\right)\right], & c_3 < 0. \end{cases}$$

(5) 当 $c_2 > 0, c_3 = 0$ 时, 由引理 3.1 可得

$$z_8(\xi) = \frac{4\varepsilon c_2}{e^{-\varepsilon\sqrt{c_2}\xi} - 4c_2 c_4 e^{\varepsilon\sqrt{c_2}\xi}}$$

$$= \begin{cases} \dfrac{4\varepsilon c_2}{2\sqrt{-4c_2 c_4}\cosh\left(\varepsilon\sqrt{c_2}\xi + \dfrac{1}{2}\ln(-4c_2 c_4)\right)}, & c_4 < 0, \\ \dfrac{4\varepsilon c_2}{-2\sqrt{4c_2 c_4}\sinh\left(\varepsilon\sqrt{c_2}\xi + \dfrac{1}{2}\ln(4c_2 c_4)\right)}, & c_4 > 0 \end{cases}$$

$$= \begin{cases} \varepsilon\sqrt{-\dfrac{c_2}{c_4}}\operatorname{sech}\left(\sqrt{c_2}\xi \pm \dfrac{1}{2}\ln(-4c_2 c_4)\right), & c_4 < 0, \\ \varepsilon\sqrt{\dfrac{c_2}{c_4}}\operatorname{csch}\left(\sqrt{c_2}\xi \pm \dfrac{1}{2}\ln(4c_2 c_4)\right), & c_4 > 0, \end{cases}$$

这恰好是 $F_1(\xi)$ 和 $F_2(\xi)$ 取 $c_3 = 0$ 的情形. 至此, 定理结论全部证毕.

考虑田成栋于 2011 年给出的方程 (3.1) 的 4 个解

$$\phi_5(\xi) = \frac{-2c_2\operatorname{sech}\left(\sqrt{c_2}\xi\right)}{c_3\operatorname{sech}\left(\sqrt{c_2}\xi\right) + \sqrt{4c_2^2 - c_3^2 + 4c_2 c_4}\tanh\left(\sqrt{c_2}\xi\right) - 2c_2},$$

$$\phi_6(\xi) = \frac{-2c_2\operatorname{csch}\left(\sqrt{c_2}\xi\right)}{c_3\operatorname{csch}\left(\sqrt{c_2}\xi\right) - \sqrt{4c_2^2 + c_3^2 - 4c_2 c_4}\coth\left(\sqrt{c_2}\xi\right) + 2c_2},$$

$$\phi_7(\xi) = \frac{-2c_2\sec\left(\sqrt{-c_2}\xi\right)}{c_3\sec\left(\sqrt{-c_2}\xi\right) + \sqrt{c_3^2 - 4c_2^2 - 4c_2 c_4}\tan\left(\sqrt{-c_2}\xi\right) - 2c_2},$$

$$\phi_8(\xi) = \frac{-2c_2 \csc\left(\sqrt{-c_2}\xi\right)}{c_3 \csc\left(\sqrt{-c_2}\xi\right) - \sqrt{c_3^2 - 4c_2^2 - 4c_2c_4} \cot\left(\sqrt{-c_2}\xi\right) + 2c_2},$$

则可以得到如下结论.

定理 3.2　置 $\Delta = c_3^2 - 4c_2c_4, \varepsilon = \pm 1$, 那么

(1) 当 $c_2 > 0$ 时, 若 $\Delta > 0$, 则 $\phi_i(\xi) \cong F_1(\xi)|_{\varepsilon=1}$ $(i = 5, 6)$; 若 $\Delta < 0$, 则 $\phi_i(\xi) \cong F_2(\xi)|_{\varepsilon=-1}$ $(i = 5, 6)$.

(2) 当 $c_2 < 0$ 时, 若 $\Delta > 0$, 则 $\phi_i(\xi) \cong F_{3a}(\xi)|_{\varepsilon=1}$ $(i = 7, 8), \phi_i(\xi) \cong F_{3b}(\xi)|_{\varepsilon=-1}$ $(i = 7, 8)$.

证　(1) 置 $A = \sqrt{4c_2^2 - c_3^2 + 4c_2c_4}, B = 2c_2$, 则 $A^2 - B^2 = -\Delta$. 由于在 $\phi_5(\xi)$ 中 $c_2 > 0$, 因此, 当 $\Delta > 0$ 时, $A^2 < B^2$ 且 $A < B$. 当 $\Delta < 0$ 时, $A^2 > B^2$ 且 $A > B$. 故由引理 3.3 的第一式和引理 3.2 的第一式, 得

$$\phi_5(\xi) = \frac{-2c_2}{c_3 + \sqrt{4c_2^2 - c_3^2 + 4c_2c_4}\sinh\left(\sqrt{c_2}\xi\right) - 2c_2\cosh\left(\sqrt{c_2}\xi\right)}$$

$$= \begin{cases} \dfrac{2c_2}{\sqrt{\Delta}\cosh\left(\sqrt{c_2}\xi - \dfrac{1}{2}\ln\left(\dfrac{2c_2 + \sqrt{4c_2^2 - c_3^2 + 4c_2c_4}}{2c_2 - \sqrt{4c_2^2 - c_3^2 + 4c_2c_4}}\right)\right) - c_3}, \\ \qquad\qquad\qquad\qquad\qquad\qquad\qquad\qquad \Delta > 0, \ c_2 > 0, \\ \dfrac{2c_2}{-\sqrt{-\Delta}\sinh\left(\sqrt{c_2}\xi - \dfrac{1}{2}\ln\left(\dfrac{\sqrt{4c_2^2 - c_3^2 + 4c_2c_4} + 2c_2}{\sqrt{4c_2^2 - c_3^2 + 4c_2c_4} - 2c_2}\right)\right) - c_3}, \\ \qquad\qquad\qquad\qquad\qquad\qquad\qquad\qquad \Delta < 0, \ c_2 > 0. \end{cases}$$

若置 $A = 2c_2, B = \sqrt{4c_2^2 + c_3^2 - 4c_2c_4}$, 则 $A^2 - B^2 = -\Delta$. 由于在 $\phi_6(\xi)$ 中 $c_2 > 0$, 因此, 当 $\Delta > 0$ 时, $A^2 < B^2$ 且 $A < B$. 当 $\Delta < 0$ 时, $A^2 > B^2$ 且 $A > B$. 于是, 由引理 3.3 和引理 3.2 的第一式可得

$$\phi_6(\xi) = \frac{-2c_2}{c_3 + 2c_2\sinh\left(\sqrt{c_2}\xi\right) - \sqrt{4c_2^2 + c_3^2 - 4c_2c_4}\cosh\left(\sqrt{c_2}\xi\right)}$$

$$= \begin{cases} \dfrac{2c_2}{\sqrt{\Delta}\cosh\left(\sqrt{c_2}\xi - \dfrac{1}{2}\ln(\dfrac{\sqrt{4c_2^2 + c_3^2 - 4c_2c_4} + 2c_2}{\sqrt{4c_2^2 + c_3^2 - 4c_2c_4} - 2c_2})\right) - c_3}, \\ \qquad\qquad\qquad\qquad\qquad\qquad\qquad\qquad \Delta > 0, \ c_2 > 0, \\ \dfrac{2c_2}{-\sqrt{-\Delta}\sinh\left(\sqrt{c_2}\xi - \dfrac{1}{2}\ln(\dfrac{2c_2 + \sqrt{4c_2^2 + c_3^2 - 4c_2c_4}}{2c_2 - \sqrt{4c_2^2 + c_3^2 - 4c_2c_4}})\right) - c_3}, \\ \qquad\qquad\qquad\qquad\qquad\qquad\qquad\qquad \Delta < 0, \ c_2 > 0. \end{cases}$$

(2) 当 $\Delta > 0, c_2 < 0$ 时, 对 $\phi_7(\xi)$ 和 $\phi_8(\xi)$ 直接由引理 3.4 可得

$$\phi_7(\xi) = \frac{-2c_2}{c_3 + \sqrt{c_3^2 - 4c_2^2 - 4c_2c_4}\sin(\sqrt{-c_2}\xi) - 2c_2\cos(\sqrt{-c_2}\xi)}$$

$$= \begin{cases} \dfrac{2c_2}{\sqrt{\Delta}\cos(\sqrt{-c_2}\xi + \theta_1) - c_3}, \\ \\ \dfrac{2c_2}{-\sqrt{\Delta}\sin(\sqrt{-c_2}\xi - \theta_2) - c_3}, \end{cases}$$

$$\phi_8(\xi) = \frac{-2c_2}{c_3 - \sqrt{c_3^2 - 4c_2^2 - 4c_2c_4}\cos(\sqrt{-c_2}\xi) + 2c_2\sin(\sqrt{-c_2}\xi)}$$

$$= \begin{cases} \dfrac{2c_2}{\sqrt{\Delta}\cos(\sqrt{-c_2}\xi + \theta_1) - c_3}, \\ \\ \dfrac{2c_2}{-\sqrt{\Delta}\sin(\sqrt{-c_2}\xi - \theta_2) - c_3}, \end{cases}$$

其中 $\theta_1 = \arctan\left(\dfrac{\sqrt{c_3^2 - 4c_2^2 - 4c_2c_3}}{2c_2}\right), \theta_2 = \arctan\left(\dfrac{2c_2}{\sqrt{c_3^2 - 4c_2^2 - 4c_2c_3}}\right)$. 至此, 定理证毕.

对于杨先林于 2007 年给出的方程 (3.1) 的 8 个解

$$\varphi_1(\xi) = \frac{2c_2\mathrm{sech}^2\left(\dfrac{\sqrt{c_2}}{2}\xi\right)}{2\sqrt{\Delta} - (\Delta + c_3)\mathrm{sech}^2\left(\dfrac{\sqrt{c_2}}{2}\xi\right)}, \quad \Delta > 0,\ c_2 > 0,$$

$$\varphi_2(\xi) = \frac{2c_2\mathrm{sech}^2\left(\dfrac{\sqrt{c_2}}{2}\xi\right)}{-2\sqrt{\Delta} + (\Delta - c_3)\mathrm{sech}^2\left(\dfrac{\sqrt{c_2}}{2}\xi\right)}, \quad \Delta > 0,\ c_2 > 0,$$

$$\varphi_3(\xi) = \frac{2c_2\mathrm{csch}^2\left(\dfrac{\sqrt{c_2}}{2}\xi\right)}{2\sqrt{\Delta} + (\Delta - c_3)\mathrm{csch}^2\left(\dfrac{\sqrt{c_2}}{2}\xi\right)}, \quad \Delta > 0,\ c_2 > 0,$$

$$\varphi_4(\xi) = \frac{2c_2\mathrm{csch}^2\left(\dfrac{\sqrt{c_2}}{2}\xi\right)}{-2\sqrt{\Delta} - (\Delta + c_3)\mathrm{csch}^2\left(\dfrac{\sqrt{c_2}}{2}\xi\right)}, \quad \Delta > 0,\ c_2 > 0,$$

$$\varphi_5(\xi) = \frac{2c_2\sec^2\left(\dfrac{\sqrt{-c_2}}{2}\xi\right)}{2\sqrt{\Delta} - (\Delta + c_3)\sec^2\left(\dfrac{\sqrt{-c_2}}{2}\xi\right)}, \quad \Delta > 0,\ c_2 < 0,$$

$$\varphi_6(\xi) = \frac{2c_2 \sec^2\left(\frac{\sqrt{-c_2}}{2}\xi\right)}{-2\sqrt{\Delta} + (\Delta - c_3)\sec^2\left(\frac{\sqrt{-c_2}}{2}\xi\right)}, \quad \Delta > 0,\ c_2 < 0,$$

$$\varphi_7(\xi) = \frac{2c_2 \csc^2\left(\frac{\sqrt{-c_2}}{2}\xi\right)}{2\sqrt{\Delta} - (\Delta + c_3)\csc^2\left(\frac{\sqrt{-c_2}}{2}\xi\right)}, \quad \Delta > 0,\ c_2 < 0,$$

$$\varphi_8(\xi) = \frac{2c_2 \csc^2\left(\frac{\sqrt{-c_2}}{2}\xi\right)}{-2\sqrt{\Delta} + (\Delta - c_3)\csc^2\left(\frac{\sqrt{-c_2}}{2}\xi\right)}, \quad \Delta > 0,\ c_2 < 0,$$

可以得到下面的结论.

定理 3.3 置 $\Delta = c_3^2 - 4c_2c_4, \varepsilon = \pm 1$, 那么

若 $\Delta > 0, c_2 > 0$, 则 $\varphi_i(\xi) = F_1(\xi)|_{\varepsilon=1}\ (i=1,3), \varphi_i(\xi) = F_1(\xi)|_{\varepsilon=-1}\ (i=2,4)$.

若 $\Delta > 0, c_2 < 0$, 则 $\varphi_i(\xi) = F_{3a}(\xi)|_{\varepsilon=1}\ (i=5,8), \varphi_i(\xi) = F_{3a}(\xi)|_{\varepsilon=1}\ (i=6,7)$.

证 用双曲函数与三角函数的定义与等式 (2.77), 则有

$$\varphi_1(\xi) = \frac{2c_2}{2\sqrt{\Delta}\cosh^2\left(\frac{\sqrt{c_2}}{2}\xi\right) - \sqrt{\Delta} - c_3} = \frac{2c_2}{\sqrt{\Delta}\cosh\left(\sqrt{c_2}\xi\right) - c_3} = F_1(\xi)|_{\varepsilon=1},$$

$$\varphi_3(\xi) = \frac{2c_2}{2\sqrt{\Delta}\sinh^2\left(\frac{\sqrt{c_2}}{2}\xi\right) + \sqrt{\Delta} - c_3} = \frac{2c_2}{\sqrt{\Delta}\cosh\left(\sqrt{c_2}\xi\right) - c_3} = F_1(\xi)|_{\varepsilon=1},$$

$$\varphi_5(\xi) = \frac{2c_2}{2\sqrt{\Delta}\cos^2\left(\frac{\sqrt{-c_2}}{2}\xi\right) - \sqrt{\Delta} - c_3} = \frac{2c_2}{\sqrt{\Delta}\cos\left(\sqrt{-c_2}\xi\right) - c_3} = F_{3a}(\xi)|_{\varepsilon=1},$$

$$\varphi_8(\xi) = \frac{2c_2}{-2\sqrt{\Delta}\sin^2\left(\frac{\sqrt{-c_2}}{2}\xi\right) + \sqrt{\Delta} - c_3} = \frac{2c_2}{\sqrt{\Delta}\cos\left(\sqrt{-c_2}\xi\right) - c_3} = F_{3a}(\xi)|_{\varepsilon=1}.$$

同理有 $\varphi_2(\xi) = F_1(\xi)|_{\varepsilon=-1}, \varphi_4(\xi) = F_1(\xi)|_{\varepsilon=-1}, \varphi_6(\xi) = F_{3a}(\xi)|_{\varepsilon=-1}, \varphi_7(\xi) = F_{3a}(\xi)|_{\varepsilon=-1}$. 故定理证毕.

对于卢爱红于 2014 年给出方程 (3.1) 的如下两个解

$$f_1(\xi) = -\frac{4c_2\left(\cosh\left(\sqrt{c_2}\xi\right) + \sinh\left(\sqrt{c_2}\xi\right)\right)}{\left(b + \cosh\left(\sqrt{c_2}\xi\right) + \sinh\left(\sqrt{c_2}\xi\right)\right)^2}, \quad c_2 > 0,$$

$$f_2(\xi) = \frac{4c_2\left(\cosh\left(\sqrt{c_2}\xi\right) + \sinh\left(\sqrt{c_2}\xi\right)\right)}{\left(-b + \cosh\left(\sqrt{c_2}\xi\right) + \sinh\left(\sqrt{c_2}\xi\right)\right)^2}, \quad c_2 > 0,$$

可以得到如下等价关系.

3.2 解的等价性及其分类

定理 3.4 若 $c_4 = 0$, 则 $f_1(\xi) \approx F_1(\xi)|_{\varepsilon=-1}, f_2(\xi) \approx F_1(\xi)|_{\varepsilon=1}$.

证 先用等式 $\sinh x + \cosh x = e^x$ 将解的表达式化为指数函数形式, 再用引理 3.1 并注意到 $c_4 = 0$, 则有

$$f_1(\xi) = -\frac{4c_2}{\left(e^{\frac{\sqrt{c_2}}{2}\xi} + c_3 e^{-\frac{\sqrt{c_2}}{2}\xi}\right)^2}$$

$$= \begin{cases} -\dfrac{4c_2}{\left[2\sqrt{c_3}\cosh\left(\dfrac{\sqrt{c_2}}{2}\xi - \ln(\sqrt{c_3})\right)\right]^2}, & c_3 > 0, \\ -\dfrac{4c_2}{\left[2\sqrt{-c_3}\sinh\left(\dfrac{\sqrt{c_2}}{2}\xi - \ln(\sqrt{-c_3})\right)\right]^2}, & c_3 < 0 \end{cases}$$

$$= \begin{cases} -\dfrac{c_2}{c_3}\operatorname{sech}^2\left(\dfrac{\sqrt{c_2}}{2}\xi - \ln(\sqrt{c_3})\right), & c_3 > 0, \\ \dfrac{c_2}{c_3}\operatorname{csch}^2\left(\dfrac{\sqrt{c_2}}{2}\xi - \ln(\sqrt{-c_3})\right), & c_3 < 0. \end{cases}$$

$$f_2(\xi) = \frac{4c_2}{\left(e^{\frac{\sqrt{c_2}}{2}\xi} - c_3 e^{-\frac{\sqrt{c_2}}{2}\xi}\right)^2}$$

$$= \begin{cases} \dfrac{4c_2}{\left[2\sqrt{c_3}\sinh\left(\dfrac{\sqrt{c_2}}{2}\xi - \ln(\sqrt{c_3})\right)\right]^2}, & c_3 > 0, \\ \dfrac{4c_2}{\left[2\sqrt{-c_3}\cosh\left(\dfrac{\sqrt{c_2}}{2}\xi - \ln(\sqrt{-c_3})\right)\right]^2}, & c_3 < 0 \end{cases}$$

$$= \begin{cases} \dfrac{c_2}{c_3}\operatorname{csch}^2\left(\dfrac{\sqrt{c_2}}{2}\xi - \ln(\sqrt{c_3})\right), & c_3 > 0, \\ -\dfrac{c_2}{c_3}\operatorname{sech}^2\left(\dfrac{\sqrt{c_2}}{2}\xi - \ln(\sqrt{-c_3})\right), & c_3 < 0. \end{cases}$$

综合以上结果, 可得 $f_1(\xi) \approx F_1(\xi)|_{\varepsilon=-1}$ 且 $f_2(\xi) \approx F_1(\xi)|_{\varepsilon=1}$, 即定理已得证.

根据以上给出的解的等价性的证明, 辅助方程 (3.1) 的解应该出前面给出的六个独立的解 $F_i(\xi)$ ($i = 1, 2, \cdots, 6$), 再加上系数 $c_3 = c_4 = 0$ 时的指数解

$$F_e(\xi) = e^{\varepsilon\sqrt{c_2}\xi}, \quad c_2 > 0$$

与系数 $c_2 = c_3 = 0$ 和 $c_2 = 0$ 时的有理解

$$F_6(\xi) = \frac{\varepsilon}{\sqrt{c_4}\xi}, \quad c_4 > 0$$

和

$$F_7(\xi) = \frac{4c_3}{c_3^2 \xi^2 - 4c_4}$$

构成. 再注意到, 利用三角函数的周期性, $F_{3a}(\xi)$ 和 $F_{3b}(\xi)$ 可以相互推导的事实, 应将这两个解归并为一类解. 这样以来, 方程 (3.1) 的解的分类可由表 3.1 给出.

表 3.1 方程 (3.1) 的解的分类表(其中 $\Delta = c_3^2 - 4c_2c_4, \varepsilon = \pm 1$)

编号	$F(\xi)$	条件
1	$\dfrac{2c_2}{\varepsilon\sqrt{\Delta}\cosh\left(\sqrt{c_2}\xi\right) - c_3}$	$\Delta > 0, c_2 > 0$
2	$\dfrac{2c_2}{\varepsilon\sqrt{-\Delta}\sinh\left(\sqrt{c_2}\xi\right) - c_3}$	$\Delta < 0, c_2 > 0$
3	$\dfrac{2c_2}{\varepsilon\sqrt{\Delta}\cos\left(\sqrt{-c_2}\xi\right) - c_3}$ 或 $\dfrac{2c_2}{\varepsilon\sqrt{\Delta}\sin\left(\sqrt{-c_2}\xi\right) - c_3}$	$\Delta > 0, c_2 < 0$
4	$-\dfrac{c_2}{c_3}\left[1 + \varepsilon\tanh\left(\dfrac{\sqrt{c_2}}{2}\xi\right)\right]$	$\Delta = 0, c_2 > 0$
5	$-\dfrac{c_2}{c_3}\left[1 + \varepsilon\coth\left(\dfrac{\sqrt{c_2}}{2}\xi\right)\right]$	$\Delta = 0, c_2 > 0$
e	$e^{\varepsilon\sqrt{c_2}\xi}$	$c_3 = c_4 = 0, c_2 > 0$
6	$\dfrac{\varepsilon}{\sqrt{c_4}\xi}$	$c_2 = c_3 = 0, c_4 > 0$
7	$\dfrac{4c_3}{c_3^2\xi^2 - 4c_4}$	$c_2 = 0$

在弄清楚方程 (3.1) 的解的分类之后可以利用辅助方程方程法去求解具体的非线性波方程. 用辅助方程法求解非线性波方程的具体步骤可简述如下:

(1) 辅助方程法的第二步中取辅助方程为方程 (3.1);

(2) 辅助方程的解取由表 3.1 给定的解.

下面举例说明辅助方程法的应用.

例 3.1 考虑修正的广义 Vakhnenko 方程

$$\frac{\partial}{\partial x}\left(\mathscr{D}^2 u + \frac{1}{2}pu^2 + \beta u\right) + q\mathscr{D}u = 0, \quad \mathscr{D} = \frac{\partial}{\partial t} + u\frac{\partial}{\partial x}, \qquad (3.32)$$

其中 p, q, β 为常数. Vakhnenko 方程由 Vakhnenko 于 1992 年提出, 是用来描述一类重要的高频波在稀松介质中传播的非线性模型. Vakhnenko 方程具有环状孤立波解, 而各种扩展的 Vakhnenko 方程具有环状、尖状和峰状孤立波解, 因而具有重要的研究意义.

对于方程 (3.32) 引入两个新的变量 X 和 T, 并作如下积分变换

$$x = T + \int_{-\infty}^{X} U(X', T)dX' + x_0, \quad t = X, \qquad (3.33)$$

3.2 解的等价性及其分类

这里 $u(x,t) = U(X,T)$, 而 x_0 为任意常数. 再引入函数

$$W(X,T) = \int_{-\infty}^{X} U(X',T)dX', \tag{3.34}$$

则根据

$$\frac{\partial}{\partial T} = \frac{\partial}{\partial x}\frac{\partial x}{\partial T} + \frac{\partial}{\partial t}\frac{\partial t}{\partial T}, \quad \frac{\partial}{\partial X} = \frac{\partial}{\partial x}\frac{\partial x}{\partial X} + \frac{\partial}{\partial t}\frac{\partial t}{\partial X} \tag{3.35}$$

和 (3.33), 可得

$$\frac{\partial}{\partial X} = \frac{1}{1+W_T}\frac{\partial}{\partial T}, \quad \frac{\partial}{\partial X} = \frac{\partial}{\partial t} + u\frac{\partial}{\partial x}.$$

于是可知 $\mathscr{D}u = U_x, \mathscr{D}^2 u = U_{xx}$. 这样可将方程 (3.32) 变换为

$$W_{XXXT} + pW_X W_{XT} + q(1+W_T)W_{XX} + \beta W_{XT} = 0. \tag{3.36}$$

作行波变换

$$W(X,T) = W(\xi), \quad \xi = X - \omega T, \tag{3.37}$$

这里 ω 为常数.

将 (3.37) 代入方程 (3.36) 后关于 ξ 积分一次并置积分常数为零, 则得到

$$\omega W''' + \frac{1}{2}\omega(p+q)(W')^2 + (\omega\beta - q)W' = 0. \tag{3.38}$$

令 $v(\xi) = W'(\xi)$, 则上式变成

$$\omega v'' + \frac{1}{2}\omega(p+q)v^2 + (\omega\beta - q)v = 0. \tag{3.39}$$

令方程 (3.39) 中的 v'' 项与 v^2 项相互抵消, 则得到平衡常数 $n = 2$. 于是, 可假设方程 (3.39) 具有如下形式的解

$$v(\xi) = a_0 + a_1 F(\xi) + a_2 F^2(\xi), \tag{3.40}$$

其中 a_i $(i = 0,1,2)$ 为待定常数, $F(\xi)$ 为辅助方程 (3.1) 的解.

将 (3.1) 和 (3.40) 一起代入 (3.39) 后令 F^j $(j = 0,1,2,3,4)$ 的系数等于零, 则得到如下代数方程组

$$\begin{cases} \dfrac{1}{2}\omega(p+q)a_2^2 + 6\omega c_4 a_2 = 0, \\ \dfrac{1}{2}\omega(p+q)a_0^2 + \beta\omega a_0 - q a_0 = 0, \\ \omega(p+q)a_2 a_0 - q a_2 + \dfrac{1}{2}\omega(p+q)a_1^2 + \beta\omega a_2 + 4\omega c_2 a_2 + \dfrac{3}{2}\omega c_3 a_1 = 0, \\ \omega(p+q)a_1 a_2 + 2\omega c_4 a_1 + 5\omega c_3 a_2 = 0, \\ \omega(p+q)a_0 a_1 + \beta\omega a_1 + \omega c_2 a_1 - q a_1 = 0. \end{cases} \tag{3.41}$$

把代数方程组 (3.41) 的解依次代入 (3.40) 式就可以确定方程 (3.39) 的解 $v(\xi)$. 于是, 修正的广义 Vakhnenko 方程 (3.32) 的参数形式的解可由下式确定

$$\begin{cases} u(x,t) = W_X(X,T) = W'(\xi)|_{\xi=t-\omega T} = v(\xi)|_{\xi=t-\omega T}, \\ x = T + W(X,T) + x_0 = T + \int_{-\infty}^{\xi=t-\omega T} v(\xi)d\xi + x_0. \end{cases} \quad (3.42)$$

利用计算机代数系统 Maple 可求得代数方程组 (3.41) 的六组解, 其中能够覆盖修正的广义 Vakhnenko 方程 (3.32) 所有可能解的两组解为

(1) $a_0 = 0, a_1 = 0, a_2 = -\dfrac{12c_4}{p+q}, c_2 = -\dfrac{\beta\omega - q}{4\omega}, c_3 = 0;$

(2) $a_0 = -\dfrac{2(\beta\omega - q)}{\omega(p+q)}, a_1 = 0, a_2 = -\dfrac{12c_4}{p+q}, c_2 = \dfrac{\beta\omega - q}{4\omega}, c_3 = 0.$

将解 (1) 代入 (3.40) 后借助 (3.42), 则得到修正的广义 Vakhnenko 方程 (3.32) 的如下解

$$\begin{cases} u(x,t) = -\dfrac{3(\beta\omega - q)}{\omega(p+q)}\mathrm{sech}^2 \dfrac{1}{2}\sqrt{-\dfrac{\beta\omega - q}{\omega}}(t - \omega T), \\ x = T + \dfrac{6}{p+q}\sqrt{-\dfrac{\beta\omega - q}{\omega}}\tanh \dfrac{1}{2}\sqrt{-\dfrac{\beta\omega - q}{\omega}}(t - \omega T) + x_0, \end{cases} \quad (3.43)$$

$$\begin{cases} u(x,t) = \dfrac{3(\beta\omega - q)}{\omega(p+q)}\mathrm{csch}^2 \dfrac{1}{2}\sqrt{-\dfrac{\beta\omega - q}{\omega}}(t - \omega T), \\ x = T + \dfrac{6}{p+q}\sqrt{-\dfrac{\beta\omega - q}{\omega}}\coth \dfrac{1}{2}\sqrt{-\dfrac{\beta\omega - q}{\omega}}(t - \omega T) + x_0, \end{cases} \quad (3.44)$$

以上两式中 $\omega(\beta\omega - q) < 0, p + q \neq 0$.

$$\begin{cases} u(x,t) = -\dfrac{3(\beta\omega - q)}{\omega(p+q)}\sec^2 \dfrac{1}{2}\sqrt{\dfrac{\beta\omega - q}{\omega}}(t - \omega T), \\ x = T - \dfrac{6}{p+q}\sqrt{\dfrac{\beta\omega - q}{\omega}}\tan \dfrac{1}{2}\sqrt{\dfrac{\beta\omega - q}{\omega}}(t - \omega T) + x_0, \end{cases} \quad (3.45)$$

其中 $\omega(\beta\omega - q) > 0, p + q \neq 0$.

特别地, 在解 (1) 中置 $\omega = q/\beta$ 时, 得到如下解

$$\begin{cases} u(x,t) = -\dfrac{12\beta^2}{(p+q)(\beta t - qT)^2}, \\ x = T + \dfrac{12\beta}{(p+q)(\beta t - qT)} + x_0, \quad p + q \neq 0. \end{cases} \quad (3.46)$$

3.2 解的等价性及其分类

将解 (2) 代入 (3.40) 并借助 (3.42), 则得到修正的广义 Vakhnenko 方程 (3.32) 的如下解

$$\begin{cases} u(x,t) = -\dfrac{(\beta\omega - q)}{\omega(p+q)}\left[2 - 3\operatorname{sech}^2 \dfrac{1}{2}\sqrt{\dfrac{\beta\omega - q}{\omega}}\,(t - \omega T)\right], \\ x = T - \dfrac{2(\beta\omega - q)}{\omega(p+q)}(t - \omega T) + \dfrac{6}{p+q}\sqrt{\dfrac{\beta\omega - q}{\omega}}\tanh\dfrac{1}{2}\sqrt{\dfrac{\beta\omega - q}{\omega}}(t - \omega T) + x_0, \end{cases} \tag{3.47}$$

图 3.1 中给出解 (3.43) 分别取参数 (a) $\beta = 0.05, p = 2, q = 1.5, \omega = 0.5, x_0 = 0$; (b) $\beta = 0.005, p = 3, q = 1.5, \omega = 0.05, x_0 = 0$; (c) $\beta = 1, p = 3, q = 2, \omega = 0.5, x_0 = 0$ 时的环状孤波、尖状孤波和峰状孤波的图形. 图 3.2 给出奇异孤波解 (3.44) 取参数 $\beta = 0.0005, p = 0.05, q = 1.5, \omega = 0.5, x_0 = 0$ 时的图形. 图 3.3 给出奇异三角函数解 (3.45) 取参数 $\beta = 0.5, p = 1, q = 0.5, \omega = 2, x_0 = 0$ 时的图形. 图 3.4 给出奇异无理函数解 (3.46) 取参数 $\beta = 4, p = 2, q = -4, \omega = 0.5, x_0 = 0$ 时的图形.

$$\begin{cases} u(x,t) = -\dfrac{(\beta\omega - q)}{\omega(p+q)}\left[2 + 3\operatorname{csch}^2 \dfrac{1}{2}\sqrt{\dfrac{\beta\omega - q}{\omega}}\,(t - \omega T)\right], \\ x = T - \dfrac{2(\beta\omega - q)}{\omega(p+q)}(t - \omega T) + \dfrac{6}{p+q}\sqrt{\dfrac{\beta\omega - q}{\omega}}\coth\dfrac{1}{2}\sqrt{\dfrac{\beta\omega - q}{\omega}}(t - \omega T) + x_0, \end{cases} \tag{3.48}$$

以上两式中 $\omega(\beta\omega - q) > 0, p + q \neq 0$.

$$\begin{cases} u(x,t) = -\dfrac{3(\beta\omega - q)}{\omega(p+q)}\left[2 - 3\sec^2 \dfrac{1}{2}\sqrt{-\dfrac{\beta\omega - q}{\omega}}\,(t - \omega T)\right], \\ x = T - \dfrac{2(\beta\omega - q)}{\omega(p+q)}(t - \omega T) - \dfrac{6}{p+q}\sqrt{-\dfrac{\beta\omega - q}{\omega}}\tan\dfrac{1}{2}\sqrt{-\dfrac{\beta\omega - q}{\omega}}(t - \omega T) + x_0, \end{cases} \tag{3.49}$$

这里 $\omega(\beta\omega - q) < 0, p + q \neq 0$.

同样, 可以考虑当参数 β, p, q, ω 等取不同值时解 (3.47)~(3.49) 的作图问题. 总之, 这些参数的不同取值会影响行波的形状、位移和振幅等, 这里不作具体讨论, 感兴趣的读者可以参考李帮庆等 2010 年的专著.

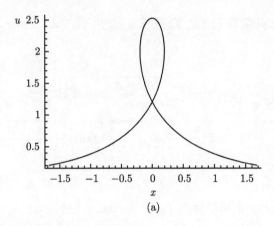

(a)

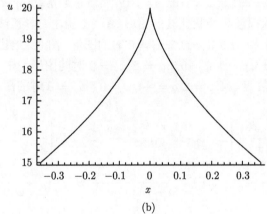

(b)

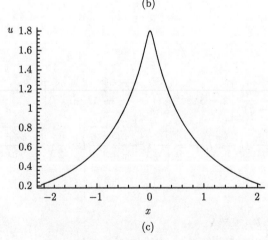

(c)

图 3.1 解 (3.43) 当 $t=0$ 时的图形

3.2 解的等价性及其分类

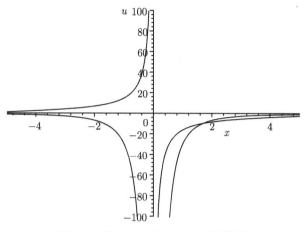

图 3.2 解 (3.44) 当 $t = 0$ 时的图形

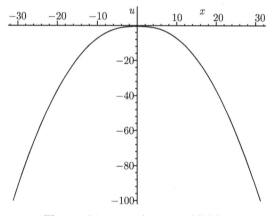

图 3.3 解 (3.45) 当 $t = 0$ 时的图形

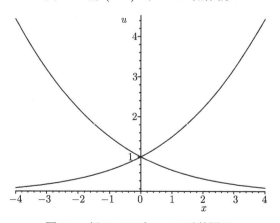

图 3.4 解 (3.46) 当 $t = 0$ 时的图形

例 3.2 考虑广义 Zakharov 方程组

$$\begin{cases} i\psi_t + \psi_{xx} - 2\lambda|\psi|^2\psi + 2\psi v = 0, \\ v_{tt} - v_{xx} + \left(|\psi|^2\right)_{xx} = 0, \end{cases} \tag{3.50}$$

其中 $\psi(x,t)$ 为高频波的复包络, $v(x,t)$ 为实低频场函数, λ 为实常数. 方程 (3.50) 可用来描述高频子系统中的非线性自相互作用, 如等离子体物理中的自聚焦效应.

作变换

$$\psi(x,t) = u(x,t)e^{i\eta}, \quad \eta = \alpha x + \beta t, \tag{3.51}$$

并将其代入方程组 (3.50) 后分离实部和虚部, 则得到如下方程组

$$\begin{cases} u_t + 2\alpha u_x = 0, \\ u_{xx} - \left(\alpha^2 + \beta\right)u + 2uv - 2\lambda u^3 = 0, \\ v_{tt} - v_{xx} + \left(u^2\right)_{xx} = 0. \end{cases}$$

再作行波变换

$$u(x,t) = u(\xi), \quad v(x,t) = v(\xi), \quad \xi = x - 2\alpha t \tag{3.52}$$

后将上面方程组化为如下常微分方程组

$$\begin{cases} u''(\xi) - \left(\alpha^2 + \beta\right)u(\xi) + 2u(\xi)v(\xi) - 2\lambda u^3(\xi) = 0, \\ \left(4\alpha^2 - 1\right)v''(\xi) + \left(u^2(\xi)\right)'' = 0. \end{cases} \tag{3.53}$$

第二个方程关于 ξ 积分两次并取第一次积分常数为零, 第二次积分常数为 C, 则得到

$$v(\xi) = \frac{u^2(\xi)}{1 - 4\alpha^2} + C, \quad \alpha^2 \neq \frac{1}{4}. \tag{3.54}$$

将 (3.54) 代入 (3.53) 的第一个方程, 则得到

$$u''(\xi) - \left(\alpha^2 + \beta - 2C\right)u(\xi) + 2\left(\frac{1}{1 - 4\alpha^2} - \lambda\right)u^3(\xi) = 0. \tag{3.55}$$

根据齐次平衡原则, 使 u'' 和 u^3 两项相互抵消, 则由于 $O(u'') = n + 2, O(u^3) = 3n$, 故 $n = 1$. 由此, 可假设方程 (3.55) 具有如下解

$$u(\xi) = a_0 + a_1 F(\xi), \tag{3.56}$$

3.2 解的等价性及其分类

其中 a_0, a_1 为待定常数, $F(\xi)$ 为辅助方程 (3.1) 的解.

将 (3.56) 和方程 (3.1) 一起代入 (3.55) 后令 F^j $(j=0,1,2,3)$ 的系数等于零, 则得到代数方程组

$$\begin{cases} \dfrac{3}{2}a_1c_3 + \dfrac{6a_0a_1^2}{1-4\alpha^2} - 6\lambda a_0 a_1^2 = 0, \\ 2a_1c_4 + \dfrac{2a_1^3}{1-4\alpha^2} - 2\lambda a_1^3 = 0, \\ (2C-\alpha^2-\beta)a_0 + \dfrac{2a_0^3}{1-4\alpha^2} - 2\lambda a_0^3 = 0, \\ a_1c_2 - (\alpha^2+\beta-2C)a_1 + \dfrac{6a_0^2 a_1}{1-4\alpha^2} - 6\lambda a_0^2 a_1 = 0. \end{cases}$$

用 Maple 求解此代数方程可得

$$a_0 = 0, \quad a_1 = \pm\sqrt{\dfrac{(4\alpha^2-1)c_4}{1+(4\alpha^2-1)\lambda}}, \quad c_3 = 0, \quad C = \dfrac{1}{2}\left(\alpha^2+\beta-c_2\right), \qquad (3.57)$$

$$a_0 = \pm\dfrac{1}{2}\sqrt{\dfrac{(1-4\alpha^2)c_2}{1+(4\alpha^2-1)\lambda}}, \quad a_1 = \pm\dfrac{(4\alpha^2-1)c_3}{2\left[1+(4\alpha^2-1)\lambda\right]\sqrt{\dfrac{(4\alpha^2-1)c_2}{1+(4\alpha^2-1)\lambda}}},$$

$$c_4 = \dfrac{c_3^2}{4c_2}, \quad C = \dfrac{1}{2}\left(\alpha^2+\beta\right) + \dfrac{c_2}{4}. \qquad (3.58)$$

将 (3.57) 和 (3.58) 与表 3.1 中相应的解代入 (3.56) 并借助 (3.54), (3.52) 和 (3.51), 则得到广义 Zakharov 方程组 (3.50) 的如下精确解

$$\begin{cases} \psi_1(x,t) = \varepsilon\sqrt{\dfrac{(1-4\alpha^2)c_2}{1+(4\alpha^2-1)\lambda}}\, e^{i(\alpha x+\beta t)}\mathrm{sech}\sqrt{c_2}\,(x-2\alpha t), \\ v_1(x,t) = \dfrac{c_2}{1+(4\alpha^2-1)\lambda}\,\mathrm{sech}^2\sqrt{c_2}\,(x-2\alpha t) + \dfrac{1}{2}\left(\alpha^2+\beta-c_2\right), \end{cases}$$

其中 $c_2 > 0, c_4 < 0, \lambda < \dfrac{1}{1-4\alpha^2}, \alpha \neq \pm\dfrac{1}{2}$, 而 β 为任意常数.

$$\begin{cases} \psi_2(x,t) = \varepsilon\sqrt{\dfrac{(4\alpha^2-1)c_2}{1+(4\alpha^2-1)\lambda}}\, e^{i(\alpha x+\beta t)}\mathrm{csch}\sqrt{c_2}\,(x-2\alpha t), \\ v_2(x,t) = -\dfrac{c_2}{1+(4\alpha^2-1)\lambda}\,\mathrm{csch}^2\sqrt{c_2}\,(x-2\alpha t) + \dfrac{1}{2}\left(\alpha^2+\beta-c_2\right), \end{cases}$$

这里 $c_2>0, c_4>0, \lambda>\dfrac{1}{1-4\alpha^2}, \alpha\neq\pm\dfrac{1}{2}, \beta$ 为任意常数.

$$\begin{cases}\psi_3(x,t)=\varepsilon\sqrt{\dfrac{(1-4\alpha^2)c_2}{1+(4\alpha^2-1)\lambda}}\,e^{i(\alpha x+\beta t)}\sec\sqrt{-c_2}\,(x-2\alpha t),\\ v_3(x,t)=\dfrac{c_2}{1+(4\alpha^2-1)\lambda}\sec^2\sqrt{-c_2}\,(x-2\alpha t)+\dfrac{1}{2}\left(\alpha^2+\beta-c_2\right),\end{cases}$$

其中 $c_2<0, c_4>0, \lambda>\dfrac{1}{1-4\alpha^2}, \alpha\neq\pm\dfrac{1}{2}$, 而 β 为任意常数.

$$\begin{cases}\psi_4(x,t)=\dfrac{\varepsilon}{2}\sqrt{\dfrac{(4\alpha^2-1)c_2}{1+(4\alpha^2-1)\lambda}}\,e^{i(\alpha x+\beta t)}\tanh\dfrac{\sqrt{c_2}}{2}(x-2\alpha t),\\ v_4(x,t)=-\dfrac{c_2}{4\left[1+(4\alpha^2-1)\lambda\right]}\tanh^2\dfrac{\sqrt{c_2}}{2}(x-2\alpha t)+\dfrac{1}{2}\left(\alpha^2+\beta\right)+\dfrac{c_2}{4},\end{cases}$$

$$\begin{cases}\psi_5(x,t)=\dfrac{\varepsilon}{2}\sqrt{\dfrac{(4\alpha^2-1)c_2}{1+(4\alpha^2-1)\lambda}}\,e^{i(\alpha x+\beta t)}\coth\dfrac{\sqrt{c_2}}{2}(x-2\alpha t),\\ v_5(x,t)=-\dfrac{c_2}{4\left[1+(4\alpha^2-1)\lambda\right]}\coth^2\dfrac{\sqrt{c_2}}{2}(x-2\alpha t)+\dfrac{1}{2}\left(\alpha^2+\beta\right)+\dfrac{c_2}{4},\end{cases}$$

这里 $c_2>0, \lambda>\dfrac{1}{1-4\alpha^2}, \alpha\neq\pm\dfrac{1}{2}, \beta$ 为任意常数.

此外, 当 $c_2=0$ 时, 还可以求得以上代数方程组的解

$$a_0=0,\quad a_1=\pm\sqrt{\dfrac{(4\alpha^2-1)c_4}{1+(4\alpha^2-1)\lambda}},\quad c_3=0,\quad C=\dfrac{1}{2}\left(\alpha^2+\beta\right),$$

且与此相应地可得到广义 Zakharov 方程组 (3.50) 的有理解

$$\begin{cases}\psi_6(x,t)=\varepsilon\sqrt{\dfrac{4\alpha^2-1}{1+(4\alpha^2-1)\lambda}}\dfrac{e^{i(\alpha x+\beta t)}}{x-2\alpha t},\\ v_6(x,t)=-\dfrac{1}{\left[1+(4\alpha^2-1)\lambda\right](x-2\alpha t)^2}+\dfrac{1}{2}\left(\alpha^2+\beta\right),\end{cases}$$

这里 $c_4>0, \lambda>\dfrac{1}{1-4\alpha^2}, \alpha\neq\pm\dfrac{1}{2}, \beta$ 为任意常数.

3.3 选择特殊系数的情形

某些辅助方程可能较复杂, 难以进行求解. 但通过合理地选取它的系数, 使其转化为能够用初等解法求解的简单方程, 自然可以给出该辅助方程的解. 这种适当选择系数后求解辅助方程的方法是一种简单而有效的方法.

3.3 选择特殊系数的情形

2005 年, Yomba 用这种方法给出辅助方程 (3.1) 的若干解. 但他对选择辅助方程 (3.1) 的系数为

$$c_2 = a^2, \quad c_3 = 2ab, \quad c_4 = b^2, \tag{3.59}$$

而得到的两个解

$$F_a(\xi) = \frac{-ac}{b\left(c + \cosh(a\xi) - \sinh(a\xi)\right)}, \tag{3.60}$$

$$F_b(\xi) = -\frac{a\left(\cosh(a\xi) + \sinh(a\xi)\right)}{b\left(c + \cosh(a\xi) + \sinh(a\xi)\right)}, \tag{3.61}$$

以及郭士民等于 2010 年, 对所给出的辅助方程 (3.1) 的与系数选择有关的两个解

$$F_+(\xi) = \sqrt{\frac{c_2}{2c_4}} \left(1 \pm \frac{\sinh\left(\sqrt{c_2}\xi\right)}{\sinh\left(\sqrt{c_2}\xi\right) + 1}\right), \quad c_2 > 0, \quad c_4 > 0, \quad c_3 = -2\sqrt{c_2 c_4}, \tag{3.62}$$

$$F_-(\xi) = \sqrt{\frac{c_2}{2c_4}} \left(1 \pm \frac{\sinh\left(\sqrt{c_2}\xi\right)}{\sinh\left(\sqrt{c_2}\xi\right) - 1}\right), \quad c_2 > 0, \quad c_4 > 0, \quad c_3 = -2\sqrt{c_2 c_4} \tag{3.63}$$

等都没有进行简化处理.

当辅助方程 (3.1) 的系数取 (3.59) 时, 可以直接积分得到如下两个解

$$F_A(\xi) = -\frac{a}{2b}\left(1 + \varepsilon \tanh\left(\frac{a}{2}\xi\right)\right),$$

$$F_B(\xi) = -\frac{a}{2b}\left(1 + \varepsilon \coth\left(\frac{a}{2}\xi\right)\right).$$

若设 F_j $(j = 4, 5)$ 为前面在辅助方程 (3.1) 解的分类中给出的两个解, 那么对辅助方程 (3.1) 的以上四个解, 我们给出如下结论.

定理 3.5 (1) 若 $c > 0$, 则 $F_a(\xi) \approx F_A(\xi)|_{\varepsilon=1}, F_b(\xi) \approx F_A(\xi)|_{\varepsilon=1}$. 又若 $c < 0$, 则 $F_a(\xi) \approx F_B(\xi)|_{\varepsilon=1}, F_b(\xi) \approx F_B(\xi)|_{\varepsilon=1}$.

(2) 若 $c > 0$, 则 $F_+(\xi) = F_4(\xi)|_{c_3=-2\sqrt{c_2c_4}}, F_-(\xi) = F_5(\xi)|_{c_3=-2\sqrt{c_2c_4}}$.

证 (1) 当 $c > 0$ 时, 借助双曲函数的定义和等式 $\dfrac{e^x}{1+e^x} = \dfrac{1}{2}\left[1 + \tanh\dfrac{x}{2}\right]$ 有

$$F_a(\xi) = \frac{-ac}{b\left(c + e^{-a\xi}\right)} = -\frac{a}{b}\frac{ce^{a\xi}}{1 + ce^{a\xi}} = -\frac{a}{b}\frac{e^{a\xi+\ln(c)}}{1 + e^{a\xi+\ln(c)}}$$

$$= -\frac{a}{2b}\left[1 + \tanh\frac{a}{2}(\xi + \ln(c))\right] \approx F_A(\xi)|_{\varepsilon=1}$$

$$F_b(\xi) = \frac{-ae^{a\xi}}{b\left(c + e^{a\xi}\right)} = -\frac{a}{b}\frac{\dfrac{1}{c}e^{a\xi}}{1 + \dfrac{1}{c}e^{a\xi}} = -\frac{a}{b}\frac{e^{a\xi-\ln(c)}}{1 + e^{a\xi-\ln(c)}}$$

$$=-\frac{a}{2b}\left[1+\tanh\frac{a}{2}(\xi-\ln(c))\right]\approx F_A(\xi)|_{\varepsilon=1},$$

当 $c<0$ 时, 用双曲函数的定义和等式 $\dfrac{e^x}{1-e^x}=-\dfrac{1}{2}\left[1+\coth\dfrac{x}{2}\right]$, 有

$$F_a(\xi)=\frac{-ace^{a\xi}}{b(1+ce^{a\xi})}=\frac{a}{b}\frac{e^{a\xi+\ln(-c)}}{1-e^{a\xi+\ln(-c)}}$$

$$=-\frac{a}{2b}\left[1+\coth\frac{a}{2}(\xi+\ln(-c))\right]\approx F_B(\xi)|_{\varepsilon=1},$$

$$F_b(\xi)=\frac{-ace^{a\xi}}{b(1+ce^{a\xi})}=\frac{a}{b}\frac{e^{a\xi+\ln\left(-\frac{1}{c}\right)}}{1-e^{a\xi+\ln\left(-\frac{1}{c}\right)}}$$

$$=-\frac{a}{2b}\left[1+\coth\frac{a}{2}\left(\xi+\ln\left(-\frac{1}{c}\right)\right)\right]\approx F_B(\xi)|_{\varepsilon=1}.$$

(2) 借助双曲函数的恒等式 $\sinh x=2\sinh\dfrac{x}{2}\cosh\dfrac{x}{2}$ 和 (2.77), 可得

$$F_+(\xi)=\sqrt{\frac{c_2}{4c_4}}\left(1\pm\frac{2\sinh\frac{\sqrt{c_2}}{2}\xi\cosh\frac{\sqrt{c_2}}{2}\xi}{2\cosh^2\frac{\sqrt{c_2}}{2}\xi}\right)$$

$$=\sqrt{\frac{c_2}{4c_4}}\left(1\pm\tanh\frac{\sqrt{c_2}}{2}\xi\right)$$

$$=-\frac{c_3}{c_4}\left(1+\varepsilon\tanh\frac{\sqrt{c_2}}{2}\xi\right)\bigg|_{c_3=-2\sqrt{c_2c_4}}=F_4(\xi)|_{c_3=-2\sqrt{c_2c_4}},$$

$$F_-(\xi)=\sqrt{\frac{c_2}{4c_4}}\left(1\pm\frac{2\sinh\frac{\sqrt{c_2}}{2}\xi\cosh\frac{\sqrt{c_2}}{2}\xi}{2\sinh^2\frac{\sqrt{c_2}}{2}\xi}\right)$$

$$=\sqrt{\frac{c_2}{4c_4}}\left(1\pm\coth\frac{\sqrt{c_2}}{2}\xi\right)$$

$$=-\frac{c_3}{c_4}\left(1+\varepsilon\coth\frac{\sqrt{c_2}}{2}\xi\right)\bigg|_{c_3=-2\sqrt{c_2c_4}}=F_5(\xi)|_{c_3=-2\sqrt{c_2c_4}},$$

至此, 定理已得证.

由此知, 当 (3.59) 成立时, 以上四个解可归结为解 $F_A(\xi)$ 和 $F_B(\xi)$. 因此, 对 Yomba 给出的解进行分类, 则得到如表 3.2 所示的辅助方程 (3.1) 的与系数选择相关的解.

3.3 选择特殊系数的情形

表 3.2 辅助方程 (3.1) 的与系数选择相关的解

编号	$F(\xi)$	c_2	c_3	c_4
1	$\dfrac{a\,\text{sech}\,\xi}{b+c\,\text{sech}\,\xi}$	1	$-\dfrac{2c}{a}$	$\dfrac{c^2-b^2}{a^2}$
2	$\dfrac{a\,\text{csch}\,\xi}{b+c\,\text{csch}\,\xi}$	1	$-\dfrac{2c}{a}$	$\dfrac{c^2+b^2}{a^2}$
3	$\dfrac{a\,\text{sech}^2\xi}{b\,\text{sech}^2\xi+c\tanh\xi+d}$	4	$-\dfrac{4(2b+d)}{a}$	$\dfrac{c^2+4b^2+4bd}{a^2}$
4	$\dfrac{a\,\text{csch}^2\xi}{b\,\text{csch}^2\xi+c\coth\xi+d}$	4	$\dfrac{2c}{a}$	$\dfrac{c^2+4b-4bd}{a^2}$
5	$-\dfrac{a}{2b}\left[1\pm\tanh\left(\dfrac{a}{2}\xi\right)\right]$	a^2	$2ab$	b^2
6	$-\dfrac{a}{2b}\left[1\pm\coth\left(\dfrac{a}{2}\xi\right)\right]$	a^2	$2ab$	b^2
7	$\dfrac{a\sec\xi}{b+c\sec\xi}$ 或 $\dfrac{a\csc\xi}{b+c\csc\xi}$	-1	$\dfrac{2c}{a}$	$-\dfrac{c^2-b^2}{a^2}$
8	$\dfrac{a\sec^2\xi}{b\sec^2\xi+c\tan\xi+d}$ 或 $\dfrac{a\csc^2\xi}{b\csc^2\xi+c\cot\xi+d}$	-4	$\dfrac{4(2b+d)}{a}$	$\dfrac{-c^2+4b^2+4bd}{a^2}$

不难看出, 表 3.2 包括了除表 3.1 中给出的指数函数解和有理解以外的所有解, 且用表 3.2 中的第三、四、八个解有可能发现由不同双曲函数或不同三角函数的组合形式给出的解. 此外, 用表 3.2 给出的解求解非线性波方程时还可以避免检验解的判断条件.

例 3.3 修正的 Kortweg-de Vries (mKdV) 方程

$$u_t + 6u^2 u_x + u_{xxx} = 0 \tag{3.64}$$

可用于非调和晶格中描述等离子和声子多重作用的孤立子模型.

作变换 $u(x,t)=u(\xi), \xi=x-\omega t$, 并将其代入 mKdV 方程后关于 ξ 积分一次, 则得

$$-\omega u + 2u^3 + u'' + C = 0, \tag{3.65}$$

其中 C 为积分常数.

将 u'' 项与 u^3 项相互抵消, 则由 $O(u'')=n+2, O(u^3)=3n$, 可得平衡常数 $n=1$. 因此, 可假设方程 (3.65) 具有如下解

$$u(\xi) = a_0 + a_1 F(\xi), \tag{3.66}$$

其中 a_0, a_1 为待定常数.

将 (3.66) 和方程 (3.1) 一起代入 (3.65) 后令 F^j $(j=0,1,2,3)$ 的系数等于零,

则得到代数方程组

$$\begin{cases} C - a_0\omega = 0, \\ 6a_0^2 a_1 + a_1 c_2 - a_1\omega = 0, \\ 6a_0 a_1^2 + \dfrac{3}{2} a_1 c_3 = 0, \\ 2a_1^3 + 2a_1 c_4 = 0. \end{cases} \quad (3.67)$$

取表 3.2 中第一个解对应的 c_i $(i=2,3,4)$ 代入 (3.67) 后再求解, 则得到

$$a_0 = \sqrt{\frac{\omega-1}{6}}, \quad a = \frac{b\varepsilon}{a_1}\sqrt{\frac{3}{2\omega+1}}, \quad c = 2b\varepsilon\sqrt{\frac{\omega-1}{2(2\omega+1)}}, \quad C = \frac{2\omega+1}{3}\sqrt{\frac{\omega-1}{6}},$$

$$a_0 = -\sqrt{\frac{\omega-1}{6}}, \quad a = \frac{b\varepsilon}{a_1}\sqrt{\frac{3}{2\omega+1}}, \quad c = -2b\varepsilon\sqrt{\frac{\omega-1}{2(2\omega+1)}}, \quad C = -\frac{2\omega+1}{3}\sqrt{\frac{\omega-1}{6}},$$

这里及以下记 $\varepsilon = \pm 1$.

将以上两组解分别代入 (3.66), 则得到 mKdV 方程的如下精确行波解

$$u_1(x,t) = \frac{\varepsilon\sqrt{\dfrac{3}{2\omega+1}}\operatorname{sech}(x-\omega t)}{1 + 2\varepsilon\sqrt{\dfrac{\omega-1}{2(2\omega+1)}}\operatorname{sech}(x-\omega t)} + \sqrt{\frac{\omega-1}{6}}, \quad \omega > 1,$$

$$u_2(x,t) = \frac{\varepsilon\sqrt{\dfrac{3}{2\omega+1}}\operatorname{sech}(x-\omega t)}{1 - 2\varepsilon\sqrt{\dfrac{\omega-1}{2(2\omega+1)}}\operatorname{sech}(x-\omega t)} - \sqrt{\frac{\omega-1}{6}}, \quad \omega > 1.$$

对应于表 3.2 中第三个解的 c_i $(i=2,3,4)$, 求解方程组 (3.67), 可得

$$a_0 = \sqrt{\frac{\omega-4}{6}}, \quad a = \frac{\varepsilon}{a_1}\sqrt{\frac{6(d^2-c^2)}{\omega+2}},$$

$$b = \frac{\varepsilon}{2}\sqrt{\frac{(\omega-4)(d^2-c^2)}{\omega+2}} - \frac{d}{2}, \quad C = \frac{2(\omega+2)}{3}\sqrt{\frac{\omega-4}{6}},$$

$$a_0 = -\sqrt{\frac{\omega-4}{6}}, \quad a = \frac{\varepsilon}{a_1}\sqrt{\frac{6(d^2-c^2)}{\omega+2}},$$

$$b = -\frac{\varepsilon}{2}\sqrt{\frac{(\omega-4)(d^2-c^2)}{\omega+2}} - \frac{d}{2}, \quad C = -\frac{2(\omega+2)}{3}\sqrt{\frac{\omega-4}{6}}.$$

将以上两组解代入 (3.66), 则得到 mKdV 方程的如下精确行波解

$$u_3(x,t) = \frac{\varepsilon\sqrt{\dfrac{6(d^2-c^2)}{\omega+2}}\operatorname{sech}^2(x-\omega t)}{\left(\dfrac{\varepsilon}{2}\sqrt{\dfrac{(\omega-4)(d^2-c^2)}{\omega+2}} - \dfrac{d}{2}\right)\operatorname{sech}^2(x-\omega t) + c\tanh(x-\omega t) + d} + \sqrt{\dfrac{\omega-4}{6}},$$

$$u_4(x,t) = \frac{\varepsilon\sqrt{\dfrac{6(d^2-c^2)}{\omega+2}}\operatorname{sech}^2(x-\omega t)}{\left(-\dfrac{\varepsilon}{2}\sqrt{\dfrac{(\omega-4)(d^2-c^2)}{\omega+2}} - \dfrac{d}{2}\right)\operatorname{sech}^2(x-\omega t) + c\tanh(x-\omega t) + d} - \sqrt{\dfrac{\omega-4}{6}},$$

其中 $\omega > 4$ 且 $|d| > |c|$.

把表 3.2 中对应于第四个解的 c_i ($i=2,3,4$) 代入方程组 (3.67) 并解之得

$$a_0 = \sqrt{\dfrac{\omega-4}{6}}, \quad a = \dfrac{\varepsilon}{a_1}\sqrt{\dfrac{6(d^2-c^2)}{\omega+2}},$$

$$b = \dfrac{\varepsilon}{2}\sqrt{\dfrac{(\omega-4)(d^2-c^2)}{\omega+2}} + \dfrac{d}{2}, \quad C = \dfrac{2(\omega+2)}{3}\sqrt{\dfrac{\omega-4}{6}},$$

$$a_0 = -\sqrt{\dfrac{\omega-4}{6}}, \quad a = \dfrac{\varepsilon}{a_1}\sqrt{\dfrac{6(d^2-c^2)}{\omega+2}},$$

$$b = -\dfrac{\varepsilon}{2}\sqrt{\dfrac{(\omega-4)(d^2-c^2)}{\omega+2}} + \dfrac{d}{2}, \quad C = -\dfrac{2(\omega+2)}{3}\sqrt{\dfrac{\omega-4}{6}}.$$

将以上两组解分别代入 (3.66), 则得到 mKdV 方程的如下精确行波解

$$u_5(x,t) = \frac{\varepsilon\sqrt{\dfrac{6(d^2-c^2)}{\omega+2}}\operatorname{csch}^2(x-\omega t)}{\left(\dfrac{\varepsilon}{2}\sqrt{\dfrac{(\omega-4)(d^2-c^2)}{\omega+2}} + \dfrac{d}{2}\right)\operatorname{csch}^2(x-\omega t) + c\tanh(x-\omega t) + d} + \sqrt{\dfrac{\omega-4}{6}},$$

$$u_6(x,t) = \frac{\varepsilon\sqrt{\dfrac{6(d^2-c^2)}{\omega+2}}\operatorname{csch}^2(x-\omega t)}{\left(-\dfrac{\varepsilon}{2}\sqrt{\dfrac{(\omega-4)(d^2-c^2)}{\omega+2}} + \dfrac{d}{2}\right)\operatorname{csch}^2(x-\omega t) + c\tanh(x-\omega t) + d} - \sqrt{\dfrac{\omega-4}{6}},$$

其中 $\omega > 4$ 且 $|d| > |c|$.

把表 3.2 中对应于第七个解的 c_i ($i=2,3,4$) 代入方程组 (3.67), 则可以解出

$$a_0 = \sqrt{\dfrac{\omega+1}{6}}, \quad a = -\dfrac{3c}{(\omega+1)a_1}\sqrt{\dfrac{\omega+1}{6}}, \quad b = c\varepsilon\sqrt{\dfrac{2\omega-1}{2(\omega+1)}}, \quad C = \dfrac{2\omega-1}{3}\sqrt{\dfrac{\omega+1}{6}},$$

$$a_0=-\sqrt{\frac{\omega+1}{6}}, \quad a=\frac{3c}{(\omega+1)a_1}\sqrt{\frac{\omega+1}{6}}, \quad b=c\varepsilon\sqrt{\frac{2\omega-1}{2(\omega+1)}}, \quad C=-\frac{2\omega-1}{3}\sqrt{\frac{\omega+1}{6}}.$$

将以上两组解代入 (3.66), 则得到 mKdV 方程的如下精确行波解

$$u_7(x,t)=-\frac{3\sqrt{\frac{\omega+1}{6}}\sec(x-\omega t)}{(\omega+1)\left(\varepsilon\sqrt{\frac{2\omega-1}{2(\omega+1)}}+\sec(x-\omega t)\right)}+\sqrt{\frac{\omega+1}{6}}, \quad \omega>\frac{1}{2}$$

$$u_8(x,t)=\frac{3\sqrt{\frac{\omega+1}{6}}\sec(x-\omega t)}{(\omega+1)\left(\varepsilon\sqrt{\frac{2\omega-1}{2(\omega+1)}}+\sec(x-\omega t)\right)}-\sqrt{\frac{\omega+1}{6}}, \quad \omega>\frac{1}{2}.$$

将表 3.2 中第八个解对应的 c_i $(i=2,3,4)$ 代入方程组 (3.67), 则可解得

$$a_0=\sqrt{\frac{\omega+4}{6}}, \quad a=\frac{\varepsilon}{a_1}\sqrt{\frac{6(c^2+d^2)}{\omega-2}},$$

$$b=-\frac{\varepsilon}{2}\sqrt{\frac{(\omega+4)(c^2+d^2)}{\omega-2}}-\frac{d}{2}, \quad C=\frac{2(\omega-2)}{3}\sqrt{\frac{\omega+4}{6}},$$

$$a_0=-\sqrt{\frac{\omega+4}{6}}, \quad a=\frac{\varepsilon}{a_1}\sqrt{\frac{6(c^2+d^2)}{\omega-2}},$$

$$b=\frac{\varepsilon}{2}\sqrt{\frac{(\omega+4)(c^2+d^2)}{\omega-2}}-\frac{d}{2}, \quad C=-\frac{2(\omega-2)}{3}\sqrt{\frac{\omega+4}{6}}.$$

将以上两组解代入 (3.66), 则得到 mKdV 方程的如下精确行波解

$$u_9(x,t)=\frac{\varepsilon\sqrt{\frac{6(c^2+d^2)}{\omega-2}}\sec^2(x-\omega t)}{\left(-\frac{\varepsilon}{2}\sqrt{\frac{(\omega+4)(c^2+d^2)}{\omega-2}}-\frac{d}{2}\right)\sec^2(x-\omega t)+c\tan(x-\omega t)+d}+\sqrt{\frac{\omega+4}{6}},$$

$$u_{10}(x,t)=\frac{\varepsilon\sqrt{\frac{6(c^2+d^2)}{\omega-2}}\sec^2(x-\omega t)}{\left(\frac{\varepsilon}{2}\sqrt{\frac{(\omega+4)(c^2+d^2)}{\omega-2}}-\frac{d}{2}\right)\sec^2(x-\omega t)+c\tan(x-\omega t)+d}-\sqrt{\frac{\omega+4}{6}},$$

其中 $\omega>2$ 且 $c^2+d^2\neq 0$.

3.4 辅助方程法的推广

本节首先采用间接变换法给出辅助方程 (3.1) 的通解, 并借助解的等价性概念

3.4 辅助方程法的推广

由通解出发推出由表 3.1 列出的辅助方程的所有特解. 其次, 将辅助方程 (3.1) 推广到一种一般情形, 从而提出扩展的辅助方程法.

辅助方程 (3.1) 的解可以通过直接积分法给出, 也可以利用间接变换法给出. 前者为常用方法且为大家所熟知, 故这里只考虑后者.

2009 年, 张辉群利用函数变换把辅助方程 (3.1) 转化为二阶非齐次线性方程, 并由此给出辅助方程的通解. 这种构造通解的间接变换法, 首先引入变换

$$F(\xi) = \frac{1}{f(\xi)}, \tag{3.68}$$

把辅助方程 (3.1) 变换为

$$f'^2(\xi) = c_4 + c_3 f(\xi) + c_2 f^2(\xi).$$

上式关于 ξ 微分一次, 则得到如下非齐次二阶线性方程

$$f''(\xi) = c_2 f(\xi) + \frac{1}{2} c_3. \tag{3.69}$$

再根据线性方程的理论, 得到方程 (3.69) 的通解

$$f(\xi) = \begin{cases} A e^{\sqrt{c_2}\xi} + B e^{-\sqrt{c_2}\xi} - \dfrac{c_3}{2c_2}, & c_2 > 0, \\ A \cos(\sqrt{-c_2}\xi) + B \sin(\sqrt{-c_2}\xi) - \dfrac{c_3}{2c_2}, & c_2 < 0, \\ \dfrac{c_3}{4}\xi^2 + A\xi + B, & c_2 = 0, \end{cases} \tag{3.70}$$

其中 A, B 为任意常数.

最后, 将 (3.70) 代入 (3.68), 则得到辅助方程 (3.1) 的通解

$$F^{(1)}(\xi) = \frac{1}{A e^{\sqrt{c_2}\xi} + B e^{-\sqrt{c_2}\xi} - \dfrac{c_3}{2c_2}}, \quad c_2 > 0, \quad 4c_2 c_4 + 16c_2^2 AB = c_3^2,$$

$$F^{(2)}(\xi) = \frac{1}{A \cos(\sqrt{-c_2}\xi) + B \sin(\sqrt{-c_2}\xi) - \dfrac{c_3}{2c_2}}, \quad c_2 < 0, \quad 4c_2 c_4 + 4c_2^2 (A^2 + B^2) = c_3^2,$$

$$F^{(3)}(\xi) = \frac{1}{\dfrac{c_3}{4}\xi^2 + A\xi + B}, \quad c_2 = 0, \quad A^2 = c_3 B + c_4.$$

另外, 张辉群还通过选择通解中的两个任意常数 A 和 B 的途径, 给出辅助方程的几个常用特解.

通过选择通解当中的任意常数确定特解是构造特解的惯用手段, 这里不进行细致的讨论, 而是介绍根据解的等价性概念, 由以上通解出发推导辅助方程 (3.1) 的由表 3.1 给出的八个特解的另一种方法.

(1) 当 $c_2 > 0$ 时, 把 $F^{(1)}(\xi)$ 所满足的条件改写为 $16c_2^2 AB = c_3^2 - 4c_2 c_4 = \Delta$, 或者 $4c_2^2 AB = \dfrac{1}{4}\Delta$. 因此, 由引理 3.1 有

$$F^{(1)}(\xi) = \dfrac{2c_2}{2c_2 A e^{\sqrt{c_2}\xi} + 2c_2 B e^{-\sqrt{c_2}\xi} - c_3}$$

$$= \begin{cases} \dfrac{2c_2}{2c_2 A e^{\sqrt{c_2}\xi} + 2c_2 B e^{-\sqrt{c_2}\xi} - c_3}, & A > 0,\ B > 0, \\ \dfrac{2c_2}{2c_2 A e^{\sqrt{c_2}\xi} - (-2c_2 B) e^{-\sqrt{c_2}\xi} - c_3}, & A > 0,\ B < 0, \\ \dfrac{-2c_2}{(-2c_2 A) e^{\sqrt{c_2}\xi} + (-2c_2 B) e^{-\sqrt{c_2}\xi} + c_3}, & A < 0,\ B < 0, \\ \dfrac{-2c_2}{(-2c_2 A) e^{\sqrt{c_2}\xi} - 2c_2 B e^{-\sqrt{c_2}\xi} + c_3}, & A < 0,\ B > 0 \end{cases}$$

$$= \begin{cases} \dfrac{2c_2}{2\sqrt{4c_2^2 AB}\cosh\left(\sqrt{c_2}\xi + \dfrac{1}{2}\ln\left(\dfrac{A}{B}\right)\right) - c_3}, & A > 0,\ B > 0, \\ \dfrac{2c_2}{2\sqrt{-4c_2^2 AB}\sinh\left(\sqrt{c_2}\xi + \dfrac{1}{2}\ln\left(-\dfrac{A}{B}\right)\right) - c_3}, & A > 0,\ B < 0, \\ \dfrac{-2c_2}{2\sqrt{4c_2^2 AB}\cosh\left(\sqrt{c_2}\xi + \dfrac{1}{2}\ln\left(\dfrac{A}{B}\right)\right) - c_3}, & A < 0,\ B < 0, \\ \dfrac{-2c_2}{2\sqrt{-4c_2^2 AB}\sinh\left(\sqrt{c_2}\xi + \dfrac{1}{2}\ln\left(-\dfrac{A}{B}\right)\right) - c_3}, & A < 0,\ B > 0 \end{cases}$$

$$= \begin{cases} \dfrac{2c_2}{\sqrt{\Delta}\cosh\left(\sqrt{c_2}\xi + \dfrac{1}{2}\ln\left(\dfrac{A}{B}\right)\right) - c_3}, & A > 0,\ B > 0, \\ \dfrac{2c_2}{\sqrt{-\Delta}\sinh\left(\sqrt{c_2}\xi + \dfrac{1}{2}\ln\left(-\dfrac{A}{B}\right)\right) - c_3}, & A > 0,\ B < 0, \\ \dfrac{-2c_2}{\sqrt{\Delta}\cosh\left(\sqrt{c_2}\xi + \dfrac{1}{2}\ln\left(\dfrac{A}{B}\right)\right) - c_3}, & A < 0,\ B < 0, \\ \dfrac{-2c_2}{\sqrt{-\Delta}\sinh\left(\sqrt{c_2}\xi + \dfrac{1}{2}\ln\left(-\dfrac{A}{B}\right)\right) - c_3}, & A < 0,\ B > 0 \end{cases}$$

$$= \begin{cases} \dfrac{2c_2}{\varepsilon\sqrt{\Delta}\cosh\left(\sqrt{c_2}\xi + \dfrac{1}{2}\ln\left(\dfrac{A}{B}\right)\right) - c_3}, & AB > 0, \\ \dfrac{2c_2}{\varepsilon\sqrt{-\Delta}\sinh\left(\sqrt{c_2}\xi + \dfrac{1}{2}\ln\left(\dfrac{A}{B}\right)\right) - c_3}, & AB < 0, \end{cases}$$

3.4 辅助方程法的推广

其中 $\varepsilon = \pm 1$.

注意到 $\Delta = 16c_2^2 AB$, 并根据解的等价性的定义, 则立刻得到

$$F_1(\xi) = \frac{2c_2}{\varepsilon\sqrt{\Delta}\cosh\left(\sqrt{c_2}\xi\right) - c_3}, \quad \Delta = c_3^2 - 4c_2c_4 > 0, \ c_2 > 0,$$

$$F_2(\xi) = \frac{2c_2}{\varepsilon\sqrt{-\Delta}\sinh\left(\sqrt{c_2}\xi\right) - c_3}, \quad \Delta = c_3^2 - 4c_2c_4 < 0, \ c_2 > 0.$$

若 $\Delta = 0$, 则由 $16c_2^2 AB = \Delta$ 可知 $A = 0$ 或 $B = 0$. 因此, 利用等式 (2.78) 可得

$$F^{(1)}(\xi) = \begin{cases} \dfrac{1}{Ae^{\sqrt{c_2}\xi} - \dfrac{c_3}{2c_2}}, & B = 0, \\ \dfrac{1}{Be^{-\sqrt{c_2}\xi} - \dfrac{c_3}{2c_2}}, & A = 0 \end{cases}$$

$$= \begin{cases} \dfrac{1}{-\dfrac{c_3}{2c_2}\left(1 + e^{\sqrt{c_2}\xi}\right)}, & B = 0, \ A = -\dfrac{c_3}{2c_2}, \\ \dfrac{1}{\dfrac{c_3}{2c_2}\left(e^{\sqrt{c_2}\xi} - 1\right)}, & B = 0, \ A = \dfrac{c_3}{2c_2}, \\ \dfrac{1}{-\dfrac{c_3}{2c_2}\left(1 + e^{-\sqrt{c_2}\xi}\right)}, & A = 0, \ B = -\dfrac{c_3}{2c_2}, \\ \dfrac{1}{\dfrac{c_3}{2c_2}\left(e^{-\sqrt{c_2}\xi} - 1\right)}, & A = 0, \ B = \dfrac{c_3}{2c_2} \end{cases}$$

$$= \begin{cases} -\dfrac{c_2}{c_3}\left[1 + \tanh\left(\dfrac{\sqrt{c_2}}{2}\xi\right)\right], & B = 0, \ A = -\dfrac{c_3}{2c_2}, \\ -\dfrac{c_2}{c_3}\left[1 - \coth\left(\dfrac{\sqrt{c_2}}{2}\xi\right)\right], & B = 0, \ A = \dfrac{c_3}{2c_2}, \\ -\dfrac{c_2}{c_3}\left[1 - \tanh\left(\dfrac{\sqrt{c_2}}{2}\xi\right)\right], & A = 0, \ B = -\dfrac{c_3}{2c_2}, \\ -\dfrac{c_2}{c_3}\left[1 + \coth\left(\dfrac{\sqrt{c_2}}{2}\xi\right)\right], & A = 0, \ B = \dfrac{c_3}{2c_2}. \end{cases}$$

由此得到辅助方程 (3.1) 的如下解

$$F_4(\xi) = -\frac{c_2}{c_3}\left[1 + \varepsilon\tanh\left(\frac{\sqrt{c_2}}{2}\xi\right)\right], \quad \Delta = c_3^2 - 4c_2c_4 = 0, \ c_2 > 0,$$

$$F_5(\xi) = -\frac{c_2}{c_3}\left[1 + \varepsilon\coth\left(\frac{\sqrt{c_2}}{2}\xi\right)\right], \quad \Delta = c_3^2 - 4c_2c_4 = 0, \ c_2 > 0.$$

又若 $c_3 = c_4 = 0$, 则 $16c_2^2 AB = \Delta = c_3^2 - 4c_2c_4 = 0$. 因此, 只有 $A = 0$ 或 $B = 0$. 当 $A = 0$ 时取 $B = 1$, 则 $F^{(1)}(\xi) = e^{-\sqrt{c_2}\xi}$. 当 $B = 0$ 时取 $A = 1$, 则 $F^{(1)}(\xi) = e^{\sqrt{c_2}\xi}$. 由此得到辅助方程 (3.1) 的指数解

$$F_e(\xi) = e^{\varepsilon\sqrt{c_2}\xi}, \quad c_3 = c_4 = 0, \; c_2 > 0.$$

(2) 当 $c_2 < 0$ 时, 把解 $F^{(2)}(\xi)$ 所满足的条件可以改写为 $4c_2^2(A^2 + B^2) = c_3^2 - 4c_2c_4 = \Delta$. 从而由引理 3.4, 可得

$$F^{(2)}(\xi) = \frac{2c_2}{2c_2 A \cos(\sqrt{-c_2}\xi) + 2c_2 B \sin(\sqrt{-c_2}\xi) - c_3}$$

$$= \begin{cases} \dfrac{2c_2}{\sqrt{4c_2^2(A^2 + B^2)} \cos(\sqrt{-c_2}\xi - \theta) - c_3}, \\ \dfrac{2c_2}{\sqrt{4c_2^2(A^2 + B^2)} \sin(\sqrt{-c_2}\xi + \theta) - c_3} \end{cases}$$

$$= \begin{cases} \dfrac{2c_2}{\sqrt{\Delta} \cos(\sqrt{-c_2}\xi - \theta) - c_3}, \\ \dfrac{2c_2}{\sqrt{\Delta} \sin(\sqrt{-c_2}\xi + \theta) - c_3}, \end{cases}$$

其中 $\theta = \arctan(B/A)$.

根据解的等价性概念, 由上式可得到辅助方程 (3.1) 的周期解

$$F_{3a}(\xi) = \frac{2c_2}{\sqrt{\Delta} \cos(\sqrt{-c_2}\xi) - c_3}, \quad \Delta = c_3^2 - 4c_2c_4 >, \; c_2 > 0,$$

$$F_{3b}(\xi) = \frac{2c_2}{\sqrt{\Delta} \sin(\sqrt{-c_2}\xi) - c_3}, \quad \Delta = c_3^2 - 4c_2c_4 >, \; c_2 > 0.$$

(3) 当 $c_2 = 0$ 时, 解 $F^{(3)}(\xi)$ 所满足的条件可改写为 $c_3 B = A^2 - c_4$. 因此, 有

$$F^{(3)}(\xi) = \frac{4}{c_3\xi^2 + 4A\xi + 4B}$$

$$= \frac{4c_3}{c_3^2\xi^2 + 4c_3 A\xi + 4c_3 B}$$

$$= \frac{4c_3}{c_3^2\xi^2 + 4c_3 A\xi + 4(A^2 - c_4)}.$$

在上式中取 $A = \sqrt{c_4}, B = 0$ 和 $A = 0$ 时分别得到辅助方程 (3.1) 的有理解

$$F_6(\xi) = \frac{1}{\sqrt{c_4}\xi}, \quad c_2 = c_3 = 0, \; c_4 > 0$$

和

$$F_7(\xi) = \frac{4c_3}{c_3^2\xi^2 - 4c_4}, \quad c_2 = 0.$$

3.4 辅助方程法的推广

现在来考虑如下辅助方程

$$\begin{aligned}
F'^2(\xi) &= (F(\xi)+d)^2 \left(aF^2(\xi)+bF(\xi)+c\right) \\
&= aF^4(\xi) + (2ad+b)F^3(\xi) \\
&\quad + \left(ad^2+2bd+c\right)F^2(\xi) + \left(bd^2+2cd\right)F(\xi) + cd^2,
\end{aligned} \tag{3.71}$$

其中 a, b, c, d 为常数. 因为, 这个方程本身为一般椭圆方程的一个子方程, 同时当 $d=0$ 且 $a=c_4, b=c_3, c=c_2$ 时恰好变成辅助方程 (3.1). 因此, 方程 (3.71) 可视为辅助方程 (3.1) 的一般性推广. 换言之, 如果用方程 (3.71) 来替代辅助方程 (3.1) 就可以把辅助方程法推广到一般椭圆方程的子方程的情形.

下面将列出我们用直接积分法与解的等价性概念得到的方程 (3.71) 的若干解, 但这里将省略这些解的具体推导过程.

如果记 $\delta = ad^2 - bd + c, \Delta = b^2 - 4ac, \varepsilon = \pm 1$, 则方程 (3.71) 具有如下解

$$F_1(\xi) = \frac{2\delta}{2ad - b + \varepsilon\sqrt{\Delta}\cosh\left(\sqrt{\delta}\xi\right)} - d, \quad \Delta > 0, \delta > 0,$$

$$F_2(\xi) = \frac{2\delta}{2ad - b + \varepsilon\sqrt{-\Delta}\sinh\left(\sqrt{\delta}\xi\right)} - d, \quad \Delta < 0, \delta > 0,$$

$$F_{3a}(\xi) = \frac{2\delta}{2ad - b + \varepsilon\sqrt{\Delta}\cos\left(\sqrt{-\delta}\xi\right)} - d, \quad \Delta > 0, \delta < 0,$$

$$F_{3b}(\xi) = \frac{2\delta}{2ad - b + \varepsilon\sqrt{\Delta}\sin\left(\sqrt{-\delta}\xi\right)} - d, \quad \Delta > 0, \delta < 0,$$

$$F_4(\xi) = -\frac{2ad+b}{4a} + \frac{(2ad-b)\varepsilon}{4a}\tanh\left(\frac{2ad-b}{4\sqrt{a}}\xi\right), \quad \Delta = 0, a > 0,$$

$$F_5(\xi) = -\frac{2ad+b}{4a} + \frac{(2ad-b)\varepsilon}{4a}\coth\left(\frac{2ad-b}{4\sqrt{a}}\xi\right), \quad \Delta = 0, a > 0,$$

$$F_6(\xi) = e^{\varepsilon\sqrt{c}\xi} - d, \quad a = b = 0, c > 0,$$

$$F_7(\xi) = \frac{\varepsilon}{\sqrt{a}\xi}, \quad d = b = c = 0, a > 0,$$

$$F_8(\xi) = \frac{4(b-2ad)}{(b-2ad)^2\xi^2 - 4a} - d, \quad \delta = 0,$$

$$F_9(\xi) = \frac{bd^2 - 2cd - 2d\sqrt{c\delta}\tanh\left(\frac{\sqrt{\delta}}{2}\xi\right)}{\left(\sqrt{c} + \sqrt{\delta}\tanh\left(\frac{\sqrt{\delta}}{2}\xi\right)\right)^2 - ad^2}, \quad \delta > 0, c > 0,$$

$$F_{10}(\xi) = \frac{bd^2 - 2cd - 2d\sqrt{c\delta}\coth\left(\frac{\sqrt{\delta}}{2}\xi\right)}{\left(\sqrt{c} + \sqrt{\delta}\coth\left(\frac{\sqrt{\delta}}{2}\xi\right)\right)^2 - ad^2}, \quad \delta > 0, c > 0,$$

$$F_{11}(\xi) = \frac{b - \dfrac{2c}{d} - \dfrac{4\sqrt{c}}{d\xi + 2c}}{\left(\dfrac{\sqrt{c}}{d} + \dfrac{2}{d\xi + 2c}\right)^2 - a}, \quad d = \frac{b \pm \sqrt{\Delta}}{2a}, c > 0,$$

$$F_{12a}(\xi) = \frac{bd^2 - 2cd + 2d\sqrt{-c\delta}\tan\left(\frac{\sqrt{-\delta}}{2}\xi\right)}{\left(\sqrt{c} - \sqrt{-\delta}\tan\left(\frac{\sqrt{-\delta}}{2}\xi\right)\right)^2 - ad^2}, \quad \delta < 0, c > 0,$$

$$F_{12b}(\xi) = \frac{bd^2 - 2cd - 2d\sqrt{-c\delta}\cot\left(\frac{\sqrt{-\delta}}{2}\xi\right)}{\left(\sqrt{c} + \sqrt{-\delta}\cot\left(\frac{\sqrt{-\delta}}{2}\xi\right)\right)^2 - ad^2}, \quad \delta < 0, c > 0.$$

在解 $F_j(\xi)$ $(j = 1, 2, 3a, 3b, 4, 5, 6, 7, 8)$ 中取 $d = 0$, 并将 a, b, c 分别用 c_4, c_3, c_2 来替换, 则恰好得到辅助方程 (3.1) 的解. 当 $d \neq 0$ 时, 其余各解将给出方程 (3.71) 的分式型解.

在辅助方程法的步骤中将辅助方程 (3.1) 及其解用方程 (3.71) 和以上给出的解来替代, 则给出辅助方程法的推广, 即**扩展的辅助方程法**.

例 3.4 考虑 Klein-Gordon 方程

$$u_{tt} - \alpha u_{xx} + \beta u - \gamma u^3 = 0, \tag{3.72}$$

其中 α, β, γ 为常数. 该方程用于描述晶体内位错的传播、磁性晶体内 Bloch 壁运动、氢键网络中质子的运动、磁通量沿 Josephson 传输线传播、非 Abel 规范场的非零质量问题、统计力学中势能和磁化函数的熵等.

在变换 $u(x,t) = u(\xi), \xi = x - \omega t$ 下, 方程 (3.72) 变成常微分方程

$$\left(\omega^2 - \alpha\right) u''(\xi) + \beta u(\xi) - \gamma u^3(\xi) = 0. \tag{3.73}$$

平衡 u'' 与 u^3 两项, 则得到平衡常数 $n = 1$. 于是可设方程 (3.73) 具有如下解

$$u(\xi) = a_0 + a_1 F(\xi), \tag{3.74}$$

其中 a_0, a_1 为待定常数, $F(\xi)$ 为方程 (3.71) 的解.

将 (3.74) 同 (3.71) 一起代入 (3.73) 后令 F^j $(j=0,1,2,3)$ 的系数等于零, 则得到代数方程组

$$\begin{cases} 3a_1\omega^2 ad + \dfrac{3}{2}a_1\omega^2 b - 3a_1\alpha ad - \dfrac{3}{2}a_1\alpha b - 3\gamma a_1^2 a_0 = 0, \\ \dfrac{1}{2}a_1\omega^2 bd^2 + a_1\omega^2 cd - \dfrac{1}{2}a_1\alpha bd^2 - a_1\alpha cd + \beta a_0 - \gamma a_0^3 = 0, \\ 2aa_1\omega^2 - a_1^3\gamma - 2aa_1\alpha = 0, \\ aa_1 d^2\omega^2 - aa_1\alpha d^2 + 2a_1 bd\omega^2 - 3a_0^2 a_1\gamma - 2a_1\alpha bd + a_1 c\omega^2 - a_1\alpha c + a_1\beta = 0. \end{cases}$$

用 Maple 系统求解此代数方程组, 可得

$$a = -\frac{\gamma a_1^2}{2(\alpha-\omega^2)}, \quad a_0 = -\frac{b(\alpha-\omega^2)}{\gamma a_1}, \quad c = \frac{-b^2(\alpha-\omega^2)^2 + 2\beta\gamma a_1^2}{2\gamma(\alpha-\omega^2)a_1^2},$$

$$d = -\frac{b(\alpha-\omega^2)}{\gamma a_1^2}, \quad \delta = \frac{\beta}{\alpha-\omega^2}, \quad \Delta = \frac{2\beta\gamma a_1^2}{(\alpha-\omega^2)^2}, \tag{3.75}$$

$$a = -\frac{\gamma a_1^2}{2(\alpha-\omega^2)}, \quad a_0 = \frac{2b(\omega^2-\alpha) \pm 2\sqrt{\beta\gamma}a_1}{2a_1\gamma}, \quad c = \frac{b(\omega^2-\alpha)}{2\gamma a_1^2},$$

$$d = \frac{b(\omega^2-\alpha) \pm 2\sqrt{\beta\gamma}a_1}{\gamma a_1^2}, \quad \delta = \frac{2\beta}{\omega^2-\alpha}, \quad \Delta = 0. \tag{3.76}$$

将 (3.75) 和方程 (3.71) 的解 F_j $(j=1,2,3a,3b)$ 一起代入 (3.74), 则得到 Klein-Gordon 方程的精确行波解

$$u_1(x,t) = \varepsilon\sqrt{\frac{2\beta}{\gamma}}\operatorname{sech}\sqrt{\frac{\beta}{\alpha-\omega^2}}(x-\omega t), \quad \beta(\alpha-\omega^2)>0,\ \beta\gamma>0,$$

$$u_2(x,t) = \varepsilon\sqrt{-\frac{2\beta}{\gamma}}\operatorname{csch}\sqrt{\frac{\beta}{\alpha-\omega^2}}(x-\omega t), \quad \beta(\alpha-\omega^2)>0,\ \beta\gamma<0,$$

$$u_{3a}(x,t) = \varepsilon\sqrt{\frac{2\beta}{\gamma}}\sec\sqrt{\frac{\beta}{\omega^2-\alpha}}(x-\omega t), \quad \beta(\alpha-\omega^2)<0,\ \beta\gamma>0,$$

$$u_{3b}(x,t) = \varepsilon\sqrt{\frac{2\beta}{\gamma}}\csc\sqrt{\frac{\beta}{\omega^2-\alpha}}(x-\omega t), \quad \beta(\alpha-\omega^2)<0,\ \beta\gamma>0,$$

其中 ω 为任意常数.

在确定分式型解时, 为简单起见置 $a_1 = 1$, 并将 (3.71) 和方程 (3.75) 的解 F_j $(j=9,10,12a,12b)$ 一起代入 (3.74), 则得到 Klein-Gordon 方程的精确行波解

$$u_4(x,t) = \frac{b\beta(\alpha-\omega^2)\operatorname{sech}^2\dfrac{1}{2}\sqrt{\dfrac{\beta}{\alpha-\omega^2}}(x-\omega t)}{\beta\gamma\left[1+\tanh^2\dfrac{1}{2}\sqrt{\dfrac{\beta}{\alpha-\omega^2}}(x-\omega t)\right] + A\tanh\dfrac{1}{2}\sqrt{\dfrac{\beta}{\alpha-\omega^2}}(x-\omega t)},$$

$$u_5(x,t) = \frac{-b\beta(\alpha-\omega^2)\operatorname{csch}^2 \frac{1}{2}\sqrt{\frac{\beta}{\alpha-\omega^2}}(x-\omega t)}{\beta\gamma\left[1+\coth^2 \frac{1}{2}\sqrt{\frac{\beta}{\alpha-\omega^2}}(x-\omega t)\right] + A\coth \frac{1}{2}\sqrt{\frac{\beta}{\alpha-\omega^2}}(x-\omega t)},$$

$$\beta(\alpha-\omega^2) > 0, \quad \beta\gamma\left[2\beta\gamma - b^2(\alpha-\omega^2)^2\right] > 0,$$

这里 $A = \sqrt{2\beta\gamma[2\beta\gamma - b^2(\alpha-\omega^2)^2]}$, b, ω 为任意常数.

$$u_{6a}(x,t) = \frac{b\beta(\alpha-\omega^2)\sec^2 \frac{1}{2}\sqrt{\frac{\beta}{\omega^2-\alpha}}(x-\omega t)}{\beta\gamma\left[1-\tan^2 \frac{1}{2}\sqrt{\frac{\beta}{\omega^2-\alpha}}(x-\omega t)\right] - B\tan \frac{1}{2}\sqrt{\frac{\beta}{\omega^2-\alpha}}(x-\omega t)},$$

$$u_{6b}(x,t) = \frac{b\beta(\alpha-\omega^2)\csc^2 \frac{1}{2}\sqrt{\frac{\beta}{\omega^2-\alpha}}(x-\omega t)}{\beta\gamma\left[1-\cot^2 \frac{1}{2}\sqrt{\frac{\beta}{\omega^2-\alpha}}(x-\omega t)\right] - B\cot \frac{1}{2}\sqrt{\frac{\beta}{\omega^2-\alpha}}(x-\omega t)},$$

$$\beta(\alpha-\omega^2) < 0, \quad \beta\gamma\left[2\beta\gamma - b^2(\alpha-\omega^2)^2\right] < 0,$$

这里 $B = \sqrt{2\beta\gamma[b^2(\alpha-\omega^2)^2 - 2\beta\gamma]}$, b, ω 为任意常数.

将 (3.76) 和方程 (3.71) 的解 F_j ($j=4,5$) 一起代入 (3.74), 则得到 Klein-Gordon 方程的精确行波解

$$u_7(x,t) = \varepsilon\sqrt{\frac{\beta}{\gamma}}\tanh \frac{1}{2}\sqrt{\frac{2\beta}{\omega^2-\alpha}}(x-\omega t), \quad \beta(\omega^2-\alpha) > 0, \quad \beta\gamma > 0,$$

$$u_8(x,t) = \varepsilon\sqrt{\frac{\beta}{\gamma}}\coth \frac{1}{2}\sqrt{\frac{2\beta}{\omega^2-\alpha}}(x-\omega t), \quad \beta(\omega^2-\alpha) > 0, \quad \beta\gamma > 0,$$

其中 ω 为任意常数.

与辅助方程法比较而言, 扩展的辅助方程法确实能够给出非线性波方程的更多解, 甚至是新解, 但在应用上要比辅助方程法稍微复杂一些. 特别地, 它所引出的非线性代数方程组通常是一个方程的个数少于未知数个数的超定系统, 从而不能把这些参数的值全部确定下来. 因此, 与此相应地确定的是非线性波方程含有多个自由参数的精确解, 即解具有一定的灵活性或不确定性.

为了克服上述情况的出现, 下面我们将通过例子给出选择方程 (3.71) 中自由参数 a, b, c, d 的一种具体方法.

例 3.5 考虑正则长波 (RLW) 方程

$$u_t + u_x + \alpha\left(u^2\right)_x - \beta u_{xxt} = 0, \tag{3.77}$$

3.4 辅助方程法的推广

其中 α, β 为常数. RLW 方程是由 Peregrine 于 1966 年提出的用来描述小振幅长波在河道水面上的传播模型, 它不但能够模拟 KdV 方程的所有应用, 而且广泛应用于描述浅水波、一维等离子体的漂移和地球物理中的 Rossby 波等.

将行波变换 $u(x,t) = u(\xi), \xi = x - \omega t$ 代入 RLW 方程后积分一次, 则得到

$$(1-\omega)u(\xi) + \alpha u^2(\xi) + \beta \omega u''(\xi) + C = 0, \tag{3.78}$$

其中 C 为积分常数.

若设 $O(u) = n$, 则 $O(u'') = n+2, O(u^2) = 2n$, 由此可得 $n = 2$. 因此, 可设方程 (3.78) 具有如下解

$$u(\xi) = a_0 + a_1 F(\xi) + a_2 F^2(\xi), \tag{3.79}$$

这里 a_j $(j = 0, 1, 2)$ 为待定常数, $F(\xi)$ 为方程 (3.71) 的解.

将 (3.79) 和方程 (3.71) 一起代入 (3.78) 后令 F^j $(j = 0, 1, 2, 3, 4)$ 的系数等于零, 则得到代数方程组

$$\begin{cases} \alpha a_0^2 - \omega a_0 + 2\beta\omega a_2 d^2 c + \dfrac{1}{2}\beta\omega a_1 b d^2 + \beta\omega a_1 c d + a_0 + C = 0, \\ 4\beta\omega a_2 a d^2 + 8\beta\omega a_2 b d + 3\beta\omega a_1 a d - \omega a_2 + \alpha a_1^2 + a_2 + 4\beta\omega a_2 c \\ \quad + \dfrac{3}{2}\beta\omega a_1 b + 2\alpha a_2 a_0 = 0, \\ 6a a_2 \beta\omega + a_2^2 \alpha = 0, \\ 10 a a_2 \beta\omega d + 2\beta\omega a a_1 + 5\beta\omega a_2 b + 2\alpha a_1 a_2 = 0, \\ \beta\omega a a_1 d^2 + 3\beta\omega a_2 b d^2 + 2\beta\omega a_1 b d + 6\beta\omega a_2 c d + \beta\omega a_1 c \\ \quad + 2\alpha a_0 a_1 - \omega a_1 + a_1 = 0. \end{cases} \tag{3.80}$$

这是一个含有 5 个方程 9 个未知数 $\{a_0, a_1, a_2, \omega, C, a, b, c, d\}$ 的超定代数方程组. 因此, 它的解只能用 9 个参数中的部分参数表示出来. 事实上, 利用 Maple 系统求得方程组 (3.80) 的如下三组解

$$\begin{aligned} &a_0 = -\frac{8\beta\omega d^2 + 4\beta\omega c - \omega + 1}{2\alpha}, \quad a_1 = -\frac{12\beta\omega d}{\alpha}, \quad a_2 = -\frac{6\beta\omega}{\alpha}, \\ &b = 2ad, \quad C = -\frac{16\beta^2\omega^2 (ad^2 - c)^2 - (\omega - 1)^2}{4\alpha}, \end{aligned} \tag{3.81}$$

$$\begin{aligned} &a_0 = -\frac{2\beta\omega b d + \beta\omega c - \omega + 1}{2\alpha}, \quad a_1 = -\frac{3\beta\omega b}{2\alpha}, \quad a_2 = 0, \quad a = 0, \\ &C = -\frac{\beta^2\omega^2 (bd - c)^2 - (\omega - 1)^2}{4\alpha}, \end{aligned} \tag{3.82}$$

$$a_0 = -\frac{\beta\omega\left(4a^2d^2 + 20abd + b^2\right) - 4a\left(\omega - 1\right)}{8a\alpha}, \quad a_1 = -\frac{3\beta\omega\left(2ad + b\right)}{\alpha},$$

$$a_2 = -\frac{6a\beta\omega}{\alpha}, \quad c = \frac{b^2}{4a}, \quad C = -\frac{\beta^2\omega^2\left(2ad - b\right)^4 - 16a^2\left(\omega - 1\right)^2}{64a^2\alpha}. \tag{3.83}$$

正如前面所述, 以上得到的代数方程组的解都是由几个自由参数所确定, 从而将引出 RLW 方程含有多个参数的解. 减少或消去这些自由参数的途径之一就是根据方程 (3.71) 的解 $F_j(\xi)$ 所满足的条件来合理地选取其中的主要参数并由此确定其余参数. 为实现这个目标, 我们引入如下规则:

设 $q = q(a, b, c, d, \cdots)$ 是与解 $F(\xi)$ 所满足的条件有关的表达式, p 为正数, 则

(1) 若解满足条件 $q > 0$, 则取 $q = 1$ 或 $q = p$;

(2) 若解满足条件 $q < 0$, 则取 $q = -1$ 或 $q = -p$.

根据这个规则, 可将条件转化为等式并由此解出某些参数的值, 从而可达到确定自由参数的目的. 特别地, 当解 $F(\xi)$ 满足几个不同条件时可以得出几个相应等式所确定的联立方程组, 再对其进行求解, 则可以定出多个自由参数的值.

下面用以上规则来确定解 (3.81)~(3.83) 中所含的自由参数的值, 并由此给出 RLW 方程的相应的精确行波解.

情形1 与 (3.81) 对应的 RLW 方程的解

由 (3.81) 直接计算可得

$$\begin{cases} \delta = c - ad^2, \\ \Delta = 4\left(a^2d^2 - ac\right). \end{cases} \tag{3.84}$$

解 $F_1(\xi)$ 所满足的条件是 $\delta > 0, \Delta > 0$. 因此, 根据规则 (1) 得到方程组

$$\begin{cases} c - ad^2 = \delta = 1, \\ 4\left(a^2d^2 - ac\right) = \Delta = 1. \end{cases}$$

由此解得

$$a = -\frac{1}{4}, \quad c = 1 - \frac{d^2}{4}, \quad \delta = 1, \quad \Delta = 1. \tag{3.85}$$

将 (3.85) 代入 (3.81), 则得到

$$a_0 = -\frac{3\beta\omega d^2 - 4\beta\omega + \omega - 1}{2\alpha}, \quad a_1 = \frac{3d\beta\omega}{\alpha}, \quad a_2 = \frac{3\beta\omega}{2\alpha},$$

$$b = -\frac{d}{2}, \quad C = -\frac{16\beta^2\omega^2 - \left(\omega - 1\right)^2}{4\alpha}. \tag{3.86}$$

将 (3.85), (3.86) 和 $F_1(\xi)$ 代入 (3.79), 则得到 RLW 方程的孤波解

$$u_1(x, t) = -\frac{(4\beta - 1)\omega + 1}{2\alpha} + \frac{6\beta\omega}{\alpha}\text{sech}^2\left(x - \omega t\right),$$

3.4 辅助方程法的推广

其中 ω 为任意常数.

解 $F_2(\xi)$ 所满足的条件是 $\delta > 0, \Delta < 0$. 因此, 由规则 (1) 和 (2) 可得

$$\begin{cases} c - ad^2 = \delta = 1, \\ 4\left(a^2d^2 - ac\right) = \Delta = -1. \end{cases}$$

解之可得

$$a = \frac{1}{4}, \quad c = 1 + \frac{d^2}{4}, \quad \delta = 1, \quad \Delta = -1. \tag{3.87}$$

再将 (3.87) 代入 (3.81), 则得到

$$a_0 = \frac{3\beta\omega d^2 + 4\beta\omega - \omega + 1}{2\alpha}, \quad a_1 = -\frac{3d\beta\omega}{\alpha}, \quad a_2 = -\frac{3\beta\omega}{2\alpha},$$
$$b = \frac{d}{2}, \quad C = -\frac{16\beta^2\omega^2 - (\omega - 1)^2}{4\alpha}. \tag{3.88}$$

将 (3.87), (3.88) 同 $F_2(\xi)$ 代入 (3.79), 则得到 RLW 方程的奇异孤波解

$$u_2(x,t) = -\frac{(4\beta - 1)\omega + 1}{2\alpha} - \frac{6\beta\omega}{\alpha}\operatorname{csch}^2(x - \omega t),$$

其中 ω 为任意常数.

解 $F_{3a}(\xi), F_{3b}(\xi)$ 所满足的条件为 $\delta < 0, \Delta > 0$. 因此, 由规则可取

$$\begin{cases} c - ad^2 = \delta = -1, \\ 4\left(a^2d^2 - ac\right) = \Delta = 1. \end{cases}$$

由此解得

$$a = \frac{1}{4}, \quad c = \frac{d^2}{4} - 1, \quad \delta = -1, \quad \Delta = 1. \tag{3.89}$$

再将 (3.89) 代入 (3.81), 则得到

$$a_0 = -\frac{3\beta\omega d^2 - 4\beta\omega - \omega + 1}{2\alpha}, \quad a_1 = -\frac{3d\beta\omega}{\alpha}, \quad a_2 = -\frac{3\beta\omega}{2\alpha},$$
$$b = \frac{d}{2}, \quad C = -\frac{16\beta^2\omega^2 - (\omega - 1)^2}{4\alpha}. \tag{3.90}$$

分别将 (3.89), (3.90), $F_{3a}(\xi)$ 和 $F_{3b}(\xi)$ 代入 (3.79), 则得到 RLW 方程的周期行波解

$$u_3(x,t) = \frac{(4\beta + 1)\omega - 1}{2\alpha} - \frac{6\beta\omega}{\alpha}\sec^2(x - \omega t),$$
$$u_4(x,t) = \frac{(4\beta + 1)\omega - 1}{2\alpha} - \frac{6\beta\omega}{\alpha}\csc^2(x - \omega t),$$

这里 ω 为任意常数.

由 (3.81) 中给出的 $b = 2ad$ 可知, $F_4(\xi), F_5(\xi), F_8(\xi)$ 只能引出 RLW 方程的平凡解. 把解 $F_6(\xi)$ 的条件 $a = b = 0$ 代入 (3.81), 则可推出 $a_1 = a_2 = 0$, 因此也得不到 RLW 方程的非平凡解. 再将解 $F_7(\xi)$ 的条件 $d = b = c = 0$ 代入 (3.81), 则得到

$$a_0 = \frac{\omega - 1}{2\alpha}, \quad a_1 = 0, \quad a_2 = -\frac{6a\beta\omega}{\alpha}, \quad C = -\frac{(\omega - 1)^2}{2\alpha}. \tag{3.91}$$

再将 (3.91) 和 $F_7(\xi)$ 一起代入 (3.79), 则得到 RLW 方程的有理行波解

$$u_5(x, t) = \frac{\omega - 1}{2\alpha} - \frac{6\beta\omega}{\alpha (x - \omega t)^2},$$

其中 ω 为任意常数.

因为, 解 $F_9(\xi), F_{10}(\xi)$ 所满足的条件是 $\delta > 0, c > 0$, 所以利用规则可置

$$\begin{cases} c = 1, \\ c - ad^2 = \delta = 2. \end{cases}$$

解这个代数方程组, 则得到

$$a = -\frac{1}{d^2}, \quad c = 1, \quad \delta = 2. \tag{3.92}$$

将 (3.92) 代入 (3.81), 则得到

$$a_0 = \frac{(4\beta + 1)\omega - 1}{2\alpha}, \quad a_1 = \frac{12\beta\omega}{\alpha d}, \quad a_2 = \frac{6\beta\omega}{\alpha d^2},$$

$$b = -\frac{2}{d}, \quad C = -\frac{64\beta^2\omega^2 - (\omega - 1)^2}{4\alpha}. \tag{3.93}$$

分别将 (3.92), (3.93) 同 $F_9(\xi)$ 和 $F_{10}(\xi)$ 一起代入 (3.79), 则得到 RLW 方程的孤波解

$$u_6(x, t) = \frac{24\beta\omega}{\alpha} \left[\frac{2 + \sqrt{2} \tanh \frac{\sqrt{2}}{2} (x - \omega t)}{1 + \left(1 + \sqrt{2} \tanh \frac{\sqrt{2}}{2} (x - \omega t)\right)^2} \right]^2$$

$$- \frac{24\beta\omega}{\alpha} \frac{2 + \sqrt{2} \tanh \frac{\sqrt{2}}{2} (x - \omega t)}{1 + \left(1 + \sqrt{2} \tanh \frac{\sqrt{2}}{2} (x - \omega t)\right)^2} + \frac{(4\beta + 1)\omega - 1}{2\alpha},$$

3.4 辅助方程法的推广

$$u_7(x,t) = \frac{24\beta\omega}{\alpha}\left[\frac{2+\sqrt{2}\coth\frac{\sqrt{2}}{2}(x-\omega t)}{1+\left(1+\sqrt{2}\coth\frac{\sqrt{2}}{2}(x-\omega t)\right)^2}\right]^2$$

$$-\frac{24\beta\omega}{\alpha}\frac{2+\sqrt{2}\coth\frac{\sqrt{2}}{2}(x-\omega t)}{1+\left(1+\sqrt{2}\coth\frac{\sqrt{2}}{2}(x-\omega t)\right)^2}+\frac{(4\beta+1)\omega-1}{2\alpha},$$

这里 ω 为任意常数.

解 $F_{11}(\xi)$ 满足 $c>0$ 且 $d=\dfrac{b\pm\sqrt{\Delta}}{2a}$. 因此, 取 $c=1$ 并注意到 $b=2ad$, 则得 $4(ad^2-ac)=\Delta=0$, 从而 $a=\dfrac{1}{d^2}$. 再将 a,c 的值代入 (3.81), 则有

$$a=\frac{1}{d^2},\quad b=\frac{2}{d},\quad c=1,\quad a_0=-\frac{(12\beta-1)\omega+1}{2\alpha},\quad a_1=-\frac{12\beta\omega}{\alpha d},\quad a_2=-\frac{6\beta\omega}{\alpha d^2}, \tag{3.94}$$

将 (3.94) 和 $F_{11}(\xi)$ 一起代入 (3.79), 则得到 RLW 方程的有理行波解

$$u_8(x,t) = \frac{(\omega-1)\left[d^2(x-\omega t)^2 + 2d(d+2)(x-\omega t) + 4(d+1) + d^2\right] - 12\beta\omega d^2}{2\alpha[d(x-\omega t)+d+2]^2},$$

其中 d,ω 为任意常数.

解 $F_{12a}(\xi), F_{12b}(\xi)$ 所满足的条件为 $\delta<0, c>0$, 故由规则可得到方程组

$$\begin{cases} c=1, \\ c-ad^2=\delta=-2. \end{cases}$$

解之可得

$$a=\frac{3}{d^2},\quad c=1. \tag{3.95}$$

将 (3.95) 代入 (3.81), 则得到

$$a_0=-\frac{(28\beta-1)\omega+1}{2\alpha},\quad a_1=-\frac{36\beta\omega}{\alpha d},\quad a_2=-\frac{18\beta\omega}{\alpha d^2},$$

$$b=\frac{6}{d},\quad C=-\frac{64\beta^2\omega^2-(\omega-1)^2}{4\alpha}. \tag{3.96}$$

分别将 (3.95), (3.96) 同 $F_{12a}(\xi)$ 和 $F_{12b}(\xi)$ 一起代入 (3.79), 则得到 RLW 方程的周期行波解

$$u_9(x,t) = -\frac{72\beta\omega}{\alpha}\left[\frac{2-\sqrt{2}\tan\frac{\sqrt{2}}{2}(x-\omega t)}{\left(1+\sqrt{2}\tan\frac{\sqrt{2}}{2}(x-\omega t)\right)^2-3}\right]^2$$

$$-\frac{72\beta\omega}{\alpha}\frac{2-\sqrt{2}\tan\frac{\sqrt{2}}{2}(x-\omega t)}{\left(1+\sqrt{2}\tan\frac{\sqrt{2}}{2}(x-\omega t)\right)^2-3}-\frac{(28\beta-1)\omega+1}{2\alpha},$$

$$u_{10}(x,t) = -\frac{72\beta\omega}{\alpha}\left[\frac{2+\sqrt{2}\cot\frac{\sqrt{2}}{2}(x-\omega t)}{\left(1-\sqrt{2}\cot\frac{\sqrt{2}}{2}(x-\omega t)\right)^2-3}\right]^2$$

$$-\frac{72\beta\omega}{\alpha}\frac{2+\sqrt{2}\cot\frac{\sqrt{2}}{2}(x-\omega t)}{\left(1-\sqrt{2}\cot\frac{\sqrt{2}}{2}(x-\omega t)\right)^2-3}-\frac{(28\beta-1)\omega+1}{2\alpha},$$

其中 ω 为任意常数.

情形2 与 (3.82) 对应的 RLW 方程的解

由 (3.82) 直接计算可得

$$\delta = c - bd, \quad \Delta = b^2. \tag{3.97}$$

由 $\delta = 1, \Delta = 1$ 和 (3.82) 可得

$$a = 0, \quad b = \pm 1, \quad c = \pm d - 1, \quad a_0 = -\frac{\beta\omega(\pm 3d+1)-\omega+1}{2\alpha},$$

$$a_1 = \mp\frac{3\beta\omega}{2\alpha}, \quad a_2 = 0, \quad C = -\frac{\beta^2\omega^2-(\omega-1)^2}{4\alpha}. \tag{3.98}$$

将 (3.98) 和 $F_1(\xi)$ 一起代入 (3.79), 则得到 RLW 方程的孤波解

$$u_{11}(x,t) = \frac{3\beta\omega}{\alpha(1+\varepsilon\cosh(x-\omega t))} - \frac{(\beta-1)\omega+1}{2\alpha},$$

3.4 辅助方程法的推广

$$= \begin{cases} \dfrac{3\beta\omega}{2\alpha}\mathrm{sech}^2\dfrac{1}{2}(x-\omega t) - \dfrac{(\beta-1)\omega+1}{2\alpha}, & \varepsilon=1, \\ -\dfrac{3\beta\omega}{2\alpha}\mathrm{csch}^2\dfrac{1}{2}(x-\omega t) - \dfrac{(\beta-1)\omega+1}{2\alpha}, & \varepsilon=-1, \end{cases}$$

其中 ω 为任意常数.

由 $\delta=-1, \Delta=1$ 和 (3.82) 可得

$$a=0, \quad b=\pm 1, \quad c=\pm d-1, \quad a_0=-\dfrac{\beta\omega(\pm 3d+1)-\omega+1}{2\alpha},$$
$$a_1=\mp\dfrac{3\beta\omega}{2\alpha}, \quad a_2=0, \quad C=-\dfrac{\beta^2\omega^2-(\omega-1)^2}{4\alpha}. \tag{3.99}$$

将 (3.99) 和 $F_3(\xi)$ 一起代入 (3.79), 则得到 RLW 方程的周期行波解

$$u_{12}(x,t)=-\dfrac{3\beta\omega}{\alpha(1+\varepsilon\cos(x-\omega t))}+\dfrac{(\beta+1)\omega-1}{2\alpha}$$

$$=\begin{cases} -\dfrac{3\beta\omega}{2\alpha}\sec^2\dfrac{1}{2}(x-\omega t)+\dfrac{(\beta+1)\omega-1}{2\alpha}, & \varepsilon=1, \\ -\dfrac{3\beta\omega}{2\alpha}\csc^2\dfrac{1}{2}(x-\omega t)+\dfrac{(\beta+1)\omega-1}{2\alpha}, & \varepsilon=-1, \end{cases}$$

$$u_{13}(x,t)=-\dfrac{3\beta\omega}{\alpha(1+\varepsilon\sin(x-\omega t))}+\dfrac{(\beta+1)\omega-1}{2\alpha},$$

其中 ω 为任意常数.

对应于 $F_2(\xi)$ 的解不存在, 而 $F_6(\xi), F_7(\xi)$ 将给出 RLW 方程的平凡解. 对应于 $F_8(\xi)$, 条件 $\delta=0$ 同 (3.82) 一起给出

$$a=0, \quad c=bd, \quad a_0=-\dfrac{3bd\beta\omega-\omega+1}{2\alpha}, \quad a_1=-\dfrac{3b\beta\omega}{2\alpha}, a_2=0, C=\dfrac{(\omega-1)^2}{4\alpha}.$$

将上式和 $F_8(\xi)$ 代入 (3.79), 则给出 RLW 方程的有理行波解 u_5.

由 $\delta=2, c=1$ 和 (3.82) 可得到

$$a=0, \quad c=1, \quad b=-\dfrac{1}{d}, \quad a_0=\dfrac{(\beta+1)\omega-1}{2\alpha},$$
$$a_1=\dfrac{3\beta\omega}{2\alpha d}, \quad a_2=0, \quad C=-\dfrac{4\beta^2\omega^2-(\omega-1)^2}{4\alpha}. \tag{3.100}$$

分别将 (3.100) 同 $F_9(\xi)$ 和 $F_{10}(\xi)$ 一起代入 (3.79), 则得到 RLW 方程的孤波解

$$u_{14}(x,t)=-\dfrac{3\beta\omega}{2\alpha}\dfrac{3+2\sqrt{2}\tanh\dfrac{\sqrt{2}}{2}(x-\omega t)}{\left(1+\sqrt{2}\tanh\dfrac{\sqrt{2}}{2}(x-\omega t)\right)^2}+\dfrac{(\beta+1)\omega-1}{2\alpha},$$

$$u_{15}(x,t) = -\frac{3\beta\omega}{2\alpha}\frac{3+2\sqrt{2}\coth\frac{\sqrt{2}}{2}(x-\omega t)}{\left(1+\sqrt{2}\coth\frac{\sqrt{2}}{2}(x-\omega t)\right)^2} + \frac{(\beta+1)\omega-1}{2\alpha},$$

其中 ω 为任意常数.

由 $F_{11}(\xi)$ 所满足的条件 $c>0, b=2ad\pm\sqrt{\Delta}$ 可选取 $c=1$, 而 b 则可任意选取. 为简化起见取 $b=d=1$, 则根据 (3.82) 有

$$a=0, \quad b=c=d=1, \quad a_0 = -\frac{(3\beta-1)\omega+1}{2\alpha},$$
$$a_1 = -\frac{3\beta\omega}{a\alpha}, \quad a_2 = 0, \quad C = -\frac{(\omega-1)^2}{4\alpha}. \tag{3.101}$$

将 (3.101) 和 $F_{11}(\xi)$ 代入 (3.79), 则得到 RLW 方程的有理行波解

$$u_{16}(x,t) = \frac{(\omega-1)(x-\omega t)^2 + 8(\omega-1)(x-\omega t) - 12\beta\omega + 16(\omega-1)}{2\alpha(x-\omega t+4)^2},$$

其中 ω 为任意常数.

由 $c=1, \delta=-2$ 和 (3.82), 可得

$$a=0, \quad b=\frac{3}{d}, \quad c=1, \quad \delta=-2, \quad a_0 = -\frac{(7\beta-1)\omega+1}{2\alpha},$$
$$a_1 = -\frac{9\beta\omega}{2\alpha d}, \quad a_2 = 0, \quad C = -\frac{4\beta^2\omega^2-(\omega-1)^2}{4\alpha}. \tag{3.102}$$

分别将 (3.102) 同 $F_{12a}(\xi)$ 和 $F_{12b}(\xi)$ 一起代入 (3.79), 则得到 RLW 方程的周期行波解

$$u_{17}(x,t) = -\frac{9\beta\omega}{2\alpha}\frac{1+2\sqrt{2}\tan\frac{\sqrt{2}}{2}(x-\omega t)}{\left(1-\sqrt{2}\tan\frac{\sqrt{2}}{2}(x-\omega t)\right)^2} - \frac{(7\beta-1)\omega+1}{2\alpha},$$

$$u_{18}(x,t) = -\frac{9\beta\omega}{2\alpha}\frac{1-2\sqrt{2}\cot\frac{\sqrt{2}}{2}(x-\omega t)}{\left(1+\sqrt{2}\cot\frac{\sqrt{2}}{2}(x-\omega t)\right)^2} - \frac{(7\beta-1)\omega+1}{2\alpha},$$

其中 ω 为任意常数.

情形3 与 (3.83) 对应的 RLW 方程的解

3.4 辅助方程法的推广

由 (3.83) 可以算出

$$\Delta = b^2 - 4ac = 0. \tag{3.103}$$

根据规则 (1), 由 $a > 0$ 可取 $a = 1$. 再根据 (3.103), 选取 $b = \pm 2$, 那么由 (3.83) 可得

$$a = 1, \quad b = \pm 2, \quad c = 1, \quad a_0 = -\frac{\beta\omega\left(d^2 \pm 10d + 1\right) - \omega + 1}{2\alpha},$$
$$a_1 = -\frac{6\beta\omega\left(d \pm 1\right)}{\alpha}, \quad a_2 = -\frac{6\beta\omega}{\alpha}, \quad C = -\frac{\beta^2\omega^2\left(d \mp 1\right)^4 - (\omega - 1)^2}{4\alpha}. \tag{3.104}$$

分别将 (3.104) 同 $F_4(\xi)$ 和 $F_5(\xi)$ 代入 (3.79), 则得到 RLW 方程的孤波解

$$u_{19}(x,t) = -\frac{3\beta\omega}{2\alpha}\left(d \mp 1\right)^2 \tanh^2 \frac{d \mp 1}{2}(x - \omega t) + \frac{2\beta\omega\left(d \mp 1\right)^2 + \omega - 1}{2\alpha},$$
$$u_{20}(x,t) = -\frac{3\beta\omega}{2\alpha}\left(d \mp 1\right)^2 \coth^2 \frac{d \mp 1}{2}(x - \omega t) + \frac{2\beta\omega\left(d \mp 1\right)^2 + \omega - 1}{2\alpha},$$

其中 $\omega, d(\neq \pm 1)$ 为任意常数.

当 $\delta > 0, c > 0$ 时, 由 $\delta = 2, c = 1$ 和 (3.83) 可得到

$$a = \frac{\left(1 \pm \sqrt{2}\right)^2}{d^2}, \quad b = \frac{2\left(1 \pm \sqrt{2}\right)}{d}, \quad c = 1, \quad \delta = 2, \quad a_0 = -\frac{2\beta\omega\left(7 \pm 6\sqrt{2}\right) - \omega + 1}{2\alpha},$$
$$a_1 = -\frac{6\beta\omega\left(4 \pm 3\sqrt{2}\right)}{\alpha d}, \quad a_2 = -\frac{6\beta\omega\left(1 \pm \sqrt{2}\right)^2}{\alpha d^2}, \quad C = -\frac{4\beta^2\omega^2 - (\omega - 1)^2}{4\alpha}. \tag{3.105}$$

分别将 (3.105) 同 $F_9(\xi)$ 和 $F_{10}(\xi)$ 一起代入 (3.79), 则得到 RLW 方程的孤波解

$$u_{21}(x,t) = \frac{f_2 \tanh^2 \frac{\sqrt{2}}{2}(x - \omega t) + f_1 \tanh \frac{\sqrt{2}}{2}(x - \omega t) + f_0}{\alpha\left(\sqrt{2}\tanh \frac{\sqrt{2}}{2}(x - \omega t) \pm \sqrt{2} + 2\right)^2},$$

$$u_{22}(x,t) = \frac{f_2 \coth^2 \frac{\sqrt{2}}{2}(x - \omega t) + f_1 \coth \frac{\sqrt{2}}{2}(x - \omega t) + f_0}{\alpha\left(\sqrt{2}\coth \frac{\sqrt{2}}{2}(x - \omega t) \pm \sqrt{2} + 2\right)^2},$$

这里 $f_j\,(j = 0, 1, 2)$ 由下式给定

$$\begin{cases} f_0 = 2\beta\omega\left(3 \pm 4\sqrt{2}\right) + \left(3 \pm 2\sqrt{2}\right)(\omega - 1), \\ f_1 = -4\beta\omega\left(\sqrt{2} \pm 1\right) + 2\left(\sqrt{2} \pm 1\right)(\omega - 1), \\ f_2 = -2\beta\omega\left(7 \pm 6\sqrt{2}\right) + \omega - 1, \end{cases} \tag{3.106}$$

以上各式中的 ω 为任意常数.

由 $c=1, \Delta=b^2-4ac=0, d=\dfrac{b\pm\sqrt{\Delta}}{2a}$ 和 (3.83) 可得

$$c=1,\quad d=\frac{2}{b},\quad a=\frac{b^2}{4},\quad a_0=-\frac{12\beta\omega-\omega+1}{2\alpha},$$
$$a_1=-\frac{b\beta\omega}{\alpha},\quad a_2=-\frac{3b^2\beta\omega}{2\alpha},\quad C=\frac{(\omega-1)^2}{4\alpha}. \tag{3.107}$$

将 (3.107) 同 $F_{11}(\xi)$ 一起代入 (3.79), 则得到 RLW 方程的有理行波解

$$u_{23}(x,t)=\frac{\omega-1}{2\alpha}-\frac{12\beta\omega}{2\alpha\left(x-\omega t+b+1\right)^2},$$

其中 ω 和 b 为任意常数.

以上两个例子说明, 扩展的辅助方程法不但能够给出非线性波方程的借助辅助方程法得到的所有解, 而且也能够给出非线性波方程的一系列不能用辅助方程法得到的新解.

最后指出, 2011 年, Layeni 考虑过辅助方程 (3.71) 并给出该方程的孤波解、分式双曲正弦函数型解与分式正弦函数型解 (该解实际上为复值分式双曲正弦函数型解). 而在这里, 我们采用更加系统的方法给出了方程 (3.71) 的解, 这些解在数量和形式上完全不同于 Layeni 所给出的解.

第 4 章　一般椭圆方程展开法

含四次非线性项的一阶常微分方程

$$F'^2(\xi) = c_0 + c_1 F(\xi) + c_2 F^2(\xi) + c_3 F^3(\xi) + c_4 F^4(\xi) \tag{4.1}$$

称为一般椭圆方程, 其中 c_i ($i = 0, 1, 2, 3, 4$) 为常数. 一般椭圆方程 (4.1) 包含以下四种椭圆方程.

第一种椭圆方程

$$F'^2(\xi) = c_0 + c_2 F^2(\xi) + c_4 F^4(\xi); \tag{4.2}$$

第二种椭圆方程

$$F'^2(\xi) = c_1 F(\xi) + c_2 F^2(\xi) + c_3 F^3(\xi); \tag{4.3}$$

第三种椭圆方程

$$F'^2(\xi) = c_0 + c_1 F(\xi) + c_2 F^2(\xi) + c_3 F^3(\xi); \tag{4.4}$$

第四种椭圆方程

$$F'^2(\xi) = c_2 F^2(\xi) + c_3 F^3(\xi), \tag{4.5}$$

$$F'^2(\xi) = c_2 F^2(\xi) + c_4 F^4(\xi), \tag{4.6}$$

$$F'^2(\xi) = c_2 F^2(\xi) + c_3 F^3(\xi) + c_4 F^4(\xi), \tag{4.7}$$

$$F'^2(\xi) = c_0 + c_1 F(\xi) + c_2 F^2(\xi). \tag{4.8}$$

除第四种椭圆方程是可以通过直接积分法来求解以外其余椭圆方程的解都可以用椭圆函数及其极限形式表示. 我们将在第 5 章中讨论前三种椭圆方程. 对于第四种椭圆方程而言, 前三种已在第 3 章中详细讨论过, 因此本章重点讨论第四种椭圆方程中的最后一种, 即方程 (4.8) 的 Bäcklund 变换与解的非线性叠加公式以及解的等价性. 在此基础上结合第 3 章和本章中关于解的等价性的讨论, 给出一般椭圆方程 (4.1) 的解的分类.

2003 年, 范恩贵以一般椭圆方程 (4.1) 为辅助方程, 并取它的五大类 13 个解而提出构造非线性波方程的各类行波解, 包括双曲函数解、三角函数解、有理函数解、Weierstrass 椭圆函数解与 Jacobi 椭圆函数解的统一的代数方法——范子方程法. 这一方法, 当 $c_1 = c_3 = 0, c_0 = 1, c_2 = -2, c_4 = 1$ 时约化到双曲正切函数展开法, 当 $c_1 = c_3 = 0, c_0 = b^2, c_2 = 2b, c_4 = 1$ 时约化到扩展双曲正切函数法, 当 $c_0 = r^2, c_1 = 2pr, c_2 = p^2 + 2qr, c_3 = 2qp, c_4 = q^2$ 时约化到 Riccati 方程展开法, 当 $c_0 = c_1 = 0$ 时约化到辅助方程法等已知方法, 从而被视为双曲正切函数展开法的本质推广. 2005 年, Yomba 对这些约化情形进行了详细的讨论.

容易看出四种椭圆方程也是一般椭圆方程 (4.1) 的子方程或特例, 只不过人们习惯于把这些椭圆方程所引出的展开法分开来讨论. 例如, 对应于第一种椭圆方程引出 F- 展开法. 关于一般椭圆方程 (4.1) 的子方程的讨论远不止这些, 如 2007 年, 张盛等讨论的方程 (4.1) 的右端为 F 的六次多项式的情形经过系数之间的适当变换后变成方程 (4.1) 的情形. 2014 年, 徐桂群所给出的方程 (4.1) 的右端为 F 的六次多项式情形下的 12 个椭圆函数解经变换后将给出 (4.1) 中的系数 $c_0 = 0$ 这一子方程的 12 个新的椭圆函数解. 2013 年, Pinar 等考虑了方程 (4.1) 的右端为 F 的六次多项式的情形, 并给出部分子方程的解. 总之, 一般椭圆方程 (4.1) 的子方程的求解问题与方程 (4.1) 的推广问题都受到了人们的关注并对此进行了大量的研究. 另外, 到目前为止人们已经给出一般椭圆方程 (4.1) 的子方程的若干解. 因此, 有必要对这些解重新整理和分类.

4.1 Bäcklund 变换与非线性叠加公式

本节首先利用直接积分法给出一般椭圆方程的 Bäcklund 变换, 其次利用间接变换法给出一般椭圆方程的 Bäcklund 变换与解的非线性叠加公式.

4.1.1 直接积分法

假设 $F_n(\xi), F_{n-1}(\xi)$ 为方程 (4.8) 的两个解, 则有

$$F_n'^2(\xi) = c_0 + c_1 F_n(\xi) + c_2 F_n^2(\xi), \quad F_{n-1}'^2(\xi) = c_0 + c_1 F_{n-1}(\xi) + c_2 F_{n-1}^2(\xi).$$

经分离变量后上式可以改写为

$$\frac{dF_n}{\sqrt{c_0 + c_1 F_n + c_2 F_n^2}} = \frac{dF_{n-1}}{\sqrt{c_0 + c_1 F_{n-1} + c_2 F_{n-1}^2}}.$$

对上式积分, 则有

$$\frac{1}{\sqrt{c_2}} \text{arcosh} \frac{2c_2 F_n + c_1}{\sqrt{\delta}} = \frac{1}{\sqrt{c_2}} \text{arcosh} \frac{2c_2 F_{n-1} + c_1}{\sqrt{\delta}} + \frac{1}{\sqrt{c_2}} \ln(A),$$
$$c_2 > 0, \quad \delta = c_1^2 - 4c_0 c_2 > 0, \tag{4.9}$$

4.1 Bäcklund 变换与非线性叠加公式

$$\frac{1}{\sqrt{c_2}}\text{arsinh}\frac{2c_2F_n+c_1}{\sqrt{-\delta}} = \frac{1}{\sqrt{c_2}}\text{arsinh}\frac{2c_2F_{n-1}+c_1}{\sqrt{-\delta}} + \frac{1}{\sqrt{c_2}}\ln(B),$$

$$c_2 > 0, \quad \delta = c_1^2 - 4c_0c_2 < 0, \tag{4.10}$$

$$\frac{1}{\sqrt{-c_2}}\arcsin\frac{2c_2F_n+c_1}{\sqrt{\delta}} = \frac{1}{\sqrt{-c_2}}\arcsin\frac{2c_2F_{n-1}+c_1}{\sqrt{\delta}} + \frac{1}{\sqrt{-c_2}}\arcsin\left(\frac{C}{\delta}\right),$$

$$c_2 < 0, \quad \delta = c_1^2 - 4c_0c_2 > 0, \tag{4.11}$$

$$\frac{1}{\sqrt{c_2}}\ln(2c_2F_n+c_1) = \frac{1}{\sqrt{c_2}}\ln(2c_2F_{n-1}+c_1) + \frac{1}{\sqrt{c_2}}\ln(\rho),$$

$$c_2 > 0, \quad \delta = c_1^2 - 4c_0c_2 = 0, \tag{4.12}$$

其中 A, B, C, ρ 为积分常数.

对于 (4.9), 记

$$x = \frac{2c_2F_n+c_1}{\sqrt{\delta}}, \quad y = \frac{2c_2F_{n-1}+c_1}{\sqrt{\delta}},$$

并借助恒等式 $\text{arcosh}x = \ln\left(x \pm \sqrt{x^2-1}\right)$ 将其改写为

$$\ln\frac{x \pm \sqrt{x^2-1}}{y \pm \sqrt{y^2-1}} = \ln\left(x \pm \sqrt{x^2-1}\right) - \ln\left(y \pm \sqrt{y^2-1}\right) = \ln(A),$$

亦即

$$\pm\sqrt{x^2-1} = A\left(y \pm \sqrt{y^2-1}\right) - x.$$

上式两边平方后解出 x, 再将 x, y 的表达式代入可得

$$\frac{2c_2F_n+c_1}{\sqrt{\delta}} = x = \frac{\left[A\left(y \pm \sqrt{y^2-1}\right)\right]^2+1}{2A\left(y \pm \sqrt{y^2-1}\right)}$$

$$= \frac{A}{2}\left(y \pm \sqrt{y^2-1}\right) + \frac{1}{2A\left(y \pm \sqrt{y^2-1}\right)}$$

$$= \frac{A}{2}\left[\frac{2c_2F_{n-1}+c_1}{\sqrt{\delta}} \pm \sqrt{\left(\frac{2c_2F_{n-1}+c_1}{\sqrt{\delta}}\right)^2-1}\right]$$

$$+ \frac{1}{2A\left[\frac{2c_2F_{n-1}+c_1}{\sqrt{\delta}} \pm \sqrt{\left(\frac{2c_2F_{n-1}+c_1}{\sqrt{\delta}}\right)^2-1}\right]}$$

$$= \frac{A}{2\sqrt{\delta}}\left[2c_2F_{n-1} + c_1 \pm \sqrt{(2c_2F_{n-1}+c_1)^2 - \delta}\right]$$

$$+ \frac{\sqrt{\delta}}{2A\left[2c_2F_{n-1} + c_1 \pm \sqrt{(2c_2F_{n-1}+c_1)^2 - \delta}\right]}$$

$$= \frac{A}{2\sqrt{\delta}}\left[2c_2F_{n-1} + c_1 \pm 2\sqrt{c_2}T_{n-1}\right] + \frac{\sqrt{\delta}}{2A\left[2c_2F_{n-1} + c_1 \pm 2\sqrt{c_2}T_{n-1}\right]},$$

这里 $T_{n-1} = \sqrt{c_0 + c_1F_{n-1} + c_2F_{n-1}^2}$.

在上式中置 $A = 2\alpha$ 并解出 F_n, 则得到方程 (4.8) 的第一种 Bäcklund 变换如下

$$\begin{cases} F_n = -\dfrac{c_1}{2c_2} + \dfrac{\alpha}{2c_2}\left[2c_2F_{n-1} + c_1 \pm 2\sqrt{c_2}T_{n-1}\right] \\ \qquad + \dfrac{\delta}{8c_2\alpha\left[2c_2F_{n-1} + c_1 \pm 2\sqrt{c_2}T_{n-1}\right]}, \\ T_{n-1} = \sqrt{c_0 + c_1F_{n-1} + c_2F_{n-1}^2}, \quad c_2 > 0, \; \delta = c_1^2 - 4c_0c_2 > 0, \end{cases} \quad (4.13)$$

这里 α 为任意非零实参数.

对于 (4.10), 记

$$x = \frac{2c_2F_n + c_1}{\sqrt{-\delta}}, \quad y = \frac{2c_2F_{n-1} + c_1}{\sqrt{-\delta}},$$

并借助恒等式 $\mathrm{arsinh}\,x = \ln\left(x + \sqrt{x^2+1}\right)$ 将其改写为

$$\ln\frac{x + \sqrt{x^2+1}}{y + \sqrt{y^2+1}} = \ln\left(x + \sqrt{x^2+1}\right) - \ln\left(y + \sqrt{y^2+1}\right) = \ln(B),$$

由此解出 x, 则得到

$$x = \frac{\left[B\left(y + \sqrt{y^2+1}\right)\right]^2 - 1}{2B\left(y + \sqrt{y^2+1}\right)} = \frac{B}{2}\left(y + \sqrt{y^2+1}\right) - \frac{1}{2B\left(y + \sqrt{y^2+1}\right)}.$$

将 x 和 y 的表达式代入上式可得

$$\frac{2c_2F_n + c_1}{\sqrt{-\delta}} = \frac{B}{2}\left[\frac{2c_2F_{n-1} + c_1}{\sqrt{-\delta}} + \sqrt{\left(\frac{2c_2F_{n-1}+c_1}{\sqrt{-\delta}}\right)^2 + 1}\right]$$

$$- \frac{1}{2B\left(\dfrac{2c_2F_{n-1}+c_1}{\sqrt{-\delta}} + \sqrt{\left(\dfrac{2c_2F_{n-1}+c_1}{\sqrt{-\delta}}\right)^2 + 1}\right)}$$

4.1 Bäcklund 变换与非线性叠加公式

$$= \frac{B}{2\sqrt{-\delta}} \left[2c_2 F_{n-1} + c_1 + \sqrt{(2c_2 F_{n-1} + c_1)^2 - \delta} \right]$$

$$- \frac{\sqrt{-\delta}}{2B \left(2c_2 F_{n-1} + c_1 + \sqrt{(2c_2 F_{n-1} + c_1)^2 - \delta} \right)}$$

$$= \frac{B}{2\sqrt{-\delta}} \left[2c_2 F_{n-1} + c_1 + 2\sqrt{c_2} T_{n-1} \right] - \frac{\sqrt{-\delta}}{2B \left[2c_2 F_{n-1} + c_1 + 2\sqrt{c_2} T_{n-1} \right]}.$$

由上式解出 F_n 并置 $B = 2\beta$, 则得到方程 (4.8) 的第二种 Bäcklund 变换

$$\begin{cases} F_n = -\dfrac{c_1}{2c_2} + \dfrac{\beta}{2c_2} \left[2c_2 F_{n-1} + c_1 + 2\sqrt{c_2} T_{n-1} \right] \\ \qquad + \dfrac{\delta}{8c_2 \beta \left[2c_2 F_{n-1} + c_1 + 2\sqrt{c_2} T_{n-1} \right]}, \\ T_{n-1} = \sqrt{c_0 + c_1 F_{n-1} + c_2 F_{n-1}^2}, \quad c_2 > 0,\ \delta = c_1^2 - 4c_0 c_2 < 0, \end{cases} \tag{4.14}$$

这里 β 为任意非零实参数.

利用恒等式 $\arcsin x - \arcsin y = \arcsin \left(x\sqrt{1-y^2} - y\sqrt{1-x^2} \right)$, 可将 (4.11) 改写成

$$\frac{2c_2 F_n + c_1}{\sqrt{\delta}} \sqrt{1 - \left(\frac{2c_2 F_{n-1} + c_1}{\sqrt{\delta}} \right)^2} - \frac{2c_2 F_{n-1} + c_1}{\sqrt{\delta}} \sqrt{1 - \left(\frac{2c_2 F_n + c_1}{\sqrt{\delta}} \right)^2} = \frac{C}{\delta},$$

两边乘以 $\sqrt{\delta}$ 后用 $\delta = c_1^2 - 4c_0 c_2$ 代入可得

$$2\sqrt{-c_2} \left(2c_2 F_n + c_1 \right) \sqrt{c_0 + c_1 F_{n-1} + c_2 F_{n-1}^2}$$

$$- 2\sqrt{-c_2} \left(2c_2 F_{n-1} + c_1 \right) \sqrt{c_0 + c_1 F_n + c_2 F_n^2} = C.$$

置 $C = \gamma \sqrt{-c_2}, T_{n-1} = \sqrt{c_0 + c_1 F_{n-1} + c_2 F_{n-1}^2}$ 并移项后可得

$$(2c_2 F_{n-1} + c_1) \sqrt{c_0 + c_1 F_n + c_2 F_n^2} = (2c_2 F_n + c_1) T_{n-1} - \gamma.$$

上式两边平方可得

$$c_2 \delta F_n^2 + (c_1 \delta + 4c_2 \gamma T_{n-1}) F_n - c_2 \delta F_{n-1}^2 - c_1 \delta F_{n-1} + 2c_1 \gamma T_{n-1} - \gamma^2 = 0.$$

从上式解出 F_n 就得到方程 (4.8) 的第三种 Bäcklund 变换如下

$$\begin{cases} F_n = -\dfrac{c_1}{2c_2} - \dfrac{2\gamma}{\delta}T_{n-1} \pm \dfrac{M_{n-1}}{2c_2\delta}, \\ M_{n-1} = \left[\delta^2\left(2c_2F_{n-1}+c_1\right)^2 + 4c_2\gamma^2\left(4c_2T_{n-1}+\delta\right)\right]^{\frac{1}{2}}, \\ T_{n-1} = \sqrt{c_0 + c_1F_{n-1} + c_2F_{n-1}^2}, \quad c_2 < 0,\ \delta = c_1^2 - 4c_0c_2 > 0, \end{cases} \quad (4.15)$$

其中 γ 为任意参数.

因为 (4.12) 可以改写为

$$(2c_2F_n + c_1) = \rho\left(2c_2F_{n-1} + c_1\right).$$

由此解出 F_n, 则到方程 (4.8) 的第四种 Bäcklund 变换

$$F_n = \rho F_{n-1} + (\rho-1)\dfrac{c_1}{2c_2}, \quad c_2 > 0,\ \delta = c_1^2 - 4c_0c_2 = 0, \quad (4.16)$$

其中 ρ 为任意参数.

4.1.2 间接变换法

下面用间接变换法给出方程 (4.8) 的 Bäcklund 变换与解的非线性叠加公式. 为此引入变换

$$F(\xi) = \dfrac{c_1 + 4\sqrt{c_0}g(\xi)}{4g^2(\xi) - c_2}, \quad (4.17)$$

则可将方程 (4.8) 变换为

$$\left(\dfrac{dF}{d\xi}\right)^2 - c_0 - c_1F - c_2F^2 = \dfrac{16\left(\dfrac{dg}{d\xi} - g^2 + \dfrac{c_2}{4}\right)\left(\dfrac{dg}{d\xi} + g^2 - \dfrac{c_2}{4}\right)K(f)}{(4g^2-c_2)^4},$$

$$K(f) = 16c_0g^4 + 16c_1\sqrt{c_0}g^3 + \left(4c_1^2 + 8c_0c_2\right)g^2 + 4c_1c_2\sqrt{c_0}g + c_0c_2^2.$$

这说明, $F(\xi)$ 是方程 (4.8) 的解当且仅当 $g(\xi)$ 满足 Riccati 方程

$$g'(\xi) = g^2(\xi) - \dfrac{1}{4}c_2. \quad (4.18)$$

借助第 2 章中 Riccati 方程 (2.1) 的 Bäcklund 变换公式 (2.3) 与解的非线性叠加公式 (2.8), 可以得到 Riccati 方程 (4.18) 的 Bäcklund 变换

$$g_n = \dfrac{4g_{n-1} + \beta c_2}{4 + 4\beta g_{n-1}} \quad (4.19)$$

与解的非线性叠加公式

$$g_3 = \frac{\beta_1 g_2 - \beta_2 g_1}{\beta_1 g_1 - \beta_2 g_2} g_0, \tag{4.20}$$

以上两式中的 β, β_1, β_2 等为任意参数.

由变换 (4.17) 可得

$$F_n = \frac{c_1 + 4\sqrt{c_0} g_n}{4g_n^2 - c_2}, \tag{4.21}$$

$$F_{n-1} = \frac{c_1 + 4\sqrt{c_0} g_{n-1}}{4g_{n-1}^2 - c_2}. \tag{4.22}$$

由等式 (4.22) 可以解出

$$g_{n-1} = \frac{1}{2F_{n-1}} \left(\sqrt{c_0} + \varepsilon R_{n-1}\right), \quad R_{n-1} = \sqrt{c_0 + c_1 F_{n-1} + c_2 F_{n-1}^2}, \quad \varepsilon = \pm 1. \tag{4.23}$$

最后, 将 (4.22) 和 (4.23) 代入 (4.21), 则得到方程 (4.8) 的 Bäcklund 变换

$$F_n = \frac{c_1 + 2\sqrt{c_0} K_{n-1}}{K_{n-1}^2 - c_2}, \quad K_{n-1} = \frac{2\varepsilon R_{n-1} + \beta c_2 F_{n-1} + 2\sqrt{c_0}}{\beta \varepsilon R_{n-1} + 2F_{n-1} + \beta\sqrt{c_0}}, \tag{4.24}$$

其中 β 为任意参数. 而方程 (4.8) 的解的非线性叠加公式由下式确定

$$\begin{cases} F_3 = \dfrac{c_1 + 4\sqrt{c_0} g_3}{4g_3^2 - c_2}, g_3 = \dfrac{\beta_1 g_2 - \beta_2 g_1}{\beta_1 g_1 - \beta_2 g_2} g_0, \\ g_n = \dfrac{\sqrt{c_0} + \varepsilon R_n}{2F_n}, R_n = \sqrt{c_0 + c_1 F_n + c_2 F_n^2}, \quad n = 0, 1, 2, \end{cases} \tag{4.25}$$

其中 β_1, β_2 为任意参数.

4.2 解的等价性及其分类

本节将给出第四种椭圆方程 (4.8) 的解的等价性的证明, 并在此基础上给出一般椭圆方程 (4.1) 的解的分类.

2006 年, 套格图桑等给出方程 (4.8) 的若干精确解, 其中的 12 个解

$$Z_1(\xi) = \frac{1}{c_2}\left[c_1 - 2\sqrt{c_0 c_2} \coth\left(\frac{\sqrt{c_2}}{2}\xi\right)\right] \sinh^2\left(\frac{\sqrt{c_2}}{2}\xi\right), \quad c_0 > 0, \ c_2 > 0,$$

$$Z_2(\xi) = -\frac{1}{c_2}\left[c_1 - 2\sqrt{c_0 c_2} \tanh\left(\frac{\sqrt{c_2}}{2}\xi\right)\right] \cosh^2\left(\frac{\sqrt{c_2}}{2}\xi\right), \quad c_0 > 0, \ c_2 > 0,$$

$$Z_3(\xi) = -\frac{1}{c_2}\left[c_1 + 2\sqrt{-c_0c_2}\tan\left(\frac{\sqrt{-c_2}}{2}\xi\right)\right]\cos^2\left(\frac{\sqrt{-c_2}}{2}\xi\right), \quad c_0 > 0,\ c_2 < 0,$$

$$Z_4(\xi) = -\frac{1}{c_2}\left[c_1 - 2\sqrt{-c_0c_2}\cot\left(\frac{\sqrt{-c_2}}{2}\xi\right)\right]\sin^2\left(\frac{\sqrt{-c_2}}{2}\xi\right), \quad c_0 > 0,\ c_2 < 0,$$

$$Z_5(\xi) = \frac{1}{4c_2}\left[-2c_1 - \left(1 + c_1^2 - 4c_0c_2\right)\cosh\left(\sqrt{c_2}\xi\right)\right.$$
$$\left. + \left(1 - c_1^2 + 4c_0c_2\right)\sinh\left(\sqrt{c_2}\xi\right)\right], \quad c_2 > 0,$$

$$Z_6(\xi) = -\frac{1}{2c_2} + \frac{c_1^2 - 4c_0c_2 + 4c_2^2\left(\cosh\left(\sqrt{c_2}\xi\right) + \sinh\left(\sqrt{c_2}\xi\right)\right)^2}{8c_2^2\left(\cosh\left(\sqrt{c_2}\xi\right) + \sinh\left(\sqrt{c_2}\xi\right)\right)}, \quad c_2 > 0,$$

$$Z_7(\xi) = -\frac{c_1 + 2\sqrt{-c_0c_2}\left(\tan\left(\sqrt{-c_2}\xi\right) + \sec\left(\sqrt{-c_2}\xi\right)\right)}{c_2\left[1 + \left(\tan\left(\sqrt{-c_2}\xi\right) + \sec\left(\sqrt{-c_2}\xi\right)\right)^2\right]}, \quad c_2 < 0,\ c_0 > 0,$$

$$Z_8(\xi) = -\frac{c_1 + 2\sqrt{-c_0c_2}\left(\tan\left(\sqrt{-c_2}\xi\right) - \sec\left(\sqrt{-c_2}\xi\right)\right)}{c_2\left[1 + \left(\tan\left(\sqrt{-c_2}\xi\right) - \sec\left(\sqrt{-c_2}\xi\right)\right)^2\right]}, \quad c_2 < 0,\ c_0 > 0,$$

$$Z_9(\xi) = \frac{-c_1 + 2\sqrt{-c_0c_2}\left(\cot\left(\sqrt{-c_2}\xi\right) + \csc\left(\sqrt{-c_2}\xi\right)\right)}{c_2\left[1 + \left(\cot\left(\sqrt{-c_2}\xi\right) + \csc\left(\sqrt{-c_2}\xi\right)\right)^2\right]}, \quad c_2 < 0,\ c_0 > 0,$$

$$Z_{10}(\xi) = \frac{-c_1 + 2\sqrt{-c_0c_2}\left(\cot\left(\sqrt{-c_2}\xi\right) - \csc\left(\sqrt{-c_2}\xi\right)\right)}{c_2\left[1 + \left(\cot\left(\sqrt{-c_2}\xi\right) - \csc\left(\sqrt{-c_2}\xi\right)\right)^2\right]}, \quad c_2 < 0,\ c_0 > 0,$$

$$Z_{11}(\xi) = \frac{c_1 - 2\sqrt{c_0c_2}\left(\tanh\left(\sqrt{c_2}\xi\right) + i\,\text{sech}\left(\sqrt{c_2}\xi\right)\right)}{-c_2\left[1 - \left(\tanh\left(\sqrt{c_2}\xi\right) + i\,\text{sech}\left(\sqrt{c_2}\xi\right)\right)^2\right]}, \quad c_2 > 0,\ c_0 > 0,$$

$$Z_{12}(\xi) = \frac{c_1 - 2\sqrt{c_0c_2}\left(\tanh\left(\sqrt{c_2}\xi\right) - \text{sech}\left(\sqrt{c_2}\xi\right)\right)}{-c_2\left[1 - \left(\tanh\left(\sqrt{c_2}\xi\right) - \text{sech}\left(\sqrt{c_2}\xi\right)\right)^2\right]}, \quad c_2 > 0,\ c_0 > 0$$

与方程 (4.8) 的下列解

$$F_8(\xi) = -\frac{c_1}{2c_2} + \frac{\varepsilon\sqrt{\delta}}{2c_2}\cosh\left(\sqrt{c_2}\xi\right), \quad \delta = c_1^2 - 4c_0c_2 > 0,\ c_2 > 0,$$

$$F_9(\xi) = -\frac{c_1}{2c_2} + \frac{\varepsilon\sqrt{-\delta}}{2c_2}\sinh\left(\sqrt{c_2}\xi\right), \quad \delta = c_1^2 - 4c_0c_2 < 0,\ c_2 > 0,$$

$$F_{10a}(\xi) = -\frac{c_1}{2c_2} + \frac{\varepsilon\sqrt{\delta}}{2c_2}\cos\left(\sqrt{-c_2}\xi\right), \quad \delta = c_1^2 - 4c_0c_2 > 0,\ c_2 < 0,$$

$$F_{10b}(\xi) = -\frac{c_1}{2c_2} + \frac{\varepsilon\sqrt{\delta}}{2c_2}\sin\left(\sqrt{-c_2}\xi\right), \quad \delta = c_1^2 - 4c_0c_2 > 0,\ c_2 < 0$$

4.2 解的等价性及其分类

之间有如下等价关系.

定理 4.1 置 $\delta = c_1^2 - 4c_0c_4, c_3 = c_4 = 0$, 那么

(1) 当 $c_0 > 0, c_2 > 0$ 时, 若 $\delta > 0$, 则 $Z_i(\xi) \approxeq F_8(\xi)$ $(i = 1, 2)$; 若 $\delta < 0$, 则 $Z_i(\xi) \approxeq F_9(\xi)$ $(i = 1, 2)$.

(2) 若 $\delta > 0, c_0 > 0, c_2 < 0$, 则 $Z_i(\xi) \approxeq F_{10a}(\xi)|_{\varepsilon=-1}, Z_i(\xi) \approxeq F_{10b}(\xi)|_{\varepsilon=-1}$ $(i = 3, 4)$.

(3) 当 $c_2 > 0$ 时, 若 $\delta > 0$, 则 $Z_5(\xi) \approxeq F_8(\xi)|_{\varepsilon=-1}, Z_6(\xi) \approxeq F_8(\xi)|_{\varepsilon=1}$; 若 $\delta < 0$, 则 $Z_i(\xi) \approxeq F_9(\xi)|_{\varepsilon=1}$ $(i = 5, 6)$.

(4) $Z_7(\xi) \approxeq Z_3(\xi), Z_8(\xi) \approxeq Z_4(\xi), Z_9(\xi) = Z_4(\xi), Z_{10}(\xi) = Z_3(\xi), Z_{11}(\xi) \approxeq Z_2(\xi), Z_{12}(\xi) \approxeq Z_1(\xi)$.

证 (1) 置 $A = \sqrt{\dfrac{c_0}{c_2}}, B = \dfrac{c_1}{2c_2}$, 则 $A^2 - B^2 = -\dfrac{\delta}{4c_2^2}$. 因此, 若 $\delta > 0$, 则 $A^2 < B^2$, 若 $\delta < 0$, 则 $A^2 > B^2$. 因此, 由等式 (2.77) 以及引理 3.3 和引理 3.2 可得

$$Z_1(\xi) = -\frac{c_1}{2c_2} - \left(\sqrt{\frac{c_0}{c_2}} \sinh\left(\sqrt{c_2}\xi\right) - \frac{c_1}{2c_2} \cosh\left(\sqrt{c_2}\xi\right)\right)$$

$$= \begin{cases} -\dfrac{c_1}{2c_2} + \dfrac{\varepsilon\sqrt{\delta}}{2c_2} \cosh\left(\sqrt{c_2}\xi - \dfrac{1}{2}\ln\left(\dfrac{c_1 + 2\sqrt{c_0c_2}}{c_1 - 2\sqrt{c_0c_2}}\right)\right), & \delta > 0,\ c_0 > 0,\ c_2 > 0, \\ -\dfrac{c_1}{2c_2} + \dfrac{\varepsilon\sqrt{-\delta}}{2c_2} \sinh\left(\sqrt{c_2}\xi - \dfrac{1}{2}\ln\left(\dfrac{2\sqrt{c_0c_2} + c_1}{2\sqrt{c_0c_2} - c_1}\right)\right), & \delta < 0,\ c_0 > 0,\ c_2 > 0, \end{cases}$$

$$Z_2(\xi) = -\frac{c_1}{2c_2} + \sqrt{\frac{c_0}{c_2}} \sinh\left(\sqrt{c_2}\xi\right) - \frac{c_1}{2c_2} \cosh\left(\sqrt{c_2}\xi\right)$$

$$= \begin{cases} -\dfrac{c_1}{2c_2} + \dfrac{\varepsilon\sqrt{\delta}}{2c_2} \cosh\left(\sqrt{c_2}\xi - \dfrac{1}{2}\ln\left(\dfrac{c_1 + 2\sqrt{c_0c_2}}{c_1 - 2\sqrt{c_0c_2}}\right)\right), & \delta > 0,\ c_0 > 0,\ c_2 > 0, \\ -\dfrac{c_1}{2c_2} + \dfrac{\varepsilon\sqrt{-\delta}}{2c_2} \sinh\left(\sqrt{c_2}\xi - \dfrac{1}{2}\ln\left(\dfrac{2\sqrt{c_0c_2} + c_1}{2\sqrt{c_0c_2} - c_1}\right)\right), & \delta < 0,\ c_0 > 0,\ c_2 > 0. \end{cases}$$

(2) 用等式 (2.77) 以及引理 3.4, 则有

$$Z_3(\xi) = -\frac{c_1}{2c_2} - \left(\frac{\sqrt{-c_0c_2}}{c_2} \sin\left(\sqrt{-c_2}\xi\right) + \frac{c_1}{2c_2} \cos\left(\sqrt{-c_2}\xi\right)\right)$$

$$= \begin{cases} -\dfrac{c_1}{2c_2} - \dfrac{\sqrt{\delta}}{2c_2} \cos(\sqrt{-c_2}\xi - \theta_1), \\ -\dfrac{c_1}{2c_2} - \dfrac{\sqrt{\delta}}{2c_2} \sin(\sqrt{-c_2}\xi + \theta_2), \end{cases}$$

$$Z_4(\xi) = -\frac{c_1}{2c_2} + \left(\frac{\sqrt{-c_0c_2}}{c_2} \sin\left(\sqrt{-c_2}\xi\right) + \frac{c_1}{2c_2} \cos\left(\sqrt{-c_2}\xi\right)\right)$$

$$= \begin{cases} -\dfrac{c_1}{2c_2} - \dfrac{\sqrt{\delta}}{2c_2} \cos(\sqrt{-c_2}\xi - \theta_1), \\ -\dfrac{c_1}{2c_2} - \dfrac{\sqrt{\delta}}{2c_2} \sin(\sqrt{-c_2}\xi + \theta_2), \end{cases}$$

其中 $\delta > 0, c_0 > 0, c_2 < 0, \theta_1 = \arctan\left(\dfrac{2\sqrt{-c_0c_2}}{c_1}\right), \theta_2 = \arctan\left(\dfrac{c_1}{2\sqrt{-c_0c_2}}\right)$.

(3) 置 $A = 1 - c_1^2 + 4c_0c_4, B = 1 + c_1^2 - 4c_0c_4$, 则 $A^2 - B^2 = -4\delta, A - B = -2\delta$. 从而当 $\delta > 0$ 时 $A^2 < B^2$ 且 $A < B$, 而当 $\delta < 0$ 时 $A^2 > B^2$ 且 $A > B$. 于是由引理 3.3 的第二式和引理 3.2 的第一式, 可得

$$Z_5(\xi) = -\dfrac{c_1}{2c_2} + \dfrac{1}{4c_2}\left[(1 - c_1^2 + 4c_0c_4)\sinh(\sqrt{c_2}\xi) - (1 + c_1^2 - 4c_0c_4)\cosh(\sqrt{c_2}\xi)\right]$$

$$= \begin{cases} -\dfrac{c_1}{2c_2} - \dfrac{\sqrt{\delta}}{2c_2}\cosh\left(\sqrt{c_2}\xi - \dfrac{1}{2}\ln\left(\dfrac{1}{\delta}\right)\right), & \delta > 0, c_2 > 0, \\ -\dfrac{c_1}{2c_2} + \dfrac{\sqrt{-\delta}}{2c_2}\sinh\left(\sqrt{c_2}\xi - \dfrac{1}{2}\ln\left(\dfrac{-1}{\delta}\right)\right), & \delta < 0, c_2 > 0. \end{cases}$$

注意到 $\sinh x + \cosh x = e^x$ 并用引理 3.1, 则有

$$Z_6(\xi) = -\dfrac{c_1}{2c_2} + \dfrac{1}{8c_2^2}\left[4c_2^2 e^{\sqrt{c_2}\xi} + (c_1^2 - 4c_0c_4)e^{-\sqrt{c_2}\xi}\right]$$

$$= \begin{cases} -\dfrac{c_1}{2c_2} + \dfrac{\sqrt{\delta}}{2c_2}\cosh\left(\sqrt{c_2}\xi + \dfrac{1}{2}\ln\left(\dfrac{4c_2^2}{\delta}\right)\right), & \delta > 0, c_2 > 0, \\ -\dfrac{c_1}{2c_2} + \dfrac{\sqrt{-\delta}}{2c_2}\sinh\left(\sqrt{c_2}\xi + \dfrac{1}{2}\ln\left(\dfrac{4c_2^2}{-\delta}\right)\right), & \delta < 0, c_2 > 0. \end{cases}$$

(4) 利用三角恒等式以及等式 (2.13) 和 (2.14), 有

$$Z_7(\xi) = -\dfrac{c_1 + 2\sqrt{-c_0c_2}\tan\left(\dfrac{\sqrt{-c_2}}{2}\xi + \dfrac{\pi}{4}\right)}{c_2\left(1 + \tan^2\left(\dfrac{\sqrt{-c_2}}{2}\xi + \dfrac{\pi}{4}\right)\right)} = -\dfrac{c_1 + 2\sqrt{-c_0c_2}\tan\left(\dfrac{\sqrt{-c_2}}{2}\xi + \dfrac{\pi}{4}\right)}{c_2\sec^2\left(\dfrac{\sqrt{-c_2}}{2}\xi + \dfrac{\pi}{4}\right)}$$

$$= -\dfrac{1}{c_2}\left[c_1 + 2\sqrt{-c_0c_2}\tan\left(\dfrac{\sqrt{-c_2}}{2}\xi + \dfrac{\pi}{4}\right)\right]\cos^2\left(\dfrac{\sqrt{-c_2}}{2}\xi + \dfrac{\pi}{4}\right) \approx Z_3(\xi),$$

$$Z_8(\xi) = -\dfrac{c_1 + 2\sqrt{-c_0c_2}\cot\left(\dfrac{\sqrt{-c_2}}{2}\xi + \dfrac{\pi}{4}\right)}{c_2\left(1 + \cot^2\left(\dfrac{\sqrt{-c_2}}{2}\xi + \dfrac{\pi}{4}\right)\right)} = -\dfrac{c_1 - 2\sqrt{-c_0c_2}\cot\left(\dfrac{\sqrt{-c_2}}{2}\xi + \dfrac{\pi}{4}\right)}{c_2\csc^2\left(\dfrac{\sqrt{-c_2}}{2}\xi + \dfrac{\pi}{4}\right)}$$

$$= -\frac{1}{c_2}\left[c_1 - 2\sqrt{-c_0c_2}\cot\left(\frac{\sqrt{-c_2}}{2}\xi + \frac{\pi}{4}\right)\right]\sin^2\left(\frac{\sqrt{-c_2}}{2}\xi + \frac{\pi}{4}\right) \approx Z_4(\xi),$$

$$Z_9(\xi) = \frac{-c_1 + 2\sqrt{-c_0c_2}\cot\left(\frac{\sqrt{-c_2}}{2}\xi\right)}{c_2\left(1+\cot^2\left(\frac{\sqrt{-c_2}}{2}\xi\right)\right)} = \frac{-c_1 + 2\sqrt{-c_0c_2}\cot\left(\frac{\sqrt{-c_2}}{2}\xi\right)}{c_2\csc^2\left(\frac{\sqrt{-c_2}}{2}\xi\right)}$$

$$= -\frac{1}{c_2}\left[c_1 - 2\sqrt{-c_0c_2}\cot\left(\frac{\sqrt{-c_2}}{2}\xi\right)\right]\sin^2\left(\frac{\sqrt{-c_2}}{2}\xi\right) = Z_4(\xi),$$

$$Z_{10}(\xi) = \frac{-c_1 - 2\sqrt{-c_0c_2}\tan\left(\frac{\sqrt{-c_2}}{2}\xi\right)}{c_2\left(1+\tan^2\left(\frac{\sqrt{-c_2}}{2}\xi\right)\right)} = \frac{-c_1 - 2\sqrt{-c_0c_2}\tan\left(\frac{\sqrt{-c_2}}{2}\xi\right)}{c_2\sec^2\left(\frac{\sqrt{-c_2}}{2}\xi\right)}$$

$$= -\frac{1}{c_2}\left[c_1 + 2\sqrt{-c_0c_2}\tan\left(\frac{\sqrt{-c_2}}{2}\xi\right)\right]\cos^2\left(\frac{\sqrt{-c_2}}{2}\xi\right) = Z_3(\xi),$$

$$Z_{11}(\xi) = -\frac{c_1 - 2\sqrt{c_0c_2}\tanh\left(\frac{\sqrt{c_2}}{2}\xi + \frac{\pi i}{4}\right)}{c_2\left(1-\tanh^2\left(\frac{\sqrt{c_2}}{2}\xi + \frac{\pi i}{4}\right)\right)} = -\frac{c_1 - 2\sqrt{c_0c_2}\tanh\left(\frac{\sqrt{c_2}}{2}\xi + \frac{\pi i}{4}\right)}{c_2\operatorname{sech}^2\left(\frac{\sqrt{c_2}}{2}\xi + \frac{\pi i}{4}\right)}$$

$$= -\frac{1}{c_2}\left[c_1 - 2\sqrt{c_0c_2}\tanh\left(\frac{\sqrt{c_2}}{2}\xi + \frac{\pi i}{4}\right)\right]\cosh^2\left(\frac{\sqrt{c_2}}{2}\xi + \frac{\pi i}{4}\right) \approx Z_2(\xi),$$

$$Z_{12}(\xi) = -\frac{c_1 - 2\sqrt{c_0c_2}\coth\left(\frac{\sqrt{c_2}}{2}\xi + \frac{\pi i}{4}\right)}{c_2\left(1-\coth^2\left(\frac{\sqrt{c_2}}{2}\xi + \frac{\pi i}{4}\right)\right)} = -\frac{c_1 - 2\sqrt{c_0c_2}\coth\left(\frac{\sqrt{c_2}}{2}\xi + \frac{\pi i}{4}\right)}{c_2\operatorname{csch}^2\left(\frac{\sqrt{c_2}}{2}\xi + \frac{\pi i}{4}\right)}$$

$$= -\frac{1}{c_2}\left[c_1 - 2\sqrt{c_0c_2}\coth\left(\frac{\sqrt{c_2}}{2}\xi + \frac{\pi i}{4}\right)\right]\sinh^2\left(\frac{\sqrt{c_2}}{2}\xi + \frac{\pi i}{4}\right) \approx Z_1(\xi).$$

对于刘式适等 2000 年给出的方程 (4.8) 的 2 个解

$$y_1(\xi) = \frac{-c_1 + \sqrt{\delta}}{2c_2} + \frac{\sqrt{\delta}}{c_2}\sinh^2\left(\frac{\sqrt{c_2}}{2}\xi\right), \quad \delta = c_1^2 - 4c_0c_2 > 0, \ c_2 > 0,$$

$$y_2(\xi) = \frac{-c_1 - \sqrt{\delta}}{2c_2} - \frac{\sqrt{\delta}}{c_2}\sinh^2\left(\frac{\sqrt{c_2}}{2}\xi\right), \quad \delta = c_1^2 - 4c_0c_2 > 0, \ c_2 > 0,$$

我们有如下结论.

定理 4.2 置 $\delta = c_1^2 - 4c_0c_4, c_3 = c_4 = 0$, 那么若 $c_2 > 0$, 则有 $y_1(\xi) = F_8(\xi)|_{\varepsilon=1}, y_2(\xi) = F_8(\xi)|_{\varepsilon=-1}$.

证 直接用恒等式 $\sinh^2\left(\dfrac{\sqrt{c_2}}{2}\xi\right) = \dfrac{1}{2}\left(\cosh\left(\sqrt{c_2}\xi\right) - 1\right)$ 代入即可得到证明.

如果约定形式简单且不能再简化的解为基本解, 那么可根据前面解的等价性的讨论去掉那些与基本解等价或相等的解, 补充相关文献中给出的若干不重叠的基本解后保留下来的那些相互独立的基本解就可以给出方程 (4.1) 解的分类. 经前面讨论所得到的方程 (4.1) 的独立的解按其系数的取值划分为五种情形下的双曲函数解、三角函数解、椭圆函数解、指数函数解、多项式解和有理函数解等六种类型, 也即一般椭圆方程 (4.1) 的解的分类如下:

情形1 $c_0 = c_1 = 0$. 记 $\Delta = c_3^2 - 4c_2c_4, \varepsilon = \pm 1$, 则

$$F_1(\xi) = \frac{2c_2}{\varepsilon\sqrt{\Delta}\cosh\left(\sqrt{c_2}\xi\right) - c_3}, \quad \Delta > 0, \ c_2 > 0$$

$$F_2(\xi) = \frac{2c_2}{\varepsilon\sqrt{-\Delta}\sinh\left(\sqrt{c_2}\xi\right) - c_3}, \quad \Delta < 0, \ c_2 > 0$$

$$F_{3a}(\xi) = \frac{2c_2}{\varepsilon\sqrt{\Delta}\cos\left(\sqrt{-c_2}\xi\right) - c_3}, \quad \Delta > 0, \ c_2 < 0,$$

$$F_{3b}(\xi) = \frac{2c_2}{\varepsilon\sqrt{\Delta}\sin\left(\sqrt{-c_2}\xi\right) - c_3}, \quad \Delta > 0, \ c_2 < 0,$$

$$F_4(\xi) = -\frac{c_2}{c_3}\left[1 + \varepsilon\tanh\left(\frac{\sqrt{c_2}}{2}\xi\right)\right], \quad \Delta = 0, \ c_2 > 0,$$

$$F_5(\xi) = -\frac{c_2}{c_3}\left[1 + \varepsilon\coth\left(\frac{\sqrt{c_2}}{2}\xi\right)\right], \quad \Delta = 0, \ c_2 > 0,$$

$$F_6(\xi) = \frac{\varepsilon}{\sqrt{c_4}\xi}, \quad c_2 = c_3 = 0, \ c_4 > 0,$$

$$F_7(\xi) = \frac{4c_3}{c_3^2\xi^2 - 4c_4}, \quad c_2 = 0.$$

情形2 $c_3 = c_4 = 0$. 记 $\delta = c_1^2 - 4c_0c_2, \varepsilon = \pm 1$, 则

$$F_8(\xi) = -\frac{c_1}{2c_2} + \frac{\varepsilon\sqrt{\delta}}{2c_2}\cosh\left(\sqrt{c_2}\xi\right), \quad \delta > 0, \ c_2 > 0,$$

$$F_9(\xi) = -\frac{c_1}{2c_2} + \frac{\varepsilon\sqrt{-\delta}}{2c_2}\sinh\left(\sqrt{c_2}\xi\right), \quad \delta < 0, \ c_2 > 0,$$

$$F_{10a}(\xi) = -\frac{c_1}{2c_2} + \frac{\varepsilon\sqrt{\delta}}{2c_2}\cos\left(\sqrt{-c_2}\xi\right), \quad \delta > 0, \ c_2 < 0,$$

$$F_{10b}(\xi) = -\frac{c_1}{2c_2} + \frac{\varepsilon\sqrt{\delta}}{2c_2}\sin\left(\sqrt{-c_2}\xi\right), \quad \delta > 0, \ c_2 < 0,$$

$$F_{11}(\xi) = -\frac{c_1}{2c_2} + e^{\varepsilon\sqrt{c_2}\xi}, \quad \delta = 0, \ c_2 > 0,$$

$$F_{12}(\xi) = \varepsilon\sqrt{c_0}\xi, \quad c_1 = c_2 = 0, \ c_0 > 0,$$

$$F_{13}(\xi) = -\frac{c_0}{c_1} + \frac{c_1}{4}\xi^2, \quad c_2 = 0, \ c_1 \neq 0.$$

情形3 $c_1 = c_3 = 0$. 记 $\Delta_1 = c_2^2 - 4c_0c_4, \varepsilon = \pm 1$, 则

$$F_{14}(\xi) = \varepsilon\sqrt{-\frac{c_2}{2c_4}}\tanh\left(\sqrt{-\frac{c_2}{2}}\xi\right), \quad \Delta_1 = 0, \ c_2 < 0, \ c_4 > 0,$$

$$F_{15}(\xi) = \varepsilon\sqrt{-\frac{c_2}{2c_4}}\coth\left(\sqrt{-\frac{c_2}{2}}\xi\right), \quad \Delta_1 = 0, \ c_2 < 0, \ c_4 > 0,$$

$$F_{16a}(\xi) = \varepsilon\sqrt{\frac{c_2}{2c_4}}\tan\left(\sqrt{\frac{c_2}{2}}\xi\right), \quad \Delta_1 = 0, \ c_2 > 0, \ c_4 > 0,$$

$$F_{16b} = \varepsilon\sqrt{\frac{c_2}{2c_4}}\cot\left(\sqrt{\frac{c_2}{2}}\xi\right), \quad \Delta_1 = 0, \ c_2 > 0, \ c_4 > 0,$$

$$F_{17}(\xi) = \sqrt{\frac{-c_2 m^2}{c_4(m^2+1)}}\operatorname{sn}\left(\sqrt{\frac{-c_2}{m^2+1}}\xi\right), \quad c_0 = \frac{c_2^2 m^2}{c_4(m^2+1)^2}, \ c_2 < 0, \ c_4 > 0,$$

$$F_{18}(\xi) = \sqrt{\frac{-c_2 m^2}{c_4(2m^2-1)}}\operatorname{cn}\left(\sqrt{\frac{c_2}{2m^2-1}}\xi\right), \quad c_0 = \frac{c_2^2 m^2(m^2-1)}{c_4(2m^2-1)^2}, \ c_2 > 0, \ c_4 < 0,$$

$$F_{19}(\xi) = \sqrt{\frac{-c_2}{c_4(2-m^2)}}\operatorname{dn}\left(\sqrt{\frac{c_2}{2-m^2}}\xi\right), \quad c_0 = \frac{c_2^2(1-m^2)}{c_4(2-m^2)^2}, \ c_2 > 0, \ c_4 < 0,$$

$$F_{20}(\xi) = \varepsilon\left(-\frac{4c_0}{c_4}\right)^{\frac{1}{4}}\operatorname{ds}\left((-4c_0c_4)^{\frac{1}{4}}\xi, \frac{\sqrt{2}}{2}\right), \quad c_2 = 0, \ c_0c_4 < 0,$$

$$F_{21}(\xi) = \varepsilon\left(\frac{c_0}{c_4}\right)^{\frac{1}{4}}\left[\operatorname{ns}\left(2(c_0c_4)^{\frac{1}{4}}\xi, \frac{\sqrt{2}}{2}\right) + \operatorname{cs}\left(2(c_0c_4)^{\frac{1}{4}}\xi, \frac{\sqrt{2}}{2}\right)\right], \quad c_2 = 0, \ c_0c_4 > 0.$$

情形4 $c_2 = c_4 = 0$.

$$F_{22}(\xi) = \wp\left(\frac{\sqrt{c_3}}{2}\xi, g_2, g_3\right), \quad g_2 = -\frac{4c_1}{c_3}, \quad g_3 = -\frac{4c_0}{c_3}, \quad c_3 > 0.$$

情形5 $c_0 = 0$, 记 $\varepsilon = \pm 1$, 则

$$F_{23}(\xi) = -\frac{8c_2 \tanh^2\left(\sqrt{-\frac{c_2}{12}}\xi\right)}{3c_3\left(3+\tanh^2\left(\sqrt{-\frac{c_2}{12}}\xi\right)\right)}, \quad c_2 < 0, \quad c_1 = \frac{8c_2^2}{27c_3}, \quad c_4 = \frac{c_3^2}{4c_2},$$

$$F_{24}(\xi) = -\frac{8c_2 \coth^2\left(\sqrt{-\frac{c_2}{12}}\xi\right)}{3c_3\left(3+\coth^2\left(\sqrt{-\frac{c_2}{12}}\xi\right)\right)}, \quad c_2 < 0, \quad c_1 = \frac{8c_2^2}{27c_3}, \quad c_4 = \frac{c_3^2}{4c_2},$$

$$F_{25}(\xi) = \frac{8c_2 \tan^2\left(\sqrt{\frac{c_2}{12}}\xi\right)}{3c_3\left(3-\tan^2\left(\sqrt{\frac{c_2}{12}}\xi\right)\right)}, \quad c_2 > 0, \quad c_1 = \frac{8c_2^2}{27c_3}, \quad c_4 = \frac{c_3^2}{4c_2},$$

$$F_{26}(\xi) = \frac{8c_2 \cot^2\left(\sqrt{\frac{c_2}{12}}\xi\right)}{3c_3\left(3-\cot^2\left(\sqrt{\frac{c_2}{12}}\xi\right)\right)}, \quad c_2 > 0, \quad c_1 = \frac{8c_2^2}{27c_3}, \quad c_4 = \frac{c_3^2}{4c_2},$$

$$F_{27}(\xi) = -\frac{c_3}{4c_4}\left[1+\varepsilon\operatorname{sn}\left(\frac{c_3}{4m\sqrt{c_4}}\xi\right)\right], \quad c_4 > 0, \quad c_1 = \frac{c_3^3(m^2-1)}{32m^2c_4^2}, \quad c_2 = \frac{c_3^2(5m^2-1)}{16m^2c_4},$$

$$F_{28}(\xi) = -\frac{c_3}{4c_4}\left[1+\frac{\varepsilon}{m\operatorname{sn}\left(\frac{c_3}{4m\sqrt{c_4}}\xi\right)}\right], \quad c_4 > 0, \quad c_1 = \frac{c_3^3(m^2-1)}{32m^2c_4^2}, \quad c_2 = \frac{c_3^2(5m^2-1)}{16m^2c_4},$$

$$F_{29}(\xi) = -\frac{c_3}{4c_4}\left[1+\varepsilon m\operatorname{sn}\left(\frac{c_3}{4\sqrt{c_4}}\xi\right)\right], \quad c_4 > 0, \quad c_1 = \frac{c_3^3(1-m^2)}{32c_4^2}, \quad c_2 = \frac{c_3^2(5-m^2)}{16c_4},$$

$$F_{30}(\xi) = -\frac{c_3}{4c_4}\left[1+\frac{\varepsilon}{\operatorname{sn}\left(\frac{c_3}{4\sqrt{c_4}}\xi\right)}\right], \quad c_4 > 0, \quad c_1 = \frac{c_3^3(1-m^2)}{32c_4^2}, \quad c_2 = \frac{c_3^2(5-m^2)}{16c_4},$$

$$F_{31}(\xi) = -\frac{c_3}{4c_4}\left[1+\varepsilon\operatorname{cn}\left(-\frac{c_3}{4m\sqrt{-c_4}}\xi\right)\right], \quad c_4 < 0, \quad c_1 = \frac{c_3^3}{32m^2c_4^2}, \quad c_2 = \frac{c_3^2(4m^2+1)}{16m^2c_4},$$

$$F_{32}(\xi) = -\frac{c_3}{4c_4}\left[1+\frac{\varepsilon\sqrt{1-m^2}\operatorname{sn}\left(-\frac{c_3}{4m\sqrt{-c_4}}\xi\right)}{\operatorname{dn}\left(-\frac{c_3}{4m\sqrt{-c_4}}\xi\right)}\right], \quad c_4 < 0, \quad c_1 = \frac{c_3^3}{32m^2c_4^2},$$

$$c_2 = \frac{c_3^2(4m^2+1)}{16m^2c_4},$$

4.2 解的等价性及其分类

$$F_{33}(\xi) = -\frac{c_3}{4c_4}\left[1+\frac{\varepsilon}{\sqrt{1-m^2}}\mathrm{dn}\left(\frac{c_3}{4\sqrt{c_4(m^2-1)}}\xi\right)\right], \quad c_4<0, \quad c_1=\frac{c_3^3 m^2}{32c_4^2(m^2-1)},$$

$$c_2 = \frac{c_3^2(5m^2-4)}{16c_4(m^2-1)},$$

$$F_{34}(\xi) = -\frac{c_3}{4c_4}\left[1+\frac{\varepsilon}{\mathrm{dn}\left(\frac{c_3}{4\sqrt{c_4(m^2-1)}}\xi\right)}\right], \quad c_4<0, \quad c_1=\frac{c_3^3 m^2}{32c_4^2(m^2-1)},$$

$$c_2 = \frac{c_3^2(5m^2-4)}{16c_4(m^2-1)},$$

$$F_{35}(\xi) = -\frac{c_3}{4c_4}\left[1+\frac{\varepsilon}{\mathrm{cn}\left(\frac{c_3}{4\sqrt{c_4(1-m^2)}}\xi\right)}\right], \quad c_4>0, \quad c_1=\frac{c_3^3}{32c_4^2(1-m^2)},$$

$$c_2 = \frac{c_3^2(4m^2-5)}{16c_4(m^2-1)},$$

$$F_{36}(\xi) = -\frac{c_3}{4c_4}\left[1+\frac{\varepsilon\mathrm{dn}\left(\frac{c_3}{4\sqrt{c_4(1-m^2)}}\xi\right)}{\sqrt{1-m^2}\mathrm{cn}\left(\frac{c_3}{4\sqrt{c_4(1-m^2)}}\xi\right)}\right], \quad c_4>0, \quad c_1=\frac{c_3^3}{32c_4^2(1-m^2)},$$

$$c_2 = \frac{c_3^2(4m^2-5)}{16c_4(m^2-1)},$$

$$F_{37}(\xi) = -\frac{c_3}{4c_4}\left[1+\varepsilon\mathrm{dn}\left(-\frac{c_3}{4\sqrt{-c_4}}\xi\right)\right], \quad c_4<0, \quad c_1=\frac{c_3^3 m^2}{32c_4^2}, \quad c_2=\frac{c_3^2(m^2+4)}{16c_4},$$

$$F_{38}(\xi) = -\frac{c_3}{4c_4}\left[1+\frac{\varepsilon\sqrt{1-m^2}}{\mathrm{dn}\left(-\frac{c_3}{4\sqrt{-c_4}}\xi\right)}\right], \quad c_4<0, \quad c_1=\frac{c_3^3 m^2}{32c_4^2}, \quad c_2=\frac{c_3^2(m^2+4)}{16c_4}.$$

注 4.1 解 F_{20} 和 F_{21} 是作者在撰写本书的过程中发现的, 未见其他文献中给出. 范恩贵于 2003 年给出的解

$$F(\xi) = \frac{c_3}{2c_4}e^{\frac{\varepsilon c_3 \xi}{2\sqrt{-c_4}}}, \quad c_0=c_1=c_2=0, \ c_4<0, \ \varepsilon=\pm 1$$

有错误, 可以直接验证这个解不满足一般椭圆方程 (4.1).

由以上给出的解的分类可知, 借助一般椭圆方程展开法可以构造非线性波方程

的双曲函数、三角函数、Jacobi 椭圆函数、Weierstrass 椭圆函数、有理函数、指数函数和多项式等多种类型的精确行波解. 用一般椭圆方程展开法求解非线性波方程的步骤是将 1.1 节的辅助方程法的步骤修改为

(1) 第二步的辅助方程取为一般椭圆方程 (4.1);

(2) 第二步的辅助方程的解取为本节中给出的一般椭圆方程 (4.1) 的解 $F_i(\xi)$ $(i = 1, 2, \cdots, 38)$, 且解的展开式为

$$u(\xi) = \sum_{i=0}^{n} a_i F^i(\xi). \tag{4.26}$$

(3) 第三步是将展式 (4.26) 和方程 (4.1) 一起代入常微分方程 (1.3) 后令表达式 $F^j F'$ 的系数等于零, 则得到以 a_i $(i = 0, 1, \cdots, n), k, c$ 为未知数的非线性代数方程组.

注 4.2 范子方程法中取的辅助方程为

$$F'^2(\xi) = \sum_{i=0}^{m} c_i F^i(\xi), \quad m \leqslant 4 \tag{4.27}$$

于是由 (4.26) 式和 (4.27) 式可知 $O(u) = n, O(F') = \dfrac{m}{2}$. 从而不难推算出

$$\begin{cases} O\left(\dfrac{d^p u}{d\xi^p}\right) = n + p\left(\dfrac{m}{2} - 1\right), & p = 1, 2, 3, \cdots, \\ O\left(u^q \dfrac{d^p u}{d\xi^p}\right) = n(q+1) + p\left(\dfrac{m}{2} - 1\right), & q, p = 1, 2, 3, \cdots. \end{cases} \tag{4.28}$$

因此, 平衡方程中的线性最高阶导数项与最高幂次的非线性项, 根据 (4.28) 式就可得到 m 和 n 的关系式. 在选定辅助方程, 即选取 m 的值后可根据 m 和 n 的关系式来确定 n 的值. 例如, 对 KdV 方程 (2.16) 而言, 由 (4.28) 可得 $O(u_{xxx}) = n + 3\left(\dfrac{m}{2} - 1\right), O(uu_x) = 2n + \dfrac{m}{2} - 1$, 从而平衡 u_{xxx} 项与 uu_x 项, 则给出 $n = m - 2$. 所以, 选取的辅助方程为一般椭圆方程 (4.1), 即 $m = 4$, 则解的展开式 (4.26) 中取 $n = 2$. 选取的辅助方程为第二种椭圆方程 (4.3), 即 $m = 3$, 则解的展开式 (4.26) 中取 $n = 1$.

目前人们所研究的辅助方程 (4.27) 已经不限于 $m \leqslant 4$ 的情形, 而是可以取 $m > 4$, 例如 $m = 6, 10$ 等. 对于 $m > 4$ 的情形, 公式 (4.28) 仍然适用.

为节省篇幅, 下面只用一个例子来说明用一般椭圆方程展开法求解非线性波方程的具体过程, 由此可以看出一般椭圆方程展开法的有效性与所给出的解的多样性.

4.2 解的等价性及其分类

例 4.1 考虑修正的 Camassa–Holm (mCH) 方程

$$u_t - u_{xxt} + 3u^2 u_x = 2u_x u_{xx} + u u_{xxx}. \tag{4.29}$$

据我们所知, 2006 年和 2007 年, Wazwaz 曾给出 mCH 方程的速度为 $c = 1/2, 1, 2$ 的若干精确行波解. 2008 年, 王全迪等给出 mCH 方程的速度为 $c = 1/3$ 的精确行波解和速度为 $c = 3$ 的尖峰孤波解. 2009 年, 梁松新和 Jeffrey 给出 mCH 方程的有理解与更多的精确行波解.

为利用一般椭圆方程展开法寻找 mCH 方程 (4.29) 的精确行波解, 作变换 $u(x,t) = u(\xi), \xi = x - \omega t$ 并将其代入方程 (4.29), 则得到如下常微分方程

$$-\omega u' + \omega u''' + 3u^2 u' - 2u' u'' - u u''' = 0. \tag{4.30}$$

选取 $m = 4$, 即取辅助方程为 (4.1), 那么根据 (4.28) 式可算出 uu''' 项的阶数为 $O(uu''') = 2n + 3$, $u^2 u'$ 项的阶数为 $O(u^2 u') = 3n + 1$, 从而平衡常数为 $n = 2$. 因此, 可假设方程 (4.30) 的解取如下形式

$$u(\xi) = a_0 + a_1 F(\xi) + a_2 F^2(\xi), \tag{4.31}$$

其中 $F(\xi)$ 为一般椭圆方程 (4.1) 的解, a_k ($k = 0, 1, 2$) 为待定常数.

将 (4.31) 同方程 (4.1) 一起代入 (4.30) 后令 $F^j F'$ ($j = 0, 1, 2, 3, 4, 5$) 的系数等于零, 则得到如下代数方程组

$$\begin{cases}
6a_2^3 - 48a_2^2 c_4 = 0, \\
15a_1 a_2^2 - 50a_1 a_2 c_4 - 35a_2^2 c_3 = 0, \\
12a_0 a_2^2 - 24a_0 a_2 c_4 + 12a_1^2 a_2 - 10a_1^2 c_4 - 34a_1 a_2 c_3 - 24a_2^2 c_2 + 24a_2 c_4 \omega = 0, \\
3a_0^2 a_1 - a_0 a_1 c_2 - 3a_0 a_2 c_1 - a_1^2 c_1 - 4a_1 a_2 c_0 + a_1 c_2 \omega + 3a_2 c_1 \omega - a_1 \omega = 0, \\
18a_0 a_1 a_2 - 6a_0 a_1 c_4 - 15a_0 a_2 c_3 + 3a_1^3 - 6a_1^2 c_3 - 21a_1 a_2 c_2 \\
\quad + 6a_1 c_4 \omega - 15a_2^2 c_1 + 15a_2 c_3 \omega = 0, \\
6a_0^2 a_2 + 6a_0 a_1^2 - 3a_0 a_1 c_3 - 8a_0 a_2 c_2 - 3a_1^2 c_2 - 11a_1 a_2 c_1 \\
\quad + 3a_1 c_3 \omega - 8a_2^2 c_0 + 8a_2 c_2 \omega - 2a_2 \omega = 0.
\end{cases} \tag{4.32}$$

情形 1 $c_0 = c_1 = 0$.

在此情形求得代数方程组 (4.32) 的解为

$$a_0 = \frac{1}{3}\left(-\omega + \sqrt{2\omega(3-\omega)}\right), \quad a_1 = 0, \quad a_2 = 8c_4, \quad c_2 = \frac{1}{8}\sqrt{2\omega(3-\omega)}, \quad c_3 = 0, \tag{4.33}$$

$$a_0 = \frac{1}{3}\left(-\omega - \sqrt{2\omega(3-\omega)}\right), \quad a_1=0, \quad a_2=8c_4, \quad c_2=-\frac{1}{8}\sqrt{2\omega(3-\omega)}, \quad c_3=0, \tag{4.34}$$

$$a_0 = \frac{1}{3}\left(-\omega + \sqrt{2\omega(3-\omega)}\right), \quad a_1 = 2c_3, \quad a_2 = 0, \quad c_2 = \frac{1}{2}\sqrt{2\omega(3-\omega)}, \quad c_4 = 0, \tag{4.35}$$

$$a_0 = \frac{1}{3}\left(-\omega - \sqrt{2\omega(3-\omega)}\right), \quad a_1 = 2c_3, \quad a_2 = 0, \quad c_2 = -\frac{1}{2}\sqrt{2\omega(3-\omega)}, \quad c_4 = 0, \tag{4.36}$$

$$a_0 = \frac{1}{3}\left(-\omega + \sqrt{2\omega(3-\omega)}\right), \quad a_1 = \pm 2\left(8c_4\right)^{\frac{1}{2}}\left(2\omega(3-\omega)\right)^{\frac{1}{4}}, \quad a_2 = 8c_4,$$
$$c_2 = \frac{1}{2}\sqrt{2\omega(3-\omega)}, \quad c_4 = \pm\frac{1}{2}\left(8c_4\right)^{\frac{1}{2}}\left(2\omega(3-\omega)\right)^{\frac{1}{4}}, \tag{4.37}$$

$$a_0 = \frac{1}{3}\left(-\omega + \sqrt{2\omega(3-\omega)}\right), \quad a_1 = 2c_3, \quad c_2 = \frac{1}{2}\sqrt{2\omega(3-\omega)}, \quad c_4 = 0, \tag{4.38}$$

$$a_0 = \frac{1}{3}\left(-\omega - \sqrt{2\omega(3-\omega)}\right), \quad a_1 = 2c_3, \quad c_2 = -\frac{1}{2}\sqrt{2\omega(3-\omega)}, \quad c_4 = 0. \tag{4.39}$$

将解 (4.33)—(4.39) 同情形 1 中给出的辅助方程方程 (4.1) 的解一起代入 (4.31) 中，则得到方程 (4.29) 的如下精确行波解

$$u_{1a}(x,t) = -\frac{\omega}{3} + \frac{1}{3}\sqrt{2\omega(3-\omega)} - \sqrt{2\omega(3-\omega)}\,\text{sech}^2\eta, \quad c_4 > 0,$$

$$u_{1b}(x,t) = -\frac{\omega}{3} + \frac{1}{3}\sqrt{2\omega(3-\omega)} + \sqrt{2\omega(3-\omega)}\,\text{csch}^2\eta, \quad c_4 < 0,$$

$$u_{2a}(x,t) = -\frac{\omega}{3} - \frac{1}{3}\sqrt{2\omega(3-\omega)} + \sqrt{2\omega(3-\omega)}\,\sec^2\eta, \quad c_4 > 0,$$

$$u_{2b}(x,t) = -\frac{\omega}{3} - \frac{1}{3}\sqrt{2\omega(3-\omega)} + \sqrt{2\omega(3-\omega)}\,\csc^2\eta, \quad c_4 > 0,$$

$$u_3(x,t) = -\frac{\omega}{3} + \frac{1}{3}\sqrt{2\omega(3-\omega)} + \frac{2\sqrt{2\omega(3-\omega)}}{\varepsilon\cosh\eta - 1},$$

$$u_{4a}(x,t) = -\frac{\omega}{3} - \frac{1}{3}\sqrt{2\omega(3-\omega)} - \frac{2\sqrt{2\omega(3-\omega)}}{\varepsilon\cos\eta - 1},$$

$$u_{4b}(x,t) = -\frac{\omega}{3} - \frac{1}{3}\sqrt{2\omega(3-\omega)} - \frac{2\sqrt{2\omega(3-\omega)}}{\varepsilon\sin\eta - 1},$$

$$u_{5a}(x,t) = -\frac{\omega}{3} - \frac{2}{3}\sqrt{2\omega(3-\omega)} + \sqrt{2\omega(3-\omega)}\,\tanh^2\eta, \quad \Delta = 0,$$

$$u_{5b}(x,t) = -\frac{\omega}{3} - \frac{2}{3}\sqrt{2\omega(3-\omega)} + \sqrt{2\omega(3-\omega)}\,\coth^2\eta, \quad \Delta = 0,$$

这里 $\eta = \dfrac{1}{2}\left(\dfrac{\omega(3-\omega)}{2}\right)^{\frac{1}{4}}(x-\omega t), 0 < \omega < 3$.

情形 2 $c_3 = c_4 = 0$.

在此情形, 代数方程组 (4.32) 无解, 从而得不到方程 (4.29) 的精确行波解.

情形 3 $c_1 = c_3 = 0$.

(1) 当 $c_0 = \dfrac{c_2^2 m^2}{c_4(m^2+1)^2}, c_2 < 0, c_4 > 0$ 时, 代数方程组 (4.32) 有解

$$a_0 = -\frac{\omega}{3} + \frac{m^2+1}{3}\left(\frac{2\omega(3-\omega)}{m^4-m^2+1}\right)^{\frac{1}{2}}, \quad a_1 = 0, \quad a_2 = 8c_4,$$

$$c_2 = -\frac{m^2+1}{8}\left(\frac{2\omega(3-\omega)}{m^4-m^2+1}\right)^{\frac{1}{2}},$$

对应地得到方程 (4.29) 的 Jacobi 椭圆正弦波解

$$u(x,t) = -\frac{\omega}{3} - \frac{m^2+1}{3}\left(\frac{2\omega(3-\omega)}{m^4-m^2+1}\right)^{\frac{1}{2}} + m^2\left(\frac{2\omega(3-\omega)}{m^4-m^2+1}\right)^{\frac{1}{2}}\mathrm{sn}^2(\eta,m),$$

$$\eta = \frac{1}{2}\left(\frac{\omega(3-\omega)}{2(m^4-m^2+1)}\right)^{\frac{1}{4}}(x-\omega t), \quad 0 < \omega < 3.$$

(2) 当 $c_0 = \dfrac{c_2^2 m^2 (m^2-1)}{c_4(2m^2-1)^2}, c_2 > 0, c_4 < 0$ 时, 代数方程组 (4.32) 有解

$$a_0 = -\frac{\omega}{3} + \frac{2m^2-1}{3}\left(\frac{2\omega(3-\omega)}{m^4-m^2+1}\right)^{\frac{1}{2}}, \quad a_1 = 0, \quad a_2 = 8c_4,$$

$$c_2 = \frac{2m^2-1}{3}\left(\frac{2\omega(3-\omega)}{m^4-m^2+1}\right)^{\frac{1}{2}},$$

由此得到方程 (4.29) 的 Jacobi 椭圆余弦波解

$$u(x,t) = -\frac{\omega}{3} + \frac{2m^2-1}{3}\left(\frac{2\omega(3-\omega)}{m^4-m^2+1}\right)^{\frac{1}{2}} - m^2\left(\frac{2\omega(3-\omega)}{m^4-m^2+1}\right)^{\frac{1}{2}}\mathrm{cn}^2(\eta,m),$$

$$\eta = \frac{1}{2}\left(\frac{\omega(3-\omega)}{2(m^4-m^2+1)}\right)^{\frac{1}{4}}(x-\omega t), \quad 0 < \omega < 3.$$

(3) 当 $c_0 = \dfrac{c_2^2(1-m^2)}{c_4(2-m^2)^2}, c_2 > 0, c_4 < 0$ 时, 代数方程组 (4.32) 的解为

$$a_0 = -\frac{\omega}{3} + \frac{m^2-2}{3}\left(\frac{2\omega(3-\omega)}{m^4-m^2+1}\right)^{\frac{1}{2}}, \quad a_1 = 0, \quad a_2 = 8c_4,$$

$$c_2 = \frac{m^2-2}{8}\left(\frac{2\omega(3-\omega)}{m^4-m^2+1}\right)^{\frac{1}{2}},$$

对应地得到方程 (4.29) 的 Jacobi 椭圆函数解

$$u(x,t) = -\frac{\omega}{3} - \frac{m^2-2}{3}\left(\frac{2\omega(3-\omega)}{m^4-m^2+1}\right)^{\frac{1}{2}} - \left(\frac{2\omega(3-\omega)}{m^4-m^2+1}\right)^{\frac{1}{2}}\mathrm{dn}^2(\eta,m),$$

$$\eta = \frac{1}{2}\left(\frac{\omega(3-\omega)}{2(m^4-m^2+1)}\right)^{\frac{1}{4}}(x-\omega t), \quad 0<\omega<3.$$

(4) 当 $c_2 = 0$ 时, 代数方程组 (4.32) 有解

$$a_0 = -\frac{\omega}{3}, \quad a_1 = 0, \quad a_2 = 8c_4, \quad c_0 = \frac{\omega(\omega-3)}{96c_4},$$

由此得到方程 (4.29) 的 Jacobi 椭圆函数解

$$u(x,t) = -\frac{\omega}{3} + \frac{2}{3}\sqrt{6\omega(3-\omega)}\mathrm{ds}^2\left(\eta, \frac{\sqrt{2}}{2}\right),$$

$$\eta = \frac{1}{6}(54\omega(3-\omega))^{\frac{1}{4}}(x-\omega t), \quad 0<\omega<3, \quad c_0c_4<0,$$

$$u(x,t) = -\frac{\omega}{3} + \frac{\varepsilon}{3}\sqrt{6\omega(\omega-3)}\left[\mathrm{ns}\left(\eta,\frac{\sqrt{2}}{2}\right) + \mathrm{cs}\left(\eta,\frac{\sqrt{2}}{2}\right)\right]^2,$$

$$\eta = 384\left(6\omega(\omega-3)\right)^{\frac{1}{4}}(x-\omega t), \quad \omega<0 \text{ 或 } \omega>3, \quad c_0c_4>0.$$

情形 4 $c_2 = c_4 = 0$.

在此情形代数方程组 (4.32) 有解

$$a_0 = -\frac{\omega}{3}, \quad a_1 = 2c_3, \quad a_2 = 0, \quad c_1 = \frac{\omega(3-\omega)}{6c_3},$$

对应地得到方程 (4.29) 的 Weierstrass 椭圆函数解

$$u(x,t) = 2c_3\wp\left(\frac{\sqrt{c_3}}{2}(x-\omega t), \frac{2\omega(3-\omega)}{3c_3^2}, -\frac{4c_0}{c_3}\right).$$

情形 5 $c_0 = 0$.

(1) 在情形 5 中第 27 个解的条件下代数方程组 (4.32) 有解

$$a_0 = -\frac{\omega}{3} + \frac{2m^2-1}{3}\left(\frac{2\omega(3-\omega)}{m^4-m^2+1}\right)^{\frac{1}{2}}, \quad a_1 = 4c_3,$$

$$a_2 = \frac{2c_3^2}{m^2}\left(\frac{2(m^4-m^2+1)}{\omega(3-\omega)}\right)^{\frac{1}{2}}, \quad c_4 = \frac{c_3^2}{4m^2}\left(\frac{2(m^4-m^2+1)}{\omega(3-\omega)}\right)^{\frac{1}{2}},$$

相应地得到方程 (4.29) 的 Jacobi 椭圆正弦波解

$$u(x,t) = -\frac{\omega}{3} - \frac{m^2+1}{3}\left(\frac{2\omega(3-\omega)}{m^4-m^2+1}\right)^{\frac{1}{2}} + m^2\left(\frac{2\omega(3-\omega)}{m^4-m^2+1}\right)^{\frac{1}{2}}\mathrm{sn}^2(\rho(x-\omega t),m),$$

$$\rho = -\frac{1}{2}\left(\frac{\omega(3-\omega)}{2(m^4-m^2+1)}\right)^{\frac{1}{4}}, \quad 0<\omega<3.$$

(2) 在情形 5 中的第 28 个解的条件下代数方程组 (4.32) 有解

$$a_0 = -\frac{\omega}{3} + \frac{m^2-1}{3}\left(\frac{2\omega(3-\omega)}{m^4-m^2+1}\right)^{\frac{1}{2}}, \quad a_1 = 4c_3,$$

$$a_2 = \frac{2c_3^2}{m^2}\left(\frac{2(m^4-m^2+1)}{\omega(3-\omega)}\right)^{\frac{1}{2}}, \quad c_4 = \frac{c_3^2}{4m^2}\left(\frac{2(m^4-m^2+1)}{\omega(3-\omega)}\right)^{\frac{1}{2}},$$

此时得到方程 (4.29) 的 Jacobi 椭圆函数解

$$u(x,t) = -\frac{\omega}{3} - \frac{m^2+1}{3}\left(\frac{2\omega(3-\omega)}{m^4-m^2+1}\right)^{\frac{1}{2}} + \left(\frac{2\omega(3-\omega)}{m^4-m^2+1}\right)^{\frac{1}{2}}\operatorname{ns}^2(\rho(x-\omega t),m),$$

$$\rho = -\frac{1}{2}\left(\frac{\omega(3-\omega)}{2(m^4-m^2+1)}\right)^{\frac{1}{4}}, \quad 0<\omega<3.$$

(3) 在情形 5 中第 29 个解的条件下代数方程组 (4.32) 的解为

$$a_0 = -\frac{\omega}{3} - \frac{m^2-2}{3}\left(\frac{2\omega(3-\omega)}{m^4-m^2+1}\right)^{\frac{1}{2}}, \quad a_1 = 4c_3,$$

$$a_2 = 2c_3^2\left(\frac{2(m^4-m^2+1)}{\omega(3-\omega)}\right)^{\frac{1}{2}}, \quad c_4 = \frac{c_3^2}{4}\left(\frac{2(m^4-m^2+1)}{\omega(3-\omega)}\right)^{\frac{1}{2}},$$

对应地得到方程 (4.29) 的 Jacobi 椭圆正弦波解

$$u(x,t) = -\frac{\omega}{3} - \frac{m^2+1}{3}\left(\frac{2\omega(3-\omega)}{m^4-m^2+1}\right)^{\frac{1}{2}} + m^2\left(\frac{2\omega(3-\omega)}{m^4-m^2+1}\right)^{\frac{1}{2}}\operatorname{sn}^2(\rho(x-\omega t),m),$$

$$\rho = -\frac{1}{2}\left(\frac{\omega(3-\omega)}{2(m^4-m^2+1)}\right)^{\frac{1}{4}}, \quad 0<\omega<3.$$

(4) 在情形 5 中第 30 个解的条件下代数方程组 (4.32) 的解为

$$a_0 = -\frac{\omega}{3} - \frac{m^2-2}{3}\left(\frac{2\omega(3-\omega)}{m^4-m^2+1}\right)^{\frac{1}{2}}, \quad a_1 = 4c_3,$$

$$a_2 = 2c_3^2\left(\frac{2(m^4-m^2+1)}{\omega(3-\omega)}\right)^{\frac{1}{2}}, \quad c_4 = \frac{c_3^2}{4}\left(\frac{2(m^4-m^2+1)}{\omega(3-\omega)}\right)^{\frac{1}{2}},$$

由此得到方程 (4.29) 的 Jacobi 椭圆函数解

$$u(x,t) = -\frac{\omega}{3} - \frac{m^2+1}{3}\left(\frac{2\omega(3-\omega)}{m^4-m^2+1}\right)^{\frac{1}{2}} + \left(\frac{2\omega(3-\omega)}{m^4-m^2+1}\right)^{\frac{1}{2}}\operatorname{ns}^2(\rho(x-\omega t),m),$$

$$\rho = -\frac{1}{2}\left(\frac{\omega(3-\omega)}{2(m^4-m^2+1)}\right)^{\frac{1}{4}}, \quad 0 < \omega < 3.$$

(5) 在情形 5 中第 31 个解的条件下得到代数方程组 (4.32) 的解

$$a_0 = -\frac{\omega}{3} + \frac{m^2+1}{3}\left(\frac{2\omega(3-\omega)}{m^4-m^2+1}\right)^{\frac{1}{2}}, \quad a_1 = 4c_3,$$

$$a_2 = \frac{2c_3^2}{m^2}\left(\frac{2(m^4-m^2+1)}{\omega(3-\omega)}\right)^{\frac{1}{2}}, \quad c_4 = \frac{c_3^2}{4m^2}\left(\frac{2(m^4-m^2+1)}{\omega(3-\omega)}\right)^{\frac{1}{2}},$$

由此得到方程 (4.29) 的 Jacobi 正弦波解

$$u(x,t) = -\frac{\omega}{3} - \frac{m^2+1}{3}\left(\frac{2\omega(3-\omega)}{m^4-m^2+1}\right)^{\frac{1}{2}} + m^2\left(\frac{2\omega(3-\omega)}{m^4-m^2+1}\right)^{\frac{1}{2}} \text{sn}^2\left(\rho(x-\omega t),m\right),$$

$$\rho = \frac{1}{2}\left(\frac{\omega(3-\omega)}{2(m^4-m^2+1)}\right)^{\frac{1}{4}}, \quad 0 < \omega < 3.$$

(6) 在情形 5 中第 32 个解的条件下代数方程组 (4.32) 有解

$$a_0 = -\frac{\omega}{3} - \frac{m^2+1}{3}\left(\frac{2\omega(3-\omega)}{m^4-m^2+1}\right)^{\frac{1}{2}}, \quad a_1 = 4c_3,$$

$$a_2 = \frac{2c_3^2}{m^2}\left(\frac{2(m^4-m^2+1)}{\omega(3-\omega)}\right)^{\frac{1}{2}}, \quad c_4 = \frac{c_3^2}{4m^2}\left(\frac{2(m^4-m^2+1)}{\omega(3-\omega)}\right)^{\frac{1}{2}},$$

从而方程 (4.29) 具有下面的 Jacobi 椭圆函数解

$$u(x,t) = \left[-\frac{\omega}{3} + \frac{2m^2-1}{3}\left(\frac{2\omega(3-\omega)}{m^4-m^2+1}\right)^{\frac{1}{2}}\right]\text{nd}^2\left(\rho(x-\omega t),m\right)$$

$$+ \left[\frac{m^2\omega}{3} + \frac{m^2(m^2-2)}{3}\left(\frac{2\omega(3-\omega)}{m^4-m^2+1}\right)^{\frac{1}{2}}\right]\text{sd}^2(\rho(x-\omega t),m)$$

$$\rho = \frac{1}{2}\left(\frac{\omega(3-\omega)}{2(m^4-m^2+1)}\right)^{\frac{1}{4}}, \quad 0 < \omega < 3.$$

(7) 在情形 5 中第 33 个解的条件下代数方程组 (4.32) 有解

$$a_0 = -\frac{\omega}{3} + \frac{2m^2-1}{3}\left(\frac{2\omega(3-\omega)}{m^4-m^2+1}\right)^{\frac{1}{2}}, \quad a_1 = 4c_3,$$

$$a_2 = \frac{2c_3^2}{m^2-1}\left(\frac{m^4-m^2+1}{\omega(3-\omega)}\right)^{\frac{1}{2}}, \quad c_4 = \frac{c_3^2}{4(m^2-1)}\left(\frac{m^4-m^2+1}{\omega(3-\omega)}\right)^{\frac{1}{2}},$$

4.2 解的等价性及其分类

相应地得到方程 (4.29) 的 Jacobi 椭圆函数解

$$u(x,t) = -\frac{\omega}{3} - \frac{m^2-2}{3}\left(\frac{2\omega(3-\omega)}{m^4-m^2+1}\right)^{\frac{1}{2}} - \left(\frac{2\omega(3-\omega)}{m^4-m^2+1}\right)^{\frac{1}{2}}\mathrm{dn}^2\left(\rho(x-\omega t),m\right),$$

$$\rho = -\frac{1}{2}\left(\frac{\omega(3-\omega)}{2(m^4-m^2+1)}\right)^{\frac{1}{4}}, \quad 0<\omega<3.$$

(8) 在情形 5 中第 34 个解的条件下得到代数方程组 (4.32) 的解

$$a_0 = -\frac{\omega}{3} + \frac{2m^2-1}{3}\left(\frac{2\omega(3-\omega)}{m^4-m^2+1}\right)^{\frac{1}{2}}, \quad a_1 = 4c_3,$$

$$a_2 = \frac{2c_3^2}{m^2-1}\left(\frac{2(m^4-m^2+1)}{\omega(3-\omega)}\right)^{\frac{1}{2}}, \quad c_4 = \frac{c_3^2}{4(m^2-1)}\left(\frac{2(m^4-m^2+1)}{\omega(3-\omega)}\right)^{\frac{1}{2}},$$

与此相应地得到方程 (4.29) 的 Jacobi 椭圆函数解

$$u(x,t) = \left[-\frac{\omega}{3} + \frac{2m^2-1}{3}\left(\frac{2\omega(3-\omega)}{m^4-m^2+1}\right)^{\frac{1}{2}}\right]\mathrm{nd}^2\left(\rho(x-\omega t),m\right)$$

$$+ \left[\frac{m^2\omega}{3} + \frac{m^2(m^2-2)}{3}\left(\frac{2\omega(3-\omega)}{m^4-m^2+1}\right)^{\frac{1}{2}}\right]\mathrm{sd}^2(\rho(x-\omega t),m)$$

$$\rho = -\frac{1}{2}\left(\frac{\omega(3-\omega)}{2(m^4-m^2+1)}\right)^{\frac{1}{4}}, \quad 0<\omega<3.$$

(9) 在情形 5 中的第 35 个解的条件下得到代数方程组 (4.32) 的解

$$a_0 = -\frac{\omega}{3} - \frac{m^2-2}{3}\left(\frac{2\omega(3-\omega)}{m^4-m^2+1}\right)^{\frac{1}{2}}, \quad a_1 = 4c_3,$$

$$a_2 = \frac{2c_3^2}{m^2-1}\left(\frac{2(m^4-m^2+1)}{\omega(3-\omega)}\right)^{\frac{1}{2}}, \quad c_4 = \frac{c_3^2}{4(m^2-1)}\left(\frac{2(m^4-m^2+1)}{\omega(3-\omega)}\right)^{\frac{1}{2}},$$

由此得到方程 (4.29) 的 Jacobi 椭圆函数解

$$u(x,t) = \left[-\frac{\omega}{3} - \frac{m^2-2}{3}\left(\frac{2\omega(3-\omega)}{m^4-m^2+1}\right)^{\frac{1}{2}}\right]\mathrm{nc}^2\left(\rho(x-\omega t),m\right)$$

$$+ \left[\frac{\omega}{3} - \frac{2m^2-1}{3}\left(\frac{2\omega(3-\omega)}{m^4-m^2+1}\right)^{\frac{1}{2}}\right]\mathrm{sc}^2(\rho(x-\omega t),m)$$

$$\rho = -\frac{1}{2}\left(\frac{\omega(3-\omega)}{2(m^4-m^2+1)}\right)^{\frac{1}{4}}, \quad 0<\omega<3.$$

(10) 在情形 5 中第 36 个解的条件下得到代数方程组 (4.32) 的解为

$$a_0 = -\frac{\omega}{3} - \frac{m^2-2}{3}\left(\frac{2\omega(3-\omega)}{m^4-m^2+1}\right)^{\frac{1}{2}}, \quad a_1 = 4c_3,$$

$$a_2 = \frac{2c_3^2}{1-m^2}\left(\frac{2(m^4-m^2+1)}{\omega(3-\omega)}\right)^{\frac{1}{2}}, \quad c_4 = \frac{c_3^2}{4(1-m^2)}\left(\frac{2(m^4-m^2+1)}{\omega(3-\omega)}\right)^{\frac{1}{2}},$$

与此相应地得到方程 (4.29) 的 Jacobi 椭圆函数解

$$u(x,t) = -\frac{\omega}{3} - \frac{m^2+1}{3}\left(\frac{2\omega(3-\omega)}{m^4-m^2+1}\right)^{\frac{1}{2}} + \left(\frac{2\omega(3-\omega)}{m^4-m^2+1}\right)^{\frac{1}{2}} \mathrm{ns}^2(\rho(x-\omega t), m),$$

$$\rho = -\frac{1}{2}\left(\frac{\omega(3-\omega)}{2(m^4-m^2+1)}\right)^{\frac{1}{4}}, \quad 0 < \omega < 3.$$

(11) 在情形 5 中第 37 个解的条件下得到代数方程组 (4.32) 的解

$$a_0 = -\frac{\omega}{3} - \frac{m^2+1}{3}\left(\frac{2\omega(3-\omega)}{m^4-m^2+1}\right)^{\frac{1}{2}}, \quad a_1 = 4c_3,$$

$$a_2 = 2c_3^2\left(\frac{2(m^4-m^2+1)}{\omega(3-\omega)}\right)^{\frac{1}{2}}, \quad c_4 = \frac{c_3^2}{4}\left(\frac{2(m^4-m^2+1)}{\omega(3-\omega)}\right)^{\frac{1}{2}},$$

由此得到方程 (4.29) 的 Jacobi 椭圆正弦波解

$$u(x,t) = -\frac{\omega}{3} - \frac{m^2+1}{3}\left(\frac{2\omega(3-\omega)}{m^4-m^2+1}\right)^{\frac{1}{2}} + m^2\left(\frac{2\omega(3-\omega)}{m^4-m^2+1}\right)^{\frac{1}{2}} \mathrm{sn}^2(\rho(x-\omega t), m),$$

$$\rho = \frac{1}{2}\left(\frac{\omega(3-\omega)}{2(m^4-m^2+1)}\right)^{\frac{1}{4}}, \quad 0 < \omega < 3.$$

(12) 在情形 5 中第 38 个解的条件下得到代数方程组 (4.32) 的解为

$$a_0 = -\frac{\omega}{3} - \frac{m^2+1}{3}\left(\frac{2\omega(3-\omega)}{m^4-m^2+1}\right)^{\frac{1}{2}}, a_1 = 4c_3,$$

$$a_2 = 2c_3^2\left(\frac{2(m^4-m^2+1)}{\omega(3-\omega)}\right)^{\frac{1}{2}}, c_4 = \frac{c_3^2}{4}\left(\frac{2(m^4-m^2+1)}{\omega(3-\omega)}\right)^{\frac{1}{2}},$$

由此得到方程 (4.29) 的 Jacobi 椭圆函数解

$$u(x,t) = \left[-\frac{\omega}{3} + \frac{2m^2-1}{3}\left(\frac{2\omega(3-\omega)}{m^4-m^2+1}\right)^{\frac{1}{2}}\right]\mathrm{nd}^2(\rho(x-\omega t), m)$$

$$+ \left[\frac{m^2\omega}{3} + \frac{m^2(m^2-2)}{3}\left(\frac{2\omega(3-\omega)}{m^4-m^2+1}\right)^{\frac{1}{2}}\right]\mathrm{sd}^2(\rho(x-\omega t), m)$$

$$\rho = \frac{1}{2}\left(\frac{\omega(3-\omega)}{2(m^4-m^2+1)}\right)^{\frac{1}{4}}, \quad 0 < \omega < 3.$$

当 $m \to 1$ 或 $m \to 0$ 时, 由以上 Jacobi 椭圆函数解可得到方程 (4.29) 的双曲函数型或三角函数型行波解, 为节省篇幅这里未列出这些解.

4.3 范子方程法的推广

本节首先借助一种简单的函数变换给出一般椭圆方程的系数之间具有一定联系的解, 由此提出范子方程法的一种推广. 其次以 Klein-Gordon 方程为例说明该推广方法在求解非线性波方程中的具体应用步骤.

对一般椭圆方程 (4.1) 引入如下函数变换

$$F(\xi) = f(\xi) - \frac{c_3}{4c_4}, \tag{4.40}$$

则可将其变换为一般椭圆方程 (4.1) 的如下子方程

$$f'^2(\xi) = b_0 + b_1 f(\xi) + b_2 f^2(\xi) + b_4 f^4(\xi), \tag{4.41}$$

其中系数 b_i ($i = 0, 1, 2, 4$) 由下式确定

$$\begin{cases} b_0 = c_0 - \dfrac{64c_1 c_3 c_4^2 - 16c_2 c_3^2 c_4 + 3c_3^4}{256 c_4^3}, \\ b_1 = c_1 - \dfrac{c_3\left(4c_2 c_4 - c_3^2\right)}{8c_4^2}, \\ b_2 = c_2 - \dfrac{3c_3^2}{8c_4}, \quad b_4 = c_4. \end{cases} \tag{4.42}$$

因此, 可以借助方程 (4.41) 的解构造一般椭圆方程 (4.1) 的系数之间有一定联系的解, 进而可以得到范子方程法的推广. 具体实现过程是: 首先, 利用 4.2 节中列出的一般椭圆方程的解的分类表并给出子方程 (4.41) 的相应解. 其次, 借助变换 (4.40) 以及系数之间的联系 (4.42) 可得到一般椭圆方程 (4.1) 的系数之间有一定联系的解. 通过这一途径得到的一般椭圆方程 (4.1) 的系数之间有一定联系的解, 可分为如下三种情形.

情形1 当 $c_0 = \dfrac{c_3^2\left(16c_2 c_4 - 5c_3^2\right)}{256 c_4^3}, c_1 = \dfrac{c_3\left(4c_2 c_4 - c_3^2\right)}{8c_4^2}$ 时, 有如下双曲函数解、三角函数解与有理函数解

$$F_1(\xi) = \frac{\varepsilon\sqrt{2\left(8c_2 c_4 - 3c_3^2\right)}}{4c_4}\operatorname{sech}\left(\frac{1}{4}\sqrt{\frac{2\left(8c_2 c_4 - 3c_3^2\right)}{c_4}}\,\xi\right) - \frac{c_3}{4c_4}, \quad c_2 > \frac{3c_3^2}{8c_4}, \quad c_4 < 0,$$

$$F_2(\xi) = \frac{\varepsilon\sqrt{2(8c_2c_4 - 3c_3^2)}}{4c_4}\operatorname{csch}\left(\frac{1}{4}\sqrt{\frac{2(8c_2c_4 - 3c_3^2)}{c_4}}\xi\right) - \frac{c_3}{4c_4}, \quad c_2 > \frac{3c_3^2}{8c_4}, \quad c_4 > 0,$$

$$F_{3a}(\xi) = \frac{\varepsilon\sqrt{2(3c_3^2 - 8c_2c_4)}}{4c_4}\sec\left(\frac{1}{4}\sqrt{\frac{2(3c_3^2 - 8c_2c_4)}{c_4}}\xi\right) - \frac{c_3}{4c_4}, \quad c_2 < \frac{3c_3^2}{8c_4}, \quad c_4 > 0,$$

$$F_{3b}(\xi) = \frac{\varepsilon\sqrt{2(3c_3^2 - 8c_2c_4)}}{4c_4}\csc\left(\frac{1}{4}\sqrt{\frac{2(3c_3^2 - 8c_2c_4)}{c_4}}\xi\right) - \frac{c_3}{4c_4}, \quad c_2 < \frac{3c_3^2}{8c_4}, \quad c_4 > 0,$$

$$F_4(\xi) = \frac{\varepsilon}{\sqrt{c_4}\,\xi} - \frac{c_3}{4c_4}, \quad c_2 = \frac{3c_3^2}{8c_4}, \quad c_4 > 0.$$

情形2 当 $c_0 = \dfrac{16c_2^2c_4^2 - 8c_2c_3^2c_4 + c_3^4}{64c_4^3}, c_1 = \dfrac{c_3(4c_2c_4 - c_3^2)}{8c_4^2}$ 时，有如下双曲函数解与三角函数解

$$F_5(\xi) = \frac{\varepsilon\sqrt{3c_3^2 - 8c_2c_4}}{4c_4}\tanh\left(\frac{1}{4}\sqrt{\frac{3c_3^2 - 8c_2c_4}{c_4}}\xi\right) - \frac{c_3}{4c_4}, \quad c_2 < \frac{3c_3^2}{8c_4}, \quad c_4 > 0,$$

$$F_6(\xi) = \frac{\varepsilon\sqrt{3c_3^2 - 8c_2c_4}}{4c_4}\coth\left(\frac{1}{4}\sqrt{\frac{3c_3^2 - 8c_2c_4}{c_4}}\xi\right) - \frac{c_3}{4c_4}, \quad c_2 < \frac{3c_3^2}{8c_4}, \quad c_4 > 0,$$

$$F_{7a}(\xi) = \frac{\varepsilon\sqrt{8c_2c_4 - 3c_3^2}}{4c_4}\tan\left(\frac{1}{4}\sqrt{\frac{8c_2c_4 - 3c_3^2}{c_4}}\xi\right) - \frac{c_3}{4c_4}, \quad c_2 > \frac{3c_3^2}{8c_4}, \quad c_4 > 0,$$

$$F_{7b}(\xi) = \frac{\varepsilon\sqrt{8c_2c_4 - 3c_3^2}}{4c_4}\cot\left(\frac{1}{4}\sqrt{\frac{8c_2c_4 - 3c_3^2}{c_4}}\xi\right) - \frac{c_3}{4c_4}, \quad c_2 > \frac{3c_3^2}{8c_4}, \quad c_4 > 0.$$

情形3 椭圆函数解

$$F_8(\xi) = \frac{1}{4}\sqrt{\frac{2(3c_3^2 - 8c_2c_4)m^2}{c_4^2(m^2 + 1)}}\operatorname{sn}\left(\frac{1}{4}\sqrt{\frac{2(3c_3^2 - 8c_2c_4)}{c_4(m^2 + 1)}}\xi, m\right) - \frac{c_3}{4c_4},$$

$$c_2 < \frac{3c_3^2}{8c_4}, \quad c_4 > 0,$$

$$c_0 = \frac{(c_3^2 m^2 + 16c_2c_4 - 5c_3^2)\left[(16c_2c_4 - 5c_3^2)m^2 + c_3^2\right]}{256c_4^3(m^2 + 1)^2}, \quad c_1 = \frac{c_3(4c_2c_4 - c_3^2)}{8c_4^2},$$

$$F_9(\xi) = \frac{1}{4}\sqrt{\frac{2(3c_3^2 - 8c_2c_4)m^2}{c_4^2(2m^2 - 1)}}\operatorname{cn}\left(\frac{1}{4}\sqrt{\frac{2(8c_2c_4 - 3c_3^2)}{c_4(2m^2 - 1)}}\xi, m\right) - \frac{c_3}{4c_4},$$

$$c_2 > \frac{3c_3^2}{8c_4}, \quad c_4 < 0,$$

$$c_0 = \frac{\left[(16c_2c_4 - 4c_3^2)m^2 - 16c_2c_4 + 5c_3^2\right]\left[(16c_2c_4 - 4c_3^2)m^2 - c_3^2\right]}{256c_4^3(2m^2-1)^2},$$

$$c_1 = \frac{c_3(4c_2c_4 - c_3^2)}{8c_4^2},$$

$$F_{10}(\xi) = \frac{1}{4}\sqrt{\frac{2(8c_2c_4 - 3c_3^2)}{c_4^2(m^2-2)}}\,\mathrm{dn}\left(\frac{1}{4}\sqrt{\frac{2(3c_3^2 - 8c_2c_4)}{c_4(m^2-2)}}\,\xi, m\right) - \frac{c_3}{4c_4}, \quad c_2 > \frac{3c_3^2}{8c_4}, \quad c_4 < 0,$$

$$c_0 = \frac{\left[(16c_2c_4 - 5c_3^2)m^2 - 16c_2c_4 + 4c_3^2\right](c_3^2m^2 - 16c_2c_4 + 4c_3^2)}{256c_4^3(m^2-2)^2},$$

$$c_1 = \frac{c_3(4c_2c_4 - c_3^2)}{8c_4^2},$$

$$F_{11}(\xi) = \varepsilon\sqrt[4]{-\frac{4}{c_4}\left(c_0 - \frac{c_3^4}{256c_4^3}\right)}\,\mathrm{ds}\left(\sqrt[4]{-4c_4\left(c_0 - \frac{c_3^4}{256c_4^3}\right)}\,\xi, \frac{\sqrt{2}}{2}\right) - \frac{c_3}{4c_4},$$

$$c_1 = \frac{c_3^3}{16c_4^2}, \quad c_2 = \frac{3c_3^2}{8c_4}, \quad \left(c_0 - \frac{c_3^4}{256c_4^3}\right)c_4 < 0,$$

$$F_{12}(\xi) = \varepsilon\sqrt[4]{\frac{1}{c_4}\left(c_0 - \frac{c_3^4}{256c_4^3}\right)}\left[\mathrm{ns}\left(2\sqrt[4]{c_4\left(c_0 - \frac{c_3^4}{256c_4^3}\right)}\,\xi, \frac{\sqrt{2}}{2}\right)\right.$$

$$\left. + \mathrm{cs}\left(2\sqrt[4]{c_4\left(c_0 - \frac{c_3^4}{256c_4^3}\right)}\,\xi, \frac{\sqrt{2}}{2}\right)\right] - \frac{c_3}{4c_4},$$

$$c_1 = \frac{c_3^3}{16c_4^2}, \quad c_2 = \frac{3c_3^2}{8c_4}, \quad \left(c_0 - \frac{c_3^4}{256c_4^3}\right)c_4 > 0.$$

例 4.2 考虑 Klein-Gordon (KG) 方程

$$u_{tt} - \alpha u_{xx} + \beta u - \gamma u^3 = 0, \tag{4.43}$$

其中 α, β, γ 为常数.

在行波变换 $u(x,t) = u(\xi), \xi = x - \omega t$ 下方程 (4.43) 变成常微分方程

$$(\omega^2 - \alpha)u''(\xi) + \beta u(\xi) - \gamma u^3(\xi) = 0. \tag{4.44}$$

置 $O(u) = n$, 辅助方程取为 (4.1), 即取 $m = 4$, 则根据 (4.28), 可得 $O(u^3) = 3n, O(u'') = n - 2 + m = n + 2$, 故平衡常数 $n = 1$. 因此, 可设方程 (4.44) 有如下形

式的解

$$u(\xi) = a_0 + a_1 F(\xi), \tag{4.45}$$

其中 a_0, a_1 为待定常数, F 为本节所给出的方程 (4.1) 的解.

将 (4.45) 和方程 (4.1) 一起代入 (4.44) 后令 F^j $(j = 0, 1, 2, 3)$ 的系数等于零, 则得到代数方程组

$$\begin{cases} \dfrac{3}{2}\omega^2 c_3 a_1 - \dfrac{3}{2}\alpha c_3 a_1 - 3\gamma a_0 a_1^2 = 0, \\ \dfrac{1}{2}\omega^2 c_1 a_1 - \dfrac{1}{2}\alpha c_1 a_1 + \beta a_0 - \gamma a_0^3 = 0, \\ -\gamma a_1^3 + 2\omega^2 c_4 a_1 - 2\alpha c_4 a_1 = 0, \\ -3\gamma a_0^2 a_1 + \omega^2 c_2 a_1 - \alpha c_2 a_1 + \beta a_1 = 0. \end{cases} \tag{4.46}$$

将情形 1~ 情形 3 下的 c_0, c_1 的表达式代入代数方程组 (4.46) 后可解得同一个解

$$a_0 = -\frac{c_3(\alpha - \omega^2)}{2\gamma a_1}, \quad c_2 = \frac{-3\omega^4 c_3^2 + 6\alpha\omega^2 c_3^2 + 4\beta\gamma a_1^2 - 3\alpha^2 c_3^2}{4\gamma(\alpha - \omega^2) a_1^2}, \quad c_4 = -\frac{\gamma a_1^2}{2(\alpha - \omega^2)}. \tag{4.47}$$

将 (4.47) 同情形 1~ 情形 3 中的解一起代入 (4.45), 则得到 Klein-Gordon 方程的如下精确行波解

$$u_1(x,t) = \varepsilon\sqrt{\frac{2\beta}{\gamma}}\operatorname{sech}\sqrt{\frac{\beta}{\alpha - \omega^2}}(x - \omega t), \quad \beta\gamma > 0, \ \beta(\alpha - \omega^2) > 0,$$

$$u_2(x,t) = \varepsilon\sqrt{-\frac{2\beta}{\gamma}}\operatorname{csch}\sqrt{\frac{\beta}{\alpha - \omega^2}}(x - \omega t), \quad \beta\gamma < 0, \ \beta(\alpha - \omega^2) > 0,$$

$$u_3(x,t) = \varepsilon\sqrt{\frac{2\beta}{\gamma}}\sec\sqrt{\frac{\beta}{\omega^2 - \alpha}}(x - \omega t), \quad \beta\gamma > 0, \ \beta(\alpha - \omega^2) < 0,$$

$$u_4(x,t) = \varepsilon\sqrt{\frac{2\beta}{\gamma}}\csc\sqrt{\frac{\beta}{\omega^2 - \alpha}}(x - \omega t), \quad \beta\gamma > 0, \ \beta(\alpha - \omega^2) < 0,$$

$$u_5(x,t) = \varepsilon\sqrt{\frac{\beta}{\gamma}}\tanh\frac{1}{2}\sqrt{\frac{2\beta}{\omega^2 - \alpha}}(x - \omega t), \quad \beta\gamma > 0, \ \beta(\alpha - \omega^2) < 0,$$

$$u_6(x,t) = \varepsilon\sqrt{\frac{\beta}{\gamma}}\coth\frac{1}{2}\sqrt{\frac{2\beta}{\omega^2 - \alpha}}(x - \omega t), \quad \beta\gamma > 0, \ \beta(\alpha - \omega^2) < 0,$$

$$u_7(x,t) = \varepsilon\sqrt{-\frac{\beta}{\gamma}}\tan\frac{1}{2}\sqrt{\frac{2\beta}{\alpha-\omega^2}}(x-\omega t), \quad \beta\gamma<0,\ \beta(\alpha-\omega^2)>0,$$

$$u_8(x,t) = \varepsilon\sqrt{-\frac{\beta}{\gamma}}\cot\frac{1}{2}\sqrt{\frac{2\beta}{\alpha-\omega^2}}(x-\omega t), \quad \beta\gamma<0,\ \beta(\alpha-\omega^2)>0,$$

$$u_9(x,t) = \varepsilon\sqrt{\frac{2m^2\beta}{(m^2+1)\gamma}}\operatorname{sn}\left(\sqrt{\frac{\beta}{(m^2+1)(\omega^2-\alpha)}}(x-\omega t),m\right),$$

$$\beta\gamma>0,\ \beta(\alpha-\omega^2)<0,$$

$$u_{10}(x,t) = \varepsilon\sqrt{\frac{2m^2\beta}{(2m^2-1)\gamma}}\operatorname{cn}\left(\sqrt{\frac{\beta}{(2m^2-1)(\alpha-\omega^2)}}(x-\omega t),m\right),$$

$$\frac{1}{2}<m^2<1,\ \beta\gamma>0,\ \beta(\alpha-\omega^2)>0 \text{ 或 } 0<m^2<\frac{1}{2},\ \beta\gamma<0,\ \beta(\alpha-\omega^2)<0,$$

$$u_{11}(x,t) = \varepsilon\sqrt{\frac{2\beta}{(2-m^2)\gamma}}\operatorname{dn}\left(\sqrt{\frac{\beta}{(2-m^2)(\alpha-\omega^2)}}(x-\omega t),m\right),$$

$$\beta\gamma>0,\ \beta(\alpha-\omega^2)>0,$$

其中 ω 为任意常数.

4.4 Weierstrass 椭圆函数解的一般公式及约化

一般椭圆方程还可取另一种形式

$$f'^2(\xi) = P(f) = a_0 f^4(\xi) + 4a_1 f^3(\xi) + 6a_2 f^2(\xi) + 4a_3 f(\xi) + a_4, \tag{4.48}$$

其中 $a_i\ (i=0,1,2,3,4)$ 为常数.

方程 (4.48) 的通解可用 Weierstrass 椭圆函数表示为

$$f(\xi) = f_0 + \frac{\sqrt{P(f_0)}\wp'(\xi) + \frac{1}{2}P'(f_0)\left[\wp(\xi) - \frac{1}{24}P''(f_0)\right] + \frac{1}{24}P(f_0)P^{(3)}(f_0)}{2\left[\wp(\xi) - \frac{1}{24}P''(f_0)\right]^2 - \frac{1}{48}P(f_0)P^{(4)}(f_0)}, \tag{4.49}$$

这里 f_0 为任意常数, $P''(f_0), P^{(3)}(f_0), P^{(4)}(f_0)$ 分别表示 $P(f)$ 在点 f_0 处关于 f 的二阶、三阶和四阶导数, $\wp(\xi) = \wp(\xi, g_2, g_3)$ 表示 Weierstrass 椭圆函数, 即 $\wp(\xi)$ 满足如下方程

$$\wp'^2(\xi) = 4\wp^3(\xi) - g_2\wp(\xi) - g_3, \tag{4.50}$$

其中不变量 g_2, g_3 由方程 (4.48) 的系数确定, 即有

$$\begin{cases} g_2 = a_0 a_4 - 4 a_1 a_3 + 3 a_2^2, \\ g_3 = a_0 a_2 a_4 + 2 a_1 a_2 a_3 - a_0 a_3^2 - a_2^3 - a_4 a_1^2, \end{cases} \quad (4.51)$$

而判别式定义为

$$\Delta_P = g_2^3 - 27 g_3^2. \quad (4.52)$$

假定 e_i $(i = 1, 2, 3)$ 为方程

$$4z^3 - g_2 z - g_3 = 0$$

的三个根且 $e_1 \geqslant e_2 \geqslant e_3$, 则容易得到如下关系式

$$\begin{cases} e_1 + e_2 + e_3 = 0, \\ e_1 e_2 + e_1 e_3 + e_2 e_3 = -\dfrac{1}{4} g_2, \\ e_1 e_2 e_3 = \dfrac{1}{4} g_3. \end{cases} \quad (4.53)$$

在考虑公式 (4.49) 的约化时将用到下面的关系式

$$\wp(\xi, g_2, g_3) = e_3 + (e_1 - e_3) \operatorname{ns}^2 \left(\sqrt{e_1 - e_3} \xi, m \right), \quad (4.54)$$

其中 $m = \sqrt{\dfrac{e_2 - e_3}{e_1 - e_3}}$ $(0 < m < 1)$.

下面考虑公式 (4.49) 的一类约化问题, 即考虑如何约化公式 (4.49) 而给出非线性波方程的孤立波解与三角函数周期解的问题.

当 f_0 为多项式 $P(f)$ 的单零点, 即 $P(f_0) = 0, P'(f_0) \neq 0$, 则公式 (4.49) 可约化为

$$f(\xi) = f_0 + \dfrac{P'(f_0)}{4 \left[\wp(\xi, g_2, g_3) - \dfrac{1}{24} P''(f_0) \right]}. \quad (4.55)$$

再将 (4.54) 代入 (4.55), 则得到

$$f(\xi) = f_0 + \dfrac{P'(f_0)}{4 \left[e_3 + (e_1 - e_3) \operatorname{ns}^2 \left(\sqrt{e_1 - e_3} \xi, m \right) - \dfrac{1}{24} P''(f_0) \right]}. \quad (4.56)$$

进一步, 如果判别式 $\Delta_P = 0$, 则由公式 (4.55) 或 (4.56) 给定的椭圆函数解将约化到通常的双曲函数解、三角函数解与有理解.

4.4 Weierstrass 椭圆函数解的一般公式及约化

事实上, 当 $m \to 1$ 时, 由于 $e_2 \to e_1$, 故由 (4.53) 式和 (4.52) 式分别得到 $e_3 = -2e_1, e_1 - e_3 = 3e_1$ 和 $g_2 = 12e_1^2, g_3 = -8e_1^3, \Delta_P = 0$. 再注意到 $m \to 1$ 时 $\text{ns}(\xi, m) \to \coth(\xi)$, 则得到公式 (4.56) 第一种约化

$$f(\xi) = f_0 + \frac{P'(f_0)}{4\left[e_1 - \frac{1}{24}P''(f_0) + 3e_1 \text{csch}^2\left(\sqrt{3e_1}\xi\right)\right]},$$

$$\Delta_P = 0, \quad e_1 = \frac{1}{2}\sqrt[3]{-g_3}, \quad g_3 < 0. \tag{4.57}$$

当 $m \to 0$ 时, 同理可得 $e_3 = -\frac{1}{2}e_1, e_1 - e_3 = \frac{3}{2}e_1, g_2 = 3e_1^2, g_3 = e_1^3, \Delta_P = 0$. 再注意到当 $m \to 0$ 时, $\text{ns}(\xi, m) \to \csc(\xi)$, 则得到公式 (4.56) 的第二种约化

$$f(\xi) = f_0 + \frac{P'(f_0)}{4\left[-\frac{e_1}{2} - \frac{1}{24}P''(f_0) + \frac{3}{2}e_1 \csc^2\left(\sqrt{\frac{3}{2}e_1}\xi\right)\right]},$$

$$\Delta_P = 0, \quad e_1 = \sqrt[3]{g_3}, \quad g_3 > 0. \tag{4.58}$$

当 $\Delta_P = 0, g_2 = g_3 = 0$ 时, 通过直接积分可知公式 (4.55) 约化到如下有理解

$$f(\xi) = f_0 + \frac{6P'(f_0)\xi^2}{24 - P''(f_0)\xi^2}, \quad \Delta_P = 0, \quad P''(f_0) < 0. \tag{4.59}$$

例 4.3 对称正则长波 (SRLW) 方程

$$\begin{cases} u_{xxt} - u_t = \left(\rho + \frac{1}{2}u^2\right)_x, \\ \rho_t + u_x = 0 \end{cases} \tag{4.60}$$

用于描述弱非线性离子声波和空间电荷波的传播.

从方程组 (4.60) 中消去 ρ, 则得到如下方程

$$u_{tt} - u_{xx} - u_{xxtt} + \frac{1}{2}(u^2)_{xt} = 0. \tag{4.61}$$

下面就以方程 (4.61) 为例说明如何利用公式 (4.57) 和 (4.58) 给出非线性波方程的精确行波解. 为此, 假设方程 (4.61) 具有行波解

$$u(x, t) = u(\xi), \quad \xi = x - \omega t, \tag{4.62}$$

其中 ω 为待定常数.

将 (4.62) 代入 (4.61), 则得到常微分方程

$$\left(\omega^2 - 1\right)u'' - \omega^2 u^{(4)} - \frac{1}{2}\omega\left(u^2\right)'' = 0.$$

上式积分两次并置积分常数为零,则得到

$$\left(\omega^2 - 1\right)u - \omega^2 u'' - \frac{1}{2}\omega u^2 = 0.$$

上式再乘以 $2u'$ 后积分一次并取积分常数为零,那么有

$$\left(u'\right)^2 = P(u) = \frac{\omega^2 - 1}{\omega^2}u^2 - \frac{1}{3\omega}u^3. \tag{4.63}$$

根据上式右端多项式的系数, 由 (4.51) 和 (4.52) 两式可以算出

$$g_2 = \frac{\left(\omega^2 - 1\right)^2}{12\omega^4}, \quad g_3 = -\frac{\left(\omega^2 - 1\right)^3}{216\omega^6}, \quad \Delta_P = 0. \tag{4.64}$$

显然, (4.63) 式右端多项式有一个单零点

$$f_0 = \frac{3\left(\omega^2 - 1\right)}{\omega}. \tag{4.65}$$

将 (4.65) 分别代入 $P(f)$ 关于 f 的一阶、二阶导数, 可得

$$P'(f_0) = -\frac{3\left(\omega^2 - 1\right)^2}{\omega^3}, \quad P''(f_0) = -\frac{4\left(\omega^2 - 1\right)}{\omega^2}. \tag{4.66}$$

于是将 (4.65) 和 (4.66) 代入 (4.55), 则给出方程 (4.61) 的 Weierstrass 椭圆函数解

$$u(x,t) = \frac{3\left(\omega^2 - 1\right)}{\omega} - \frac{3\left(\omega^2 - 1\right)^2}{4\omega^3\left[\wp\left(x - \omega t, g_2, g_3\right) + \frac{\omega^2 - 1}{6\omega^2}\right]}, \tag{4.67}$$

其中 g_2, g_3 由 (4.64) 式给定.

接下来考虑方程 (4.61) 的双曲函数解与三角函数解. 根据 $g_3 < 0$ ($\omega^2 > 1$) 和 $g_3 > 0$ ($\omega^2 < 1$) 两种情况, 分别由公式 (4.57) 和 (4.58) 中给出的 e_1 的表达式可以算出

$$e_1 = \frac{1}{2}\sqrt[3]{-g_3} = \frac{\omega^2 - 1}{12\omega^2} \tag{4.68}$$

和

$$e_1 = \sqrt[3]{g_3} = \frac{1 - \omega^2}{6\omega^2}. \tag{4.69}$$

由 (4.65), (4.66), (4.68) 和 (4.57), 得到 SRLW 方程 (4.61) 的精确孤立波解

$$u_1(x,t) = \frac{3\left(\omega^2 - 1\right)\operatorname{csch}^2\frac{\sqrt{\omega^2 - 1}}{2\omega}(x - \omega t)}{\omega\left[1 + \operatorname{csch}^2\frac{\sqrt{\omega^2 - 1}}{2\omega}(x - \omega t)\right]}$$

4.4 Weierstrass 椭圆函数解的一般公式及约化

$$= \frac{3\left(\omega^2-1\right)}{\omega}\operatorname{sech}^2\frac{\sqrt{\omega^2-1}}{2\omega}(x-\omega t),$$

其中 $\omega > 1$ 或 $\omega < -1$.

最后由 (4.65), (4.66), (4.69) 和 (4.58), 可得到 SRLW 方程 (4.61) 的精确周期波解

$$u_2(x,t) = \frac{3\left(\omega^2-1\right)\csc^2\dfrac{\sqrt{1-\omega^2}}{2\omega}(x-\omega t)}{\omega\left[-1+\csc^2\dfrac{\sqrt{1-\omega^2}}{2\omega}(x-\omega t)\right]}$$

$$= \frac{3\left(\omega^2-1\right)}{\omega}\sec^2\frac{\sqrt{1-\omega^2}}{2\omega}(x-\omega t),$$

其中 $-1 < \omega < 1$.

例 4.4 考虑修正 BBM 方程

$$u_t + u_x + u^2 u_x + \alpha u_{xxt} = 0, \tag{4.70}$$

其中 α 为常数.

将行波变换 (4.62) 代入修正 BBM 方程 (4.70) 后积分一次并取积分常数为零, 则有

$$(1-\omega)u + \frac{1}{3}u^3 - \alpha\omega u'' = 0.$$

上式乘以 $2u'$ 后积分一次并取积分常数为零, 则得到

$$(u')^2 = P(u) = \frac{1-\omega}{\alpha\omega}u^2 + \frac{1}{6\alpha\omega}u^4. \tag{4.71}$$

由 (4.51) 和 (4.52), 不难算出

$$g_2 = \frac{(\omega-1)^2}{12\alpha^2\omega^2}, \quad g_3 = \frac{(\omega-1)^3}{216\alpha^3\omega^3}, \quad \Delta_P = 0. \tag{4.72}$$

不难发现 (4.71) 右端多项式有两个单零点

$$f_0 = \pm\sqrt{6(\omega-1)}, \quad \omega > 1. \tag{4.73}$$

将 (4.73) 分别代入 $P(f)$ 关于 f 的一阶、二阶导数, 可得

$$P'(f_0) = \pm\frac{2(\omega-1)\sqrt{6(\omega-1)}}{\alpha\omega}, \quad P''(f_0) = \frac{10(\omega-1)}{\alpha\omega}. \tag{4.74}$$

于是将 (4.73) 和 (4.74) 代入 (4.55), 则给出方程 (4.70) 的 Weierstrass 椭圆函数解

$$u(x,t) = \pm\sqrt{6(\omega-1)}\left[1 + \frac{\omega-1}{2\alpha\omega\left[\wp(x-\omega t, g_2, g_3) - \frac{5(\omega-1)}{12\alpha\omega}\right]}\right], \quad (4.75)$$

其中 g_2, g_3 由 (4.72) 式给定.

下面考虑修正 BBM 方程 (4.70) 的双曲函数解与三角函数解.

若要求 $g_3 < 0$, 则必有 $\alpha < 0$, 且有

$$e_1 = \frac{1}{2}\sqrt[3]{-g_3} = \frac{1-\omega}{12\alpha\omega}. \quad (4.76)$$

此时将 (4.73), (4.74), (4.76) 和 (4.62) 一起代入公式 (4.57), 则得到修正 BBM 方程的如下精确孤波解

$$u_1(x,t) = \frac{\pm\sqrt{6(\omega-1)}\operatorname{csch}^2\frac{1}{2}\sqrt{\frac{1-\omega}{\alpha\omega}}(x-\omega t)}{2 + \operatorname{csch}^2\frac{1}{2}\sqrt{\frac{1-\omega}{\alpha\omega}}(x-\omega t)}$$

$$= \frac{\pm\sqrt{6(\omega-1)}}{1 + 2\sinh^2\frac{1}{2}\sqrt{\frac{1-\omega}{\alpha\omega}}(x-\omega t)}, \quad \omega > 1, \ \alpha < 0.$$

同理, 若要求 $g_3 > 0$, 则由于 $\omega > 1$, 从而必有 $\alpha > 0$, 而

$$e_1 = \sqrt[3]{g_3} = \frac{\omega-1}{6\alpha\omega}. \quad (4.77)$$

将 (4.73), (4.74), (4.77) 和 (4.62) 一起代入公式 (4.58), 则得到修正 BBM 方程的如下精确周期波解

$$u_2(x,t) = \frac{\pm\sqrt{6(\omega-1)}\csc^2\frac{1}{2}\sqrt{\frac{\omega-1}{\alpha\omega}}(x-\omega t)}{\csc^2\frac{1}{2}\sqrt{\frac{\omega-1}{\alpha\omega}}(x-\omega t) - 2}$$

$$= \frac{\pm\sqrt{6(\omega-1)}}{1 - 2\sin^2\frac{1}{2}\sqrt{\frac{\omega-1}{\alpha\omega}}(x-\omega t)}, \quad \omega > 1, \ \alpha > 0.$$

例 4.5 考虑第 3 章中讨论过的辅助方程 (3.1), 即

$$f'^2(\xi) = P(f) = c_2 f^2(\xi) + c_3 f^3(\xi) + c_4 f^4(\xi), \quad (4.78)$$

4.4 Weierstrass 椭圆函数解的一般公式及约化

其中 $c_j\ (j=2,3,4)$ 为常数.

由 (4.51) 和 (4.52), 可以算出

$$g_2 = \frac{c_2^2}{12}, \quad g_3 = -\frac{c_2^3}{216}, \quad \Delta_P = 0. \tag{4.79}$$

不难求出 (4.78) 右端多项式的单零点

$$f_0 = \frac{-c_3 + \varepsilon\sqrt{\Delta}}{2c_4}, \quad \Delta = c_3^2 - 4c_2c_4 > 0, \quad \varepsilon = \pm 1. \tag{4.80}$$

将 (4.80) 分别代入 $P(f)$ 关于 f 的一阶、二阶导数, 则得到

$$P'(f_0) = -\frac{(c_3 + \varepsilon\sqrt{\Delta})(\Delta + c_3\varepsilon\sqrt{\Delta})}{4c_4^2}, \quad P''(f_0) = \frac{3(\Delta + c_3\varepsilon\sqrt{\Delta}) + 2c_2c_4}{c_4}. \tag{4.81}$$

由于要求 $g_3 < 0$, 即 $c_2 > 0$, 则有

$$e_1 = \frac{1}{2}\sqrt[3]{-g_3} = \frac{c_2}{12}, \quad c_2 > 0, \tag{4.82}$$

而要求 $g_3 > 0$, 即 $c_2 < 0$, 则有

$$e_1 = \sqrt[3]{g_3} = -\frac{c_2}{6}, \quad c_2 < 0. \tag{4.83}$$

因此, 相应于 (4.82) 和 (4.83), 由 (4.57) 和 (4.58) 可得到方程 (4.78) 的如下精确解

$$f(\xi) = -\frac{c_3 + \varepsilon\sqrt{\Delta}}{2c_4} - \frac{(c_3 + \varepsilon\sqrt{\Delta})(\Delta + c_3\varepsilon\sqrt{\Delta})}{2c_2c_4^2 \operatorname{csch}^2\left(\frac{\sqrt{c_2}}{2}\xi\right) - 2c_4(\Delta + c_3\varepsilon\sqrt{\Delta})}, \quad \Delta > 0,\ c_2 > 0, \tag{4.84}$$

$$f(\xi) = -\frac{c_3 + \varepsilon\sqrt{\Delta}}{2c_4} + \frac{(c_3 + \varepsilon\sqrt{\Delta})(\Delta + c_3\varepsilon\sqrt{\Delta})}{2c_2c_4^2 \csc^2\left(\frac{\sqrt{-c_2}}{2}\xi\right) + 2c_4(\Delta + c_3\varepsilon\sqrt{\Delta})}, \quad \Delta > 0,\ c_2 < 0, \tag{4.85}$$

其中 $\Delta = c_3^2 - 4c_2c_4, \varepsilon = \pm 1$.

在辅助方程法中借助以上得到的解 (4.84) 和 (4.85) 就可以得到非线性波方程新的精确行波解. 为简单说明这一点, 下面考虑非线性 Klein-Gordon 方程

$$u_{tt} - \alpha^2 u_{xx} + \beta u - \gamma u^2 = 0. \tag{4.86}$$

在行波变换 (4.62) 下, 方程 (4.86) 变成

$$\left(\omega^2 - \alpha^2\right) u'' + \beta u - \gamma u^2 = 0. \tag{4.87}$$

设 $O(u) = n$, 则根据 $O(u'') = n+2$ 和 $O(u^2) = 2n$, 可以定出平衡常数 $n = 2$. 因此, 不妨假设方程 (4.86) 具有如下形式的解

$$u(\xi) = a_0 + a_1 f(\xi) + a_2 f^2(\xi), \tag{4.88}$$

其中 a_0, a_1, a_2 为待定常数, $f = f(\xi)$ 为辅助方程 (4.78) 的由 (4.84) 和 (4.85) 给定的解.

将 (4.78) 同 (4.88) 一起代入 (4.87) 后令 f^j ($j = 0, 1, 2, 3, 4$) 的系数等于零, 则得到代数方程组

$$\begin{cases} \beta a_2 - \gamma a_1{}^2 - 2\gamma a_0 a_2 - 4\alpha^2 c_2 a_2 + 4\omega^2 c_2 a_2 - \dfrac{3}{2}\alpha^2 c_3 a_1 + \dfrac{3}{2}\omega^2 c_3 a_1 = 0, \\ -\gamma a_0^2 + \beta a_0 = 0, \\ -6\alpha^2 c_4 a_2 + 6\omega^2 c_4 a_2 - \gamma a_2^2 = 0, \\ -\alpha^2 c_2 a_1 + \omega^2 c_2 a_1 - 2\gamma a_0 a_1 + \beta a_1 = 0, \\ -2\alpha^2 c_4 a_1 + 2\omega^2 c_4 a_1 - 5\alpha^2 c_3 a_2 + 5\omega^2 c_3 a_2 - 2\gamma a_1 a_2 = 0. \end{cases}$$

解此代数方程组可得到六组解, 但其中只有以下两组解才能给出这里所关心的解, 即

$$a_0 = 0, \quad a_1 = 0, \quad a_2 = \frac{6c_4(\omega^2 - \alpha^2)}{\gamma}, \quad c_2 = \frac{\beta}{4(\alpha^2 - \omega^2)}, \quad c_3 = 0, \tag{4.89}$$

$$a_0 = \frac{\beta}{\gamma}, \quad a_1 = 0, \quad a_2 = \frac{6c_4(\omega^2 - \alpha^2)}{\gamma}, \quad c_2 = \frac{\beta}{4(\omega^2 - \alpha^2)}, \quad c_3 = 0. \tag{4.90}$$

分别将 (4.89) 同 (4.84) 和 (4.89) 同 (4.85) 一起代入 (4.88), 则得到 Klein-Gordon 方程的孤波解与周期行波解

$$u_1(x,t) = \frac{3\beta}{2\gamma} \left[\frac{\operatorname{csch}^2 \dfrac{1}{4}\sqrt{\dfrac{\beta}{\alpha^2 - \omega^2}}(x - \omega t)}{\operatorname{csch}^2 \dfrac{1}{4}\sqrt{\dfrac{\beta}{\alpha^2 - \omega^2}}(x - \omega t) + 2} \right]^2, \quad \beta(\alpha^2 - \omega^2) > 0,$$

$$u_2(x,t) = \frac{3\beta}{2\gamma} \left[\frac{\csc^2 \dfrac{1}{4}\sqrt{\dfrac{\beta}{\omega^2 - \alpha^2}}(x - \omega t)}{\csc^2 \dfrac{1}{4}\sqrt{\dfrac{\beta}{\omega^2 - \alpha^2}}(x - \omega t) - 2} \right]^2, \quad \beta(\alpha^2 - \omega^2) < 0.$$

其中 ω 为任意常数.

同理, 分别将 (4.90) 同 (4.84) 和 (4.90) 同 (4.85) 一起代入 (4.88), 则得到 Klein-

4.4 Weierstrass 椭圆函数解的一般公式及约化

Gordon 方程的孤波解与周期行波解

$$u_3(x,t) = -\frac{\beta\left[\operatorname{csch}^4\dfrac{1}{4}\sqrt{\dfrac{\beta}{\omega^2-\alpha^2}}(x-\omega t) - 8\operatorname{csch}^2\dfrac{1}{4}\sqrt{\dfrac{\beta}{\omega^2-\alpha^2}}(x-\omega t) - 8\right]}{2\gamma\left[\operatorname{csch}^2\dfrac{1}{4}\sqrt{\dfrac{\beta}{\omega^2-\alpha^2}}(x-\omega t) + 2\right]^2},$$

$$\beta(\omega^2-\alpha^2) > 0,$$

$$u_4(x,t) = -\frac{\beta\left[\csc^4\dfrac{1}{4}\sqrt{\dfrac{\beta}{\alpha^2-\omega^2}}(x-\omega t) + 8\csc^2\dfrac{1}{4}\sqrt{\dfrac{\beta}{\alpha^2-\omega^2}}(x-\omega t) - 8\right]}{2\gamma\left[\csc^2\dfrac{1}{4}\sqrt{\dfrac{\beta}{\alpha^2-\omega^2}}(x-\omega t) - 2\right]^2},$$

$$\beta(\omega^2-\alpha^2) < 0,$$

其中 ω 为任意常数.

另外, 在 $g_3 < 0$ 的情形, 置 $g_2 = 12b^2, g_3 = -8b^3$, 则由于

$$e_1 = \frac{1}{2}\sqrt[3]{-g_3} = b, \quad e_1 - e_3 = 3e_1 = 3b,$$

从而得到公式

$$\wp\left(\xi, 12b^2, -8b^3\right) = e_1 + 3e_1\operatorname{csch}^2\left(\sqrt{3e_1}\xi\right) = b + 3b\operatorname{csch}^2\left(\sqrt{3b}\xi\right). \tag{4.91}$$

在 $g_3 > 0$ 的情形, 置 $g_2 = 12b^2, g_3 = 8b^3$, 则可得

$$e_1 = \sqrt[3]{g_3} = 2b, \quad e_1 - e_3 = \frac{3}{2}e_1 = 3b,$$

从而得到如下公式

$$\wp\left(\xi, 12b^2, 8b^3\right) = -\frac{1}{2}e_1 + \frac{3}{2}e_1\csc^2\left(\sqrt{\frac{3}{2}e_1}\xi\right) = -b + 3b\csc^2\left(\sqrt{3b}\xi\right). \tag{4.92}$$

于是, 将 (4.91) 和 (4.92) 直接代入公式 (4.55) 就可给出非线性波方程的双曲函数解与三角函数解. 因此, 以上两个公式在一定程度上起到简化计算的作用.

当 $\Delta_P \neq 0$ 时, 虽然 Nickel 和 Schürmann 等已经证明公式 (4.49) 可约化到方程 (4.48) 的 Jacobi 椭圆函数解

$$f(\xi) = f_0 + \frac{P'(f_0)\operatorname{sn}^2\left(\sqrt{e_1-e_3}\xi, m\right)}{\left[4e_3 - \dfrac{1}{6}P''(f_0)\right]\operatorname{sn}^2\left(\sqrt{e_1-e_3}\xi, m\right) + 4(e_1-e_3)},$$

$$\Delta_P > 0, \quad m = \sqrt{\frac{e_2 - e_3}{e_1 - e_3}}, \quad e_1 \geqslant e_2 \geqslant e_3, \tag{4.93}$$

$$f(\xi) = f_0 + \frac{P'(f_0)\left[1 - \operatorname{cn}\left(2\sqrt{H_2}\xi, m\right)\right]}{\left[4H_2 + \frac{1}{6}P''(f_0) - 4e_2\right]\operatorname{cn}\left(2\sqrt{H_2}\xi, m\right) + 4H_2 + 4e_2 - \frac{1}{6}P''(f_0)},$$

$$\Delta_P < 0, \quad m = \sqrt{\frac{1}{2} - \frac{3e_2}{4H_2}}, \quad H_2^2 = 3e_2^2 - \frac{1}{4}g_2. \tag{4.94}$$

但作者认为这两个公式在一般情况下不成立.

首先, 公式 (4.93) 和 (4.94) 是在 $\Delta_P > 0$ 和 $\Delta_P < 0$ 的条件下分别把 Weierstrass 椭圆函数与 Jacobi 椭圆函数之间的联系式

$$\wp(\xi, g_2, g_3) = e_1 + \frac{e_1 - e_3}{\operatorname{sn}^2\left(\sqrt{e_1 - e_3}\xi, m\right)}, \quad m = \sqrt{\frac{e_2 - e_3}{e_1 - e_3}}, \quad e_1 \geqslant e_2 \geqslant e_3, \tag{4.95}$$

$$\wp(\xi, g_2, g_3) = e_2 + H_2 \frac{1 + \operatorname{cn}\left(2\sqrt{H_2}\xi, m\right)}{1 - \operatorname{cn}\left(2\sqrt{H_2}\xi, m\right)}, \quad m = \sqrt{\frac{1}{2} - \frac{3e_2}{4H_2}}, \quad H_2^2 = 3e_2^2 - \frac{1}{4}g_2 \tag{4.96}$$

代入公式 (4.55) 而得出, 从而未必能够把原始方程的 Weierstrass 椭圆函数解转化为 Jacobi 椭圆函数解, 这一点早在第 1 章中已经指出.

其次, 容易给出公式 (4.93) 和 (4.94) 不能转化方程 (4.48) 的 Weierstrass 椭圆函数解为 Jacobi 椭圆函数解的例子. 下面仅以 $a_0 = 0$ 时的公式 (4.93) 为例加以说明. 为此, 考虑方程

$$f'^2(\xi) = f^3(\xi) - 6f(\xi) + 4, \tag{4.97}$$

则可以直接计算得出

$$g_2 = \frac{3}{2}, \quad g_3 = -\frac{1}{4}, \quad \Delta_P = \frac{27}{16}. \tag{4.98}$$

而多项式 $P(f) = f^3 - 6f + 4$ 的三个实根及椭圆函数的模为

$$e_1 = 2, \quad e_2 = \sqrt{3} - 1, \quad e_3 = -\sqrt{3} - 1, \quad m = \sqrt{\frac{2\sqrt{3}}{3 + \sqrt{3}}}. \tag{4.99}$$

取 $f_0 = 2$, 则由此可以算出

$$P'(f_0) = 6, \quad P''(f_0) = 12. \tag{4.100}$$

将 (4.98)~(4.100) 代入公式 (4.93), 则得到

4.4 Weierstrass 椭圆函数解的一般公式及约化

$$f(\xi) = 2 - \frac{3\operatorname{sn}^2\left(\sqrt{3+\sqrt{3}}\xi, \sqrt{\frac{2\sqrt{3}}{3+\sqrt{3}}}\right)}{(3+2\sqrt{3})\operatorname{sn}^2\left(\sqrt{3+\sqrt{3}}\xi, \sqrt{\frac{2\sqrt{3}}{3+\sqrt{3}}}\right) - 2\sqrt{3} - 6},$$

且通过直接代入方程计算发现上式不是方程 (4.97) 的解, 这说明公式 (4.93) 是错误的.

但在 $\Delta_P > 0$ 的情形, 根据等式 $e_1 + e_2 + e_3 = 0$, 可将 e_3 表示为

$$e_3 = -\frac{1}{3}K^2(m^2+1), \quad K = \sqrt{e_1 - e_3}.$$

由此不难得到 Weierstrass 椭圆函数与 Jacobi 椭圆函数的另一联系

$$\wp(\xi, g_2, g_3) = -\frac{1}{3}K^2(m^2+1) + K^2\operatorname{ns}^2(K\xi, m). \tag{4.101}$$

将上式代入公式 (4.55) 就得到如下公式

$$f(\xi) = f_0 + \frac{P'(f_0)}{4\left[-\frac{1}{3}K^2(m^2+1) + K^2\operatorname{ns}^2(K\xi, m) - \frac{1}{24}P''(f_0)\right]}, \tag{4.102}$$

其中 K 为待定常数.

公式 (4.102) 可以看作是公式 (4.93) 的修正, 但特别要注意 K 不再由 $K = \sqrt{e_1 - e_3}$ 式确定, 而是对于不同的方程可能取不同的值. 例如, 对于方程 (4.97) 只要取

$$K = \frac{1}{2}\sqrt{e_1 - e_3} = \frac{\sqrt{3+\sqrt{3}}}{2}, \tag{4.103}$$

就可以由公式 (4.102) 得到方程 (4.97) 的如下正确的 Jacobi 椭圆函数解

$$f(\xi) = 2 + \frac{6\operatorname{sn}^2\left(\frac{\sqrt{3+\sqrt{3}}}{2}\xi, \sqrt{\frac{2\sqrt{3}}{3+\sqrt{3}}}\right)}{(3+\sqrt{3})\operatorname{cn}^2\left(\frac{\sqrt{3+\sqrt{3}}}{2}\xi, \sqrt{\frac{2\sqrt{3}}{3+\sqrt{3}}}\right)}. \tag{4.104}$$

又如对方程

$$f'^2(\xi) = 3f^2(\xi) - 5f(\xi) + 2 \tag{4.105}$$

而言公式 (4.93) 也不能给出正确的解. 经直接计算可得

$$g_2 = \frac{15}{4}, \quad g_3 = -\frac{9}{8}, \quad \Delta_P = \frac{297}{16},$$

$$e_1 = 1, \quad e_2 = -\frac{1}{2} + \frac{\sqrt{33}}{6}, \quad e_3 = -\frac{1}{2} - \frac{\sqrt{33}}{6}, \quad m = \sqrt{\frac{2\sqrt{33}}{9 + \sqrt{33}}},$$

$$f_0 = 1, \quad P'(f_0) = 4, \quad P''(f_0) = 18.$$

再取

$$K = \sqrt{\frac{3}{4}(e_1 - e_3)} = \frac{\sqrt{18 + 2\sqrt{33}}}{4}, \tag{4.106}$$

则可由公式 (4.102) 得到方程 (4.105) 的如下正确的 Jacobi 椭圆函数解

$$f(\xi) = 1 + \frac{8\,\mathrm{sn}^2\left(\frac{\sqrt{18 + 2\sqrt{33}}}{4}\xi, \sqrt{\frac{2\sqrt{33}}{9+\sqrt{33}}}\right)}{(9 + \sqrt{33})\,\mathrm{cn}^2\left(\frac{\sqrt{18 + 2\sqrt{33}}}{4}\xi, \sqrt{\frac{2\sqrt{33}}{9+\sqrt{33}}}\right)}. \tag{4.107}$$

由以上两个例子可以看出对于方程 (4.97) 和 (4.105), K 的取值不同. 此外, 对于公式 (4.94) 也可以进行类似的讨论.

第 5 章 三种椭圆方程展开法

本章首先介绍第一种和第二种椭圆方程的 Jacobi 椭圆函数解与 Weierstrass 椭圆函数解. 其次, 先用直接积分法构造第三种椭圆方程的隐式解, 再给出第三种椭圆方程的显示 Jacobi 椭圆函数解, 并提出用第三种椭圆方程构造非线性波方程显示精确行波解的两种方法. 最后, 基于一般椭圆方程系数之间的联系给出 F-展开法的一般性推广.

5.1 第一种椭圆方程展开法

本节将给出第一种椭圆方程的 Jacobi 椭圆函数解与 Weierstrass 椭圆函数解, 并考虑用第一种椭圆方程展开法求解非线性波方程的具体实例.

2005 年, 王明亮等借助第一种椭圆方程

$$F'^2(\xi) = c_0 + c_2 F^2(\xi) + c_4 F^4(\xi) \tag{5.1}$$

及其由表 5.1 列出的 10 种 Jacobi 椭圆函数解提出 F-展开法. 为了区别由三种椭圆方程诱导的展开法, 这里将 F-展开法, 称之为第一种椭圆方程展开法, 并假设方程 (5.1) 的系数 c_0, c_2, c_4 都是常数.

表 5.1 方程 (5.1) 的系数、解与相关方程之间的联系

$F(\xi)$	c_0	c_2	c_4	$c_0 + c_2 F^2 + c_4 F^4$
$\text{sn}(\xi, m)$	1	$-(1+m^2)$	m^2	$(1-F^2)(1-m^2 F^2)$
$\text{cn}(\xi, m)$	$1-m^2$	$2m^2-1$	$-m^2$	$(1-F^2)(m^2 F^2 + 1 - m^2)$
$\text{dn}(\xi, m)$	m^2-1	$2-m^2$	-1	$(1-F^2)(F^2 + m^2 - 1)$
$\text{ns}(\xi, m)$	m^2	$-(1+m^2)$	1	$(1-F^2)(m^2 - F^2)$
$\text{nc}(\xi, m)$	$-m^2$	$2m^2-1$	$1-m^2$	$(1-F^2)[(m^2-1)F^2 - m^2]$
$\text{nd}(\xi, m)$	-1	$2-m^2$	m^2-1	$(1-F^2)[(1-m^2)F^2 - 1]$
$\text{sc}(\xi, m)$	1	$2-m^2$	$1-m^2$	$(1+F^2)[(1-m^2)F^2 + 1]$
$\text{sd}(\xi, m)$	1	$2m^2-1$	$-m^2(1-m^2)$	$(1+m^2 F^2)[(m^2-1)F^2 + 1]$
$\text{cs}(\xi, m)$	$1-m^2$	$2-m^2$	1	$(1+F^2)[F^2 + 1 - m^2]$
$\text{ds}(\xi, m)$	$-m^2(1-m^2)$	$2m^2-1$	1	$(m^2 + F^2)[F^2 + m^2 - 1]$

表 5.1 中未列出的方程 (5.1) 的 Jacobi 椭圆函数解 $\text{cd}(\xi, m)$ 和 $\text{dc}(\xi, m)$ 分别对应于与 $\text{sn}(\xi, m)$ 和 $\text{ns}(\xi, m)$ 相同的系数和相同的椭圆方程.

目前, F-展开法已成为寻找非线性波方程的椭圆函数解的首选方法之一. 人们在 F-展开法的应用和研究过程中陆续提出第一种椭圆方程 (5.1) 的许多 Jacobi 椭圆函数解, 对此 Ebaid 等于 2012 年进行过整理和总结. 为节省篇幅, 这里不再列出这些解.

下面通过一个简单的例子来说明第一种椭圆方程展开法的实现过程.

例 5.1 考虑水波模型的变形 Boussinesq 方程组

$$\begin{cases} u_t + h_x + uu_x = 0, \\ h_t + (hu)_x + u_{xxx} = 0, \end{cases} \tag{5.2}$$

其中 u 和 h 分别表示水波的速度和绝对深度.

通过行波变换

$$u(x,t) = u(\xi), \quad h(x,t) = h(\xi), \quad \xi = kx - \omega t, \tag{5.3}$$

可将方程组 (5.2) 转换为常微分方程组

$$\begin{cases} -\omega u'(\xi) + kh'(\xi) + ku(\xi)u'(\xi) = 0, \\ -\omega h'(\xi) + k(u(\xi)h(\xi))' + k^3 u'''(\xi) = 0, \end{cases} \tag{5.4}$$

设 $O(u) = n, O(h) = m$, 令 u''' 项与 $(uh)'$ 项相互抵消, h' 项与 uu' 项相互抵消, 则由 $O(u''') = n+3, O((uh)') = n+m+1, O(h') = m+1, O(uu') = 2n+1$ 得到 $n = 1, m = 2$. 所以, 可取方程组 (5.4) 的解为

$$\begin{cases} u(\xi) = \dfrac{d_1}{F(\xi)} + a_0 + a_1 F(\xi), \\ h(\xi) = \dfrac{h_2}{F^2(\xi)} + \dfrac{h_1}{F(\xi)} + b_0 + b_1 F(\xi) + b_2 F^2(\xi), \end{cases} \tag{5.5}$$

其中 $a_0, a_1, d_1, b_0, b_1, b_2, h_1, h_2$ 为待定常数.

将 (5.5) 和 (5.1) 一起代入方程组 (5.4) 后令 $F^j F'$ ($j = -4, -3, -2, -1, 0, 1, 2$) 的系数等于零, 则得到如下代数方程组

$$\begin{cases} k(a_1^2 + 2b_2) = 0, \quad -a_0 d_1 k + d_1 \omega - h_1 k = 0, \\ k(d_1^2 + 2h_2) = 0, \quad 2a_0 b_2 k + 2a_1 b_1 k - 2b_2 \omega = 0, \\ 3a_1 k(2c_4 k^2 + b_2) = 0, \quad -2a_0 h_2 k - 2d_1 h_1 k + 2h_2 \omega = 0, \\ 3d_1 k(2c_0 k^2 + h_2) = 0, \quad a_1 c_2 k^3 + a_0 b_1 k + a_1 b_0 k + b_2 d_1 k - b_1 \omega = 0, \\ a_0 a_1 k - a_1 \omega + b_1 k = 0, \quad -c_2 d_1 k^3 - a_0 h_1 k - a_1 h_2 k - b_0 d_1 k + h_1 \omega = 0. \end{cases}$$

5.1 第一种椭圆方程展开法

利用 Maple 系统求解, 则得到该代数方程组的解为

$$a_0 = \frac{\omega}{k}, \quad a_1 = 2k\varepsilon\sqrt{c_4}, \quad b_0 = -k^2 c_2, \quad b_2 = -2k^2 c_4, \quad b_1 = d_1 = h_1 = h_2 = 0, \tag{5.6}$$

$$a_0 = \frac{\omega}{k}, \quad b_0 = -k^2 c_2, \quad d_1 = 2k\varepsilon\sqrt{c_0}, \quad h_2 = -2k^2 c_0, \quad a_1 = b_1 = b_2 = h_1 = 0, \tag{5.7}$$

$$a_0 = \frac{\omega}{k}, \quad a_1 = 2k\sqrt{c_4}, \quad b_0 = -k^2 c_2 + 2k^2\varepsilon\sqrt{c_0 c_4}, \quad b_2 = -2k^2 c_4,$$
$$d_1 = 2k\varepsilon\sqrt{c_0}, \quad h_2 = -2k^2 c_0, \quad b_1 = h_1 = 0, \tag{5.8}$$

$$a_0 = \frac{\omega}{k}, \quad a_1 = -2k\sqrt{c_4}, \quad b_0 = -k^2 c_2 - 2k^2\varepsilon\sqrt{c_0 c_4}, \quad b_2 = -2k^2 c_4,$$
$$d_1 = 2k\varepsilon\sqrt{c_0}, \quad h_2 = -2k^2 c_0, \quad b_1 = h_1 = 0, \tag{5.9}$$

其中 $\varepsilon = \pm 1$.

将 (5.6)~(5.9) 代入 (5.5), 则得到变形 Boussinesq 方程组 (5.2) 的 Jacobi 椭圆函数解的浓缩表达式

$$\begin{cases} u(\xi) = 2k\varepsilon\sqrt{c_4}F(\xi) + \dfrac{\omega}{k}, \\ h(\xi) = -2k^2 c_4 F^2(\xi) - k^2 c_2, \end{cases} \tag{5.10}$$

$$\begin{cases} u(\xi) = \dfrac{2k\varepsilon\sqrt{c_0}}{F(\xi)} + \dfrac{\omega}{k}, \\ h(\xi) = -\dfrac{2k^2 c_0}{F^2(\xi)} - k^2 c_2, \end{cases} \tag{5.11}$$

$$\begin{cases} u(\xi) = \dfrac{2k\varepsilon\sqrt{c_0}}{F(\xi)} + 2k\sqrt{c_4}F(\xi) + \dfrac{\omega}{k}, \\ h(\xi) = -\dfrac{2k^2 c_0}{F^2(\xi)} - 2k^2 c_4 F^2(\xi) - k^2 c_2 + 2k^2\varepsilon\sqrt{c_0 c_4}, \end{cases} \tag{5.12}$$

$$\begin{cases} u(\xi) = \dfrac{2k\varepsilon\sqrt{c_0}}{F(\xi)} - 2k\sqrt{c_4}F(\xi) + \dfrac{\omega}{k}, \\ h(\xi) = -\dfrac{2k^2 c_0}{F^2(\xi)} - 2k^2 c_4 F^2(\xi) - k^2 c_2 - 2k^2\varepsilon\sqrt{c_0 c_4}, \end{cases} \tag{5.13}$$

其中 k,ω 为任意常数, 常数 c_0, c_2, c_4 可根据表 5.1 中椭圆函数解的选择来对应地选取.

为节省篇幅, 这里只给出与浓缩公式 (5.10) 和 (5.12) 对应的变形 Boussinesq 方程组 (5.2) 的 Jacobi 椭圆函数解.

为此在 (5.10) 和 (5.12) 中置 F 为表 5.1 中的某一椭圆函数, c_0, c_2, c_4 取与该椭圆函数处在同一行上的对应值, 则得到变形 Boussinesq 方程组的如下 Jacobi 椭圆函数解

$$\begin{cases} u_{1a}(x,t) = 2km\varepsilon\mathrm{sn}(kx-\omega t,m) + \dfrac{\omega}{k}, \\ h_{1a}(x,t) = -2k^2m^2\mathrm{sn}^2(kx-\omega t,m) + k^2(m^2+1), \end{cases}$$

$$\begin{cases} u_{1b}(x,t) = 2km\varepsilon\mathrm{cd}(kx-\omega t,m) + \dfrac{\omega}{k}, \\ h_{1b}(x,t) = -2k^2m^2\mathrm{cd}^2(kx-\omega t,m) + k^2(m^2+1), \end{cases}$$

$$\begin{cases} u_{2a}(x,t) = 2k\varepsilon\mathrm{dc}(kx-\omega t,m) + \dfrac{\omega}{k}, \\ h_{2a}(x,t) = -2k^2\mathrm{dc}^2(kx-\omega t,m) + k^2(m^2+1), \end{cases}$$

$$\begin{cases} u_{2b}(x,t) = 2k\varepsilon\mathrm{ns}(kx-\omega t,m) + \dfrac{\omega}{k}, \\ h_{2b}(x,t) = -2k^2\mathrm{ns}^2(kx-\omega t,m) + k^2(m^2+1), \end{cases}$$

$$\begin{cases} u_3(x,t) = 2k\varepsilon\sqrt{1-m^2}\mathrm{nc}(kx-\omega t,m) + \dfrac{\omega}{k}, \\ h_3(x,t) = -2k^2(1-m^2)\mathrm{nc}^2(kx-\omega t,m) + k^2(1-2m^2), \end{cases}$$

$$\begin{cases} u_4(x,t) = 2k\varepsilon\sqrt{1-m^2}\mathrm{sc}(kx-\omega t,m) + \dfrac{\omega}{k}, \\ h_4(x,t) = -2k^2(1-m^2)\mathrm{sc}^2(kx-\omega t,m) - k^2(2-m^2), \end{cases}$$

$$\begin{cases} u_5(x,t) = 2k\varepsilon\mathrm{cs}(kx-\omega t,m) + \dfrac{\omega}{k}, \\ h_5(x,t) = -2k^2\mathrm{cs}^2(kx-\omega t,m) - k^2(2-m^2), \end{cases}$$

$$\begin{cases} u_6(x,t) = 2k\varepsilon\mathrm{ds}(kx-\omega t,m) + \dfrac{\omega}{k}, \\ h_6(x,t) = -2k^2\mathrm{ds}^2(kx-\omega t,m) + k^2(1-2m^2), \end{cases}$$

$$\begin{cases} u_{7a}(x,t) = \dfrac{\omega}{k} + 2km\mathrm{sn}(kx-\omega t,m) + 2k\varepsilon\mathrm{ns}(kx-\omega t,m), \\ h_{7a}(x,t) = k^2(1+m^2) + 2k^2m\varepsilon - 2k^2m^2\mathrm{sn}^2(kx-\omega t,m) - 2k^2\mathrm{ns}^2(kx-\omega t,m), \end{cases}$$

$$\begin{cases} u_{7b}(x,t) = \dfrac{\omega}{k} + 2km\mathrm{cd}(kx-\omega t,m) + \dfrac{2k\varepsilon}{\mathrm{cd}(kx-\omega t,m)}, \\ h_{7b}(x,t) = k^2(1+m^2) + 2k^2m\varepsilon - 2k^2m^2\mathrm{cd}^2(kx-\omega t,m) - \dfrac{2k^2}{\mathrm{cd}^2(kx-\omega t,m)}, \end{cases}$$

$$\begin{cases} u_8(x,t) = \dfrac{\omega}{k} + 2k\mathrm{dc}(kx-\omega t,m) + \dfrac{2k\varepsilon}{\mathrm{dc}(kx-\omega t,m)}, \\ h_8(x,t) = k^2(1+m^2) + 2k^2m\varepsilon - 2k^2\mathrm{dc}^2(kx-\omega t,m) - \dfrac{2k^2m^2}{\mathrm{dc}^2(kx-\omega t,m)}, \end{cases}$$

5.1 第一种椭圆方程展开法

$$\begin{cases} u_9(x,t) = \dfrac{\omega}{k} + 2k\sqrt{1-m^2}\operatorname{sc}(kx-\omega t, m) + \dfrac{2k\varepsilon}{\operatorname{sc}(kx-\omega t, m)}, \\ h_9(x,t) = -2k^2(1-m^2)\operatorname{sc}^2(kx-\omega t, m) - \dfrac{2k^2}{\operatorname{sc}^2(kx-\omega t, m)} \\ \qquad\qquad - k^2(2-m^2) + 2k^2\varepsilon\sqrt{1-m^2}, \end{cases}$$

$$\begin{cases} u_{10}(x,t) = \dfrac{\omega}{k} + 2k\operatorname{cs}(kx-\omega t, m) + \dfrac{2k\varepsilon}{\operatorname{cs}(kx-\omega t, m)}, \\ h_{10}(x,t) = -2k^2\operatorname{cs}^2(kx-\omega t, m) - \dfrac{2k^2(1-m^2)}{\operatorname{cs}^2(kx-\omega t, m)} \\ \qquad\qquad - k^2(2-m^2) + 2k^2\varepsilon\sqrt{1-m^2}, \end{cases}$$

其中 k, ω 为任意常数, $\varepsilon = \pm 1$.

下面考虑第一种椭圆方程 (5.1) 的 Weierstrass 椭圆函数解.

2004 年, 闫振亚给出第一种椭圆方程 (5.1) 的 Weierstrass 椭圆函数解. 对他给出的第三个解的错误更正后列出第一种椭圆方程 (5.1) 的 Weierstrass 椭圆函数解, 则有

$$F_1(\xi) = \left[\frac{1}{c_4}\left(\wp(\xi, g_2, g_3) - \frac{c_2}{3}\right)\right]^{\frac{1}{2}}, \quad F_2(\xi) = \left[\frac{3c_0}{3\wp(\xi, g_2, g_3) - c_2}\right]^{\frac{1}{2}},$$

$$g_2 = \frac{4}{3}(c_2^2 - 3c_0c_4), \quad g_3 = \frac{4c_2}{27}(9c_0c_4 - 2c_2^2),$$

$$F_3(\xi) = \frac{\sqrt{144c_0\wp(\xi, g_2, g_3) + 24c_0(2c_2 + D)}}{12\wp(\xi, g_2, g_3) + D},$$

$$D = \frac{-5c_2 \pm 3\sqrt{c_2^2 - 4c_0c_4}}{2}, \quad g_2 = -\frac{1}{12}\left(5c_2 D + 4c_2^2 + 33c_0c_4\right),$$

$$g_3 = -\frac{1}{216}\left(-21c_2^2 D + 63c_0c_4 D - 20c_2^3 + 27c_0c_2c_4\right),$$

$$F_4(\xi) = \frac{6\sqrt{c_0}\wp(\xi, g_2, g_3) + c_2\sqrt{c_0}}{3\wp'(\xi, g_2, g_3)}, \quad F_5(\xi) = \frac{3\sqrt{\dfrac{1}{c_4}}\wp'(\xi, g_2, g_3)}{6\wp(\xi, g_2, g_3) + c_2},$$

$$g_2 = \frac{c_2^2}{12} + c_0c_4, \quad g_3 = \frac{c_0c_2c_4}{6} - \frac{c_2^3}{216},$$

$$F_6(\xi) = \frac{\sqrt{-\dfrac{15c_2}{2c_4}}\wp(\xi, g_2, g_3)}{3\wp(\xi, g_2, g_3) + c_2}, \quad c_0 = \frac{5c_2^2}{36c_4}, \quad g_2 = \frac{2c_2^2}{9}, \quad g_3 = \frac{c_2^3}{54}.$$

下面考虑寻找非线性波方程 Weierstrass 椭圆函数解的具体实例.

例 5.2 考虑 Klein-Gordon (KG) 方程

$$u_{tt} - \alpha^2 u_{xx} + \beta u - \gamma u^2 = 0, \tag{5.14}$$

其中 α, β, γ 为常数. 该方程在固体物理、非线性光学和量子场论等领域具有广泛的应用.

作行波变换 $u(x,t) = u(\xi), \xi = x - \omega t$, 则 Klein-Gordon 方程 (5.14) 变成常微分方程

$$\left(\omega^2 - \alpha^2\right) u''(\xi) + \beta u(\xi) - \gamma u^2(\xi) = 0. \tag{5.15}$$

不妨假设 $O(u) = n$, 并使得方程中的线性最高阶导数项 u'' 与最高幂次的非线性项 u^2 相互抵消, 则由于 $O(u'') = n + 2, O(u^2) = 2n$. 由此得到平衡常数 $n = 2$. 于是, 可假设方程 (5.15) 具有如下解

$$u(\xi) = a_0 + a_1 F(\xi) + a_2 F^2(\xi), \tag{5.16}$$

其中 $F(\xi)$ 为以上给出的方程 (5.1) 的六个 Weierstrass 椭圆函数解之一, a_i ($i = 0, 1, 2$) 为待定常数.

将 (5.16) 和 (5.1) 一起代入 (5.15) 后令 F^j ($j = 0, 1, 2, 3, 4$) 的系数等于零, 则得到代数方程组

$$\begin{cases} -6a_2\alpha^2 c_4 + 6a_2 c_4\omega^2 - a_2^2\gamma = 0, \\ -2a_1\alpha^2 c_4 + 2a_1 c_4\omega^2 - 2a_1 a_2\gamma = 0, \\ -a_1\alpha^2 c_2 + a_1 c_2\omega^2 - 2a_0 a_1\gamma + a_1\beta = 0, \\ -2a_2\alpha^2 c_0 + 2a_2 c_0\omega^2 - a_0^2\gamma + a_0\beta = 0, \\ -4a_2\alpha^2 c_2 + 4a_2 c_2\omega^2 - 2a_0 a_2\gamma - a_1^2\gamma + a_2\beta = 0. \end{cases} \tag{5.17}$$

用 Maple 求得代数方程组 (5.17) 的如下三组解

$$a_0 = a_1 = c_0 = 0, \quad a_2 = \frac{6(\omega^2 - \alpha^2)c_4}{\gamma}, \quad c_2 = \frac{\beta}{4(\alpha^2 - \omega^2)}, \tag{5.18}$$

$$a_0 = \frac{\beta}{\gamma}, \quad a_1 = 0, \quad a_2 = \frac{6(\omega^2 - \alpha^2)c_4}{\gamma}, \quad c_0 = 0, \quad c_2 = \frac{\beta}{4(\omega^2 - \alpha^2)}, \tag{5.19}$$

$$a_0 = \frac{4(\omega^2 - \alpha^2)c_2 + \beta}{2\gamma}, \quad a_2 = -\frac{[4(\alpha^2 - \omega^2)c_2 - \beta][4(\alpha^2 - \omega^2)c_2 + \beta]}{8\gamma c_0(\alpha - \omega)(\alpha + \omega)},$$

$$a_1 = 0, \quad c_4 = \frac{[4(\alpha^2 - \omega^2)c_2 - \beta][4(\alpha^2 - \omega^2)c_2 + \beta]}{48 c_0(\alpha - \omega)^2(\alpha + \omega)^2}. \tag{5.20}$$

5.1 第一种椭圆方程展开法

将 (5.18)~(5.20) 和 $F_i(\xi)$ ($i=1,2,3,4,5$) 依次代入 (5.16), 则得到 Klein-Gordon 方程 (5.14) 的如下 Weierstrass 椭圆函数解

$$u_1(x,t) = \frac{6(\omega^2-\alpha^2)}{\gamma}\wp(x-\omega t, g_2, g_3),$$

$$g_2 = \frac{\beta^2}{12(\alpha-\omega)^2(\alpha+\omega^2)}, \quad g_3 = -\frac{\beta^3}{216(\alpha-\omega)^3(\alpha+\omega)^3},$$

$$u_2(x,t) = \frac{54(\omega^2-\alpha^2)}{\gamma}\left(\frac{\wp'(x-\omega t, g_2, g_3)}{6\wp(x-\omega t, g_2, g_3)+\frac{\beta}{4(\alpha^2-\omega^2)}}\right)^2,$$

$$g_2 = \frac{\beta^2}{192(\alpha-\omega)^2(\alpha+\omega^2)}, \quad g_3 = -\frac{\beta^3}{13824(\alpha-\omega)^3(\alpha+\omega)^3},$$

$$u_3(x,t) = \frac{6(\omega^2-\alpha^2)}{\gamma}\left(\wp(x-\omega t, g_2, g_3)+\frac{\beta}{12(\alpha^2-\omega^2)}\right)+\frac{\beta}{\gamma},$$

$$g_2 = \frac{\beta^2}{12(\alpha-\omega)^2(\alpha+\omega)^2}, \quad g_3 = \frac{\beta^3}{216(\alpha-\omega)^3(\alpha+\omega)^3},$$

$$u_4(x,t) = \frac{54(\omega^2-\alpha^2)}{\gamma}\left(\frac{\wp'(x-\omega t, g_2, g_3)}{6\wp(x-\omega t, g_2, g_3)+\frac{\beta}{4(\omega^2-\alpha^2)}}\right)^2+\frac{\beta}{\gamma},$$

$$g_2 = \frac{\beta^2}{192(\alpha-\omega)^2(\alpha+\omega)^2}, \quad g_3 = \frac{\beta^3}{13824(\alpha-\omega)^3(\alpha+\omega)^3},$$

$$u_5(x,t) = \frac{6(\omega^2-\alpha^2)}{\gamma}\wp(x-\omega t, g_2, g_3)+\frac{4(\omega^2-\alpha^2)c_2+\beta}{2\gamma},$$

$$u_6(x,t) = \frac{3\left[4(\alpha^2-\omega^2)c_2-\beta\right]\left[4(\alpha^2-\omega^2)c_2+\beta\right]}{\gamma(\omega^2-\alpha^2)(3\wp(x-\omega t, g_2, g_3)-c_2)}+\frac{4(\omega^2-\alpha^2)c_2+\beta}{2\gamma},$$

$$g_2 = \frac{4c_2^2}{3}-\frac{\left[4(\alpha^2-\omega^2)c_2-\beta\right]\left[4(\alpha^2-\omega^2)c_2+\beta\right]}{12(\alpha-\omega)^2(\alpha+\omega)^2},$$

$$g_3 = \frac{4c_2}{27}\left[\frac{3\left[4(\alpha^2-\omega^2)c_2-\beta\right]\left[4(\alpha^2-\omega^2)c_2+\beta\right]}{16(\alpha-\omega)^2(\alpha+\omega)^2}-2c_2^2\right],$$

$$u_7(x,t) = \frac{R(6D+12c_2+36\wp(x-\omega t, g_2, g_3))}{2\gamma(\omega^2-\alpha^2)(12\wp(x-\omega t, g_2, g_3)+D)^2}+\frac{4(\omega^2-\alpha^2)c_2+\beta}{2\gamma},$$

$$R = \left[4(\alpha^2-\omega^2)c_2-\beta\right]\left[4(\alpha^2-\omega^2)c_2+\beta\right],$$

$$D = -\frac{5c_2}{2} - \frac{3}{2}\sqrt{c_2^2 - \frac{R}{12(\alpha-\omega)^2(\alpha+\omega)^2}},$$

$$g_2 = -\frac{5c_2 D}{12} - \frac{11R}{192(\alpha-\omega)^2(\alpha+\omega)^2} - \frac{c_2^2}{3},$$

$$g_3 = -\frac{7RD}{1152(\alpha-\omega)^2(\alpha+\omega)^2} + \frac{7c_2^2 D}{72} - \frac{c_2 R}{384(\alpha-\omega)^2(\alpha+\omega)^2} + \frac{5c_2^3}{54},$$

$$u_8(x,t) = \frac{R}{72\gamma(\omega^2-\alpha^2)} \left(\frac{6\wp(x-\omega t, g_2, g_3) + c_2}{\wp'(x-\omega t, g_2, g_3)}\right)^2 + \frac{4(\omega^2-\alpha^2)c_2 + \beta}{2\gamma},$$

$$u_9(x,t) = \frac{54(\omega^2-\alpha^2)}{\gamma}\left(\frac{\wp'(x-\omega t, g_2, g_3)}{6\wp(x-\omega t, g_2, g_3) + c_2}\right)^2 + \frac{4(\omega^2-\alpha^2)c_2 + \beta}{2\gamma},$$

$$R = \left[4(\alpha^2-\omega^2)c_2 - \beta\right]\left[4(\alpha^2-\omega^2)c_2 + \beta\right],$$

$$g_2 = \frac{R}{48(\alpha-\omega)^2(\alpha+\omega)^2} + \frac{c_2^2}{12}, \quad g_3 = \frac{c_2 R}{288(\alpha-\omega)^2(\alpha+\omega)^2} - \frac{c_2^3}{216},$$

以上表达式中的 ω, c_2 为任意常数.

最后, 将 $c_0 = \dfrac{5c_2^2}{36c_4}$ 代入代数方程组 (5.17) 进行求解, 则得到

$$a_0 = \frac{\beta}{2\gamma}\left(\frac{2\sqrt{21}}{7}\varepsilon + 1\right), \quad a_1 = 0, \quad a_2 = \frac{6(\omega^2-\alpha^2)c_4}{\gamma}, \quad c_2 = \frac{\sqrt{21}\beta\varepsilon}{14(\omega^2-\alpha^2)}. \tag{5.21}$$

将 (5.21) 和 $F_6(\xi)$ 代入 (5.16), 则得到 Klein-Gordon 方程 (5.14) 的如下 Weierstrass 椭圆函数解

$$u_{10}(x,t) = -\frac{45\sqrt{21}\beta\varepsilon}{14\gamma}\left(\frac{\wp(x-\omega t, g_2, g_3)}{3\wp(x-\omega t, g_2, g_3) + \dfrac{\sqrt{21}\beta\varepsilon}{14(\omega^2-\alpha^2)}}\right)^2 + \frac{\beta}{2\gamma}\left(\frac{2\sqrt{21}}{7}\varepsilon + 1\right),$$

$$g_2 = \frac{\beta^2}{42(\alpha-\omega)^2(\alpha+\omega)^2}, \quad g_3 = -\frac{\sqrt{21}\beta^3\varepsilon}{7056(\alpha-\omega)^3(\alpha+\omega)^3},$$

其中 ω 为任意常数.

5.2 第二种椭圆方程展开法

下面利用第二种椭圆方程与第一种椭圆方程之间的变换关系给出第二种椭圆方程的 Jacobi 椭圆函数解和 Weierstrass 椭圆函数解.

5.2 第二种椭圆方程展开法

事实上, 容易证明第二种椭圆方程

$$F'^2(\xi) = c_1 F(\xi) + c_2 F^2(\xi) + c_3 F^3(\xi), \tag{5.22}$$

经变换

$$F(\xi) = G^2(\xi), \quad c_1 = 4C_0, \quad c_2 = 4C_2, \quad c_3 = 4C_4 \tag{5.23}$$

可化为第一种椭圆方程

$$G'^2(\xi) = C_0 + C_2 G^2(\xi) + C_4 G^4(\xi), \tag{5.24}$$

这里 c_i, C_j ($i = 1, 2, 3; j = 0, 2, 4$) 为常数.

基于以上事实, 由表 5.1 给定的第一种椭圆方程的 10 种 Jacobi 椭圆函数解出发经变换 (5.23), 则得到第二种椭圆方程 (5.22) 的由表 5.2 列出的 Jacobi 椭圆函数解.

表 5.2 方程 (5.22) 的系数、解与相关方程之间的联系

$F(\xi)$	c_1	c_2	c_3	$c_1 F + c_2 F^2 + c_3 F^3$
$\text{sn}^2(\xi, m)$	4	$-4(1+m^2)$	$4m^2$	$4F(1-F)(1-m^2 F)$
$\text{cn}^2(\xi, m)$	$4(1-m^2)$	$4(2m^2-1)$	$-4m^2$	$4F(1-F)(m^2 F + 1 - m^2)$
$\text{dn}^2(\xi, m)$	$4(m^2-1)$	$4(2-m^2)$	-4	$4F(1-F)(F + m^2 - 1)$
$\text{ns}^2(\xi, m)$	$4m^2$	$-4(1+m^2)$	4	$4F(1-F)(m^2 - F)$
$\text{nc}^2(\xi, m)$	$-4m^2$	$4(2m^2-1)$	$4(1-m^2)$	$4F(1-F)[(m^2-1)F - m^2]$
$\text{nd}^2(\xi, m)$	-4	$4(2-m^2)$	$4(m^2-1)$	$4F(1-F)[(1-m^2)F - 1]$
$\text{sc}^2(\xi, m)$	4	$4(2-m^2)$	$-4(m^2-1)$	$4F(1+F)[(1-m^2)F + 1]$
$\text{sd}^2(\xi, m)$	4	$4(2m^2-1)$	$4m^2(m^2-1)$	$4F(1+m^2 F)[(m^2-1)F + 1]$
$\text{cs}^2(\xi, m)$	$-4(m^2-1)$	$4(2-m^2)$	4	$4F(1+F)(F+1-m^2)$
$\text{ds}^2(\xi, m)$	$4m^2(m^2-1)$	$4(2m^2-1)$	4	$4F(m^2+F)(F+m^2-1)$

表 5.2 中未列出的方程 (5.22) 的 Jacobi 椭圆函数解 $\text{cd}^2(\xi, m)$ 和 $\text{dc}^2(\xi, m)$ 分别对应于与 $\text{sn}^2(\xi, m)$ 和 $\text{ns}^2(\xi, m)$ 相同的系数和相同的椭圆方程.

由前面给出的第一种椭圆方程的六种 Weierstrass 椭圆函数解的表达式出发借助变换 (5.23), 则得到第二种椭圆方程方程 (5.22) 的如下 Weierstrass 椭圆函数解.

$$F_1(\xi) = \frac{4}{c_3}\left(\wp(\xi, g_2, g_3) - \frac{c_2}{12}\right), \quad F_2(\xi) = \frac{3c_1}{12\wp(\xi, g_2, g_3) - c_2},$$

$$g_2 = \frac{c_2^2}{12} - \frac{c_1 c_3}{4}, \quad g_3 = \frac{c_2}{27}\left(\frac{9 c_1 c_3}{16} - \frac{c_2^2}{8}\right),$$

$$F_3(\xi) = \frac{3c_1\left(12\wp(\xi, g_2, g_3) + c_2 + 2D_1\right)}{\left(12\wp(\xi, g_2, g_3) + D_1\right)^2},$$

$$D_1 = \frac{-5c_2 \pm 3\sqrt{c_2^2 - 4c_1c_3}}{8}, \quad g_2 = -\frac{1}{192}\left(20c_2 D_1 + 33c_1c_3 + 4c_2^2\right),$$

$$g_3 = \frac{1}{13824}\left(-252c_1c_3 D_1 + 84c_2^2 D_1 - 27c_1c_2c_3 + 20c_2^3\right),$$

$$F_4(\xi) = \frac{c_1}{576}\left(\frac{24\wp(\xi, g_2, g_3) + c_2}{\wp'(\xi, g_2, g_3)}\right)^2, \quad F_5(\xi) = \frac{1}{c_3}\left(\frac{6\wp'(\xi, g_2, g_3)}{6\wp(\xi, g_2, g_3) + \frac{c_2}{4}}\right)^2,$$

$$g_2 = \frac{c_2^2}{192} + \frac{c_1c_3}{16}, \quad g_3 = \frac{c_1c_2c_3}{384} - \frac{c_2^3}{13824},$$

$$F_6(\xi) = -\frac{15c_2}{2c_3}\left(\frac{\wp(\xi, g_2, g_3)}{3\wp(\xi, g_2, g_3) + \frac{c_2}{4}}\right)^2, \quad c_1 = \frac{5c_2^2}{36c_3}, \quad g_2 = \frac{c_2^2}{72}, \quad g_3 = \frac{c_2^3}{3456}.$$

下面考虑用第二种椭圆方程展开法构造非线性波方程 Jacobi 椭圆函数解的例子.

例 5.3 考虑广义 sine-Gordon 方程

$$u_{xt} + b\sin(nu) = 0, \tag{5.25}$$

其中 b 为常数.

作行波变换 $u(x,t) = u(\xi), \xi = x - \omega t$, 则方程 (5.25) 变成

$$-\omega u'' + b\sin(nu) = 0. \tag{5.26}$$

进一步作变换

$$v(\xi) = e^{inu(\xi)}, \tag{5.27}$$

并由此可求得

$$\sin(nu) = \frac{v - v^{-1}}{2}, \quad \cos(nu) = \frac{v + v^{-1}}{2}. \tag{5.28}$$

因此, 由 (5.28) 的第二式可知方程 (5.25) 的解由下式确定

$$u(x,t) = \frac{1}{n}\arccos\left[\frac{v(\xi) + v^{-1}(\xi)}{2}\right], \quad \xi = x - \omega t. \tag{5.29}$$

借助变换 (5.28) 可将方程 (5.26) 转换为如下常微分方程

$$bnv^3 - bnv - 2\omega vv'' + 2\omega(v')^2 = 0. \tag{5.30}$$

不妨假设 $O(v) = n$, 并使方程 (5.30) 中的 v^3 项与 vv'' 项相互抵消, 则由 $O(v^3) = 3n$ 和 $O(vv'') = 2n+1$ 得到平衡常数 $n = 1$. 于是可设方程 (5.30) 具有如下形式的解

$$v(\xi) = a_0 + a_1 F(\xi), \tag{5.31}$$

其中 a_0, a_1 为待定常数, $F(\xi)$ 为第二种椭圆方程 (5.22) 的解.

将 (5.31) 同方程 (5.22) 一起代入 (5.30) 后令 F^j $(j=0,1,2,3)$ 的系数等于零, 则得到如下代数方程组

$$\begin{cases} bna_1^3 - \omega c_3 a_1^2 = 0, \\ 3bna_0 a_1^2 - 3\omega c_3 a_0 a_1 = 0, \\ bna_0^3 - \omega c_1 a_0 a_1 - bna_0 = 0, \\ 3bna_0^2 a_1 - 2\omega c_2 a_0 a_1 + \omega c_1 a_1^2 - bna_1 = 0. \end{cases} \quad (5.32)$$

用 Maple 求解此方程组, 则得到如下解

$$a_0 = 0, \quad a_1 = \sqrt{\frac{c_3}{c_1}}, \quad \omega = \frac{bn}{c_1 \sqrt{\frac{c_3}{c_1}}}, \quad (5.33)$$

$$a_0 = 0, \quad a_1 = -\sqrt{\frac{c_3}{c_1}}, \quad \omega = -\frac{bn}{c_1 \sqrt{\frac{c_3}{c_1}}}. \quad (5.34)$$

将 (5.33) 和 (5.31) 代入 (5.29), 则得到方程 (5.25) 的 Jacobi 椭圆函数解的浓缩公式

$$u(x,t) = \frac{1}{n}\arccos\left[\frac{1}{2}\sqrt{\frac{c_3}{c_1}}F(\xi) + \frac{1}{2\sqrt{\frac{c_3}{c_1}}F(\xi)}\right], \quad \xi = x - \frac{bn}{c_1\sqrt{\frac{c_3}{c_1}}}t. \quad (5.35)$$

将 (5.34) 和 (5.31) 代入 (5.29), 则得到方程 (5.25) 的 Jacobi 椭圆函数解的浓缩公式

$$u(x,t) = \frac{\pi}{n} - \frac{1}{n}\arccos\left[\frac{1}{2}\sqrt{\frac{c_3}{c_1}}F(\xi) + \frac{1}{2\sqrt{\frac{c_3}{c_1}}F(\xi)}\right], \quad \xi = x + \frac{bn}{c_1\sqrt{\frac{c_3}{c_1}}}t. \quad (5.36)$$

以浓缩公式 (5.35) 为例, 若将由表 5.2 给定的解 $F(\xi)$ 和相应参数 c_1, c_2, c_3 的值代入 (5.35), 则得到广义 sine-Gordon 方程 (5.25) 的如下 Jacobi 椭圆函数解

$$u_1(x,t) = \frac{1}{n}\arccos\left[\frac{m}{2}\mathrm{sn}^2\left(x - \frac{bn}{4m}t, m\right) + \frac{1}{2m\mathrm{sn}^2\left(x - \frac{bn}{4m}t, m\right)}\right],$$

$$u_2(x,t) = \frac{1}{n}\arccos\left[\frac{\mathrm{dn}^2\left(x+\frac{bn}{4\sqrt{1-m^2}}t,m\right)}{2\sqrt{1-m^2}} + \frac{\sqrt{1-m^2}}{2\mathrm{dn}^2\left(x+\frac{bn}{4\sqrt{1-m^2}}t,m\right)}\right],$$

$$u_3(x,t) = \frac{1}{n}\arccos\left[\frac{\mathrm{ns}^2\left(x-\frac{bn}{4m}t,m\right)}{2m} + \frac{m}{2\mathrm{ns}^2\left(x-\frac{bn}{4m}t,m\right)}\right],$$

$$u_4(x,t) = \frac{1}{n}\arccos\left[\frac{\sqrt{1-m^2}\,\mathrm{nd}^2\left(x+\frac{bn}{4\sqrt{1-m^2}}t,m\right)}{2}\right.$$

$$\left. + \frac{1}{2\sqrt{1-m^2}\,\mathrm{nd}^2\left(x+\frac{bn}{4\sqrt{1-m^2}}t,m\right)}\right],$$

$$u_5(x,t) = \frac{1}{n}\arccos\left[\frac{\sqrt{1-m^2}\,\mathrm{sc}^2\left(x-\frac{bn}{4\sqrt{1-m^2}}t,m\right)}{2}\right.$$

$$\left. + \frac{1}{2\sqrt{1-m^2}\,\mathrm{sc}^2\left(x-\frac{bn}{4\sqrt{1-m^2}}t,m\right)}\right],$$

$$u_6(x,t) = \frac{1}{n}\arccos\left[\frac{\mathrm{cs}^2\left(x-\frac{bn}{4\sqrt{1-m^2}}t,m\right)}{2\sqrt{1-m^2}} + \frac{\sqrt{1-m^2}}{2\mathrm{cs}^2\left(x-\frac{bn}{4\sqrt{1-m^2}}t,m\right)}\right].$$

特别地, 当 $m \to 1$ 时, u_1, u_3 退化为方程 (5.25) 的孤波解

$$u(x,t) = \frac{1}{n}\arccos\left[\frac{1}{2}\tanh^2\left(x-\frac{bn}{4}t\right) + \frac{1}{2}\coth^2\left(x-\frac{bn}{4}t\right)\right],$$

而当 $m \to 0$ 时, u_5, u_6 退化为方程 (5.25) 的周期波解

$$u(x,t) = \frac{1}{n}\arccos\left[\frac{1}{2}\tan^2\left(x-\frac{bn}{4}t\right) + \frac{1}{2}\cot^2\left(x-\frac{bn}{4}t\right)\right].$$

如果考虑 Jacobi 椭圆函数解的浓缩公式 (5.36), 则同理可以得到方程 (5.25) 的孤

波解
$$u(x,t) = \frac{\pi}{n} - \frac{1}{n}\arccos\left[\frac{1}{2}\tanh^2\left(x+\frac{bn}{4}t\right) + \frac{1}{2}\coth^2\left(x+\frac{bn}{4}t\right)\right]$$

与周期波解
$$u(x,t) = \frac{\pi}{n} - \frac{1}{n}\arccos\left[\frac{1}{2}\tan^2\left(x+\frac{bn}{4}t\right) + \frac{1}{2}\cot^2\left(x+\frac{bn}{4}t\right)\right].$$

此外, 前面代数方程组还有一组较复杂的解, 但把 c_1, c_2, c_3 的值依次代入该组解并简化所得到的 Jacobi 椭圆函数解, 则发现它们不能给出方程 (5.25) 的新孤波解与周期波解, 故在此省略了这些解.

例 5.4 考虑广义 sinh-Gordon 方程
$$u_{xt} + b\sinh(nu) = 0, \tag{5.37}$$

其中 b 为常数.

作行波变换 $u(x,t) = u(\xi), \xi = x - \omega t$, 则方程 (5.37) 变成
$$-\omega u'' + b\sinh(nu) = 0. \tag{5.38}$$

进一步作变换
$$v(\xi) = e^{nu(\xi)}, \tag{5.39}$$

并由此可求得
$$\sinh(nu) = \frac{v - v^{-1}}{2}, \quad \cosh(nu) = \frac{v + v^{-1}}{2}. \tag{5.40}$$

因此, 由 (5.40) 的第二式可知方程 (5.37) 的解由下式确定
$$u(x,t) = \frac{1}{n}\text{arcosh}\left[\frac{v(\xi) + v^{-1}(\xi)}{2}\right], \quad \xi = x - \omega t. \tag{5.41}$$

借助变换 (5.39) 可将方程 (5.38) 转换为如下常微分方程
$$bnv^3 - bnv - 2\omega vv'' + 2\omega(v')^2 = 0. \tag{5.42}$$

这个方程与方程 (5.30) 完全相同, 从而具有形如 (5.31) 的解, 而方程 (5.37) 的 Jacobi 椭圆函数解的浓缩公式应该改写为
$$u(x,t) = \frac{1}{n}\text{arcosh}\left[\frac{1}{2}\sqrt{\frac{c_3}{c_1}}F(\xi) + \frac{1}{2\sqrt{\frac{c_3}{c_1}}F(\xi)}\right], \quad \xi = x - \frac{bn}{c_1\sqrt{\frac{c_3}{c_1}}}t \tag{5.43}$$

和

$$u(x,t) = \frac{1}{n}\text{arcosh}\left[-\frac{1}{2}\sqrt{\frac{c_3}{c_1}}F(\xi) - \frac{1}{2\sqrt{\frac{c_3}{c_1}}F(\xi)}\right], \quad \xi = x + \frac{bn}{c_1\sqrt{\frac{c_3}{c_1}}}t. \tag{5.44}$$

以浓缩公式 (5.43) 为例, 若将由表 5.2 给定的解 $F(\xi)$ 和相应参数 c_1, c_2, c_3 的值代入 (5.43), 则得到广义 sinh-Gordon 方程 (5.37) 的如下 Jacobi 椭圆函数解

$$u_1(x,t) = \frac{1}{n}\text{arcosh}\left[\frac{m}{2}\text{sn}^2\left(x - \frac{bn}{4m}t, m\right) + \frac{1}{2m\text{sn}^2\left(x - \frac{bn}{4m}t, m\right)}\right],$$

$$u_2(x,t) = \frac{1}{n}\text{arcosh}\left[\frac{\text{dn}^2\left(x + \frac{bn}{4\sqrt{1-m^2}}t, m\right)}{2\sqrt{1-m^2}} + \frac{\sqrt{1-m^2}}{2\text{dn}^2\left(x + \frac{bn}{4\sqrt{1-m^2}}t, m\right)}\right],$$

$$u_3(x,t) = \frac{1}{n}\text{arcosh}\left[\frac{\text{ns}^2\left(x - \frac{bn}{4m}t, m\right)}{2m} + \frac{m}{2\text{ns}^2\left(x - \frac{bn}{4m}t, m\right)}\right],$$

$$u_4(x,t) = \frac{1}{n}\text{arcosh}\left[\frac{\sqrt{1-m^2}\text{nd}^2\left(x + \frac{bn}{4\sqrt{1-m^2}}t, m\right)}{2}\right.$$

$$\left. + \frac{1}{2\sqrt{1-m^2}\text{nd}^2\left(x + \frac{bn}{4\sqrt{1-m^2}}t, m\right)}\right],$$

$$u_5(x,t) = \frac{1}{n}\text{arcosh}\left[\frac{\sqrt{1-m^2}\text{sc}^2\left(x - \frac{bn}{4\sqrt{1-m^2}}t, m\right)}{2}\right.$$

$$\left. + \frac{1}{2\sqrt{1-m^2}\text{sc}^2\left(x - \frac{bn}{4\sqrt{1-m^2}}t, m\right)}\right],$$

$$u_6(x,t) = \frac{1}{n}\text{arcosh}\left[\frac{\text{cs}^2\left(x - \frac{bn}{4\sqrt{1-m^2}}t, m\right)}{2\sqrt{1-m^2}} + \frac{\sqrt{1-m^2}}{2\text{cs}^2\left(x - \frac{bn}{4\sqrt{1-m^2}}t, m\right)}\right].$$

特别地, 当 $m \to 1$ 时, u_1, u_3 退化为方程 (5.37) 的孤波解

$$u(x,t) = \frac{1}{n}\text{arcosh}\left[\frac{1}{2}\tanh^2\left(x - \frac{bn}{4}t\right) + \frac{1}{2}\coth^2\left(x - \frac{bn}{4}t\right)\right],$$

而当 $m \to 0$ 时, u_5, u_6 退化为方程 (5.37) 的周期波解

$$u(x,t) = \frac{1}{n}\text{arcosh}\left[\frac{1}{2}\tan^2\left(x - \frac{bn}{4}t\right) + \frac{1}{2}\cot^2\left(x - \frac{bn}{4}t\right)\right].$$

如果考虑 Jacobi 椭圆函数解的浓缩公式 (5.44), 则同理可以得到方程 (5.37) 的孤波解

$$u(x,t) = \frac{1}{n}\text{arcosh}\left[-\frac{1}{2}\tanh^2\left(x + \frac{bn}{4}t\right) - \frac{1}{2}\coth^2\left(x + \frac{bn}{4}t\right)\right]$$

与周期波解

$$u(x,t) = \frac{1}{n}\text{arcosh}\left[-\frac{1}{2}\tan^2\left(x + \frac{bn}{4}t\right) - \frac{1}{2}\cot^2\left(x + \frac{bn}{4}t\right)\right].$$

这里不再给出用第二种椭圆方程的 Weierstrass 椭圆函数解来构造非线性波方程的 Weierstrass 椭圆函数解的例子, 感兴趣的读者可以自己去尝试.

5.3 第三种椭圆方程展开法

本节首先用直接积分法给出第三种椭圆方程的隐式解, 其次再给出第三种椭圆方程显示 Jacobi 椭圆函数解的基础上提出用第三种椭圆方程构造非线性波方程显示精确行波解的两种方法.

5.3.1 第三种椭圆方程的隐式解

与第一种和第二种椭圆方程比较而言, 第三种椭圆方程

$$F'^2(\xi) = c_0 + c_1 F(\xi) + c_2 F^2(\xi) + c_3 F^3(\xi) \tag{5.45}$$

的求解需要根据三次多项式根的判别式来进行讨论, 从而较为复杂. 刘成仕所提出的多项式完全判别系统法 (参见杜兴华于 2010 年出版的专著) 系统地解决了多项式型非线性方程的求解问题. 为了避免根的判别式的讨论, 下面给出另一种寻找第三种椭圆方程 (5.45) 的解的直接积分方法. 这种直接积分法不需要讨论根的判别式, 只需考虑最高幂次非线性项的系数 c_3 的符号即可, 从而比多项式完全判别系统法简单.

如果记
$$R(F) = c_0 + c_1 F(\xi) + c_2 F^2(\xi) + c_3 F^3(\xi), \tag{5.46}$$

则可根据多项式 $R(F)$ 的根的不同情况通过直接计算积分

$$\pm(\xi+\xi_0) = \int \frac{dF}{\sqrt{R(F)}} = \int \frac{dF}{\sqrt{c_0 + c_1 F + c_2 F^2 + c_3 F^3}} \tag{5.47}$$

而给出第三种椭圆方程 (5.45) 的解.

情形 1 $c_3 > 0$.

(1) 当 $R(f)$ 有一个二重实根和一个单实根, 可设

$$R(F) = c_3(F-\alpha)^2(F-\beta), \tag{5.48}$$

从而对积分 (5.47) 作变换 $F = \beta + t^2$ 后化为

$$\pm(\xi+\xi_0) = \frac{1}{\sqrt{c_3}} \int \frac{dF}{(F-\alpha)\sqrt{F-\beta}} = \frac{1}{\sqrt{c_3}} \int \frac{2dt}{\beta-\alpha+t^2}$$

$$= \begin{cases} -\dfrac{2}{\sqrt{c_3(\alpha-\beta)}} \operatorname{artanh} \dfrac{t}{\sqrt{\alpha-\beta}}, & \alpha > \beta, \\ -\dfrac{2}{\sqrt{c_3(\alpha-\beta)}} \operatorname{arcoth} \dfrac{t}{\sqrt{\alpha-\beta}}, & \alpha > \beta, \\ \dfrac{2}{\sqrt{c_3(\beta-\alpha)}} \arctan \dfrac{t}{\sqrt{\beta-\alpha}}, & \alpha < \beta, \\ -\dfrac{2}{\sqrt{c_3(\beta-\alpha)}} \operatorname{arccot} \dfrac{t}{\sqrt{\beta-\alpha}}, & \alpha < \beta. \end{cases}$$

由此解出 t 后利用变换 $F = \beta + t^2$, 则得到第三种椭圆方程 (5.45) 的如下解

$$F_1(\xi) = \beta + (\alpha-\beta)\tanh^2 \frac{\sqrt{c_3(\alpha-\beta)}}{2}(\xi+\xi_0), \quad \alpha > \beta,$$

$$F_2(\xi) = \beta + (\alpha-\beta)\coth^2 \frac{\sqrt{c_3(\alpha-\beta)}}{2}(\xi+\xi_0), \quad \alpha > \beta,$$

$$F_3(\xi) = \beta + (\beta-\alpha)\tan^2 \frac{\sqrt{c_3(\beta-\alpha)}}{2}(\xi+\xi_0), \quad \alpha < \beta,$$

$$F_4(\xi) = \beta + (\beta-\alpha)\cot^2 \frac{\sqrt{c_3(\beta-\alpha)}}{2}(\xi+\xi_0), \quad \alpha < \beta.$$

(2) 当 $R(F)$ 有三个单根, 则可设

$$R(F) = c_3(F-\alpha)(F-\beta)(F-\gamma), \quad \gamma \leqslant \beta \leqslant \alpha. \tag{5.49}$$

5.3 第三种椭圆方程展开法

展开上式右端后与 $R(F)$ 进行比较可得

$$\begin{cases} c_0 = -\alpha\beta\gamma c_3, \\ c_1 = (\alpha\beta + \alpha\gamma + \beta\gamma)c_3, \\ c_3 = -(\alpha + \beta + \gamma)c_3. \end{cases} \quad (5.50)$$

(a) 当 $\gamma < F < \beta$ 时, 作变换

$$F = \gamma + (\beta - \gamma)\sin^2\varphi = \beta - (\beta - \gamma)\cos^2\varphi, \quad (5.51)$$

则积分 (5.47) 化为

$$\pm(\xi + \xi_0) = \frac{2}{\sqrt{c_3(\alpha - \gamma)}} \int \frac{d\varphi}{\sqrt{1 - \frac{\beta - \gamma}{\alpha - \gamma}\sin^2\varphi}},$$

由此解出

$$\sin\varphi = \mathrm{sn}\left(\pm\frac{\sqrt{c_3(\alpha - \gamma)}}{2}(\xi + \xi_0)\right), \quad m^2 = \frac{\beta - \gamma}{\alpha - \gamma}.$$

再借助变换 (5.51), 则得到第三种椭圆方程 (5.45) 的椭圆正弦波解

$$F_5(\xi) = \gamma + (\beta - \gamma)\mathrm{sn}^2\left(\frac{\sqrt{c_3(\alpha - \gamma)}}{2}(\xi + \xi_0), m\right), \quad m^2 = \frac{\beta - \gamma}{\alpha - \gamma}.$$

(b) 当 $F > \alpha$ 时, 作变换

$$F = \frac{\alpha - \beta\sin^2\varphi}{\cos^2\varphi} = -\beta\tan^2\varphi + \alpha\sec^2\varphi, \quad (5.52)$$

并将其代入 (5.47), 则有

$$\pm(\xi + \xi_0) = \frac{2}{\sqrt{c_3}} \int \frac{\sec\varphi d\varphi}{\sqrt{-\beta\tan^2\varphi + \alpha\sec^2\varphi - \gamma}}$$

$$= \frac{2}{\sqrt{c_3(\alpha - \gamma)}} \int \frac{d\varphi}{\sqrt{1 - \frac{\beta - \gamma}{\alpha - \gamma}\sin^2\varphi}}.$$

由上式可求出

$$\sin\varphi = \mathrm{sn}\left(\pm\frac{\sqrt{c_3(\alpha - \gamma)}}{2}(\xi + \xi_0), m\right), \quad m^2 = \frac{\beta - \gamma}{\alpha - \gamma},$$

并将其代入变换 (5.52), 则得到第三种椭圆方程 (5.45) 的椭圆函数解

$$F_6(\xi) = \frac{\alpha - \beta \operatorname{sn}^2\left(\frac{\sqrt{c_3(\alpha-\gamma)}}{2}(\xi+\xi_0), m\right)}{\operatorname{cn}^2\left(\frac{\sqrt{c_3(\alpha-\gamma)}}{2}(\xi+\xi_0), m\right)}, m^2 = \frac{\beta-\gamma}{\alpha-\gamma}.$$

(3) 当 $R(F)$ 有一个单实根, 一对共轭复根时, 可假设

$$R(F) = c_3(F-\alpha)(F^2+pF+q), \Delta = p^2 - 4q < 0. \tag{5.53}$$

当 $F > \alpha$ 时, 作变换

$$F = \alpha + \sqrt{\alpha^2+p\alpha+q}\tan^2\frac{\varphi}{2}, \tag{5.54}$$

则积分 (5.47) 可化为

$$\pm(\xi+\xi_0) = \frac{1}{\sqrt{c_3}(\alpha^2+p\alpha+q)^{\frac{1}{4}}}\int \frac{\sec^2\frac{\varphi}{2}d\varphi}{\sqrt{1+\frac{2\alpha+p}{\sqrt{\alpha^2+p\alpha+q}}\tan^2\frac{\varphi}{2}+\tan^4\frac{\varphi}{2}}}$$

$$= \frac{1}{\sqrt{c_3}(\alpha^2+p\alpha+q)^{\frac{1}{4}}}\int \frac{d\varphi}{\sqrt{\cos^4\frac{\varphi}{2}+\frac{2\alpha+p}{\sqrt{\alpha^2+p\alpha+q}}\cos^2\frac{\varphi}{2}\sin^2\frac{\varphi}{2}+\sin^4\frac{\varphi}{2}}},$$

$$= \frac{1}{\sqrt{c_3}(\alpha^2+p\alpha+q)^{\frac{1}{4}}}\int \frac{d\varphi}{\sqrt{1-\frac{1}{2}\left(1-\frac{\alpha+\frac{p}{2}}{\sqrt{\alpha^2+p\alpha+q}}\right)\sin^2\varphi}}.$$

由上式可解得

$$\cos\varphi = \operatorname{cn}\left(\pm\sqrt{c_3}\left(\alpha^2+p\alpha+q\right)^{\frac{1}{4}}(\xi+\xi_0), m\right), \quad m^2 = \frac{1}{2}\left(1 - \frac{\alpha+\frac{p}{2}}{\sqrt{\alpha^2+p\alpha+q}}\right).$$

将 (5.54) 改写成

$$F = \alpha + \sqrt{\alpha^2+p\alpha+q}\frac{1-\cos\varphi}{1+\cos\varphi}$$

后可以解出

$$\cos\varphi = \frac{2\sqrt{\alpha^2+p\alpha+q}}{F-\alpha+\sqrt{\alpha^2+p\alpha+q}} - 1,$$

亦即得到

5.3 第三种椭圆方程展开法

$$\frac{2\sqrt{\alpha^2+p\alpha+q}}{F-\alpha+\sqrt{\alpha^2+p\alpha+q}}-1=\operatorname{cn}\left(\pm\sqrt{c_3}\left(\alpha^2+p\alpha+q\right)^{\frac{1}{4}}(\xi+\xi_0),m\right).$$

由上式解出 F, 则得到第三种椭圆方程 (5.45) 的如下椭圆余弦波解

$$F_7(\xi)=\alpha-\sqrt{\alpha^2+p\alpha+q}+\frac{2\sqrt{\alpha^2+p\alpha+q}}{1+\operatorname{cn}\left(\pm\sqrt{c_3}\left(\alpha^2+p\alpha+q\right)^{\frac{1}{4}}(\xi+\xi_0),m\right)},$$

$$m^2=\frac{1}{2}\left(1-\frac{\alpha+\dfrac{p}{2}}{\sqrt{\alpha^2+p\alpha+q}}\right).$$

(4) 当 $R(F)$ 只有一个三重单实根 $F=\alpha$ 时, 积分 (5.47) 简化为

$$\pm(\xi+\xi_0)=\frac{1}{\sqrt{c_3}}\int\frac{dF}{(F-\alpha)^{\frac{3}{2}}}=\frac{-2}{\sqrt{c_3}\sqrt{F-\alpha}},$$

即给出第三种椭圆方程 (5.45) 的有理解

$$F_8(\xi)=\alpha+\frac{4}{c_3(\xi+\xi_0)^2}.$$

情形 2 $c_3<0$.

(1) 当 $R(f)$ 有一个二重实根和一个单实根时, $R(f)$ 由表达式 (5.48) 确定. 因此, 对积分 (5.47) 作变换 $F=\beta-t^2$ 后化为

$$\pm(\xi+\xi_0)=\frac{1}{\sqrt{-c_3}}\int\frac{dF}{(F-\alpha)\sqrt{\beta-F}}=\frac{1}{\sqrt{-c_3}}\int\frac{-2dt}{\beta-\alpha-t^2}$$

$$=\begin{cases}\dfrac{2}{\sqrt{-c_3(\alpha-\beta)}}\arctan\dfrac{t}{\sqrt{\alpha-\beta}}, & \alpha>\beta,\\[2mm] -\dfrac{2}{\sqrt{-c_3(\alpha-\beta)}}\operatorname{arccot}\dfrac{t}{\sqrt{\alpha-\beta}}, & \alpha>\beta,\\[2mm] -\dfrac{2}{\sqrt{-c_3(\beta-\alpha)}}\operatorname{artanh}\dfrac{t}{\sqrt{\beta-\alpha}}, & \alpha<\beta,\\[2mm] -\dfrac{2}{\sqrt{c_3(\beta-\alpha)}}\operatorname{arcoth}\dfrac{t}{\sqrt{\beta-\alpha}}, & \alpha<\beta.\end{cases}$$

由此解出 t 后利用变换 $F=\beta-t^2$, 则得到第三种椭圆方程 (5.45) 的如下解

$$F_9(\xi) = \beta - (\alpha - \beta)\tan^2\frac{\sqrt{-c_3(\alpha-\beta)}}{2}(\xi+\xi_0), \qquad \alpha > \beta,$$

$$F_{10}(\xi) = \beta - (\alpha - \beta)\cot^2\frac{\sqrt{-c_3(\alpha-\beta)}}{2}(\xi+\xi_0), \qquad \alpha > \beta,$$

$$F_{11}(\xi) = \beta - (\beta - \alpha)\tanh^2\frac{\sqrt{-c_3(\beta-\alpha)}}{2}(\xi+\xi_0), \qquad \alpha < \beta,$$

$$F_{12}(\xi) = \beta - (\beta - \alpha)\coth^2\frac{\sqrt{-c_3(\beta-\alpha)}}{2}(\xi+\xi_0), \qquad \alpha < \beta.$$

(2) 当 $R(F)$ 有三个单根时, $R(F)$ 由表达式 (5.49) 确定. 此时, 同样考虑两种情况.

(a) 当 $\gamma < F < \beta$ 时, 作变换

$$F = \beta + (\alpha-\beta)\sin^2\varphi = \alpha - (\alpha-\beta)\cos^2\varphi, \tag{5.55}$$

则积分 (5.47) 化为

$$\pm(\xi+\xi_0) = \frac{2}{\sqrt{-c_3(\alpha-\gamma)}}\int\frac{d\varphi}{\sqrt{1-\frac{\alpha-\beta}{\alpha-\gamma}+\frac{\alpha-\beta}{\alpha-\gamma}\sin^2\varphi}},$$

由此解出

$$\sin\varphi = \mathrm{cn}\left(\pm\frac{\sqrt{-c_3(\alpha-\gamma)}}{2}(\xi+\xi_0), m\right), \quad m^2 = \frac{\alpha-\beta}{\alpha-\gamma}.$$

再借助变换 (5.55), 则得到第三种椭圆方程 (5.45) 的椭圆余弦波解

$$F_{13}(\xi) = \beta + (\alpha-\beta)\mathrm{cn}^2\left(\frac{\sqrt{-c_3(\alpha-\gamma)}}{2}(\xi+\xi_0), m\right), \quad m^2 = \frac{\alpha-\beta}{\alpha-\gamma}.$$

(b) 当 $F < \gamma$ 时, 作变换

$$F = \frac{\gamma - \beta\sin^2\varphi}{\cos^2\varphi} = -\beta\tan^2\varphi + \gamma\sec^2\varphi, \tag{5.56}$$

并将其代入 (5.47), 则有

$$\pm(\xi+\xi_0) = \frac{-2}{\sqrt{-c_3}}\int\frac{\sec\varphi\, d\varphi}{\sqrt{(\beta-\gamma)\sec^2\varphi + \alpha - \beta}}$$

$$= \frac{-2}{\sqrt{-c_3(\alpha-\gamma)}}\int\frac{d\varphi}{\sqrt{1-\frac{\alpha-\beta}{\alpha-\gamma}\sin^2\varphi}}.$$

5.3 第三种椭圆方程展开法

由上式可求出

$$\sin\varphi = \text{sn}\left(\pm\frac{\sqrt{-c_3(\alpha-\gamma)}}{2}(\xi+\xi_0), m\right), \quad m^2 = \frac{\alpha-\beta}{\alpha-\gamma}.$$

将上式代入变换 (5.56),则得到第三种椭圆方程 (5.45) 的椭圆函数解

$$F_{14}(\xi) = \frac{\gamma - \beta \text{sn}^2\left(\frac{\sqrt{-c_3(\alpha-\gamma)}}{2}(\xi+\xi_0), m\right)}{\text{cn}^2\left(\frac{\sqrt{-c_3(\alpha-\gamma)}}{2}(\xi+\xi_0), m\right)}, \quad m^2 = \frac{\alpha-\beta}{\alpha-\gamma}.$$

(3) 当 $R(F)$ 有一个单实根,一对共轭复根时,$R(F)$ 由 (5.53) 式确定. 当 $F < \alpha$ 时, 作变换

$$F = \alpha - \sqrt{\alpha^2 + p\alpha + q}\tan^2\frac{\varphi}{2}, \tag{5.57}$$

则积分 (5.47) 可化为

$$\pm(\xi+\xi_0) = -\frac{1}{\sqrt{-c_3}(\alpha^2+p\alpha+q)^{\frac{1}{4}}}\int \frac{\sec^2\frac{\varphi}{2}d\varphi}{\sqrt{1 - \frac{2\alpha+p}{\sqrt{\alpha^2+p\alpha+q}}\tan^2\frac{\varphi}{2} + \tan^4\frac{\varphi}{2}}}$$

$$= -\frac{1}{\sqrt{-c_3}(\alpha^2+p\alpha+q)^{\frac{1}{4}}}\int \frac{d\varphi}{\sqrt{\cos^4\frac{\varphi}{2} - \frac{2\alpha+p}{\sqrt{\alpha^2+p\alpha+q}}\cos^2\frac{\varphi}{2}\sin^2\frac{\varphi}{2} + \sin^4\frac{\varphi}{2}}}$$

$$= -\frac{1}{\sqrt{-c_3}(\alpha^2+p\alpha+q)^{\frac{1}{4}}}\int \frac{d\varphi}{\sqrt{1 - \frac{1}{2}\left(1 + \frac{\alpha+\frac{p}{2}}{\sqrt{\alpha^2+p\alpha+q}}\right)\sin^2\varphi}}.$$

由上式可解得

$$\cos\varphi = \text{cn}\left(\pm\sqrt{-c_3}\left(\alpha^2+p\alpha+q\right)^{\frac{1}{4}}(\xi+\xi_0), m\right), \quad m^2 = \frac{1}{2}\left(1 + \frac{\alpha+\frac{p}{2}}{\sqrt{\alpha^2+p\alpha+q}}\right).$$

将 (5.57) 改写成

$$F = \alpha - \sqrt{\alpha^2+p\alpha+q}\frac{1-\cos\varphi}{1+\cos\varphi}$$

后可以解出

$$\cos\varphi = -\frac{2\sqrt{\alpha^2+p\alpha+q}}{F-\alpha-\sqrt{\alpha^2+p\alpha+q}} - 1,$$

亦即得到

$$-\frac{2\sqrt{\alpha^2+p\alpha+q}}{F-\alpha-\sqrt{\alpha^2+p\alpha+q}}-1=\mathrm{cn}\left(\pm\sqrt{-c_3}\left(\alpha^2+p\alpha+q\right)^{\frac{1}{4}}(\xi+\xi_0),m\right).$$

由上式解出 F, 则得到第三种椭圆方程 (5.45) 的如下椭圆余弦波解

$$F_{15}(\xi)=\alpha+\sqrt{\alpha^2+p\alpha+q}-\frac{2\sqrt{\alpha^2+p\alpha+q}}{1+\mathrm{cn}\left(\pm\sqrt{-c_3}\left(\alpha^2+p\alpha+q\right)^{\frac{1}{4}}(\xi+\xi_0),m\right)},$$

$$m^2=\frac{1}{2}\left(1+\frac{\alpha+\frac{p}{2}}{\sqrt{\alpha^2+p\alpha+q}}\right).$$

(4) 当 $R(F)$ 只有一个三重单实根 $F=\alpha$ 时, 积分 (5.47) 简化为

$$\pm(\xi+\xi_0)=-\frac{1}{\sqrt{-c_3}}\int\frac{dF}{(\alpha-F)^{\frac{3}{2}}}=\frac{2}{\sqrt{-c_3}\sqrt{\alpha-F}},$$

即给出第三种椭圆方程 (5.45) 的有理解

$$F_{16}(\xi)=F_8(\xi)=\alpha+\frac{4}{c_3(\xi+\xi_0)^2}.$$

例 5.5 考虑 $(2+1)$- 维 Zakharov–Kuzenetsov 方程

$$u_t+auu_x+b\left(u_{xx}+u_{yy}\right)_x=0, \tag{5.58}$$

其中 a,b 为常数.

将行波变换 $u(x,y,t)=u(\xi),\xi=kx+ly-\omega t$ 代入方程 (5.58) 后对 ξ 积分一次, 可得

$$-\omega u+\frac{1}{2}au^2+bk\left(k^2+l^2\right)u''+c=0, \tag{5.59}$$

其中 k,l,ω,c 为任意常数.

上式两端乘以 u' 后关于 ξ 积分一次, 并进行整理可得

$$(u')^2=c_3u^3+c_2u^2+c_1u+c_0,$$

其中 c_0,c_1 为任意常数, 而

$$c_3=-\frac{a}{3b(k^2+l^2)},\quad c_2=\frac{\omega}{bk(k^2+l^2)}.$$

5.3 第三种椭圆方程展开法

(1) 当 $ab < 0$ 时, 由前面给出的解 F_i $(i = 1, 2, \cdots, 8)$ 得出 $(2+1)$- 维 Zakharov–Kuzenetsov 方程 (5.58) 的如下精确行波解

$$u_1(x,t) = \beta + (\alpha - \beta)\tanh^2 \frac{1}{2}\sqrt{-\frac{a(\alpha-\beta)}{3b(k^2+l^2)}}(kx+ly-\omega t+\xi_0), \quad \alpha > \beta,$$

$$u_2(x,t) = \beta + (\alpha - \beta)\coth^2 \frac{1}{2}\sqrt{-\frac{a(\alpha-\beta)}{3b(k^2+l^2)}}(kx+ly-\omega t+\xi_0), \quad \alpha > \beta,$$

$$u_3(x,t) = \beta + (\beta - \alpha)\tan^2 \frac{1}{2}\sqrt{-\frac{a(\beta-\alpha)}{3b(k^2+l^2)}}(kx+ly-\omega t+\xi_0), \quad \alpha < \beta,$$

$$u_4(x,t) = \beta + (\beta - \alpha)\cot^2 \frac{1}{2}\sqrt{-\frac{a(\beta-\alpha)}{3b(k^2+l^2)}}(kx+ly-\omega t+\xi_0), \quad \alpha < \beta,$$

$$u_5(x,t) = \gamma + (\beta-\gamma)\operatorname{sn}^2\left(\frac{1}{2}\sqrt{-\frac{a(\alpha-\gamma)}{3b(k^2+l^2)}}(kx+ly-\omega t+\xi_0), m\right), \quad m^2 = \frac{\beta-\gamma}{\alpha-\gamma},$$

$$u_6(x,t) = \frac{\alpha - \beta\operatorname{sn}^2\left(\frac{1}{2}\sqrt{-\frac{a(\alpha-\gamma)}{3b(k^2+l^2)}}(kx+ly-\omega t+\xi_0), m\right)}{\operatorname{cn}^2\left(\frac{1}{2}\sqrt{-\frac{a(\alpha-\gamma)}{3b(k^2+l^2)}}(kx+ly-\omega t+\xi_0), m\right)}, \quad m^2 = \frac{\beta-\gamma}{\alpha-\gamma},$$

$$u_7(x,t) = \frac{2\sqrt{\alpha^2+p\alpha+q}}{1+\operatorname{cn}\left(\pm\sqrt{-\frac{a}{3b(k^2+l^2)}}(\alpha^2+p\alpha+q)^{\frac{1}{4}}(kx+ly-\omega t+\xi_0), m\right)}$$
$$+\alpha - \sqrt{\alpha^2+p\alpha+q}, \quad m^2 = \frac{1}{2}\left(1 - \frac{\alpha+\frac{p}{2}}{\sqrt{\alpha^2+p\alpha+q}}\right),$$

$$u_8(x,t) = \alpha - \frac{12b(k^2+l^2)}{a(kx+ly-\omega t+\xi_0)^2},$$

其中 k, l, ω, ξ_0 为任意常数.

(2) 当 $ab > 0$ 时, 由前面给出的解 F_i $(i = 9, 10, \cdots, 16)$ 得出 $(2+1)$- 维 Zakharov–Kuzenetsov 方程 (5.58) 的如下精确行波解

$$u_9(x,t) = \beta - (\alpha - \beta)\tan^2 \frac{1}{2}\sqrt{\frac{a(\alpha-\beta)}{3b(k^2+l^2)}}(kx+ly-\omega t+\xi_0), \quad \alpha > \beta,$$

$$u_{10}(x,t) = \beta - (\alpha - \beta)\cot^2 \frac{1}{2}\sqrt{\frac{a(\alpha-\beta)}{3b(k^2+l^2)}}(kx+ly-\omega t+\xi_0), \quad \alpha > \beta,$$

$$u_{11}(x,t) = \beta - (\beta - \alpha)\tanh^2 \frac{1}{2}\sqrt{\frac{a(\beta-\alpha)}{3b(k^2+l^2)}}(kx+ly-\omega t+\xi_0), \quad \alpha < \beta,$$

$$u_{12}(\xi) = \beta - (\beta - \alpha)\coth^2 \frac{1}{2}\sqrt{\frac{a(\beta-\alpha)}{3b(k^2+l^2)}}(kx+ly-\omega t+\xi_0), \quad \alpha < \beta,$$

$$u_{13}(x,t) = \beta + (\alpha - \beta)\operatorname{cn}^2\left(\frac{1}{2}\sqrt{\frac{a(\alpha-\gamma)}{3b(k^2+l^2)}}(kx+ly-\omega t+\xi_0), m\right), \quad m^2 = \frac{\alpha-\beta}{\alpha-\gamma},$$

$$u_{14}(x,t) = \frac{\gamma - \beta\operatorname{sn}^2\left(\frac{1}{2}\sqrt{\frac{a(\alpha-\gamma)}{3b(k^2+l^2)}}(kx+ly-\omega t+\xi_0), m\right)}{\operatorname{cn}^2\left(\frac{1}{2}\sqrt{\frac{a(\alpha-\gamma)}{3b(k^2+l^2)}}(kx+ly-\omega t+\xi_0), m\right)}, \quad m^2 = \frac{\alpha-\beta}{\alpha-\gamma},$$

$$u_{15}(x,t) = -\frac{2\sqrt{\alpha^2+p\alpha+q}}{1+\operatorname{cn}\left(\pm\sqrt{\frac{a}{3b(k^2+l^2)}}(\alpha^2+p\alpha+q)^{\frac{1}{4}}(kx+ly-\omega t+\xi_0), m\right)}$$
$$+ \alpha + \sqrt{\alpha^2+p\alpha+q}, \quad m^2 = \frac{1}{2}\left(1+\frac{\alpha+\frac{p}{2}}{\sqrt{\alpha^2+p\alpha+q}}\right),$$

$$u_{16}(x,t) = u_8(x,t) = \alpha - \frac{12b(k^2+l^2)}{a(kx+ly-\omega t+\xi_0)^2},$$

其中 k, l, ω, ξ_0 为任意常数.

5.3.2 第三种椭圆方程的显式解

根据多项式 (5.46) 的根的情况, 经直接积分法只能得到第三种椭圆方程 (5.45) 的隐式解, 借此也只能确定非线性波方程的隐式精确解. 对于能否构造第三种椭圆方程 (5.45) 的显式解的问题研究甚少, 至今还未见有人给出一个较为系统的方法. 作者通过试探法发现了构造第三种椭圆方程 (5.45) 的系数之间具有一定联系的显式精确解的两种方法.

第一种方法指的是作者于 2018 年给出的第三种椭圆方程 (5.45) 的系数 c_0, c_1 由其余两个系数 c_2, c_3 的五种不同表达式确定的情形, 即

情形1 当 $c_0 = \dfrac{(c_2+8)(c_2-4)^2}{27c_3^2}, c_1 = \dfrac{c_2^2-16}{3c_3}$ 时,

$$F_1(\xi) = -\frac{c_2+8}{3c_3} + \frac{4}{c_3}\tanh^2\xi,$$

$$F_2(\xi) = -\frac{c_2+8}{3c_3} + \frac{4}{c_3}\coth^2\xi;$$

5.3 第三种椭圆方程展开法

情形2 当 $c_0 = \dfrac{(c_2-8)(c_2+4)^2}{27c_3^2}, c_1 = \dfrac{c_2^2-16}{3c_3}$ 时,

$$F_{3a}(\xi) = -\frac{c_2-8}{3c_3} + \frac{4}{c_3}\tan^2\xi,$$

$$F_{3b}(\xi) = -\frac{c_2-8}{3c_3} + \frac{4}{c_3}\cot^2\xi;$$

情形3 当 $c_0 = \dfrac{(4m^2+c_2-2)\left[32m^2(1-m^2)-4c_2m^2+(c_2+1)^2\right]}{27c_3^2}, c_1 = \dfrac{16m^2(1-m^2)+c_2^2-1}{3c_3}$ 时,

$$F_4(\xi) = -\frac{4m^2+c_2+1}{3c_3} + \frac{2}{c_3(1+\operatorname{cn}(\xi,m))},$$

$$F_5(\xi) = -\frac{4m^2+c_2-5}{3c_3} - \frac{2}{c_3(1+\operatorname{nc}(\xi,m))};$$

情形4 当 $c_0 = \dfrac{(-2m^2+c_2+4)(m^4+(2c_2+32)m^2+c_2^2-4c_2-32)}{27c_3^2}, c_1 = \dfrac{m^2(16-m^2)+c_2^2-16}{3c_3}$ 时,

$$F_6(\xi) = -\frac{m^2+c_2+4}{3c_3} + \frac{2m^2}{c_3(1+\operatorname{dn}(\xi,m))},$$

$$F_7(\xi) = \frac{5m^2-c_2-4}{3c_3} - \frac{2m^2}{c_3(1+\operatorname{nd}(\xi,m))};$$

情形5 当 $c_0 = \dfrac{(-2m^2+c_2-2)(m^2+6m+c_2+1)(m^2-6m+c_2+1)}{27c_3^2}, c_1 = -\dfrac{m^4+14m^2-c_2^2+1}{3c_3}$ 时,

$$F_8(\xi) = \frac{5m^2-c_2-1}{3c_3} - \frac{2(m^2-1)}{c_3(1+\operatorname{sn}(\xi,m))},$$

$$F_9(\xi) = -\frac{m^2+c_2-5}{3c_3} + \frac{2(m^2-1)}{c_3(1+\operatorname{ns}(\xi,m))},$$

$$F_{10}(\xi) = \frac{5m^2-c_2-1}{3c_3} - \frac{2(m^2-1)}{c_3(1+\operatorname{cd}(\xi,m))},$$

$$F_{11}(\xi) = -\frac{m^2+c_2-5}{3c_3} + \frac{2(m^2-1)}{c_3(1+\operatorname{dc}(\xi,m))},$$

这里 $m\,(0 < m < 1)$ 为 Jacobi 椭圆函数的模.

例 5.6 考虑描述微结构固体材料中波动传播的模型方程

$$u_{tt} - bu_{xx} - \frac{\mu}{2}\left(u^2\right)_{xx} - \delta\left(\beta u_{tt} - \gamma u_{xx}\right)_{xx} = 0, \tag{5.60}$$

其中 $b, \mu, \delta, \beta, \gamma$ 等为无量纲参数, $u = u(x,t)$ 为波的宏观变形.

作行波变换

$$u(x,t) = u(\xi), \quad \xi = x - \omega t,$$

并将其代入方程 (5.60), 则得到如下常微分方程

$$\left(\omega^2 - b\right)u'' - \frac{\mu}{2}\left(u^2\right)'' - \delta\left(\beta\omega^2 - \gamma\right)u^{(4)} = 0. \tag{5.61}$$

若假设 $O(u) = n$, 而 F 满足辅助方程 (5.45), 即取 $m = 3$. 由 (4.28) 不难得到方程 (5.61) 中的最高阶导数项 $u^{(4)}$ 的阶数为 $O(u^{(4)}) = n + 2$, 而最高幂次的非线性项 $(u^2)''$ 的阶数为 $O((u^2)'') = 2n + 1$. 因此, 平衡常数为 $n = 1$. 于是, 可设方程 (5.61) 具有下面形式的解

$$u(\xi) = a_0 + a_1 F(\xi), \tag{5.62}$$

其中 $a_i\,(i = 0, 1)$ 为待定常数, $F(\xi)$ 为第三种椭圆方程 (5.45) 的由情形 1～情形 5 所给定的解.

将 (5.62) 和第三种椭圆方程 (5.45) 一起代入方程 (5.61) 后令 $F^j(\xi)$ ($j = 0, 1, 2, 3$) 的系数等于零, 则得到如下代数方程组

$$\begin{cases}
\dfrac{15}{2}\delta\gamma a_1 c_3^2 - \dfrac{15}{2}\delta\omega^2\beta a_1 c_3^2 - \dfrac{5}{2}\mu a_1^2 c_3 = 0, \\[2mm]
\dfrac{15}{2}\delta\gamma a_1 c_2 c_3 - \dfrac{15}{2}\delta\omega^2\beta a_1 c_2 c_3 - \dfrac{3}{2}\mu a_1 a_0 c_3 + \dfrac{3}{2}\omega^2 a_1 c_3 \\[2mm]
\qquad - \dfrac{3}{2} b a_1 c_3 - 2\mu a_1^2 c_2 = 0, \\[2mm]
\dfrac{9}{2}\delta\gamma a_1 c_3 c_1 - \delta\omega^2\beta a_1 c_2^2 - \dfrac{9}{2}\delta\omega^2\beta a_1 c_3 c_1 - \mu a_1 a_0 c_2 + \delta\gamma a_1 c_2^2 \\[2mm]
\qquad + \omega^2 a_1 c_2 - b a_1 c_2 - \dfrac{3}{2}\mu a_1^2 c_1 = 0, \\[2mm]
-\dfrac{1}{2}\delta\omega^2\beta a_1 c_2 c_1 - 3\delta\omega^2\beta a_1 c_3 c_0 + \dfrac{1}{2}\delta\gamma a_1 c_2 c_1 - \mu a_1^2 c_0 \\[2mm]
\qquad + 3\delta\gamma a_1 c_3 c_0 - \dfrac{1}{2}\mu a_1 a_0 c_1 - \dfrac{1}{2} b a_1 c_1 + \dfrac{1}{2}\omega^2 a_1 c_1 = 0.
\end{cases}$$

5.3 第三种椭圆方程展开法

分别将情形 1～情形 5 中给定的 c_0, c_1 代入以上代数方程组并求解,则得到同一个解

$$a_0 = \frac{c_2\delta\left(\gamma - \beta\omega^2\right) + \omega^2 - b}{\mu}, \quad a_1 = \frac{3c_3\delta\left(\gamma - \beta\omega^2\right)}{\mu}. \tag{5.63}$$

于是将 (5.63) 和 $F_j(\xi)$ ($j = 1, 2, 3a, 3b, 4, \cdots, 11$) 一起代入 (5.62) 式,则得到方程 (5.60) 的如下精确行波解

$$u_1(x,t) = \frac{12\delta(\gamma - \beta\omega^2)}{\mu}\tanh^2(x - \omega t) + \frac{8\delta(\beta\omega^2 - \gamma) + \omega^2 - b}{\mu},$$

$$u_2(x,t) = \frac{12\delta(\gamma - \beta\omega^2)}{\mu}\coth^2(x - \omega t) + \frac{8\delta(\beta\omega^2 - \gamma) + \omega^2 - b}{\mu},$$

$$u_3(x,t) = \frac{12\delta(\gamma - \beta\omega^2)}{\mu}\tan^2(x - \omega t) + \frac{8\delta(\gamma - \beta\omega^2) + \omega^2 - b}{\mu},$$

$$u_4(x,t) = \frac{12\delta(\gamma - \beta\omega^2)}{\mu}\cot^2(x - \omega t) + \frac{8\delta(\gamma - \beta\omega^2) + \omega^2 - b}{\mu},$$

$$u_5(x,t) = \frac{\delta(\beta\omega^2 - \gamma)(4m^2 + 1) + \omega^2 - b}{\mu} + \frac{6\delta(\gamma - \beta\omega^2)}{\mu\left[1 + \operatorname{cn}(x - \omega t, m)\right]},$$

$$u_6(x,t) = \frac{\delta(\beta\omega^2 - \gamma)(4m^2 - 5) + \omega^2 - b}{\mu} - \frac{6\delta(\gamma - \beta\omega^2)}{\mu\left[1 + \operatorname{nc}(x - \omega t, m)\right]},$$

$$u_7(x,t) = \frac{\delta(\beta\omega^2 - \gamma)(m^2 + 4) + \omega^2 - b}{\mu} + \frac{6m^2\delta(\gamma - \beta\omega^2)}{\mu\left[1 + \operatorname{dn}(x - \omega t, m)\right]},$$

$$u_8(x,t) = \frac{\delta(\gamma - \beta\omega^2)(5m^2 - 4) + \omega^2 - b}{\mu} - \frac{6m^2\delta(\gamma - \beta\omega^2)}{\mu\left[1 + \operatorname{nd}(x - \omega t, m)\right]},$$

$$u_9(x,t) = \frac{\delta(\gamma - \beta\omega^2)(5m^2 - 1) + \omega^2 - b}{\mu} - \frac{6\delta(m^2 - 1)(\gamma - \beta\omega^2)}{\mu\left[1 + \operatorname{sn}(x - \omega t, m)\right]},$$

$$u_{10}(x,t) = \frac{\delta(\beta\omega^2 - \gamma)(m^2 - 5) + \omega^2 - b}{\mu} + \frac{6\delta(m^2 - 1)(\gamma - \beta\omega^2)}{\mu\left[1 + \operatorname{ns}(x - \omega t, m)\right]},$$

$$u_{11}(x,t) = \frac{\delta(\gamma - \beta\omega^2)(5m^2 - 1) + \omega^2 - b}{\mu} - \frac{6\delta(m^2 - 1)(\gamma - \beta\omega^2)}{\mu\left[1 + \operatorname{cd}(x - \omega t, m)\right]},$$

$$u_{12}(x,t) = \frac{\delta(\beta\omega^2 - \gamma)(m^2 - 5) + \omega^2 - b}{\mu} + \frac{6\delta(m^2 - 1)(\gamma - \beta\omega^2)}{\mu\left[1 + \operatorname{dc}(x - \omega t, m)\right]},$$

其中 ω 为任意常数.

特别地, 当 $m \to 1$ 时, 解 u_5, u_6, u_7, u_8 退化为如下钟状型孤波解

$$u_{5a}(x,t) = u_{7a}(x,t) = \frac{5\delta(\beta\omega^2 - \gamma) + \omega^2 - b}{\mu} + \frac{6\delta(\gamma - \beta\omega^2)}{\mu[1 + \text{sech}(x - \omega t)]},$$

$$u_{6a}(x,t) = u_{8a}(x,t) = \frac{\delta(\gamma - \beta\omega^2) + \omega^2 - b}{\mu} - \frac{6\delta(\gamma - \beta\omega^2)}{\mu[1 + \cosh(x - \omega t)]},$$

而当 $m \to 0$ 时, 解 $u_5, u_6, u_9, u_{10}, u_{11}, u_{12}$ 退化为如下周期波解

$$u_{5b}(x,t) = u_{11b}(x,t) = \frac{\delta(\beta\omega^2 - \gamma) + \omega^2 - b}{\mu} + \frac{6\delta(\gamma - \beta\omega^2)}{\mu[1 + \cos(x - \omega t)]},$$

$$u_{6b}(x,t) = u_{12b}(x,t) = \frac{5\delta(\gamma - \beta\omega^2) + \omega^2 - b}{\mu} - \frac{6\delta(\gamma - \beta\omega^2)}{\mu[1 + \sec(x - \omega t)]},$$

$$u_{9b}(x,t) = \frac{\delta(\beta\omega^2 - \gamma) + \omega^2 - b}{\mu} + \frac{6\delta(\gamma - \beta\omega^2)}{\mu[1 + \sin(x - \omega t)]},$$

$$u_{10b}(x,t) = \frac{5\delta(\gamma - \beta\omega^2) + \omega^2 - b}{\mu} - \frac{6\delta(\gamma - \beta\omega^2)}{\mu[1 + \csc(x - \omega t)]}.$$

第二种方法指的是第三种椭圆方程 (5.45) 的系数 c_0, c_1 由其余两个系数 c_2, c_3 的同一个表达式确定的情形, 即在约束条件

$$\begin{cases} c_0 = \dfrac{(4m^2 + c_2 + 4)(4m^2 + c_2 - 8)(-8m^2 + c_2 + 4)}{27c_3^2}, \\ c_1 = \dfrac{16m^2(1 - m^2) + c_2^2 - 16}{3c_3} \end{cases} \tag{5.64}$$

下第三种椭圆方程 (5.45) 具有如下 Jacobi 椭圆函数解

$$F_1(\xi) = -\frac{4m^2 + c_2 + 4}{3c_3} + \frac{4m^2}{c_3}\text{sn}^2(\xi, m),$$

$$F_2(\xi) = \frac{8m^2 - c_2 - 4}{3c_3} - \frac{4m^2}{c_3}\text{cn}^2(\xi, m),$$

$$F_3(\xi) = \frac{4m^2 - c_2 + 8}{3c_3} - \frac{4}{c_3}\text{dn}^2(\xi, m),$$

$$F_4(\xi) = -\frac{4m^2 + c_2 - 8}{3c_3} - \frac{4(m^2 - 1)}{c_3}\text{sc}^2(\xi, m),$$

$$F_5(\xi) = \frac{8m^2 - c_2 - 4}{3c_3} + \frac{4m^2(m^2 - 1)}{c_3}\text{sd}^2(\xi, m),$$

5.3 第三种椭圆方程展开法

$$F_6(\xi) = -\frac{4m^2 + c_2 + 4}{3c_3} + \frac{4m^2}{c_3}\mathrm{cd}^2(\xi, m),$$

$$F_7(\xi) = -\frac{4m^2 + c_2 + 4}{3c_3} + \frac{4}{c_3}\mathrm{ns}^2(\xi, m),$$

$$F_8(\xi) = \frac{8m^2 - c_2 - 4}{3c_3} + \frac{4(1-m^2)}{c_3}\mathrm{nc}^2(\xi, m),$$

$$F_9(\xi) = -\frac{4m^2 + c_2 - 8}{3c_3} + \frac{4(m^2-1)}{c_3}\mathrm{nd}^2(\xi, m),$$

$$F_{10}(\xi) = -\frac{4m^2 + c_2 - 8}{3c_3} + \frac{4}{c_3}\mathrm{cs}^2(\xi, m),$$

$$F_{11}(\xi) = \frac{8m^2 - c_2 - 4}{3c_3} + \frac{4}{c_3}\mathrm{ds}^2(\xi, m),$$

$$F_{12}(\xi) = -\frac{4m^2 + c_2 + 4}{3c_3} + \frac{4}{c_3}\mathrm{dc}^2(\xi, m),$$

这里 $m\,(0 < m < 1)$ 为 Jacobi 椭圆函数的模.

例 5.7 考虑正则长波 (RLW) 方程

$$u_t + u_x + \alpha\left(u^2\right)_x - \beta u_{xxt} = 0, \tag{5.65}$$

其中 α, β 为常数.

在行波变换 $u(x,t) = u(\xi), \xi = x - \omega t$ 下 RLW 方程变成常微分方程

$$(1-\omega)\,u'(\xi) + \alpha\left(u^2(\xi)\right)' + \beta\omega u'''(\xi) = 0.$$

上式积分一次, 则有

$$(1-\omega)\,u(\xi) + \alpha u^2(\xi) + \beta\omega u''(\xi) + C = 0, \tag{5.66}$$

这里 C 为积分常数.

平衡 u'' 与 u^2 两项, 则由于 $O(u'') = n+1, O(u^2) = 2n$, 从而得到平衡常数 $n = 1$. 于是可设方程 (5.66) 具有如下形式的解

$$u(\xi) = a_0 + a_1 F(\xi), \tag{5.67}$$

其中 $a_j\,(j = 0, 1)$ 为待定常数, $F(\xi)$ 为以上给出的方程 (5.45) 的 Jacobi 椭圆函数解.

将 (5.67) 和方程 (5.45) 一同代入 (5.66) 后令 F^j $(j=0,1,2)$ 的系数等于零, 则得到代数方程组

$$\begin{cases} \alpha a_1^2 + \dfrac{3}{2}\beta\omega a_1 c_3 = 0, \\ a_0 - a_0\omega + a_0^2\alpha + \dfrac{\beta\omega a_1 c_1}{2} + C = 0, \\ a_1 c_2 \beta\omega + 2a_0 a_1 \alpha - a_1\omega + a_1 = 0. \end{cases} \tag{5.68}$$

将 (5.64) 代入 (5.68) 后关于 a_0, a_1, c_2, c_3, C 求解可得

$$a_1 = -\frac{3\beta\omega c_3}{2\alpha}, \quad c_2 = \frac{\omega - 1 - 2\alpha a_0}{\beta\omega}, \quad C = \frac{(\omega-1)^2 - 16\beta^2\omega^2(m^4 - m^2 + 1)}{4\alpha}. \tag{5.69}$$

把 (5.69) 和前面给出的方程 (5.45) 的解一起代入 (5.67), 则得到 RLW 方程的如下 Jacobi 椭圆函数解

$$u_1(x,t) = -\frac{6\beta\omega m^2}{\alpha}\operatorname{sn}^2(x-\omega t, m) + \frac{4\beta\omega(m^2+1) + \omega - 1}{2\alpha},$$

$$u_2(x,t) = \frac{6\beta\omega m^2}{\alpha}\operatorname{cn}^2(x-\omega t, m) - \frac{4\beta\omega(2m^2-1) - \omega + 1}{2\alpha},$$

$$u_3(x,t) = \frac{6\beta\omega}{\alpha}\operatorname{dn}^2(x-\omega t, m) + \frac{4\beta\omega(m^2-2) + \omega - 1}{2\alpha},$$

$$u_4(x,t) = \frac{6\beta\omega(m^2-1)}{\alpha}\operatorname{sc}^2(x-\omega t, m) + \frac{4\beta\omega(m^2-2) + \omega - 1}{2\alpha},$$

$$u_5(x,t) = -\frac{6\beta\omega m^2(m^2-1)}{\alpha}\operatorname{sd}^2(x-\omega t, m) - \frac{4\beta\omega(2m^2-1) - \omega + 1}{2\alpha},$$

$$u_6(x,t) = -\frac{6\beta\omega m^2}{\alpha}\operatorname{cd}^2(x-\omega t, m) + \frac{4\beta\omega(m^2+1) + \omega - 1}{2\alpha},$$

$$u_7(x,t) = -\frac{6\beta\omega}{\alpha}\operatorname{ns}^2(x-\omega t, m) + \frac{4\beta\omega(m^2+1) + \omega - 1}{2\alpha},$$

$$u_8(x,t) = \frac{6\beta\omega(m^2-1)}{\alpha}\operatorname{nc}^2(x-\omega t, m) - \frac{4\beta\omega(m^2-1) - \omega + 1}{2\alpha},$$

$$u_9(x,t) = -\frac{6\beta\omega(m^2-1)}{\alpha}\operatorname{nd}^2(x-\omega t, m) + \frac{4\beta\omega(m^2-2) + \omega - 1}{2\alpha},$$

$$u_{10}(x,t) = -\frac{6\beta\omega}{\alpha}\operatorname{cs}^2(x-\omega t, m) + \frac{4\beta\omega(m^2-2) + \omega - 1}{2\alpha},$$

$$u_{11}(x,t) = -\frac{6\beta\omega}{\alpha}\text{ds}^2(x-\omega t, m) - \frac{4\beta\omega(2m^2-1) - \omega + 1}{2\alpha},$$

$$u_{12}(x,t) = -\frac{6\beta\omega}{\alpha}\text{dc}^2(x-\omega t, m) + \frac{4\beta\omega(m^2+1) + \omega - 1}{2\alpha},$$

其中 ω 为任意常数, m $(0 < m < 1)$ 为 Jacobi 椭圆函数的模.

5.4 通用 F-展开法

本节将给出一般椭圆方程 (4.1), 即

$$F'^2(\xi) = c_0 + c_1 F(\xi) + c_2 F^2(\xi) + c_3 F^3(\xi) + c_4 F^4(\xi) \tag{5.70}$$

的 Jacobi 椭圆函数解, 并借助这些解引入作者于 2018 年提出的通用 F-展开法, 即给出 F-展开法的一般性推广. 从后面的讨论可以看出, 通用 F-展开法不但能够给出一般椭圆方程 (5.70) 的 Jacobi 椭圆函数解而且以 F-展开法作为特例. 另一方面, 通用 F-展开法也突破了难以用直接方法构造一般椭圆方程的 Jacobi 椭圆函数解的困境, 从而扩大了辅助方程法的应用范围, 有望给出非线性波方程更多的 Jacobi 椭圆函数解.

利用直接假设法, 经计算不难得到一般椭圆方程 (5.70) 的由系数之间的三种联系所确定的 Jacobi 椭圆函数解.

情形1 当 $c_0 = \dfrac{(c_3^2 - 16c_4)(c_3^2 - 16c_4 m^2)}{256 c_4^3}, c_1 = \dfrac{c_3 \left[c_3^2 - 8c_4(m^2+1)\right]}{16 c_4^2}, c_2 = \dfrac{3c_3^2 - 8c_4(m^2+1)}{8c_4}$ 时,

$$F_1(\xi) = \frac{\varepsilon m}{\sqrt{c_4}}\text{sn}(\xi, m) - \frac{c_3}{4c_4}, \quad c_4 > 0,$$

$$F_2(\xi) = \frac{\varepsilon}{\sqrt{c_4}}\text{ns}(\xi, m) - \frac{c_3}{4c_4}, \quad c_4 > 0,$$

$$F_3(\xi) = \frac{\varepsilon m}{\sqrt{c_4}}\text{cd}(\xi, m) - \frac{c_3}{4c_4}, \quad c_4 > 0,$$

$$F_4(\xi) = \frac{\varepsilon}{\sqrt{c_4}}\text{dc}(\xi, m) - \frac{c_3}{4c_4}, \quad c_4 > 0.$$

情形2 当 $c_0 = \dfrac{\left[c_3^2 + 16c_4(m^2-1)\right](c_3^2 + 16c_4 m^2)}{256 c_4^3}, c_1 = \dfrac{c_3 \left[c_3^2 + 8c_4(2m^2-1)\right]}{16 c_4^2},$
$c_2 = \dfrac{3c_3^2 + 8c_4(2m^2-1)}{8c_4}$ 时,

$$F_5(\xi) = \frac{\varepsilon m}{\sqrt{-c_4}}\text{cn}(\xi, m) - \frac{c_3}{4c_4}, \quad c_4 < 0,$$

$$F_6(\xi) = \varepsilon\sqrt{\frac{1-m^2}{c_4}}\mathrm{nc}(\xi,m) - \frac{c_3}{4c_4}, \quad c_4 > 0,$$

$$F_7(\xi) = \varepsilon m\sqrt{\frac{1-m^2}{-c_4}}\mathrm{sd}(\xi,m) - \frac{c_3}{4c_4}, \quad c_4 < 0,$$

$$F_8(\xi) = \frac{\varepsilon}{\sqrt{c_4}}\mathrm{ds}(\xi,m) - \frac{c_3}{4c_4}, \quad c_4 > 0.$$

情形3 当 $c_0 = \dfrac{(c_3^2 + 16c_4)\left[c_3^2 + 16c_4(1-m^2)\right]}{256c_4^3}, c_1 = \dfrac{c_3\left[c_3^2 + 8c_4(2-m^2)\right]}{16c_4^2}$, $c_2 = \dfrac{3c_3^2 + 8c_4(2-m^2)}{8c_4}$ 时,

$$F_9(\xi) = \frac{\varepsilon}{\sqrt{-c_4}}\mathrm{dn}(\xi,m) - \frac{c_3}{4c_4}, \quad c_4 < 0,$$

$$F_{10}(\xi) = \varepsilon\sqrt{\frac{1-m^2}{-c_4}}\mathrm{nd}(\xi,m) - \frac{c_3}{4c_4}, \quad c_4 < 0,$$

$$F_{11}(\xi) = \varepsilon\sqrt{\frac{1-m^2}{c_4}}\mathrm{sc}(\xi,m) - \frac{c_3}{4c_4}, \quad c_4 > 0,$$

$$F_{12}(\xi) = \frac{\varepsilon}{\sqrt{c_4}}\mathrm{cs}(\xi,m) - \frac{c_3}{4c_4}, \quad c_4 > 0.$$

在以上三种情形中置 $c_3 = 0$, 则都有 $c_1 = 0$, 且分别给出如下联系

$$c_0 = \frac{m^2}{c_4}, \quad c_2 = -(m^2+1), \tag{5.71}$$

$$c_0 = \frac{m^2(m^2-1)}{c_4}, \quad c_2 = 2m^2-1, \tag{5.72}$$

$$c_0 = \frac{1-m^2}{c_4}, \quad c_2 = 2-m^2. \tag{5.73}$$

在 (5.71)∼(5.73) 中分别取表 5.1 中对应于 $c_2 = -(m^2+1), c_2 = 2m^2-1$ 和 $c_2 = 2-m^2$ 的系数 c_0 的值, 就可算出对应系数 c_4 的值以及对应的 Jacobi 椭圆函数解, 即得到了 F- 展开法所给出的所有 Jacobi 椭圆函数解以及对应参数的值. 这说明 F- 展开法是通用 F- 展开法的特例.

例 5.8 考虑 Zakharov–Kuznetsov–Benjamin–Bona–Mahony (ZK-BBM) 方程

$$u_t + u_x - 2auu_x - bu_{xxt} = 0, \tag{5.74}$$

5.4 通用 F-展开法

其中 a,b 为非零常数. ZK-BBM 方程为描述 (1+1)- 维单向传播的长表面小振幅重力波而改进 KdV 方程得到的. 与 KdV 方程相比, 它的解是稳定且唯一的, 与此相反 KdV 方程的解在波数分量取最大值的点处不稳定.

将行波变换 $u(x,t) = u(\xi), \xi = x - \omega t$ 代入方程 (5.74) 后关于 ξ 积分一次, 则得

$$(1-\omega)u - au^2 + b\omega u'' + C = 0, \tag{5.75}$$

这里 C 为积分常数.

使方程 (5.75) 中的线性最高阶导数项 u'' 与最高幂次的非线性项 u^2 相互抵消, 则得到平衡常数 $n=2$. 于是, 可设方程 (5.75) 具有如下形式的解

$$u(\xi) = a_0 + a_1 F(\xi) + a_2 F^2(\xi), \tag{5.76}$$

其中 a_j $(j=0,1,2)$ 为待定常数, $F(\xi)$ 表示本节情形 1~ 情形 3 中给出的一般椭圆方程 (5.70) 的 Jacobi 椭圆函数解.

将 (5.76) 和 (5.70) 一起代入 (5.75) 后令 $F^j(\xi)$ $(j=0,1,2,3,4)$ 的系数等于零, 则得到如下代数方程组

$$\begin{cases} -\omega a_0 - aa_0^2 + 2\omega b a_2 c_0 + \dfrac{1}{2}\omega b a_1 c_1 + a_0 + C = 0, \\ -\omega a_2 - aa_1^2 + a_2 + 4\omega b a_2 c_2 + \dfrac{3}{2}\omega b a_1 c_3 - 2aa_0 a_2 = 0, \\ 6\omega b a_2 c_4 - aa_2^2 = 0, \\ 2\omega b a_1 c_4 + 5\omega b a_2 c_3 - 2aa_1 a_2 = 0, \\ \omega b a_1 c_2 + 3\omega b a_2 c_1 - 2aa_0 a_1 + a_1(1-\omega) = 0. \end{cases} \tag{5.77}$$

(1) 将情形 1 中给出的 c_0, c_1, c_2 的表达式代入 (5.77) 后进行求解, 可得

$$a_0 = \frac{-16b\omega c_4(m^2+1) + 3b\omega c_3^2 + 4c_4(1-\omega)}{8ac_4}, \quad a_1 = \frac{3b\omega c_3}{a},$$

$$a_2 = \frac{6b\omega c_4}{a}, \quad C = \frac{16b^2\omega^2(m^4 - m^2 + 1) - (\omega-1)^2}{4a}. \tag{5.78}$$

于是将 (5.78) 和情形 1 中的四种解 $F_j(\xi)$ $(j=1,2,3,4)$ 一起代入 (5.76) 式, 则得到 ZK–BBM 方程的如下解

$$u_1(x,t) = \frac{6\omega b m^2}{a}\operatorname{sn}^2(x-\omega t, m) + \frac{1-\omega-4\omega b(m^2+1)}{2a},$$

$$u_2(x,t) = \frac{6\omega b}{a}\mathrm{ns}^2(x-\omega t, m) + \frac{1-\omega-4\omega b\left(m^2+1\right)}{2a},$$

$$u_3(x,t) = \frac{6\omega b m^2}{a}\mathrm{cd}^2(x-\omega t, m) + \frac{1-\omega-4\omega b\left(m^2+1\right)}{2a},$$

$$u_4(x,t) = \frac{6\omega b}{a}\mathrm{dc}^2(x-\omega t, m) + \frac{1-\omega-4\omega b\left(m^2+1\right)}{2a},$$

其中 ω 为任意常数.

(2) 将情形 2 中给出的 c_0, c_1, c_2 的表达式代入 (5.77) 后可求得

$$a_0 = \frac{16b\omega c_4(2m^2-1) + 3b\omega c_3^2 + 4c_4(1-\omega)}{8ac_4}, \quad a_1 = \frac{3b\omega c_3}{a},$$

$$a_2 = \frac{6b\omega c_4}{a}, \quad C = \frac{16b^2\omega^2(m^4-m^2+1)-(\omega-1)^2}{4a}. \tag{5.79}$$

将 (5.79) 和情形 2 中的四种解 $F_j(\xi)$ $(j=5,6,7,8)$ 一起代入 (5.76) 式, 则得到 ZK-BBM 方程的如下解

$$u_5(x,t) = -\frac{6\omega b m^2}{a}\mathrm{cn}^2(x-\omega t, m) + \frac{1-\omega+4\omega b\left(2m^2-1\right)}{2a},$$

$$u_6(x,t) = \frac{6\omega b(1-m^2)}{a}\mathrm{nc}^2(x-\omega t, m) + \frac{1-\omega+4\omega b\left(2m^2-1\right)}{2a},$$

$$u_7(x,t) = \frac{6\omega b m^2(m^2-1)}{a}\mathrm{sd}^2(x-\omega t, m) + \frac{1-\omega+4\omega b\left(2m^2-1\right)}{2a},$$

$$u_8(x,t) = \frac{6\omega b}{a}\mathrm{ds}^2(x-\omega t, m) + \frac{1-\omega+4\omega b\left(2m^2-1\right)}{2a},$$

其中 ω 为任意常数.

(3) 将情形 3 中给出的 c_0, c_1, c_2 的表达式代入 (5.77) 后可求得

$$a_0 = \frac{16b\omega c_4(2-m^2) + 3b\omega c_3^2 + 4c_4(1-\omega)}{8ac_4}, \quad a_1 = \frac{3b\omega c_3}{a},$$

$$a_2 = \frac{6b\omega c_4}{a}, \quad C = \frac{16b^2\omega^2(m^4-m^2+1)-(\omega-1)^2}{4a}. \tag{5.80}$$

将 (5.80) 和情形 3 中的四种解 $F_j(\xi)$ $(j=9,10,11,12)$ 一起代入 (5.76) 式, 则得到 ZK-BBM 方程的如下解

$$u_9(x,t) = -\frac{6\omega b}{a}\mathrm{dn}^2(x-\omega t, m) + \frac{1-\omega+4\omega b\left(2-m^2\right)}{2a},$$

$$u_{10}(x,t) = \frac{6\omega b(m^2-1)}{a}\operatorname{nd}^2(x-\omega t, m) + \frac{1-\omega+4\omega b(2-m^2)}{2a},$$

$$u_{11}(x,t) = \frac{6\omega b(1-m^2)}{a}\operatorname{sc}^2(x-\omega t, m) + \frac{1-\omega+4\omega b(2-m^2)}{2a},$$

$$u_{12}(x,t) = \frac{6\omega b}{a}\operatorname{cs}^2(x-\omega t, m) + \frac{1-\omega+4\omega b(2-m^2)}{2a},$$

其中 ω 为任意常数.

第 6 章　广义辅助方程法及其应用

本章介绍求解含正幂次非线性项的非线性波方程的广义辅助方程法, 包括广义 Riccati 方程法、广义 Bernoulli 方程法和广义辅助方程法等. 同时, 将给出 Bernoulli 方程的 Bäcklund 变换并简要介绍 Bernoulli 方程展开法.

6.1　广义 Riccati 方程法

本节首先通过一类函数变换将 Riccati 方程推广到更加一般的情形, 即给出广义 Riccati 方程, 并借助 Riccati 方程与广义 Riccati 方程系数之间的联系以及 Riccati 方程的解给出广义 Riccati 方程的解. 其次, 用广义 Riccati 方程作为辅助方程, 提出求解含正幂次非线性项的非线性波方程的广义 Riccati 方程法.

用辅助方程法求解含正幂次非线性项的非线性波方程的一般做法是借助适当的函数变换把原方程转化为适合于用辅助方程法求解的方程, 再用辅助方程法进行求解. 绕过作变换的复杂过程, 用直接方法求解含正幂次非线性项的非线性波方程的另一途径是设法给出与方程中所含非线性项的幂次相关联的新的辅助方程, 并改进截断形式级数解的形式. 构造这类新辅助方程的最直接、最有效的途径就是加以推广原有的一些辅助方程, 这样便于利用旧的辅助方程的已知解构造新的辅助方程的解.

按照这一思路, 为利用辅助方程法求解含正幂次非线性项的非线性波方程, 考虑下面新的辅助方程

$$G'(\xi) = aG^{1-r}(\xi) + bG(\xi) + cG^{1+r}(\xi), \tag{6.1}$$

其中 $r > 0, a, b, c$ 为常数.

方程 (6.1) 包含了三个重要方程, 即当 $r = 1$ 时, 变成 Riccati 方程

$$G'(\xi) = a + bG(\xi) + cG^2(\xi),$$

当 $a = 0, r = m - 1$ ($m \neq 0, 1$) 时, 变成 Bernoulli 方程

$$G'(\xi) = bG(\xi) + cG^m(\xi),$$

而当 $r = m - 1$ 时, 变成 Riccati–Bernoulli 方程

6.1 广义 Riccati 方程法

$$G'(\xi) = aG^{2-m}(\xi) + bG(\xi) + cG^m(\xi).$$

因此, 选取方程 (6.1) 作为辅助方程求解非线性波方程时有望得到以这三个方程作为辅助方程的展开法所给出的解. 另外, 方程 (6.1) 的某些子方程已经用于求解含正幂次非线性项的非线性波方程. 如 2014 年, 王明亮等引入方程

$$F'(\xi) = \pm \left[AF(\xi) - F^{1+\frac{q}{p}}(\xi) \right],$$

其中 $A > 0$, 而 p, q 为任意正整数, 即用方程 (6.1) 中取 $r = q/p, a = 0, b = \pm A, c = \mp 1$ 的子方程并给出一系列含有正分数幂次非线性项的非线性波方程的精确行波解.

因为, Riccati 方程 (2.39) 可以通过变换

$$F(\xi) = G^r(\xi) \tag{6.2}$$

转化为如下方程

$$G'(\xi) = \frac{c_0}{r} G^{1-r}(\xi) + \frac{c_1}{r} G(\xi) + \frac{c_2}{r} G^{1+r}(\xi), \tag{6.3}$$

也即, 在变换 (6.2) 下 Riccati 方程 (2.39) 变成形式上与方程 (6.1) 完全相同的方程 (6.3). 这说明, 方程 (6.1) 是 Riccati 方程 (2.39) 的一般性推广. 基于此, 称方程 (6.1) 为广义 Riccati 方程.

不难发现, Riccati 方程 (2.39) 与广义 Riccati 方程 (6.1) 的系数之间具有如下联系

$$c_0 = ra, \quad c_1 = rb, \quad c_2 = rc. \tag{6.4}$$

利用上式, 并通过直接计算发现 Riccati 方程 (2.39) 的判别式 $\Delta = c_1^2 - 4c_0c_2$ 和广义 Riccati 方程 (6.1) 的判别式 $\delta = b^2 - 4ac$ 之间具有如下联系

$$\Delta = r^2 \delta, \tag{6.5}$$

且系数 a, b, c 分别与系数 c_0, c_1, c_2 同号, Δ 与 δ 同号.

在 Riccati 方程 (2.39) 的解 (2.40) 中代入关系式 (6.4) 及 (6.5) 后得到 $F(\xi)$ 的表达式, 再借助变换 (6.2) 的逆变换, 则得到广义 Riccati 方程 (6.1) 的解如下

$$G(\xi) = \begin{cases} \left[-\dfrac{b}{2c} - \dfrac{\sqrt{\delta}}{2c}\tanh\left(\dfrac{r\sqrt{\delta}}{2}\xi\right)\right]^{\frac{1}{r}}, & \delta = b^2 - 4ac > 0, \\ \left[-\dfrac{b}{2c} - \dfrac{\sqrt{\delta}}{2c}\coth\left(\dfrac{r\sqrt{\delta}}{2}\xi\right)\right]^{\frac{1}{r}}, & \delta = b^2 - 4ac > 0, \\ \left[-\dfrac{b}{2c} - \dfrac{1}{rc(\xi + \xi_0)}\right]^{\frac{1}{r}}, & \delta = b^2 - 4ac = 0, \\ \left[-\dfrac{b}{2c} + \dfrac{\sqrt{-\delta}}{2c}\tan\left(\dfrac{r\sqrt{-\delta}}{2}\xi\right)\right]^{\frac{1}{r}}, & \delta = b^2 - 4ac < 0, \\ \left[-\dfrac{b}{2c} - \dfrac{\sqrt{-\delta}}{2c}\cot\left(\dfrac{r\sqrt{-\delta}}{2}\xi\right)\right]^{\frac{1}{r}}, & \delta = b^2 - 4aca < 0. \end{cases} \quad (6.6)$$

同理, 由 Riccati 方程 (2.39) 的分式型解 (2.49), (2.51), 有理解 (2.53) 和指数函数解 (2.54) 经关系式 (6.4), (6.5) 及变换 (6.2) 可得到广义 Riccati 方程 (6.1) 的分式型解、有理解和指数函数解如下

$$G(\xi) = \begin{cases} \left[-\dfrac{b}{2c} - \dfrac{\sqrt{\delta}\left(r_1\tanh\left(\dfrac{r\sqrt{\delta}}{2}\xi\right) + r_2\right)}{2c\left(r_1 + r_2\tanh\left(\dfrac{r\sqrt{\delta}}{2}\xi\right)\right)}\right]^{\frac{1}{r}}, & \delta = b^2 - 4ac > 0, \\ \left[-\dfrac{b}{2c} + \dfrac{\sqrt{-\delta}\left(r_3\tan\left(\dfrac{r\sqrt{-\delta}}{2}\xi\right) - r_4\right)}{2c\left(r_3 + r_4\tan\left(\dfrac{r\sqrt{-\delta}}{2}\xi\right)\right)}\right]^{\frac{1}{r}}, & \delta = b^2 - 4ac < 0, \\ \left[-\dfrac{b}{2c} - \dfrac{1}{rc(\xi + \xi_0)}\right]^{\frac{1}{r}}, & \delta = 0, \\ \left(-\dfrac{a}{b} + de^{rb\xi}\right)^{\frac{1}{r}}, & c = 0, \end{cases} \quad (6.7)$$

其中 d 为任意常数, 参数 r_1, r_2 与 r_3, r_4 分别满足条件

$$r_2 \neq \pm r_1, \quad r_1^2 + r_2^2 \neq 0, \qquad (6.8)$$
$$r_3^2 + r_4^2 \neq 0. \qquad (6.9)$$

利用广义 Riccati 方程法求解非线性波方程的具体步骤为在 1.1 节的辅助方程法步骤的第二步中取:

(1) 辅助方程为方程 (6.1), 其解由 (6.6) 式给定;

6.1 广义 Riccati 方程法

(2) 解的展开式 (1.9) 以

$$u(\xi) = \lambda G^n(\xi), \quad \xi = x - \omega t \tag{6.10}$$

来代替, 其中 $\lambda \neq 0$ 和 ω 为待定常数, n 为通常的平衡常数.

下面考虑用广义 Riccati 方程法求解含正幂次非线性项的非线性波方程的例子.

例 6.1 考虑广义 Burgers 方程

$$u_t + \alpha u^{\frac{q}{p}} u_x + \beta u_{xx} = 0, \tag{6.11}$$

其中 α, β 为常数, p, q 为正整数.

置 $r = q/p$, 并作行波变换

$$u(x,t) = u(\xi), \quad \xi = x - \omega t, \tag{6.12}$$

可将方程 (6.11) 变换为常微分方程

$$-\omega u'(\xi) + \alpha u^r(\xi) u'(\xi) + \beta u''(\xi) = 0, \tag{6.13}$$

其中 ω 为待定常数.

假设方程 (6.13) 具有形如 (6.10) 的解, 并使最高幂次的非线性项 $u^r u'$ 与线性最高阶导数项 u'' 相互抵消, 即令 $O(u^r u') = nr + n + r$ 及 $O(u'') = n + 2r$ 相等, 则得到平衡常数 $n = 1$. 于是, 方程 (6.13) 的解可取为

$$u(\xi) = \lambda G(\xi), \quad \lambda \neq 0. \tag{6.14}$$

将 (6.14) 同方程 (6.1) 一起代入方程 (6.13) 后令 $G, G^{1-2r}, G^{1-r}, G^{1+r}, G^{1+2r}$ 的系数等于零, 则得到如下代数方程组

$$\begin{cases} -ra^2\beta\lambda + a^2\beta\lambda = 0, \\ -rab\beta\lambda + 2ab\beta\lambda - a\lambda\omega = 0, \\ -b\omega\lambda + a\alpha\lambda^{1+r} + 2ac\beta\lambda + b^2\beta\lambda = 0, \\ rbc\beta\lambda + 2bc\beta\lambda + b\lambda^{1+r}\alpha - c\lambda\omega = 0, \\ rc^2\beta\lambda + c^2\beta\lambda + c\lambda^{1+r}\alpha = 0. \end{cases}$$

用 Maple 系统求得该代数方程组的解为

$$a = 0, \quad \lambda = \left(-\frac{\beta(1+r)c}{\alpha}\right)^{\frac{1}{r}} = \left(-\frac{\beta\left(1+\frac{q}{p}\right)c}{\alpha}\right)^{\frac{p}{q}}, \quad \omega = b\beta. \tag{6.15}$$

注意到 $\delta = b^2 > 0$, 并将 (6.15) 代入 (6.6) 和 (6.14) 后借助 (6.12) 式, 则得到广义 Burgers 方程 (6.11) 的如下精确行波解

$$u_1(x,t) = \left[\frac{b\beta}{2\alpha}\left(1+\frac{q}{p}\right)\left(1+\tanh\frac{bq}{2p}(x-b\beta t)\right)\right]^{\frac{p}{q}},$$

$$u_2(x,t) = \left[\frac{b\beta}{2\alpha}\left(1+\frac{q}{p}\right)\left(1+\coth\frac{bq}{2p}(x-b\beta t)\right)\right]^{\frac{p}{q}},$$

这里当 q 为偶数, p 为奇数时要求满足限制条件 $b > 0, \alpha\beta > 0$ 或 $b < 0, \alpha\beta < 0$.

特别地, 当 $q = p$ 时, 以上两个解将约化到 Burgers 方程

$$u_t + \alpha u u_x + \beta u_{xx} = 0$$

的精确行波解

$$u_{1a}(x,t) = \frac{\beta A}{\alpha}\left[1+\tanh\frac{A}{2}(x-\beta A t)\right], \quad b = A, \ A > 0, \ \alpha\beta > 0,$$

$$u_{1b}(x,t) = -\frac{\beta A}{\alpha}\left[1-\tanh\frac{A}{2}(x+\beta A t)\right], \quad b = -A, \ A > 0, \ \alpha\beta < 0,$$

$$u_{2a}(x,t) = \frac{\beta A}{\alpha}\left[1+\coth\frac{A}{2}(x-\beta A t)\right], \quad b = A, \ A > 0, \ \alpha\beta > 0,$$

$$u_{2b}(x,t) = -\frac{\beta A}{\alpha}\left[1-\coth\frac{A}{2}(x+\beta A t)\right], \quad b = -A, \ A > 0, \ \alpha\beta < 0.$$

例 6.2 考虑广义 KP–Burgers 方程

$$\left(u_t + \alpha u^{\frac{q}{p}} u_x + \beta u_{xxx} + \gamma u_{xx}\right)_x + \sigma^2 u_{yy} = 0, \quad \sigma = \pm 1, \tag{6.16}$$

其中 α, β, γ 为常数, p, q 为正整数.

置 $r = q/p$, 并将行波变换

$$u(x,y,t) = u(\xi), \quad \xi = x + ky - \omega t \tag{6.17}$$

代入方程 (6.16) 后关于 ξ 积分两次并取积分常数为零, 则得到常微分方程

$$(\sigma^2 k^2 - \omega)u + \frac{\alpha}{1+r}u^{r+1} + \beta u'' + \gamma u' = 0, \tag{6.18}$$

这里 k, ω 为待定常数.

设方程 (6.18) 具有形如 (6.10) 的解, 则平衡方程中的 u^{r+1} 和 u'' 两项, 即令 $O(u^{r+1}) = n(r+1)$ 与 $O(u'') = n+2r$ 相等, 则得 $n = 2$. 于是, 可设方程 (6.18) 有解

$$u(\xi) = \lambda G^2(\xi), \quad \lambda \neq 0, \tag{6.19}$$

6.1 广义 Riccati 方程法

并将其同 (6.1) 一起代入方程 (6.18) 后令 $G^{2\pm jr}$ ($j=0,1,2$) 的系数等于零, 则得到下面的代数方程组

$$\begin{cases} -2a^2r\beta\lambda + 4a^2\beta\lambda = 0, \\ -2abr\beta\lambda + 8ab\beta\lambda + 2a\gamma\lambda = 0, \\ k^2\lambda\sigma^2 + 8ac\beta\lambda + 4b^2\beta\lambda + 2b\gamma\lambda - \lambda\omega = 0, \\ 2bcr\beta\lambda + 8bc\beta\lambda + 2c\gamma\lambda = 0, \\ \dfrac{\alpha\lambda^{1+r}}{1+r} + 4c^2\beta\lambda + 2c^2r\beta\lambda = 0. \end{cases}$$

用 Maple 求得该代数方程组的解为

$$\begin{cases} a = 0, \quad b = -\dfrac{\gamma}{\beta(r+4)} = -\dfrac{\gamma}{\beta\left(\dfrac{q}{p}+4\right)}, \\ \lambda = \left[-\dfrac{2\beta}{\alpha}c^2(r+2)(r+1)\right]^{\frac{1}{r}} = \left[-\dfrac{2\beta}{\alpha}c^2\left(\dfrac{q}{p}+2\right)\left(\dfrac{q}{p}+1\right)\right]^{\frac{p}{q}}, \\ \omega = k^2\sigma^2 - \dfrac{2\gamma^2(r+2)}{\beta(r+4)^2} = k^2\sigma^2 - \dfrac{2\gamma^2\left(\dfrac{q}{p}+2\right)}{\beta\left(\dfrac{q}{p}+4\right)^2}. \end{cases} \quad (6.20)$$

注意到 $\delta = b^2 > 0$, 由 (6.20), (6.6), (6.17) 和 (6.19) 得到广义 KP-Burgers 方程 (6.16) 的精确行波解

$$u_1(x,y,t) = \left[-\dfrac{\gamma^2\left(\dfrac{q}{p}+2\right)\left(\dfrac{q}{p}+1\right)}{2\alpha\beta\left(\dfrac{q}{p}+4\right)^2}\left(1+\tanh\left(-\dfrac{q\gamma}{2p\beta\left(\dfrac{q}{p}+4\right)}\xi\right)\right)^2\right]^{\frac{p}{q}},$$

$$u_2(x,y,t) = \left[-\dfrac{\gamma^2\left(\dfrac{q}{p}+2\right)\left(\dfrac{q}{p}+1\right)}{2\alpha\beta\left(\dfrac{q}{p}+4\right)^2}\left(1+\coth\left(-\dfrac{q\gamma}{2p\beta\left(\dfrac{q}{p}+4\right)}\xi\right)\right)^2\right]^{\frac{p}{q}},$$

$$\xi = x + ky - \left(k^2\sigma^2 - \dfrac{2\gamma^2\left(\dfrac{q}{p}+2\right)}{\beta\left(\dfrac{q}{p}+4\right)^2}\right)t, \quad \alpha\beta < 0.$$

特别地, 当 $q = p$ 时, 以上两个解分别给出 KP-Burgers 方程

$$(u_t + \alpha u u_x + \beta u_{xxx} + \gamma u_{xx})_x + \sigma^2 u_{yy} = 0$$

的精确行波解

$$u_{1a}(x,y,t) = -\frac{3\gamma^2}{25\alpha\beta}\left[1+\tanh\left(-\frac{\gamma}{10\beta}\xi\right)\right]^2,$$

$$u_{2a}(x,y,t) = -\frac{3\gamma^2}{25\alpha\beta}\left[1+\coth\left(-\frac{\gamma}{10\beta}\xi\right)\right]^2,$$

$$\xi = x + ky - \left(k^2\sigma^2 - \frac{6\gamma^2}{25\beta}\right)t.$$

6.2 广义 Bernoulli 方程法

本节首先给出 Bernoulli 方程的解与 Bäcklund 变换并介绍 Bernoulli 方程展开法. 其次, 对 Bernoulli 方程进行推广并给出广义 Bernoulli 方程及其解的基础上提出求解含正幂次非线性项的非线性波方程的广义 Bernoulli 方程法.

6.2.1 Bernoulli 方程展开法

本节将给出 Bernoulli 方程的解与 Bäcklund 变换并介绍构造非线性波方程精确行波解与有理解的另一个简单代数方法, 即 Bernoulli 方程展开法.

作者于 2002 年, 提出 Bernoulli 方程展开法时所取的辅助方程为 Bernoulli 方程

$$F'(\xi) = b_1 F(\xi) + b_2 F^m(\xi), \quad m \neq 0, 1, \tag{6.21}$$

其中 b_1, b_2 为常数.

可以由 Bernoulli 方程与 Riccati 方程的联系得出 Bernoulli 方程 (6.21) 的解. 事实上, Bernoulli 方程 (6.21) 经变换

$$F(\xi) = G^{\frac{1}{m-1}}(\xi) \tag{6.22}$$

可化为 Riccati 方程

$$G'(\xi) = (m-1)b_1 G(\xi) + (m-1)b_2 G^2(\xi), \tag{6.23}$$

亦即相当于 Riccati 方程 (2.39) 中取 $c_0 = 0, c_1 = (m-1)b_1, c_2 = (m-1)b_2$ 且判别式 $\Delta = c_1^2 - 4c_0 c_2 = (m-1)^2 b_1^2 > 0$ 的情形. 因此, 根据 Riccati 方程 (2.39) 的解的

6.2 广义 Bernoulli 方程法

表达式 (2.40) 和变换 (6.22) 可知 Riccati 方程 (6.23), 从而 Bernoulli 方程 (6.21) 不具有三角函数形式的解, 它的解可由 (2.40) 式得出, 即

$$F(\xi) = \begin{cases} \left[-\dfrac{b_1}{2b_2}\left(1+\tanh\left(\dfrac{b_1(m-1)}{2}\xi\right)\right)\right]^{\frac{1}{m-1}}, & b_1 b_2 \neq 0, \\ \left[\dfrac{1}{b_2(1-m)\xi}\right]^{\frac{1}{m-1}}, & b_1=0, b_2 \neq 0, \\ \left[-\dfrac{b_1}{2b_2}\left(1+\coth\left(\dfrac{b_1(m-1)}{2}\xi\right)\right)\right]^{\frac{1}{m-1}}, & b_1 b_2 \neq 0. \end{cases} \quad (6.24)$$

不仅如此, 还可以根据 Riccati 方程双参数分式型解的表达式 (2.49), 可得到 Bernoulli 方程 (6.21) 的如下双参数分式型孤波解和有理解

$$F(\xi) = \begin{cases} \left[-\dfrac{b_1}{2b_2}\left(1+\dfrac{r_1 \tanh\left(\dfrac{(m-1)b_1}{2}\xi\right)+r_2}{r_1+r_2\tanh\left(\dfrac{(m-1)b_1}{2}\xi\right)}\right)\right]^{\frac{1}{m-1}}, & b_1 b_2 \neq 0, \\ \left[\dfrac{1}{b_2(1-m)\xi}\right]^{\frac{1}{m-1}}, & b_1=0, b_2 \neq 0, \end{cases} \quad (6.25)$$

这里 r_1, r_2 为任意参数且满足非平凡且非退化的条件

$$r_2 \neq \pm r_1, \quad r_1^2 + r_2^2 \neq 0. \quad (6.26)$$

接下来, 考虑 Bernoulli 方程 (6.21) 的 Bäcklund 变换. 为此, 假设 $F_n(\xi), F_{n-1}(\xi)$ 为 Bernoulli 方程 (6.21) 的两个解, 那么有

$$F_n'(\xi) = b_1 F_n(\xi) + b_2 F_n^m(\xi), \quad F_{n-1}'(\xi) = b_1 F_{n-1}(\xi) + b_2 F_{n-1}^m(\xi).$$

经分离变量后上式可以写成

$$\frac{dF_n}{b_1 F_n + b_2 F_n^m} = \frac{dF_{n-1}}{b_1 F_{n-1} + b_2 F_{n-1}^m}.$$

积分上式可得

$$\frac{1}{b_1(m-1)} \ln \frac{F_n^{m-1}}{b_1+b_2 F_n^{m-1}} = \frac{1}{b_1(m-1)} \ln \frac{F_{n-1}^{m-1}}{b_1+b_2 F_{n-1}^{m-1}} + \frac{1}{b_1(m-1)}\ln(A),$$

其中 A 为积分常数.

由上式解出 F_n 并置 $\alpha = 1/A$, 则得到 Bernoulli 方程 (6.21) 的 Bäcklund 变换如下

$$F_n = \left(\frac{b_1 F_{n-1}^{m-1}}{\alpha \left(b_1 + b_2 F_{n-1}^{m-1}\right) - b_2 F_{n-1}^{m-1}}\right)^{\frac{1}{m-1}} = \left(\frac{b_1 F_{n-1}^m}{\alpha F_{n-1}' - b_2 F_{n-1}^m}\right)^{\frac{1}{m-1}}, \quad (6.27)$$

其中 α 为参数.

2011 年, 郑滨提出的 Bernoulli 子方程法所采用的辅助方程为 Bernoulli 方程

$$F'(\xi) + \lambda F(\xi) = \mu F^2(\xi), \quad \lambda \neq 0,$$

它对应于方程 (6.21) 中取 $m = 2, b_1 = -\lambda, b_2 = \mu$ 的特殊情形, 也即常数项为零的 Riccati 方程. 他对所给出的两个解

$$F(\xi) = \frac{1}{\frac{\mu}{\lambda} + de^{\lambda \xi}}, \quad \mu \neq 0,$$

$$F(\xi) = de^{-\lambda \xi}, \quad \mu = 0$$

没有进行讨论并加以简化, 故不具有一般性.

2014 年, 傅海明等提出新辅助函数法时采用了 Bernoulli 方程

$$F'(\xi) = pF^3(\xi) + rF(\xi),$$

其中 p, r 为常数. 显然, 该方程是 Bernoulli 方程 (6.21) 取 $m = 3$ 的特殊情形, 故不具有三角函数解. 因此, 他们所给出的复值三角函数解实质上是双曲函数解, 而其他多种双曲函数解则可以通过 Bäcklund 变换得出.

另外, Bernoulli 方程 (6.21) 还可以推广为

$$F'(\xi) = AF(\xi) + BF^{\frac{m}{n}}(\xi), \quad m \neq 0, n, \quad (6.28)$$

其中 A, B 为常数.

事实上, 作变换 $F(\xi) = f^n(\xi)$, 则可将方程 (6.28) 变换为 Bernoulli 方程

$$f'(\xi) = \frac{A}{n} f(\xi) + \frac{B}{n} f^{m-n+1}(\xi). \quad (6.29)$$

从而借助 Bernoulli 方程 (6.21) 的解的表达式 (6.24) 和变换 $F(\xi) = f^n(\xi)$, 则得到方程 (6.28) 的如下解

$$F(\xi) = \begin{cases} \left[-\dfrac{A}{2B}\left(1 + \tanh\left(\dfrac{A(m-n)}{2n}\xi\right)\right)\right]^{\frac{n}{m-n}}, & AB \neq 0, \\ \left[\dfrac{n}{B(n-m)\xi}\right]^{\frac{1}{m-n}}, & A = 0, B \neq 0, \\ \left[-\dfrac{A}{2B}\left(1 + \coth\left(\dfrac{A(m-n)}{2n}\xi\right)\right)\right]^{\frac{n}{m-n}}, & AB \neq 0. \end{cases} \quad (6.30)$$

6.2 广义 Bernoulli 方程法

此外, 先借助 (6.25) 给出方程 (6.29) 的双参数分式型解, 再用变换 $F(\xi) = f^n(\xi)$, 则得到方程 (6.28) 的双参数分式型解和有理解

$$F(\xi) = \begin{cases} \left[-\dfrac{A}{2B}\left(1 + \dfrac{r_1 \tanh\left(\dfrac{(m-n)A}{2}\xi\right) + r_2}{r_1 + r_2 \tanh\left(\dfrac{(m-n)A}{2}\xi\right)}\right)\right]^{\frac{n}{m-n}}, & AB \neq 0, \\ \left[\dfrac{n}{B(n-m)\xi}\right]^{\frac{n}{m-n}}, & A = 0,\ B \neq 0, \end{cases} \quad (6.31)$$

其中 r_1, r_2 为参数且满足条件 (6.26).

下面用一个例子来说明 Bernoulli 方程展开法的用法.

例 6.3 考虑 FitzHugh–Nagumo (FN) 方程

$$u_t - u_{xx} = u(u-\alpha)(1-u), \quad (6.32)$$

其中 α 为常数. FN 方程是一个重要的反应扩散方程, 出现在遗传学、生物学和热质量转移等研究领域, 用于描述生物学的神经再生及传导以及推演钢 (CB) 分子的性质等.

作变换 $u(x,t) = u(\xi), \xi = x - \omega t$, 那么 FN 方程将变成

$$\omega u' + u'' + u(u-\alpha)(1-u) = 0, \quad (6.33)$$

其中 ω 为任意常数.

在 Bernoulli 方程展开法中, 若取

$$u(\xi) = \sum_{j=0}^{n} a_j F^j(\xi), \quad (6.34)$$

其中 $a_j\,(j = 0, 1, 2, \cdots, n)$ 为待定常数, $F(\xi)$ 为 Bernoulli 方程 (6.21) 的解.

设 $O(u) = n, O(F') = m$, 则不难得到如下关系式

$$\begin{cases} O\left(\dfrac{d^p u}{d\xi^p}\right) = n + (m-1)p, \\ O\left(u^q \dfrac{d^p u}{d\xi^p}\right) = (q+1)n + (m-1)p. \end{cases} \quad (6.35)$$

令方程 (6.33) 中的 u'' 项与 u^3 项相互抵消, 则由 (6.35) 式可得 $n - 2 + 2m = 3n$, 即 $n = m - 1$. 为了与 Riccati 方程展开法区别起见, 在 Bernoulli 方程展开法中通

常可取 $m \neq 2$. 所以, 若取 $m = 3$, 则得到 $n = 2$. 从而可设方程 (6.33) 具有如下形式的解

$$u(\xi) = a_0 + a_1 F(\xi) + a_2 F^2(\xi), \tag{6.36}$$

其中 a_j $(j = 0, 1, 2)$ 为待定常数.

将 (6.36) 同 Bernoulli 方程 (6.21) 一起代入方程 (6.33) 后令 F^j $(j = 0, 1, 2, 3, 4, 5, 6)$ 的系数等于零, 则得到代数方程组

$$\begin{cases} -a_2^3 + 8a_2 b_2^2 = 0, \\ -3a_1 a_2^2 + 3a_1 b_2^2 = 0, \\ -a_0^3 + \alpha a_0^2 + a_0^2 - \alpha a_0 = 0, \\ -3a_0^2 a_1 + 2\alpha a_0 a_1 + a_1 b_1^2 + \omega a_1 b_1 + 2a_0 a_1 - \alpha a_1 = 0, \\ -3a_0 a_2^2 - 3a_1^2 a_2 + \alpha a_2^2 + 12 a_2 b_1 b_2 + 2\omega a_2 b_2 + a_2^2 = 0, \\ -6 a_0 a_1 a_2 - a_1^3 + 2\alpha a_1 a_2 + 4 a_1 b_1 b_2 + \omega a_1 b_2 + 2a_1 a_2 = 0, \\ -3 a_0^2 a_2 - 3 a_0 a_1^2 + 2\alpha a_0 a_2 + \alpha a_1^2 + 4 a_2 b_1^2 + 2\omega a_2 b_1 \\ \quad + 2 a_0 a_2 + a_1^2 - \alpha a_2 = 0. \end{cases}$$

用 Maple 求解此代数方程组, 则得到如下解

(1) $a_0 = a_1 = 0, a_2 = \pm 2\sqrt{2} b_2, b_1 = \mp \dfrac{\sqrt{2}}{4}, \omega = \mp \dfrac{(2\alpha - 1)\sqrt{2}}{2};$

(2) $a_0 = a_1 = 0, a_2 = \pm 2\sqrt{2} b_2, b_1 = \mp \dfrac{\sqrt{2}}{4}\alpha, \omega = \pm \dfrac{(\alpha - 2)\sqrt{2}}{2};$

(3) $a_0 = 1, a_1 = 0, a_2 = \pm 2\sqrt{2} b_2, b_1 = \pm \dfrac{\sqrt{2}}{4}, \omega = \mp \dfrac{(2\alpha - 1)\sqrt{2}}{2};$

(4) $a_0 = 1, a_1 = 0, a_2 = \pm 2\sqrt{2} b_2, b_1 = \pm \dfrac{(\alpha - 1)\sqrt{2}}{4}, \omega = \pm \dfrac{(\alpha + 1)\sqrt{2}}{2};$

(5) $a_0 = \alpha, a_1 = 0, a_2 = \pm 2\sqrt{2} b_2, b_1 = \pm \dfrac{\sqrt{2}\alpha}{4}, \omega = \pm \dfrac{(\alpha - 2)\sqrt{2}}{2};$

(6) $a_0 = \alpha, a_1 = 0, a_2 = \pm 2\sqrt{2} b_2, b_1 = \pm \dfrac{(\alpha - 1)\sqrt{2}}{4}, \omega = \pm \dfrac{(\alpha + 1)\sqrt{2}}{2}.$

将代数方程组的解 (1) 或 (3) 同 $m = 3$ 时的 Bernoulli 方程的解 (6.21) 一起代入 (6.36), 则得到 FN 方程的扭结孤波解与奇异孤波解

$$u_1(x, t) = \frac{1}{2}\left[1 \mp \tanh \frac{\sqrt{2}}{4}\left(x \pm \frac{(2\alpha - 1)\sqrt{2}}{2} t\right)\right],$$

$$u_2(x,t) = \frac{1}{2}\left[1 \mp \coth\frac{\sqrt{2}}{4}\left(x \pm \frac{(2\alpha-1)\sqrt{2}}{2}t\right)\right].$$

把代数方程组的解 (2) 或 (5) 同 $m=3$ 时的 Bernoulli 方程的解 (6.21) 一起代入 (6.36), 则得到 FN 方程的扭结孤波解与奇异孤波解

$$u_3(x,t) = \frac{\alpha}{2}\left[1 \mp \tanh\frac{\sqrt{2}\alpha}{4}\left(x \mp \frac{(\alpha-2)\sqrt{2}}{2}t\right)\right],$$

$$u_4(x,t) = \frac{\alpha}{2}\left[1 \mp \coth\frac{\sqrt{2}\alpha}{4}\left(x \mp \frac{(\alpha-2)\sqrt{2}}{2}t\right)\right].$$

将代数方程组的解 (4) 或 (6) 同 $m=3$ 时的 Bernoulli 方程的解 (6.21) 一起代入 (6.36), 则得到 FN 方程的扭结孤波解与奇异孤波解

$$u_5(x,t) = \frac{1+\alpha}{2} \pm \frac{1-\alpha}{2}\tanh\frac{(\alpha-1)\sqrt{2}}{4}\left(x \mp \frac{(\alpha+1)\sqrt{2}}{2}t\right),$$

$$u_6(x,t) = \frac{1+\alpha}{2} \pm \frac{1-\alpha}{2}\coth\frac{(\alpha-1)\sqrt{2}}{4}\left(x \mp \frac{(\alpha+1)\sqrt{2}}{2}t\right).$$

注 6.1 若选取 $F(\xi)$ 为 Bernoulli 方程的分式型解 (6.25), 则可以给出 FN 方程的分式型解. 选用 $m=2$ 时, Bernoulli 方程展开法将变成 Riccati 方程展开法的特殊情形, 此时同样也可以得到 FN 方程的以上六个解.

6.2.2 广义 Bernoulli 方程法

下面将利用函数变换给出 Bernoulli 方程的一般性推广——广义 Bernoulli 方程及其解, 并在此基础上提出求解含正幂次非线性项的非线性波方程的广义 Bernoulli 方程法.

Bernoulli 方程 (6.21) 经变换

$$F(\xi) = G^r(\xi) \tag{6.37}$$

后可以化为

$$G'(\xi) = B_1 G(\xi) + B_2 G^{(m-1)r+1}(\xi), \tag{6.38}$$

其中

$$b_1 = rB_1, \quad b_2 = rB_2. \tag{6.39}$$

称 (6.38) 为广义 Bernoulli 方程, 它的解是

$$F(\xi) = \begin{cases} \left[-\dfrac{B_1}{2B_2}\left(1+\tanh\left(\dfrac{r(m-1)B_1}{2}\xi\right)\right)\right]^{\frac{1}{r(m-1)}}, & B_1B_2 \neq 0, \\ \left[\dfrac{1}{r(1-m)B_2\xi}\right]^{\frac{1}{r(m-1)}}, & B_1 = 0, B_2 \neq 0, \\ \left[-\dfrac{B_1}{2B_2}\left(1+\coth\left(\dfrac{r(m-1)B_1}{2}\xi\right)\right)\right]^{\frac{1}{r(m-1)}}, & B_1B_2 \neq 0. \end{cases} \quad (6.40)$$

用广义 Bernoulli 方程法求解含正幂次非线性项的非线性波方程时, 可假设方程有如下形式的解

$$u(\xi) = \lambda G^n(\xi), \quad (6.41)$$

其中 $\lambda \neq 0$ 为待定常数, $G(\xi)$ 满足广义 Bernoulli 方程 (6.38).

若置 $O(u) = n$, 则由于 $O(G') = (m-1)r + 1$. 由此不难得到如下关系式

$$\begin{cases} O\left(\dfrac{d^p u}{d\xi^p}\right) = n + p(m-1)r, \\ O\left(u^q \dfrac{d^p u}{d\xi^p}\right) = (q+1)n + p(m-1)r. \end{cases} \quad (6.42)$$

例 6.4 考虑广义 KdV–Burgers 方程

$$u_t + au^{\frac{q}{p}}u_x + bu_{xxx} + cu_{xx} = 0, \quad (6.43)$$

其中 p, q 为正整数, a, b, c 为常数.

置 $r = q/p$, 并将行波变换 $u(x,t) = u(\xi), \xi = x - \omega t$ 代入方程 (6.43) 后积分一次并取积分常数为零, 则得到如下常微分方程

$$-\omega u + \dfrac{a}{1+r}u^{1+r} + bu'' + cu' = 0. \quad (6.44)$$

由 (6.42), 可得 $O(u'') = n + 2(m-1)r, O(u^{1+r}) = n(1+r)$. 因此, 若令方程 (6.44) 中的 u'' 项与 u^{1+r} 项相互抵消, 则得到 $n = 2(m-1)$.

因为, 广义 Bernoulli 方程 (6.38) 当 $m = 2$ 时退化到 $a = 0$ 的广义 Riccati 方程 (6.1). 因此, 在使用广义 Bernoulli 方程法时一般取 $m \neq 2$, 以区别于广义 Riccati 方程法.

因此, 若置 $m = 3$, 则得 $n = 4$. 因此, 可设方程 (6.44) 具有下面形式的解

$$u(\xi) = \lambda G^4(\xi), \quad \lambda \neq 0. \quad (6.45)$$

6.2 广义 Bernoulli 方程法

将 $m=3$ 时的方程 (6.38) 同 (6.45) 一起代入 (6.44) 后令 G^4, G^{4+2r}, G^{4+4r} 的系数等于零, 则得到代数方程组

$$\begin{cases} 8b\lambda r B_1 B_2 + 32b\lambda B_1 B_2 + 4c\lambda B_2 = 0, \\ \dfrac{a\lambda^{1+r}}{1+r} + 16b\lambda B_2^2 + 8b\lambda r B_2^2 = 0, \\ 16b\lambda B_1^2 + 4c\lambda B_1 - \lambda\omega = 0. \end{cases}$$

解此代数方程组, 则可得

$$B_1 = -\frac{c}{2b(r+4)}, \quad \lambda = \left(-\frac{8b(r+1)(r+2)B_2^2}{a}\right)^{\frac{1}{r}}, \quad \omega = -\frac{2c^2(r+2)}{b(r+4)^2}. \tag{6.46}$$

将 (6.46) 和 (6.40) 代入 (6.45), 并借助 $r=q/p$, 则得到广义 KdV–Burgers 方程的孤波解和奇异孤波解

$$u_1(x,t) = \left[-\frac{c^2\left(\frac{q}{p}+1\right)\left(\frac{q}{p}+2\right)}{2ab\left(\frac{q}{p}+4\right)^2}\left(1+\tanh\left(-\frac{qc}{2pb\left(\frac{q}{p}+4\right)}\xi\right)\right)^2 \right]^{\frac{p}{q}},$$

$$u_2(x,t) = \left[-\frac{c^2\left(\frac{q}{p}+1\right)\left(\frac{q}{p}+2\right)}{2ab\left(\frac{q}{p}+4\right)^2}\left(1+\coth\left(-\frac{qc}{2pb\left(\frac{q}{p}+4\right)}\xi\right)\right)^2 \right]^{\frac{p}{q}},$$

$$\xi = x + \frac{2c^2\left(\frac{q}{p}+2\right)}{b\left(\frac{q}{p}+4\right)^2}t, \quad bc<0, \quad ab<0.$$

当 $q=p$ 时, 由以上两个解得到 KdV–Burgers 方程

$$u_t + auu_x + bu_{xxx} + cu_{xx} = 0$$

的孤波解和奇异孤波解

$$u(x,t) = -\frac{3c^2}{25ab}\left[1+\tanh\left(-\frac{c}{10b}\left(x+\frac{6c^2}{25b}t\right)\right)\right]^2, \quad bc<0,$$

$$u(x,t) = -\frac{3c^2}{25ab}\left[1+\coth\left(-\frac{c}{10b}\left(x+\frac{6c^2}{25b}t\right)\right)\right]^2, \quad bc<0.$$

例 6.5 考虑广义 Fisher 方程

$$u_t - \alpha u_{xx} - \beta u\left(1 - u^\gamma\right) = 0, \tag{6.47}$$

其中 α, β, γ 为实常数.

将行波变换 $u(x,t) = u(\xi), \xi = x - \omega t$ 代入 (6.47) 并置 $\gamma = r$, 则得到

$$\omega u' + \alpha u'' + \beta u\left(1 - u^r\right) = 0. \tag{6.48}$$

假设 $O(u) = n, O(G') = (m-1)r + 1$ 并平衡方程 (6.48) 中的 u'' 项与 u^{1+r} 项, 则得到 $n + 2(m-1)r = n(1+r)$, 亦即 $n = 2(m-1)$.

因此, 若置 $m = 3$, 则得 $n = 4$. 于是, 可设方程 (6.48) 具有如下形式的解

$$u(\xi) = \lambda G^4(\xi), \quad \lambda \neq 0. \tag{6.49}$$

将 (6.49) 同 $m = 3$ 时的方程 (6.38) 一起代入 (6.48) 后令 G^4, G^{4+2r}, G^{4+4r} 的系数等于零, 则得到代数方程组

$$\begin{cases} 8\alpha\lambda r B_1 B_2 + 32\alpha\lambda B_1 B_2 + 4\lambda\omega B_2 = 0, \\ 8\alpha\lambda r B_2^2 + 16\alpha\lambda B_2^2 - \beta\lambda^{1+r} = 0, \\ 16\alpha\lambda B_1^2 + 4\lambda\omega B_1 + \beta\lambda = 0. \end{cases}$$

用 Maple 求得该代数方程组的如下两组解

$$B_1 = \sqrt{\frac{\beta}{8\alpha(r+2)}}, \quad \omega = -2\alpha(r+4)\sqrt{\frac{\beta}{8\alpha(r+2)}}, \quad \lambda = \left(\frac{8\alpha(r+2)B_2^2}{\beta}\right)^{\frac{1}{r}}, \tag{6.50}$$

$$B_1 = -\sqrt{\frac{\beta}{8\alpha(r+2)}}, \quad \omega = 2\alpha(r+4)\sqrt{\frac{\beta}{8\alpha(r+2)}}, \quad \lambda = \left(\frac{8\alpha(r+2)B_2^2}{\beta}\right)^{\frac{1}{r}}. \tag{6.51}$$

把 (6.50), (6.40) 代入 (6.49) 并将 r 换成 γ, 则得到广义 Fisher 方程的如下孤波解与奇异孤波解

$$u_1(x,t) = \left[\frac{1}{2}\left(1 + \tanh\left(\frac{\gamma}{4}\sqrt{\frac{2\beta}{\alpha(\gamma+2)}}\xi\right)\right)\right]^{\frac{2}{\gamma}},$$

$$u_2(x,t) = \left[\frac{1}{2}\left(1 + \coth\left(\frac{\gamma}{4}\sqrt{\frac{2\beta}{\alpha(\gamma+2)}}\xi\right)\right)\right]^{\frac{2}{\gamma}},$$

$$\xi = x + 2\alpha(\gamma+4)\sqrt{\frac{\beta}{8\alpha(\gamma+2)}}t.$$

6.2 广义 Bernoulli 方程法

同理, 将 (6.51), (6.40) 代入 (6.49) 并将 r 换成 γ, 则得到 Fisher 方程的如下孤波解与奇异孤波解

$$u_3(x,t) = \left[\frac{1}{2}\left(1 - \tanh\left(\frac{\gamma}{4}\sqrt{\frac{2\beta}{\alpha(\gamma+2)}}\xi\right)\right)\right]^{\frac{2}{\gamma}},$$

$$u_4(x,t) = \left[\frac{1}{2}\left(1 - \coth\left(\frac{\gamma}{4}\sqrt{\frac{2\beta}{\alpha(\gamma+2)}}\xi\right)\right)\right]^{\frac{2}{\gamma}},$$

$$\xi = x - 2\alpha(\gamma+4)\sqrt{\frac{\beta}{8\alpha(\gamma+2)}}t.$$

特别地, 当 $\alpha = \beta = \gamma = 1$ 时, 由以上解可得到 Fisher 方程

$$u_t - u_{xx} - u(1-u) = 0$$

的如下精确行波解

$$u_{1a}(x,t) = \frac{1}{4}\left[1 + \tanh\frac{1}{2\sqrt{6}}\left(x + \frac{5}{\sqrt{6}}t\right)\right]^2,$$

$$u_{2a}(x,t) = \frac{1}{4}\left[1 + \coth\frac{1}{2\sqrt{6}}\left(x + \frac{5}{\sqrt{6}}t\right)\right]^2,$$

$$u_{3a}(x,t) = \frac{1}{4}\left[1 - \tanh\frac{1}{2\sqrt{6}}\left(x - \frac{5}{\sqrt{6}}t\right)\right]^2,$$

$$u_{4a}(x,t) = \frac{1}{4}\left[1 - \coth\frac{1}{2\sqrt{6}}\left(x - \frac{5}{\sqrt{6}}t\right)\right]^2,$$

而当 $\alpha = \beta = 1, \gamma = 2$ 时, 由以上解可得到 Newell–Whitehead 方程

$$u_t - u_{xx} - u(1-u^2) = 0$$

的如下精确行波解

$$u_{1b}(x,t) = \frac{1}{2}\left[1 + \tanh\frac{1}{2\sqrt{2}}\left(x + \frac{3}{\sqrt{2}}t\right)\right],$$

$$u_{2b}(x,t) = \frac{1}{2}\left[1 + \coth\frac{1}{2\sqrt{2}}\left(x + \frac{3}{\sqrt{2}}t\right)\right],$$

$$u_{3b}(x,t) = \frac{1}{2}\left[1 - \tanh\frac{1}{2\sqrt{2}}\left(x - \frac{3}{\sqrt{2}}t\right)\right],$$

$$u_{4b}(x,t) = \frac{1}{2}\left[1 - \coth\frac{1}{2\sqrt{2}}\left(x - \frac{3}{\sqrt{2}}t\right)\right].$$

6.3 广义辅助方程法

本节将沿用前两节所用的函数变换法给出广义辅助方程及其解, 并介绍求解含正幂次非线性项的非线性波方程的广义辅助方程法.

下面考虑对辅助方程 (3.1) 作一般性推广而得到如下广义辅助方程

$$G'^2(\xi) = aG^2(\xi) + bG^{2+r}(\xi) + cG^{2+2r}(\xi), \quad r > 0, \tag{6.52}$$

这里 a, b, c 为常数.

2003 年, 我们提出辅助方程法之初考虑了方程 (6.52) 中取 $r = 1$ 和 $r = 2$ 的两种情形. 王明亮教授的研究团队分别于 2007 年和 2016 年考虑了方程 (6.52) 取 $r = p$ 和 $r = q/p$ 的情形以及某些子方程, 从而推广了辅助方程法. 2008 年, 杨先林等给出 $r = p$ 时的方程 (6.52) 的 24 个解. 2010 年, 孙峪怀等给出 $r = 2p$ 及 $r = 4p$ 时的推广方程 (6.52) 以及相应的解. 但后两种推广忽略了解之间的等价性, 因而给出的解未必相互独立. 现在, 已经清楚基本辅助方程 (3.1) 的解的分类, 从而可以清楚地给出方程 (6.52) 的解的分类.

为给出方程 (6.52) 的解, 对辅助方程 (3.1) 引入变换

$$F(\xi) = G^r(\xi), \tag{6.53}$$

那么方程 (3.1) 将变成

$$G'^2(\xi) = \frac{c_2}{r^2}G^2(\xi) + \frac{c_3}{r^2}G^{2+r}(\xi) + \frac{c_4}{r^2}G^{2+2r}(\xi), \tag{6.54}$$

即在变换 (6.53) 下方程 (3.1) 变成与 (6.52) 形式完全相同的方程 (6.54), 只是方程 (3.1) 与方程 (6.52) 的系数之间有着下面的联系

$$c_2 = r^2 a, \quad c_3 = r^2 b, \quad c_4 = r^2 c. \tag{6.55}$$

不难验证方程 (3.1) 的判别式 $\Delta = c_3^2 - 4c_2c_4$ 与方程 (6.52) 的判别式 $\delta = b^2 - 4ac$ 之间成立如下关系式

$$\Delta = r^4 \delta. \tag{6.56}$$

由 (6.55) 和 (6.56) 可以看出 a, b, c 分别与 c_2, c_3, c_4 同号, δ 与 Δ 同号. 因此, 可借助变换 (6.53) 的逆变换

$$G(\xi) = F^{\frac{1}{r}}(\xi) \tag{6.57}$$

和关系式 (6.55) 与 (6.56) 不难给出如表 6.1 所示的方程 (6.52) 的解的分类.

6.3 广义辅助方程法

表 6.1 方程 (6.52) 的解的分类表(其中 $\delta = b^2 - 4ac, \varepsilon = \pm 1$)

编号	$G(\xi)$	条件
1	$\left(\dfrac{2a}{\varepsilon\sqrt{\delta}\cosh\left(r\sqrt{a}\xi\right) - b}\right)^{\frac{1}{r}}$	$\delta > 0, a > 0$
2	$\left(\dfrac{2a}{\varepsilon\sqrt{-\delta}\sinh\left(r\sqrt{a}\xi\right) - b}\right)^{\frac{1}{r}}$	$\delta < 0, a > 0$
3	$\left(\dfrac{2a}{\varepsilon\sqrt{\delta}\cos\left(r\sqrt{-a}\xi\right) - b}\right)^{\frac{1}{r}}$ 或 $\left(\dfrac{2a}{\varepsilon\sqrt{\delta}\sin\left(r\sqrt{-a}\xi\right) - b}\right)^{\frac{1}{r}}$	$\delta > 0, a < 0$
4	$\left(-\dfrac{a}{b}\left[1 + \varepsilon\tanh\left(\dfrac{r\sqrt{a}}{2}\xi\right)\right]\right)^{\frac{1}{r}}$	$\delta = 0, a > 0$
5	$\left(-\dfrac{a}{b}\left[1 + \varepsilon\coth\left(\dfrac{r\sqrt{a}}{2}\xi\right)\right]\right)^{\frac{1}{r}}$	$\delta = 0, a > 0$
6	$e^{\varepsilon\sqrt{a}\xi}$	$a > 0, b = c = 0$
7	$\left(\dfrac{\varepsilon}{r\sqrt{c}\xi}\right)^{\frac{1}{r}}$	$a = b = 0, c > 0$
8	$\left(\dfrac{4b}{r^2b^2\xi^2 - 4c}\right)^{\frac{1}{r}}$	$a = 0$

例 6.6 现在考虑广义 KdV 方程

$$u_t + u^{\frac{q}{p}}u_x + u_{xxx} = 0, \tag{6.58}$$

其中 p, q 为正整数.

置 $r = q/p$, 并作行波变换 $u(x,t) = u(\xi), \xi = x - \omega t$, 则方程 (6.58) 将变成常微分方程

$$-\omega u'(\xi) + u^r(\xi)u'(\xi) + u'''(\xi) = 0. \tag{6.59}$$

假设方程 (6.59) 具有形如 (6.10) 的解, 那么在用广义辅助方程法求解时需要考虑 $c = 0$ 和 $c \neq 0$ 的两种情况.

当 $c = 0$ 时, 由于 $O(u) = n, O(G') = 1 + r/2$. 因此, 令 $u^r u'$ 项与 u''' 项相互抵消, 则得 $O(u^r u') = nr + n + r/2, O(u''') = n + 3r/2$, 由此可以确定平衡常数 $n = 1$.

因此, 当 $c = 0$ 时可设方程 (6.59) 有如下解

$$u(\xi) = \lambda G(\xi), \quad \lambda \neq 0, \tag{6.60}$$

并将其代入方程 (6.59) 后令 $G', G^r G'$ 的系数等于零, 则得

$$\begin{cases} \lambda^{r+1} + \dfrac{1}{2}b\lambda\left(r^2 + 3r + 2\right) = 0, \\ \lambda(a - \omega) = 0, \end{cases}$$

并由此解出

$$\omega = a, \quad \lambda = \left[-\frac{b}{2}(r+1)(r+2)\right]^{\frac{1}{r}} = \left[-\frac{b}{2}\left(\frac{q}{p}+1\right)\left(\frac{q}{p}+2\right)\right]^{\frac{p}{q}}, \quad (6.61)$$

这里当 q 为偶数时 $b < 0$.

将 (6.61) 代入表 6.1 中对应于 $c = 0$ 的解后再借助 (6.60), 则得到广义 KdV 方程 (6.58) 的如下精确行波解

$$u_1(x,t) = \left[a\left(\frac{q}{2p}+1\right)\left(\frac{q}{p}+1\right)\operatorname{sech}^2\frac{q\sqrt{a}}{2p}(x-at)\right]^{\frac{p}{q}}, \quad a > 0,$$

$$u_2(x,t) = \left[-a\left(\frac{q}{2p}+1\right)\left(\frac{q}{p}+1\right)\operatorname{csch}^2\frac{q\sqrt{a}}{2p}(x-at)\right]^{\frac{p}{q}}, \quad a > 0,$$

$$u_3(x,t) = \left[a\left(\frac{q}{2p}+1\right)\left(\frac{q}{p}+1\right)\sec^2\frac{q\sqrt{-a}}{2p}(x-at)\right]^{\frac{p}{q}}, \quad a < 0,$$

这里解 u_2, u_3 当 q 为奇数或 p 为偶数时成立.

当 $c \neq 0$ 时, 由于 $O(u) = n, O(G') = 1 + r$. 因此, 令 $u^r u'$ 项与 u''' 项相互抵消, 则得 $O(u^r u') = nr + n + r$, $O(u''') = n + 3r$, 由此可以确定平衡常数 $n = 2$. 因此, 可取方程 (6.59) 的解为

$$u(\xi) = \lambda G^2(\xi), \quad \lambda \neq 0. \quad (6.62)$$

将 (6.62) 和 (6.52) 一起代入方程 (6.59) 后令 $G^{1+jr}G'$ ($j = 0, 1, 2$) 的系数等于零, 则得到如下代数方程组

$$\begin{cases} b\lambda\left(r^2 + 6r + 8\right) = 0, \\ 2\lambda^{r+1} + 4c\lambda\left(r^2 + 3r + 2\right) = 0, \\ 2\lambda(4a - \omega) = 0. \end{cases}$$

解此代数方程组可得

$$b = 0, \quad \omega = 4a, \quad \lambda = [-2c(r+1)(r+2)]^{\frac{1}{r}} = \left[-2c\left(\frac{q}{p}+1\right)\left(\frac{q}{p}+2\right)\right]^{\frac{p}{q}}, \quad (6.63)$$

这里当 q 为偶数时 $c < 0$.

注意到 $\Delta = -4ac$, 将 (6.63) 代入表 6.1 中的前三个解当中并借助 (6.62), 则得到广义 KdV 方程 (6.58) 的如下精确行波解

$$u_4(x,t) = \left[2a\left(\frac{q}{p}+1\right)\left(\frac{q}{p}+2\right)\operatorname{sech}^2\frac{q\sqrt{a}}{p}(x-4at)\right]^{\frac{p}{q}}, \quad a > 0,$$

6.3 广义辅助方程法

$$u_5(x,t) = \left[-2a\left(\frac{q}{p}+1\right)\left(\frac{q}{p}+2\right)\operatorname{csch}^2\frac{q\sqrt{a}}{p}(x-4at)\right]^{\frac{p}{q}}, \quad a>0,$$

$$u_6(x,t) = \left[2a\left(\frac{q}{p}+1\right)\left(\frac{q}{p}+2\right)\sec^2\frac{q\sqrt{-a}}{p}(x-4at)\right]^{\frac{p}{q}}, \quad a<0,$$

其中解 u_5, u_6 当 q 为奇数时才有意义.

特别地, 当 $q=p$ 时, 以上得到的解 u_j $(j=1,\cdots,6)$ 将给出 KdV 方程 $u_t + uu_x + u_{xxx} = 0$ 的如下精确行波解

$$u_{1a}(x,t) = 3a\operatorname{sech}^2\frac{\sqrt{a}}{2}(x-at), \quad a>0,$$

$$u_{2a}(x,t) = -3a\operatorname{csch}^2\frac{\sqrt{a}}{2}(x-at), \quad a>0,$$

$$u_{3a}(x,t) = 3a\sec^2\frac{\sqrt{-a}}{2}(x-at), \quad a<0$$

$$u_{4a}(x,t) = 12a\operatorname{sech}^2\sqrt{a}\,(x-4at), \quad a>0,$$

$$u_{5a}(x,t) = -12a\operatorname{csch}^2\sqrt{a}\,(x-4at), \quad a>0,$$

$$u_{6a}(x,t) = 12a\sec^2\sqrt{-a}\,(x-4at), \quad a<0.$$

例 6.7 下面考虑广义 KdV–mKdV 方程

$$u_t + \left(\alpha + \beta u^p + \gamma u^{2p}\right)u_x + u_{xxx} = 0, \tag{6.64}$$

其中 α, β, γ, p $(p>0)$ 为常数.

作行波变换 $u(x,t) = u(\xi), \xi = x - \omega t$, 则方程 (6.64) 变成如下常微分方程

$$-\omega u'(\xi) + \left(\alpha + \beta u^p(\xi) + \gamma u^{2p}(\xi)\right)u'(\xi) + u'''(\xi) = 0. \tag{6.65}$$

假设方程 (6.65) 具有形如 $u(\xi) = \lambda G^n(\xi)$ $(\lambda \neq 0)$ 的解, 则 $O(u) = n, O(G') = 1+p$, 从而 $O(u''') = n+3p, O(u^{2p}u') = 2np+n+p$. 因此, 平衡常数 $n=1$. 于是, 可以取方程 (6.65) 的解为

$$u(\xi) = \lambda G(\xi), \quad \lambda \neq 0. \tag{6.66}$$

将 (6.66) 同方程 (6.52) 一起代入 (6.65) 后令 G^j $(j=0,p,2p)$ 的系数等于零, 则得到代数方程组

$$\begin{cases} 2(a+\alpha-\omega) = 0, \\ 2\beta\lambda^p + b\left(p^2+3p+2\right) = 0, \\ 2\gamma\lambda^{2p} + 2c\left(2p^2+3p+1\right) = 0. \end{cases}$$

解之得

$$a=\omega-\alpha,\quad c=-\frac{\gamma b^2(p+1)(p+2)^2}{4\beta^2(1+2p)},\quad \lambda=\left(-\frac{b(p+1)(p+2)}{2\beta}\right)^{\frac{1}{p}},\quad b\beta<0.$$
(6.67)

将 (6.67) 和表 6.1 中的解一起代入 (6.66) 并借助行波变换, 则得到广义 KdV-mKdV 方程的如下精确行波解

$$u_1(x,t)=\left[\frac{(\omega-\alpha)(p+1)(p+2)}{\varepsilon\sqrt{\beta^2+\dfrac{(\omega-\alpha)\gamma(p+1)(p+2)^2}{1+2p}}\cosh p\sqrt{\omega-\alpha}(x-\omega t)+\beta}\right]^{\frac{1}{p}},$$

$$\omega>\alpha,\quad \gamma>-\frac{\beta^2(1+2p)}{(\omega-\alpha)(p+1)(p+2)^2},$$

$$u_2(x,t)=\left[\frac{(\omega-\alpha)(p+1)(p+2)}{\varepsilon\sqrt{-\beta^2-\dfrac{(\omega-\alpha)\gamma(p+1)(p+2)^2}{1+2p}}\sinh p\sqrt{\omega-\alpha}(x-\omega t)+\beta}\right]^{\frac{1}{p}},$$

$$\omega>\alpha,\quad \gamma<-\frac{\beta^2(1+2p)}{(\omega-\alpha)(p+1)(p+2)^2},$$

$$u_3(x,t)=\left[\frac{(\omega-\alpha)(p+1)(p+2)}{\varepsilon\sqrt{\beta^2+\dfrac{(\omega-\alpha)\gamma(p+1)(p+2)^2}{1+2p}}\cos p\sqrt{\alpha-\omega}(x-\omega t)+\beta}\right]^{\frac{1}{p}},$$

$$\omega<\alpha,\quad \gamma>-\frac{\beta^2(1+2p)}{(\omega-\alpha)(p+1)(p+2)^2},$$

$$u_4(x,t)=\left[\frac{(\omega-\alpha)(p+1)(p+2)}{2\beta}\left(1+\varepsilon\tanh\frac{p\sqrt{\omega-\alpha}}{2}(x-\omega t)\right)\right]^{\frac{1}{p}},$$

$$u_5(x,t)=\left[\frac{(\omega-\alpha)(p+1)(p+2)}{2\beta}\left(1+\varepsilon\coth\frac{p\sqrt{\omega-\alpha}}{2}(x-\omega t)\right)\right]^{\frac{1}{p}},$$

$$\omega>\alpha,\quad \gamma=-\frac{\beta^2(1+2p)}{(\omega-\alpha)(p+1)(p+2)^2},$$

$$u_6(x,t)=\left[\frac{4}{bp^2(x-\alpha t)^2+\dfrac{b\gamma(p+1)(p+2)^2}{\beta^2(1+2p)}}\right]^{\frac{1}{p}},\quad \omega=\alpha.$$

6.3 广义辅助方程法

特别地, 当 $\gamma \to 0$ 时, u_1, u_2, u_3 将给出广义 KdV 方程

$$u_t + (\alpha + \beta u^p) u_x + u_{xxx} = 0$$

的如下精确行波解

$$u_6(x,t) = \left[\frac{(\omega-\alpha)(p+1)(p+2)}{2\beta}\operatorname{sech}^2\frac{p\sqrt{\omega-\alpha}}{2}(x-\omega t)\right]^{\frac{1}{p}}, \quad \omega>\alpha,\ \beta>0,$$

$$u_7(x,t) = \left[-\frac{(\omega-\alpha)(p+1)(p+2)}{2\beta}\operatorname{csch}^2\frac{p\sqrt{\omega-\alpha}}{2}(x-\omega t)\right]^{\frac{1}{p}}, \quad \omega>\alpha,\ \beta<0,$$

$$u_8(x,t) = \left[\frac{(\omega-\alpha)(p+1)(p+2)}{2\beta}\sec^2\frac{p\sqrt{\alpha-\omega}}{2}(x-\omega t)\right]^{\frac{1}{p}}, \quad \omega<\alpha,\ \beta<0.$$

当 $\beta \to 0$ 时, u_1, u_2, u_3 将给出广义 mKdV 方程

$$u_t + (\alpha + \gamma u^{2p}) u_x + u_{xxx} = 0$$

的如下精确行波解

$$u_1(x,t) = \left[\frac{(\omega-\alpha)(p+1)(1+2p)}{\gamma}\operatorname{sech}^2 p\sqrt{\omega-\alpha}(x-\omega t)\right]^{\frac{1}{2p}}, \quad \omega>\alpha,\ \gamma>0,$$

$$u_2(x,t) = \left[-\frac{(\omega-\alpha)(p+1)(1+2p)}{\gamma}\operatorname{csch}^2 p\sqrt{\omega-\alpha}(x-\omega t)\right]^{\frac{1}{2p}}, \quad \omega>\alpha,\ \gamma<0,$$

$$u_3(x,t) = \left[\frac{(\omega-\alpha)(p+1)(1+2p)}{\gamma}\sec^2 p\sqrt{\alpha-\omega}(x-\omega t)\right]^{\frac{1}{2p}}, \quad \omega<\alpha,\ \gamma<0.$$

本章只给出了广义 Riccati 方程法、广义 Bernoulli 方程法和广义辅助方程法等三种求解含正幂次非线性项的非线性波方程的广义辅助方程法. 对于其他辅助方程, 如第一种椭圆方程、第三种椭圆方程和第四种椭圆方程的最后一种, 显然也可以沿用本章所用的函数变换法提出相应的广义辅助方程法.

第 7 章 变量分离方程法

本章介绍一种借助变量分离的常微分方程构造非线性波方程精确解的简单方法——变量分离方程法. 7.1 节中介绍变量分离方程法的基本步骤, 并将其应用于求解一般非线性波方程. 7.2 节和 7.3 节, 作为变量分离方程法在特殊方程上的应用, 分别介绍求解 sine-Gordon 型方程与 sinh-Gordon 型方程的变量分离方程法.

7.1 一般方程的变量分离方程法

变量分离方程法源自用直接积分法求非线性波方程的行波解, 是最基本, 而且也是最直接的方法. 该方法的核心思想是: 对于给定的以 $u = u(x,t)$ 为未知函数的非线性波方程, 先作行波变换 $u = u(\xi), \xi = k(x - \omega t)$ 将其转化为以 $u = u(\xi)$ 为未知函数的常微分方程. 然后, 对这个常微分方程引入变换 $\dfrac{du}{d\xi} = G(u)$ ——引入一个辅助变量分离方程. 最后, 通过求解这个辅助变量分离方程来给出非线性波方程的解. 变量分离方程法的关键在于 $G(u)$ 的选择, 它可根据行波解所满足的常微分方程的特点来适当选取, 一般具有多种可能的选择.

2002 年, 我们首次引入解为已知的辅助变量分离方程 $\dfrac{du}{d\xi} = G(u)$, 从而提出求解 sine-Gordon 型与 sinh-Gordon 型方程的一种直接方法. 后来, 这一方法被付遵涛等 (2004), 谢元喜等 (2005, 2008), Wazwaz(2006, 2007) 以及其他作者广泛采用, 且被推广应用到更多特殊方程的求解问题. 在借用之际, 由 Wazwaz 命名该方法为变量分离方程法 (Variable Separated ODE Method), 并沿用至今. 直到 2010 年, Zerarka 等把我们所引入的关键变换 $\dfrac{du}{d\xi} = G(u)$ 应用于行波解所满足的常微分方程, 由此直接用来推算 $G(u)$, 并提出泛函变量法 (Functional Variable Method). 但泛函变量法有两个明显的缺陷. 其一, 所取 $G(u)$ 的面太窄, 只限于一般椭圆方程的最简单的四类子方程之上; 其二, 对行波解满足的常微分方程进行积分时认为地取了所有积分常数为零. 这两点自然限制了所产生的解的类型和数量. 与此相比, 变量分离方程法的应用范围更加宽, 给出的行波解的类型更丰富, 数量更多, 不涉及复杂的推算过程, 易于掌握和使用.

下面简单叙述变量分离方程法的具体步骤, 即:

第一步 对给定的关于未知函数 $u = u(x,t)$ 的非线性波方程

$$H(u, u_t, u_x, u_{tt}, u_{xt}, u_{xx}, \cdots) = 0 \tag{7.1}$$

7.1 一般方程的变量分离方程法

作行波变换

$$u(x,t) = u(\xi), \quad \xi = x - \omega t \tag{7.2}$$

后将其转化为常微分方程

$$Q(u, u', u'', u''', \cdots) = 0. \tag{7.3}$$

第二步 假设 $u = u(\xi)$ 满足下面的解为已知的辅助变量分离方程

$$\frac{du}{d\xi} = G(u), \tag{7.4}$$

其中 $G(u)$ 为适当选取的关于 u 的函数.

第三步 将 (7.4) 代入 (7.3) 后令 u^j 或 $u^j u'$ 的系数为零, 则得到关于 ω 以及 $G(u)$ 中所含参数的一个代数方程组.

第四步 对第三步得到的代数方程组关于其未知参数求解, 并将所得到的解代回到辅助方程 (7.4) 的解的表达式, 则得到非线性波方程 (7.1) 的解.

例 7.1 考虑 Burgers 方程

$$u_t + u u_x - \nu u_{xx} = 0, \tag{7.5}$$

其中 ν 为耗散系数. Burgers 方程为最简单的耗散波动模型, 起源于湍流理论的研究, 用于描述黏性介质中的声波、具有有限电导的磁流波、充满流体的黏弹性管中的波等.

在行波变换 (7.2) 下, Burgers 方程变成常微分方程

$$-\omega u'(\xi) + u(\xi) u'(\xi) - \nu u''(\xi) = 0.$$

上式对 ξ 积分一次, 得

$$u'(\xi) = \frac{c}{\nu} - \frac{\omega}{\nu} u(\xi) + \frac{1}{2\nu} u^2(\xi), \tag{7.6}$$

其中 c 为积分常数.

选取辅助变量分离方程 (7.4) 为 Riccati 方程

$$u'(\xi) = G(u) = c_0 + c_1 u(\xi) + c_2 u^2(\xi), \tag{7.7}$$

并比较 (7.6) 和 (7.7) 中 u^j ($j = 0, 1, 2$) 的系数, 则得到

$$c_0 = \frac{c}{\nu}, \quad c_1 = -\frac{\omega}{\nu}, \quad c_2 = \frac{1}{2\nu}. \tag{7.8}$$

将 (7.8) 代入 Riccati 方程解的表达式 (2.40), 则得到 Burgers 方程的精确行波解

$$u_1(x,t) = \omega \pm \sqrt{\omega^2 - 2c} \tanh \frac{\sqrt{\omega^2 - 2c}}{2\nu}(x - \omega t), \quad \omega^2 > 2c,$$

$$u_2(x,t) = \omega \pm \sqrt{\omega^2 - 2c} \coth \frac{\sqrt{\omega^2 - 2c}}{2\nu}(x - \omega t), \quad \omega^2 > 2c,$$

$$u_3(x,t) = \omega \pm \sqrt{2c - \omega^2} \tan \frac{\sqrt{2c - \omega^2}}{2\nu}(x - \omega t), \quad \omega^2 < 2c,$$

$$u_4(x,t) = \omega \pm \sqrt{2c - \omega^2} \cot \frac{\sqrt{2c - \omega^2}}{2\nu}(x - \omega t), \quad \omega^2 < 2c,$$

$$u_5(x,t) = \omega - \frac{2\nu}{x - \omega t + \xi_0}, \quad \omega^2 = 2c,$$

这里 c, ω, ξ_0 为任意常数.

例 7.2 考虑修正 Benjamin-Bona-Mahony(mBBM) 方程

$$u_t + u_x + u^2 u_x + u_{xxt} = 0. \tag{7.9}$$

1972 年, Benjamin, Bona 和 Mahony 在研究浅水波运动时为替代 KdV 方程而提出的另一个描述弱非线性色散介质中长波单向传播的模型方程

$$u_t + u_x + uu_x - u_{xxt} = 0,$$

称之为 BBM 方程. 虽然 BBM 方程能够很好地模拟 KdV 方程的所有应用, 但人们还没有给出它的类似于解 KdV 方程的反散射方法, 也未发现和 KdV 方程一样的 2-孤立子相互作用精确解. 基于此, 王明亮于 1993 年通过解析研究的途径给出 BBM 方程 2-孤立波相互作用近似解, 并发现它具有孤立子性质. 将 BBM 方程中的非线性项 uu_x 加强为 $u^2 u_x$ 而得到的就是 mBBM 方程 (7.9).

对 mBBM 方程 (7.9) 作行波变换 (7.2), 并关于 ξ 积分一次可得

$$(1 - \omega) u(\xi) + \frac{1}{3} u^3(\xi) - \omega u''(\xi) + B = 0,$$

亦即

$$u''(\xi) = \frac{B}{\omega} + \frac{1 - \omega}{\omega} u(\xi) + \frac{1}{3\omega} u^3(\xi), \tag{7.10}$$

其中 B 为积分常数.

根据 (7.10) 式右端的形式, 取 $G(u) = \varepsilon \sqrt{\sum_{j=0}^{4} c_j u^j(\xi)}$, 即选取辅助变量分离方程 (7.4) 为关于 $u = u(\xi)$ 的一般椭圆方程

$$u'^2(\xi) = G^2(u) = c_0 + c_1 u(\xi) + c_2 u^2(\xi) + c_3 u^3(\xi) + c_4 u^4(\xi),$$

7.1 一般方程的变量分离方程法

亦即

$$u''(\xi) = \frac{c_1}{2} + c_2 u(\xi) + \frac{3c_3}{2} u^2(\xi) + 2c_4 u^3(\xi), \quad (7.11)$$

那么比较 (7.10) 和 (7.11) 两式中 u^j $(j = 0, 1, 2, 3)$ 的系数, 则得

$$c_0 = c_0, \quad c_1 = \frac{2B}{\omega}, \quad c_2 = \frac{1-\omega}{\omega}, \quad c_3 = 0, \quad c_4 = \frac{1}{6\omega}. \quad (7.12)$$

(1) 当 $c_0 = 0, B = 0$ $(c_0 = c_1 = 0)$ 时, 将 (7.12) 代入一般椭圆方程 (4.1) 的由情形 1 给出的解当中, 则得到 mBBM 方程的如下精确行波解

$$u_1(x,t) = \varepsilon\sqrt{6(1-\omega)}\operatorname{csch}\left(\sqrt{\frac{1-\omega}{\omega}}(x-\omega t)\right), \quad 0 < \omega < 1,$$

$$u_2(x,t) = \varepsilon\sqrt{6(\omega-1)}\sec\left(\sqrt{\frac{\omega-1}{\omega}}(x-\omega t)\right), \quad \omega > 1,$$

$$u_3(x,t) = \varepsilon\sqrt{6(\omega-1)}\csc\left(\sqrt{\frac{\omega-1}{\omega}}(x-\omega t)\right), \quad \omega > 1,$$

$$u_4(x,t) = \frac{\sqrt{6}\varepsilon}{x - t + \xi_0}, \quad \omega = 1,$$

这里 ω 为任意常数.

值得注意的是 Çevikel 等于 2012 年用泛函变量法给出的 mBBM 方程的解

$$u(x,t) = \varepsilon\sqrt{6(\omega-1)}\operatorname{sech}\left(\sqrt{\frac{1-\omega}{\omega}}(x-\omega t)\right), \quad \frac{1-\omega}{\omega} > 0$$

是不正确的. 因为, 这个解必须同时满足条件 $\Delta = c_3^2 - 4c_2c_4 = \dfrac{2(\omega-1)}{3\omega^2} > 0$, $c_2 = \dfrac{1-\omega}{\omega} > 0$ 和 $c_4 = \dfrac{1}{6\omega} < 0$, 或者说 $\omega > 1$ 和 $\omega < 0$ 同时成立, 这是不可能的.

(2) 当 $c_0 \neq 0, B = 0$ $(c_1 = 0, c_3 = 0)$ 时, 将 (7.12) 代入一般椭圆方程 (4.1) 的由情形 3 给出的解当中, 则得到 mBBM 方程的如下精确行波解

$$u_5(x,t) = \varepsilon\sqrt{3(\omega-1)}\tanh\left(\sqrt{\frac{\omega-1}{2\omega}}(x-\omega t)\right), \quad \omega > 1,$$

$$u_6(x,t) = \varepsilon\sqrt{3(\omega-1)}\coth\left(\sqrt{\frac{\omega-1}{2\omega}}(x-\omega t)\right), \quad \omega > 1,$$

$$u_7(x,t) = \varepsilon\sqrt{3(1-\omega)}\tan\left(\sqrt{\frac{1-\omega}{2\omega}}(x-\omega t)\right), \quad 0 < \omega < 1,$$

$$u_8(x,t) = \varepsilon\sqrt{3(1-\omega)}\cot\left(\sqrt{\frac{1-\omega}{2\omega}}(x-\omega t)\right), \quad 0<\omega<1,$$

$$u_9(x,t) = \sqrt{\frac{6(\omega-1)m^2}{m^2+1}}\operatorname{sn}\left(\sqrt{\frac{\omega-1}{\omega(m^2+1)}}(x-\omega t), m\right), \quad \omega>1,$$

$$u_{10}(x,t) = \varepsilon(-24c_0)^{\frac{1}{4}}\operatorname{ds}\left(\left(-\frac{2}{3}c_0\right)^{\frac{1}{4}}(x-t), \frac{\sqrt{2}}{2}\right), \quad \omega=1,\ c_0<0,$$

$$u_{11}(x,t) = \varepsilon(6c_0)^{\frac{1}{4}}\left[\operatorname{ns}\left(2\left(\frac{c_0}{6}\right)^{\frac{1}{4}}(x-t), \frac{\sqrt{2}}{2}\right) + \operatorname{cs}\left(2\left(\frac{c_0}{6}\right)^{\frac{1}{4}}(x-t), \frac{\sqrt{2}}{2}\right)\right],$$
$$\omega=1,\ c_0>0,$$

其中 ω 及 c_0 为任意常数.

在解 $u_j\ (j=5,6,7,8)$ 中, 由条件 $\Delta_1 = c_2^2 - 4c_0c_4 = \left(\dfrac{1-\omega}{\omega}\right)^2 - \dfrac{2c_0}{3\omega} = 0$ 算出 $c_0 = \dfrac{3(1-\omega)^2}{2\omega}$. 而在解 u_9 中 $c_0 = \dfrac{6(1-\omega)^2 m^2(m^2-1)}{\omega(2m^2-1)^2}$. 但事实上, 解 $u_j\ (j=5,6,7,8,9)$ 对任意常数 $c_0 \neq 0$ 都成立. 因此, 这里没有必要具体算出 c_0 的值.

对于 mBBM 方程如果选取 $F(u) = c_0 + c_1u + c_2u^2$, 即选取 Riccati 方程, 则只能得到解 $u_j\ (j=5,6,7,8)$, 却得不到其余的解. 这说明 $F(u)$ 的选择会影响所确定的解的类型与数量.

例 7.3 考虑非线性 Schrödinger(NLS) 方程

$$iu_t + \alpha u_{xx} + \beta|u|^2 u = 0, \tag{7.13}$$

其中 α 和 β 分别为频散系数和 Landou 系数. NLS 方程描述光纤中的光孤子、一维单色波的自调制、非线性光学的自陷现象、固体中的热脉冲传播、等离子体中的 Langmuir 波、超导电子在电磁场中的运动以及激光中原子的 Bose-Einstein 凝聚效应等.

作波变换

$$u(x,t) = v(\xi)e^{i\eta}, \quad \xi = x - \omega t, \eta = kx + ct, \tag{7.14}$$

其中 c, k, ω 为常数.

将 (7.14) 代入 NLS 方程并分离实部和虚部, 则得到

$$\begin{cases} -\omega v'(\xi) + 2\alpha k v'(\xi) = 0, \\ -cv(\xi) + \alpha\left(v''(\xi) - k^2 v(\xi)\right) + \beta v^3(\xi) = 0. \end{cases}$$

7.1 一般方程的变量分离方程法

由第一个方程得 $k = \dfrac{\omega}{2\alpha}$,而第二个方程化为

$$-cv(\xi) + \alpha\left(v''(\xi) - \dfrac{\omega^2}{4\alpha^2}v(\xi)\right) + \beta v^3(\xi) = 0,$$

或将其改写为

$$v''(\xi) = \dfrac{\omega^2 + 4\alpha c}{4\alpha^2}v(\xi) - \dfrac{\beta}{\alpha}v^3(\xi). \tag{7.15}$$

选取 $G(v) = \varepsilon\sqrt{\sum\limits_{j=0}^{4} c_j v^j(\xi)}$,即选取辅助变量分离方程 (7.4) 为关于 $v = v(\xi)$ 的一般椭圆方程,则有

$$v''(\xi) = \dfrac{c_1}{2} + c_2 v(\xi) + \dfrac{3c_3}{2}v^2(\xi) + 2c_4 v^3(\xi). \tag{7.16}$$

比较 (7.15) 和 (7.16) 中 v^j ($j = 0, 1, 2, 3$) 的系数可得到

$$c_0 = c_0, \quad c_1 = 0, \quad c_2 = \dfrac{\omega^2 + 4\alpha c}{4\alpha^2}, \quad c_3 = 0, \quad c_4 = -\dfrac{\beta}{2\alpha}. \tag{7.17}$$

(1) 当 $c_0 = 0$ 时,将 (7.17) 代入一般椭圆方程 (4.1) 的由情形 1 给定的解当中,则得到 NLS 方程 (7.13) 的如下精确解

$$u_1(x,t) = \varepsilon\sqrt{\dfrac{\omega^2 + 4\alpha c}{2\alpha\beta}}\,\text{sech}\left[\dfrac{1}{2}\sqrt{\dfrac{\omega^2 + 4\alpha c}{\alpha^2}}(x - \omega t)\right]e^{i\left(\frac{\omega}{2\alpha}x + ct\right)},$$

$$\omega^2 + 4\alpha c > 0, \quad \alpha\beta > 0,$$

$$u_2(x,t) = \varepsilon\sqrt{-\dfrac{\omega^2 + 4\alpha c}{2\alpha\beta}}\,\text{csch}\left[\dfrac{1}{2}\sqrt{\dfrac{\omega^2 + 4\alpha c}{\alpha^2}}(x - \omega t)\right]e^{i\left(\frac{\omega}{2\alpha}x + ct\right)},$$

$$\omega^2 + 4\alpha c > 0, \quad \alpha\beta < 0,$$

$$u_3(x,t) = \varepsilon\sqrt{\dfrac{\omega^2 + 4\alpha c}{2\alpha\beta}}\,\text{sec}\left[\dfrac{1}{2}\sqrt{-\dfrac{\omega^2 + 4\alpha c}{\alpha^2}}(x - \omega t)\right]e^{i\left(\frac{\omega}{2\alpha}x + ct\right)},$$

$$\omega^2 + 4\alpha c < 0, \quad \alpha\beta < 0,$$

$$u_4(x,t) = \varepsilon\sqrt{\dfrac{\omega^2 + 4\alpha c}{2\alpha\beta}}\,\text{csc}\left[\dfrac{1}{2}\sqrt{-\dfrac{\omega^2 + 4\alpha c}{\alpha^2}}(x - \omega t)\right]e^{i\left(\frac{\omega}{2\alpha}x + ct\right)},$$

$$\omega^2 + 4\alpha c < 0, \quad \alpha\beta < 0,$$

$$u_5(x,t) = \dfrac{\varepsilon}{\sqrt{-\dfrac{\beta}{2\alpha}}(x - \omega t + \xi_0)}e^{i\left(\frac{\omega}{2\alpha}x + ct\right)}, \quad \omega^2 + 4\alpha c = 0, \alpha\beta > 0,$$

其中 ω, c, ξ_0 为任意常数.

(2) 当 $c_0 \neq 0$ 时, 将 (7.17) 代入一般椭圆方程 (4.1) 的由情形 3 给定的解当中, 则得到 NLS 方程 (7.13) 的如下精确解

$$u_6(x,t) = \frac{\varepsilon}{2}\sqrt{\frac{\omega^2+4\alpha c}{\alpha\beta}}\tanh\left[\frac{1}{4}\sqrt{-\frac{2(\omega^2+4\alpha c)}{\alpha^2}}(x-\omega t)\right]e^{i\left(\frac{\omega}{2\alpha}x+ct\right)},$$

$$\omega^2+4\alpha c < 0, \quad \alpha\beta < 0,$$

$$u_7(x,t) = \frac{\varepsilon}{2}\sqrt{\frac{\omega^2+4\alpha c}{\alpha\beta}}\coth\left[\frac{1}{4}\sqrt{-\frac{2(\omega^2+4\alpha c)}{\alpha^2}}(x-\omega t)\right]e^{i\left(\frac{\omega}{2\alpha}x+ct\right)},$$

$$\omega^2+4\alpha c < 0, \quad \alpha\beta < 0,$$

$$u_8(x,t) = \frac{\varepsilon}{2}\sqrt{-\frac{\omega^2+4\alpha c}{\alpha\beta}}\tan\left[\frac{1}{4}\sqrt{\frac{2(\omega^2+4\alpha c)}{\alpha^2}}(x-\omega t)\right]e^{i\left(\frac{\omega}{2\alpha}x+ct\right)},$$

$$\omega^2+4\alpha c > 0, \quad \alpha\beta < 0,$$

$$u_9(x,t) = \frac{\varepsilon}{2}\sqrt{-\frac{\omega^2+4\alpha c}{\alpha\beta}}\cot\left[\frac{1}{4}\sqrt{\frac{2(\omega^2+4\alpha c)}{\alpha^2}}(x-\omega t)\right]e^{i\left(\frac{\omega}{2\alpha}x+ct\right)},$$

$$\omega^2+4\alpha c > 0, \quad \alpha\beta < 0,$$

$$u_{10}(x,t) = \sqrt{\frac{m^2(\omega^2+4\alpha c)}{2\alpha\beta(2m^2-1)}}\,\text{cn}\left(\frac{1}{2}\sqrt{\frac{\omega^2+4\alpha c}{\alpha^2(2m^2-1)}}(x-\omega t),m\right)e^{i\left(\frac{\omega}{2\alpha}x+ct\right)},$$

$$\omega^2+4\alpha c > 0, \quad \alpha\beta > 0, \quad \frac{1}{2} < m^2 < 1,$$

$$u_{11}(x,t) = \sqrt{\frac{m^2(\omega^2+4\alpha c)}{2\alpha\beta(m^2+1)}}\,\text{sn}\left(\frac{1}{2}\sqrt{-\frac{\omega^2+4\alpha c}{\alpha^2(m^2+1)}}(x-\omega t),m\right)e^{i\left(\frac{\omega}{2\alpha}x+ct\right)},$$

$$\omega^2+4\alpha c < 0, \quad \alpha\beta < 0,$$

$$u_{12}(x,t) = \sqrt{\frac{\omega^2+4\alpha c}{2\alpha\beta(2-m^2)}}\,\text{dn}\left(\frac{1}{2}\sqrt{\frac{\omega^2+4\alpha c}{\alpha^2(2-m^2)}}(x-\omega t),m\right)e^{i\left(\frac{\omega}{2\alpha}x+ct\right)},$$

$$\omega^2+4\alpha c > 0, \quad \alpha\beta > 0,$$

$$u_{13}(x,t) = \varepsilon\left(-\frac{2\omega^2 c_0}{\beta c}\right)^{\frac{1}{4}}\text{ds}\left(\left(-\frac{8\beta c_0 c}{\omega^2}\right)^{\frac{1}{4}}(x-\omega t),\frac{\sqrt{2}}{2}\right)e^{-i\left(\frac{2c}{\omega}x-ct\right)},$$

$$\omega^2+4\alpha c = 0, \quad \beta c_0 c < 0,$$

7.1 一般方程的变量分离方程法

$$u_{14}(x,t) = \varepsilon \left(\frac{\omega^2 c_0}{2\beta c}\right)^{\frac{1}{4}} \left[\text{ns}\left(2\left(\frac{2\beta c_0 c}{\omega^2}\right)^{\frac{1}{4}}(x-\omega t), \frac{\sqrt{2}}{2}\right)\right.$$
$$\left.+\text{cs}\left(2\left(\frac{2\beta c_0 c}{\omega^2}\right)^{\frac{1}{4}}(x-\omega t), \frac{\sqrt{2}}{2}\right)\right] e^{-i\left(\frac{2c}{\omega}x - ct\right)}, \quad \omega^2 + 4\alpha c = 0, \ \beta c_0 c > 0,$$

其中 ω, c, c_0 为任意常数.

因为, 解 u_j ($j = 10, 11, 12$) 对任意常数 $c_0 \neq 0$ 都成立, 因此没有必要用一般椭圆方程 (4.1) 的解之后的表达式具体算出 c_0. 另外, 如果选取的辅助变量分离方程为 Riccati 方程, 则只能得到 u_j ($j = 5, 6, 7, 8, 9$) 等五个解.

例 7.4 考虑描述浅水波运动的 Camassa-Holm (CH) 方程

$$u_t + 2ku_x + 3uu_x - u_{xxt} = 2u_x u_{xx} + uu_{xxx}, \tag{7.18}$$

其中 k 为常数.

事实上, CH 方程当 $k \neq 0$ 时也具有尖峰孤立波解

$$u(x,t) = (k+c)e^{-c|x-ct|} - k,$$

且不能确定它的平衡常数, 因此无法用辅助方程法进行求解. 而变量分离方程法与平衡常数无关, 因此可用变量分离方程法去尝试求解 CH 方程.

在行波变换 (7.2) 下, CH 方程变成

$$(2k-\omega)u'(\xi) + 3u(\xi)u'(\xi) + \omega u'''(\xi) = 2u'(\xi)u''(\xi) + u(\xi)u'''(\xi).$$

上式关于 ξ 积分一次, 可得

$$(2k-\omega)u(\xi) + \frac{3}{2}u^2(\xi) - \frac{1}{2}u'^2(\xi) - (u(\xi) - \omega)u''(\xi) + C = 0, \tag{7.19}$$

其中 C 为积分常数.

选取辅助变量分离方程

$$u'^2(\xi) = G^2(u) = c_0 + c_1 u(\xi) + c_2 u^2(\xi), \tag{7.20}$$

并将其代入 (7.19) 后令 u^j ($j = 0, 1, 2$) 的系数等于零, 则得到代数方程组

$$\begin{cases} C - \dfrac{c_0 - \omega c_1}{2} = 0, \\ 2k - \omega - c_1 + \omega c_2 = 0, \\ \dfrac{3}{2}(1 - c_2) = 0. \end{cases}$$

解之得

$$c_0 = 2(C+2k), \quad c_1 = 2k, \quad c_2 = 1. \tag{7.21}$$

将 (7.21) 代入一般椭圆方程 (4.1) 的由情形 2 给定的解当中, 则得到 CH 方程的如下精确行波解

$$u_1(x,t) = -k + \varepsilon\sqrt{k^2 - 2k\omega - 2C}\cosh(x-\omega t), \quad k^2 - 2k\omega - 2C > 0,$$
$$u_2(x,t) = -k + \varepsilon\sqrt{-k^2 + 2k\omega + 2C}\sinh(x-\omega t), \quad k^2 - 2k\omega - 2C < 0,$$
$$u_3(x,t) = -k + e^{\varepsilon(x-\omega t)}, \quad k^2 - 2k\omega - 2C = 0,$$

其中 C, ω 为任意常数.

例 7.5 考虑广义 ϕ^4-方程

$$u_{tt} - \alpha u_{xx} - ku + \beta u^n = 0, \tag{7.22}$$

其中 $n > 1$ 为正整数, k, α, β 等均为非零常数.

在行波变换 (7.2) 下, 方程 (7.22) 变成

$$(\omega^2 - \alpha)u''(\xi) - ku(\xi) + \beta u^n(\xi) = 0,$$

或将其改写为

$$u''(\xi) = \frac{k}{\omega^2 - \alpha}u(\xi) - \frac{\beta}{\omega^2 - \alpha}u^n(\xi). \tag{7.23}$$

取 (7.4) 为 $r = n-1$ 时的广义辅助方程 (6.52), 即

$$\left(\frac{du}{d\xi}\right)^2 = G^2(\xi) = au^2(\xi) + bu^{n+1}(\xi) + cu^{2n}(\xi),$$

亦即

$$u''(\xi) = au(\xi) + \frac{b(n+1)}{2}u^n(\xi) + ncu^{2n-1}(\xi). \tag{7.24}$$

比较 (7.23) 与 (7.24) 中 u^j ($j = 1, n, 2n-1$) 的系数, 则得到

$$a = \frac{k}{\omega^2 - \alpha}, \quad b = -\frac{2\beta}{(n+1)(\omega^2 - \alpha)}, \quad c = 0. \tag{7.25}$$

将 (7.25) 代入由表 6.1 给出的广义辅助方程 (6.52) 的解中, 则得到 ϕ^4-方程 (7.22) 的如下精确行波解

$$u_1(x,t) = \left(\frac{k(n+1)}{2\beta}\operatorname{sech}^2\frac{n-1}{2}\sqrt{\frac{k}{\omega^2-\alpha}}(x-\omega t)\right)^{\frac{1}{n-1}}, \quad k(\omega^2 - \alpha) > 0,$$

$$u_2(x,t) = \left(-\frac{k(n+1)}{2\beta}\operatorname{csch}^2 \frac{n-1}{2}\sqrt{\frac{k}{\omega^2-\alpha}}(x-\omega t)\right)^{\frac{1}{n-1}}, \quad k(\omega^2-\alpha)>0,$$

$$u_3(x,t) = \left(\frac{k(n+1)}{2\beta}\sec^2 \frac{n-1}{2}\sqrt{\frac{k}{\alpha-\omega^2}}(x-\omega t)\right)^{\frac{1}{n-1}}, \quad k(\omega^2-\alpha)<0,$$

$$u_4(x,t) = \left(\frac{k(n+1)}{2\beta}\csc^2 \frac{n-1}{2}\sqrt{\frac{k}{\alpha-\omega^2}}(x-\omega t)\right)^{\frac{1}{n-1}}, \quad k(\omega^2-\alpha)<0,$$

这里当 n 为奇数时 u_2 中还要求 $k\beta<0$, 其余解中要求 $k\beta>0$.

7.2 sine-Gordon 型方程

本节先介绍用变量分离方程法求解特殊类型的非线性波方程的基本步骤, 其次给出用变量分离方程法求解 sine-Gordon 型方程的若干实例.

某些特殊类型的非线性波方程, 如 sine-Gordon 型方程、sinh-Gordon 型方程、Liouville 型方程等与一般方程不同, 它们分别含有 $\{\sin u, \sin 2u\}$, $\{\sinh u, \sinh 2u\}$, $\{e^u, e^{2u}\}$ 等函数. 因此, 用变量分离方程法求解这些特殊方程时, 必须对所选取的辅助变量分离方程 (7.4) 提出特殊的要求, 即要求所选取的辅助变量分离方程 (7.4) 与所求解的 sine-Gordon 型方程、sinh-Gordon 型方程或 Liouville 型方程的类型相匹配, 即要求 $G(u)$ 为正弦、余弦函数的组合形式, 双曲正弦、双曲余弦函数的组合形式或指数函数的组合形式. 只有这样才能借助选定的辅助变量分离方程 (7.4) 的已知解来给出 sine-Gordon 型方程、sinh-Gordon 型方程与 Liouville 型方程的解. 但值得注意的是对同一个类型的特殊方程而言, 辅助变量分离方程 (7.4) 的选择不一定唯一, 允许有多种选择.

由于以上原因, 对特殊非线性波方程而言, 7.1 节中给出的变量分离方程法的基本步骤可以修改为

第一步 假设非线性波方程 (7.1) 可改写成

$$H(u_t, u_x, u_{xt}, \cdots) = F(u), \tag{7.26}$$

其中 $F(u)$ 为三角函数的组合形式、双曲函数的组合形式, 或指数函数的组合形式所确定的关于 u 的已知函数.

引入行波变换 (7.2) 把方程 (7.26) 变换为关于 $u(\xi)$ 的常微分方程

$$K(u_\xi, u_{\xi\xi}, \cdots) = F(u). \tag{7.27}$$

第二步 假设 $u(\xi)$ 满足解为已知的辅助变量分离方程

$$\frac{du}{d\xi} = G(u), \tag{7.28}$$

其中 $G(u)$ 由三角函数的组合形式、双曲函数的组合形式, 或指数函数的组合形式给定的已知表达式.

第三步 将 (7.28) 代入 (7.27) 后令正弦、余弦函数, 双曲正弦、双曲余弦函数, 或不同指数函数等的系数等于零, 则得到关于 w 以及 $G(u)$ 中所包含的参数的代数方程组.

第四步 对以上得到的代数方程组求解, 并将得到的解代入方程 (7.28) 的解中, 则得到方程 (7.26) 的精确行波解.

下面利用变量分离方程法来求解 sine-Gordon 型方程.

例 7.6 著名的 sine-Gordon 方程

$$u_{xt} = \sin u \tag{7.29}$$

源自微分几何的研究, 物理中用于描述电荷密度波、自旋密度波、超导 Josephson 长结中的磁通量子、超粒子导体、晶体位错的传播、铁磁体的 Bloch 墙、自旋的传播、^{3}He 的 A 相、电场与二能级原子作用、粒子物理中的 Perring 和 Skyrme 模型等.

通过变换 (7.2) 将方程 (7.29) 转化为常微分方程

$$-w\,u'' = \sin u \tag{7.30}$$

其中 w 为待定常数.

为得到方程 (7.30) 的解, 假设 $u(\xi)$ 还满足辅助变量分离方程

$$\frac{du}{d\xi} = G(u) = a\cos\frac{u}{2}, \tag{7.31}$$

其中 a 为参数. 容易发现方程 (7.31) 有如下解

$$u(\xi) = \begin{cases} \pm 4\arctan\left[\exp\left(\dfrac{a}{2}\xi + \xi_0\right)\right] - \pi, \\[2mm] \pm 4\arccos\sqrt{\dfrac{1}{2}\left[1 + \text{sech}\left(\dfrac{a}{2}\xi + \xi_0\right)\right]}, \\[2mm] 4\arctan\left[\tanh\left(\dfrac{a}{4}\xi + \xi_0\right)\right], \\[2mm] 4\arctan\left[\coth\left(\dfrac{a}{4}\xi + \xi_0\right)\right], \\[2mm] 4\,\text{arccot}\left[\tanh\left(\dfrac{a}{4}\xi + \xi_0\right)\right], \\[2mm] 4\,\text{arccot}\left[\coth\left(\dfrac{a}{4}\xi + \xi_0\right)\right], \end{cases} \tag{7.32}$$

7.2 sine-Gordon 型方程

这里及以下 ξ_0 为任意常数.

将 (7.31) 代入 (7.30), 则得

$$\frac{a^2 w}{4}\sin u = \sin u.$$

令上式中 $\sin u$ 的系数等于零后得到的代数方程有解 $w = 4/a^2$. 因此, 将其代入 (7.32), 则得到 sine-Gordon 方程的精确行波解

$$u_1(x,t) = \pm 4\arctan\left[\exp\left(\frac{a}{2}x - \frac{2}{a}t + \xi_0\right)\right] - \pi,$$

$$u_2(x,t) = \pm 4\arccos\sqrt{\frac{1}{2}\left[1 + \operatorname{sech}\left(\frac{a}{2}x - \frac{2}{a}t + \xi_0\right)\right]},$$

$$u_3(x,t) = 4\arctan\left[\tanh\left(\frac{a}{4}x - \frac{1}{a}t + \xi_0\right)\right],$$

$$u_4(x,t) = 4\arctan\left[\coth\left(\frac{a}{4}x - \frac{1}{a}t + \xi_0\right)\right],$$

$$u_5(x,t) = 4\operatorname{arccot}\left[\tanh\left(\frac{a}{4}x - \frac{1}{a}t + \xi_0\right)\right],$$

$$u_6(x,t) = 4\operatorname{arccot}\left[\coth\left(\frac{a}{4}x - \frac{1}{a}t + \xi_0\right)\right].$$

再假设 $u(\xi)$ 满足另一个辅助变量分离方程

$$\frac{du}{d\xi} = G(u) = a\sin\frac{u}{2}, \tag{7.33}$$

其中 a 为参数. 容易求出该方程的解为

$$u(\xi) = \begin{cases} \pm 4\arctan\left[\exp\left(\frac{a}{2}\xi + \xi_0\right)\right], \\ \pm 4\operatorname{arccot}\left[\exp\left(-\frac{a}{2}\xi + \xi_0\right)\right], \\ \pm 4\arccos\sqrt{\frac{1}{2}\left[1 + \operatorname{sech}\left(\frac{a}{2}\xi + \xi_0\right)\right]} - \pi, \\ 2\arccos\left[\tanh\left(\frac{a}{2}\xi + \xi_0\right)\right], \\ 2\arccos\left[\coth\left(\frac{a}{2}\xi + \xi_0\right)\right]. \end{cases} \tag{7.34}$$

将 (7.33) 代入 (7.30) 后令 $\sin u$ 的系数等于零, 则可解得 $w = -4/a^2$. 再将这个解代入 (7.34), 则得到 sine-Gordon 方程的如下精确行波解

$$u_7(x,t) = \pm 4\arctan\left[\exp\left(\frac{a}{2}x + \frac{2}{a}t + \xi_0\right)\right],$$

$$u_8(x,t) = \pm 4\operatorname{arccot}\left[\exp\left(-\frac{a}{2}x - \frac{2}{a}t + \xi_0\right)\right],$$

$$u_9(x,t) = \pm 4\arccos\sqrt{\frac{1}{2}\left[1 + \operatorname{sech}\left(\frac{a}{2}x + \frac{2}{a}t + \xi_0\right)\right]} - \pi,$$

$$u_{10}(x,t) = 2\arccos\left[\tanh\left(\frac{a}{2}x + \frac{2}{a}t + \xi_0\right)\right],$$

$$u_{11}(x,t) = 2\arccos\left[\coth\left(\frac{a}{2}x + \frac{2}{a}t + \xi_0\right)\right].$$

例 7.7 考虑双 sine-Gordon 方程

$$u_{xt} = k\left(\sin u + 2\lambda\sin 2u\right), \tag{7.35}$$

其中 k, λ 为常数. 该方程出现在生物蛋白质分子理论研究中, 还用于描述 ^{3}He 的 B 相和共振原子跃迁简并时的自感透明等. 由于方程 (7.35) 的孤立波解的相互作用是非弹性的, 从而认为是一个不可积系统.

在变换 (7.2) 下方程 (7.35) 变成

$$-wu'' = k\left(\sin u + 2\lambda\sin 2u\right). \tag{7.36}$$

假定 $u(\xi)$ 还满足辅助变量分离方程

$$\frac{du}{d\xi} = G(u) = a + b\cos u, \tag{7.37}$$

这里 a, b 为参数. 不难发现方程 (7.37) 具有如下解

$$u(\xi) = \begin{cases} 2\arctan\left[\sqrt{\dfrac{a+b}{a-b}}\tan\dfrac{\sqrt{a^2-b^2}}{2}(\xi+\xi_0)\right], & a^2 > b^2, \\[2mm] 2\arctan\left[\sqrt{\dfrac{a+b}{a-b}}\cot\dfrac{\sqrt{a^2-b^2}}{2}(\xi+\xi_0)\right], & a^2 > b^2, \\[2mm] 2\arctan\left[\sqrt{\dfrac{b+a}{b-a}}\tanh\dfrac{\sqrt{b^2-a^2}}{2}(\xi+\xi_0)\right], & a^2 < b^2, \\[2mm] 2\arctan\left[\sqrt{\dfrac{b+a}{b-a}}\coth\dfrac{\sqrt{b^2-a^2}}{2}(\xi+\xi_0)\right], & a^2 < b^2, \\[2mm] 2\arctan a(\xi+\xi_0), & b = a, \\[1mm] -2\operatorname{arccot} a(\xi+\xi_0), & b = -a. \end{cases} \tag{7.38}$$

7.2 sine-Gordon 型方程

将 (7.37) 代入 (7.36), 可得

$$abw\sin u + \frac{b^2 w}{2}\sin 2u = k(\sin u + 2\lambda \sin 2u).$$

令上式中 $\sin u, \sin 2u$ 的系数等于零, 则给出

$$b = 4\lambda a, \quad w = \frac{k}{4\lambda a^2},$$

并将其代入 (7.38), 则得到双 sine-Gordon 方程 (7.35) 的如下精确行波解

$$u_1(x,t) = \pm 2\arctan\left[\sqrt{\frac{1+4\lambda}{1-4\lambda}}\tan\frac{a\sqrt{1-16\lambda^2}}{2}\left(x - \frac{kt}{4\lambda a^2}t + \xi_0\right)\right], \quad |\lambda| < \frac{1}{4},$$

$$u_2(x,t) = \pm 2\arctan\left[\sqrt{\frac{1+4\lambda}{1-4\lambda}}\cot\frac{a\sqrt{1-16\lambda^2}}{2}\left(x - \frac{kt}{4\lambda a^2}t + \xi_0\right)\right], \quad |\lambda| < \frac{1}{4},$$

$$u_3(x,t) = \pm 2\arctan\left[\sqrt{\frac{4\lambda+1}{4\lambda-1}}\tanh\frac{a\sqrt{16\lambda^2-1}}{2}\left(x - \frac{kt}{4\lambda a^2}t + \xi_0\right)\right], \quad |\lambda| > \frac{1}{4},$$

$$u_4(x,t) = \pm 2\arctan\left[\sqrt{\frac{4\lambda+1}{4\lambda-1}}\coth\frac{a\sqrt{16\lambda^2-1}}{2}\left(x - \frac{kt}{4\lambda a^2}t + \xi_0\right)\right], \quad |\lambda| > \frac{1}{4},$$

$$u_5(x,t) = 2\arctan a\left(x - \frac{k}{a^2}t + \xi_0\right), \quad \lambda = \frac{1}{4},$$

$$u_6(x,t) = -2\operatorname{arccot} a\left(x + \frac{k}{a^2}t + \xi_0\right), \quad \lambda = -\frac{1}{4}.$$

例 7.8 广义双 sine-Gordon (gDSG) 方程

$$u_{tt} - ku_{xx} + 2\alpha\sin(nu) + \beta\sin(2nu) = 0, \tag{7.39}$$

其中 n 为正整数, 而 α, β, k 为已知常数.

在变换 (7.2) 下 (7.39) 变成常微分方程

$$(\omega^2 - k)u'' + 2\alpha\sin(nu) + \beta\sin(2nu) = 0,$$

或者将其改写为

$$u'' + \frac{2\alpha}{\omega^2 - k}\sin(nu) + \frac{\beta}{\omega^2 - k}\sin(2nu) = 0. \tag{7.40}$$

假定 $u(\xi)$ 还满足辅助变量分离方程

$$\frac{du}{d\xi} = G(u) = a + b\cos nu, \tag{7.41}$$

其中 a,b 为参数. 不难发现方程 (7.41) 具有如下解

$$u(\xi) = \begin{cases} \dfrac{2}{n}\arctan\left(\sqrt{\dfrac{a+b}{a-b}}\tan\dfrac{n\sqrt{a^2-b^2}}{2}(\xi+\xi_0)\right), & a^2 > b^2, \\[2mm] \dfrac{2}{n}\arctan\left(\sqrt{\dfrac{a+b}{a-b}}\cot\dfrac{n\sqrt{a^2-b^2}}{2}(\xi+\xi_0)\right), & a^2 > b^2, \\[2mm] \dfrac{2}{n}\arctan\left(\sqrt{\dfrac{b+a}{b-a}}\tanh\dfrac{n\sqrt{b^2-a^2}}{2}(\xi+\xi_0)\right), & a^2 < b^2, \\[2mm] \dfrac{2}{n}\arctan\left(\sqrt{\dfrac{b+a}{b-a}}\coth\dfrac{n\sqrt{b^2-a^2}}{2}(\xi+\xi_0)\right), & a^2 < b^2, \\[2mm] \dfrac{2}{n}\arctan a(\xi+\xi_0), & b = a, \\[2mm] -\dfrac{2}{n}\mathrm{arccot}\,a(\xi+\xi_0), & b = -a. \end{cases} \quad (7.42)$$

方程 (7.41) 两边关于 ξ 求导并移项后可得

$$u'' + abn\sin(nu) + \frac{1}{2}b^2 n\sin(2nu) = 0. \tag{7.43}$$

比较 (7.40) 与 (7.43), 可得

$$abn = \frac{2\alpha}{\omega^2 - k}, \quad \frac{1}{2}b^2 n = \frac{\beta}{\omega^2 - k}.$$

由此解出

$$a = \pm\frac{2\alpha}{\sqrt{2n\beta(\omega^2-k)}}, \quad b = \pm\sqrt{\frac{2\beta}{n(\omega^2-k)}}. \tag{7.44}$$

将 (7.44) 代入 (7.42), 则得到广义双 sine-Gordon 方程 (7.39) 的如下精确行波解

$$u_1(x,t) = \frac{2}{n}\arctan\left[\sqrt{\frac{\alpha+\beta}{\alpha-\beta}}\tan\left(\sqrt{\frac{n(\alpha^2-\beta^2)}{2\beta(\omega^2-k)}}(x-\omega t+\xi_0)\right)\right], \quad \alpha > \beta,$$

$$u_2(x,t) = \frac{2}{n}\arctan\left[\sqrt{\frac{\alpha+\beta}{\alpha-\beta}}\cot\left(\sqrt{\frac{n(\alpha^2-\beta^2)}{2\beta(\omega^2-k)}}(x-\omega t+\xi_0)\right)\right], \quad \alpha > \beta,$$

$$u_3(x,t) = \frac{2}{n}\arctan\left[\sqrt{\frac{\beta+\alpha}{\beta-\alpha}}\tanh\left(\sqrt{\frac{n(\beta^2-\alpha^2)}{2\beta(\omega^2-k)}}(x-\omega t+\xi_0)\right)\right], \quad \alpha < \beta,$$

$$u_4(x,t) = \frac{2}{n}\arctan\left[\sqrt{\frac{\beta+\alpha}{\beta-\alpha}}\coth\left(\sqrt{\frac{n(\beta^2-\alpha^2)}{2\beta(\omega^2-k)}}(x-\omega t+\xi_0)\right)\right], \quad \alpha < \beta,$$

7.2 sine-Gordon 型方程

$$u_5(x,t) = \frac{2}{n} \arctan\left(\frac{2n\alpha}{\sqrt{\omega^2 - k}}(x - \omega t + \xi_0)\right), \quad b = a,$$

$$u_6(x,t) = -\frac{2}{n} \text{arccot}\left(\frac{2n\alpha}{\sqrt{\omega^2 - k}}(x - \omega t + \xi_0)\right), \quad b = -a.$$

例 7.9 考虑 mKdV-sine-Gordon(mKdV-sG) 方程

$$u_{xt} + \alpha\left(\frac{3}{2}u_x^2 u_{xx} + u_{xxxx}\right) = \beta \sin u, \tag{7.45}$$

其中 α, β 为常数. 该方程可用反散射方法求解, 从而为完全可积. 此外, 2004 年, 张大军等用 Hirota 双线性变换、Bäcklund 变换与 Wronskian 技巧给出该方程三种不同形式的解的表达式并证明了它们的一致性. mKdV-sG 方程包含了三个不同的方程, 即当 $\alpha = 0, \beta = 1$ 时, 它表示 sine-Gordon 方程

$$u_{xt} = \sin u.$$

当 $\alpha = 1, \beta = 0, u_x = 2v$ 时, 它表示 mKdV 方程

$$v_t + 6v^2 v_x + v_{xxx} = 0.$$

当 $\alpha = 1, \beta = 1$ 时, 它表示一维原子格点方程

$$u_{xt} + \frac{3}{2}u_x^2 u_{xx} + u_{xxxx} = 0,$$

该方程用于描述非谐势与位错势相互作用的一维单原子晶格产生的非线性波的传播.

在变换 (7.2) 下 mKdV-sG 方程 (7.45) 变成常微分方程

$$-wu'' + \alpha\left(\frac{3}{2}(u')^2 u'' + u^{(4)}\right) = \beta \sin u. \tag{7.46}$$

将 (7.31) 代入 (7.46) 有

$$-\frac{1}{16}(16\beta + \alpha a^4 - 4a^2 w)\sin u = 0. \tag{7.47}$$

令上式中 $\sin u$ 的系数等于零, 得 $w = (\alpha a^4 + 16\beta)/4a^2$ 并将其代入 (7.32), 则得到 mKdV-sG 方程 (7.45) 的精确行波解

$$u_1(x,t) = \pm 4 \arctan\left[\exp\left(\frac{a}{2}x - \frac{\alpha a^4 + 16\beta}{8a}t + \xi_0\right)\right] - \pi,$$

$$u_2(x,t) = \pm 4 \arccos\sqrt{\frac{1}{2}\left[1 + \text{sech}\left(\frac{a}{2}x - \frac{\alpha a^4 + 16\beta}{8a}t + \xi_0\right)\right]},$$

$$u_3(x,t) = 4\arctan\left[\tanh\left(\frac{a}{4}x - \frac{\alpha a^4 + 16\beta}{16a}t + \xi_0\right)\right],$$

$$u_4(x,t) = 4\arctan\left[\coth\left(\frac{a}{4}x - \frac{\alpha a^4 + 16\beta}{16a}t + \xi_0\right)\right],$$

$$u_5(x,t) = 4\operatorname{arccot}\left[\tanh\left(\frac{a}{4}x - \frac{\alpha a^4 + 16\beta}{16a}t + \xi_0\right)\right],$$

$$u_6(x,t) = 4\operatorname{arccot}\left[\coth\left(\frac{a}{4}x - \frac{\alpha a^4 + 16\beta}{16a}t + \xi_0\right)\right].$$

再将 (7.33) 代入 (7.46), 则得

$$\frac{1}{16}(-16\beta + \alpha a^4 - 4a^2 w)\sin u = 0.$$

将由此解出的 $w = (\alpha a^4 - 16\beta)/4a^2$ 代入 (7.34), 则得到 mKdV-sG 方程的精确行波解

$$u_7(x,t) = \pm 4\arctan\left[\exp\left(\frac{a}{2}x - \frac{\alpha a^4 - 16\beta}{8a}t + \xi_0\right)\right],$$

$$u_8(x,t) = \pm 4\operatorname{arccot}\left[\exp\left(-\frac{a}{2}x + \frac{\alpha a^4 - 16\beta}{8a}t + \xi_0\right)\right],$$

$$u_9(x,t) = \pm 4\arccos\sqrt{\frac{1}{2}\left[1 + \operatorname{sech}\left(\frac{a}{2}x - \frac{\alpha a^4 - 16\beta}{8a}t + \xi_0\right)\right]} - \pi,$$

$$u_{10}(x,t) = 2\arccos\left[\tanh\left(\frac{a}{2}x - \frac{\alpha a^4 - 16\beta}{8a}t + \xi_0\right)\right],$$

$$u_{11}(x,t) = 2\arccos\left[\coth\left(\frac{a}{2}x - \frac{\alpha a^4 - 16\beta}{8a}t + \xi_0\right)\right].$$

例 7.10 考虑 Boussinesq-double-sine-Gordon 方程

$$u_{tt} - \alpha u_{xx} + u_{xxxx} = \sin u + \frac{3}{2}\sin 2u, \tag{7.48}$$

其中 α 为常数.

在行波变换 (7.2) 下, 方程 (7.48) 变成常微分方程

$$(\omega^2 - \alpha)u'' + u^{(4)} = \sin u + \frac{3}{2}\sin 2u. \tag{7.49}$$

取辅助变量分离方程为 (7.31) 并将其代入 (7.49), 则得

$$\left(\frac{a^4}{8} + \frac{a^2(\alpha - \omega^2)}{4}\right)\sin u + \frac{3a^4}{32}\sin 2u = \sin u + \frac{3}{2}\sin 2u.$$

7.2 sine-Gordon 型方程

比较上式两端 $\sin u, \sin 2u$ 的系数, 则得到代数方程组

$$\begin{cases} \dfrac{a^4}{8} + \dfrac{a^2(\alpha - \omega^2)}{4} = 1, \\ \dfrac{3a^4}{32} = \dfrac{3}{2}, \end{cases}$$

且此代数方程组有解

$$a = \pm 2, \quad \omega = \pm\sqrt{\alpha + 1}, \quad \alpha > -1.$$

将此解代入 (7.32), 则得到方程 (7.48) 的如下精确行波解

$$u_1(x,t)|_{a=2\mu} = \pm 4 \arctan\left[\exp(\mu(x \mp \sqrt{\alpha+1}\,t) + \xi_0)\right] - \pi,$$

$$u_2(x,t)|_{a=2\mu} = \pm 4 \arccos\sqrt{\dfrac{1}{2}\left[1 + \operatorname{sech}(\mu(x \mp \sqrt{\alpha+1}\,t) + \xi_0)\right]},$$

$$u_3(x,t)|_{a=2\mu} = 4 \arctan\left[\tanh\left(\dfrac{\mu}{2}(x \mp \sqrt{\alpha+1}\,t) + \xi_0\right)\right],$$

$$u_4(x,t)|_{a=2\mu} = 4 \arctan\left[\coth\left(\dfrac{\mu}{2}(x \mp \sqrt{\alpha+1}\,t) + \xi_0\right)\right],$$

$$u_5(x,t)|_{a=2\mu} = 4 \operatorname{arccot}\left[\tanh\left(\dfrac{\mu}{2}(x \mp \sqrt{\alpha+1}\,t) + \xi_0\right)\right],$$

$$u_6(x,t)|_{a=2\mu} = 4 \operatorname{arccot}\left[\coth\left(\dfrac{\mu}{2}(x \mp \sqrt{\alpha+1}\,t) + \xi_0\right)\right],$$

这里 $\mu = \pm 1, \alpha > -1$.

若取辅助变量分离方程为 (7.33) 并将其代入 (7.49) 可得

$$\left(-\dfrac{a^4}{8} + \dfrac{a^2(\omega^2 - \alpha)}{4}\right)\sin u + \dfrac{3a^4}{32}\sin 2u = \sin u + \dfrac{3}{2}\sin 2u.$$

比较上式中 $\sin u$ 及 $\sin 2u$ 的系数, 则得到代数方程组

$$\begin{cases} -\dfrac{a^4}{8} + \dfrac{a^2(\omega^2 - \alpha)}{4} = 1, \\ \dfrac{3a^4}{32} = \dfrac{3}{2}. \end{cases}$$

解之得

$$a = \pm 2, \quad \omega = \pm\sqrt{\alpha + 3}, \quad \alpha > -3.$$

将这组解代入 (7.34), 则得到方程 (7.48) 的如下精确行波解

$$u_1(x,t)|_{a=2\mu} = \pm 4 \arctan\left[\exp(\mu(x \pm \sqrt{\alpha+3}\,t) + \xi_0)\right],$$

$$u_2(x,t)|_{a=2\mu} = \pm 4\operatorname{arccot}\left[\exp(-\mu(x \pm \sqrt{\alpha+3}\,t) + \xi_0)\right],$$

$$u_3(x,t)|_{a=2\mu} = \pm 4\arccos\sqrt{\frac{1}{2}\left[1+\operatorname{sech}(\mu(x \mp \sqrt{\alpha+3}\,t)+\xi_0)\right]} - \pi,$$

$$u_4(x,t)|_{a=2\mu} = 2\arccos\left[\tanh\left(\mu(x \pm \sqrt{\alpha+3}\,t)+\xi_0\right)\right],$$

$$u_5(x,t)|_{a=2\mu} = 2\arccos\left[\coth\left(\mu(x \pm \sqrt{\alpha+3}\,t)+\xi_0\right)\right],$$

这里 $\mu = \pm 1$, $\alpha > -3$.

有时不含有正弦、余弦函数或双曲正弦、双曲余弦函数的非线性波方程也可以用这里的变量分离方程法进行求解, 下面的例子就属于这一类.

例 7.11 考虑 Born-Infeld 方程

$$(1-u_t^2)u_{xx} + 2u_x u_t u_{xt} - (1+u_x^2)u_{tt} = 0, \tag{7.50}$$

它来自非线性修正 Maxwell 方程的约化, 描述 $(1+2)$- 维 Minkowski 空间中的极小曲面, 同时也是 Nambu 弦的一个特例.

在变换 (7.2) 下方程 (7.50) 可以化为常微分方程

$$\left[1-w^2(u')^2\right]u'' + 2w^2(u')^2 u'' - w^2\left[1+(u')^2\right]u'' = 0. \tag{7.51}$$

假设 $u(\xi)$ 满足辅助常微分方程

$$\frac{du}{d\xi} = G(u) = a + b\sin u, \tag{7.52}$$

这里 a,b 为参数. 不难发现方程 (7.52) 具有如下解

$$u(\xi) = \begin{cases} 2\arctan\left[\dfrac{\sqrt{a^2-b^2}}{a}\tan\dfrac{\sqrt{a^2-b^2}}{2}(\xi+\xi_0) - \dfrac{b}{a}\right], & a^2 > b^2, \\[2mm] 2\arctan\left[\dfrac{\sqrt{a^2-b^2}}{a}\cot\dfrac{\sqrt{a^2-b^2}}{2}(\xi+\xi_0) - \dfrac{b}{a}\right], & a^2 > b^2, \\[2mm] 2\arctan\left[-\dfrac{\sqrt{b^2-a^2}}{a}\tanh\dfrac{\sqrt{b^2-a^2}}{2}(\xi+\xi_0) - \dfrac{b}{a}\right], & a^2 < b^2, \\[2mm] 2\arctan\left[-\dfrac{\sqrt{b^2-a^2}}{a}\coth\dfrac{\sqrt{b^2-a^2}}{2}(\xi+\xi_0) - \dfrac{b}{a}\right], & a^2 < b^2, \\[2mm] 2\arctan a(\xi+\xi_0) + \dfrac{\pi}{2}, & b = a, \\[2mm] 2\arctan a(\xi+\xi_0) - \dfrac{\pi}{2}, & b = -a. \end{cases} \tag{7.53}$$

7.2 sine-Gordon 型方程

将 (7.52) 代入 (7.51) 并经化简可得

$$-b(w^2-1)(a+b\sin u)\cos u = 0,$$

并由此解出 $w=1$ 或 $w=-1$. 将其代入 (7.53), 则得到 Born-Infeld 方程的精确行波解

$$u_1^\pm(x,t) = 2\arctan\left[\frac{\sqrt{a^2-b^2}}{a}\tan\frac{\sqrt{a^2-b^2}}{2}(x\mp t+\xi_0)-\frac{b}{a}\right], \quad a^2 > b^2,$$

$$u_2^\pm(x,t) = 2\arctan\left[\frac{\sqrt{a^2-b^2}}{a}\cot\frac{\sqrt{a^2-b^2}}{2}(x\mp t+\xi_0)-\frac{b}{a}\right], \quad a^2 > b^2,$$

$$u_3^\pm(x,t) = 2\arctan\left[\frac{\sqrt{b^2-a^2}}{a}\tanh\frac{\sqrt{b^2-a^2}}{2}(x\mp t+\xi_0)-\frac{b}{a}\right], \quad a^2 < b^2,$$

$$u_4^\pm(x,t) = 2\arctan\left[-\frac{\sqrt{b^2-a^2}}{a}\coth\frac{\sqrt{b^2-a^2}}{2}(x\mp t+\xi_0)-\frac{b}{a}\right], \quad a^2 < b^2,$$

$$u_5^\pm(x,t) = 2\arctan a(x\mp t+\xi_0)+\frac{\pi}{2}, \quad b=a,$$

$$u_6^\pm(x,t) = 2\arctan a(x\mp t+\xi_0)-\frac{\pi}{2}, \quad b=-a.$$

再将 (7.37) 代入 (7.51), 有

$$b(w^2-1)(a+b\cos u)\sin u = 0.$$

解此方程, 得 $w=\pm 1$. 从而由 (7.38) 得到 Born-Infeld 方程的如下精确行波解

$$u_1^\pm(x,t) = 2\arctan\left[\sqrt{\frac{a+b}{a-b}}\tan\frac{\sqrt{a^2-b^2}}{2}(x\mp t+\xi_0)\right], \quad a^2 > b^2,$$

$$u_2^\pm(x,t) = 2\arctan\left[\sqrt{\frac{a+b}{a-b}}\cot\frac{\sqrt{a^2-b^2}}{2}(x\mp t+\xi_0)\right], \quad a^2 > b^2,$$

$$u_3^\pm(x,t) = 2\arctan\left[\sqrt{\frac{b+a}{b-a}}\tanh\frac{\sqrt{b^2-a^2}}{2}(x\mp t+\xi_0)\right], \quad a^2 < b^2,$$

$$u_4^\pm(x,t) = 2\arctan\left[\sqrt{\frac{b+a}{b-a}}\coth\frac{\sqrt{b^2-a^2}}{2}(x\mp t+\xi_0)\right], \quad a^2 < b^2,$$

$$u_5^\pm(x,t) = 2\arctan a(x\mp t+\xi_0), \quad b=a,$$

$$u_6^\pm(x,t) = -2\operatorname{arccot} a(x\mp t+\xi_0), \quad b=-a.$$

7.3 sinh-Gordon 型方程

本节继续讨论用变量分离方程法求解另一类特殊类型的非线性波方程, 即 sinh-Gordon 型方程的求解问题. 同时, 作为方法应用, 还给出用变量分离方程法求解部分 Liouville 型方程的实例.

例 7.12 sinh-Gordon (sHG) 方程

$$u_{xt} = \sinh u \tag{7.54}$$

出现在流体力学、凝聚态物理、生物物理、气象学、非线性光学、场论、几何学等领域, 如描述晶格位错的传播、磁性晶体的 Bloch 壁运动、沿类脂膜的扩张波的传播、磁悬波在铁磁材料中的传播、Josephson 线中的磁通量的传播、正压大气中波流之间的相互作用和正常曲律曲面问题等. sH 方程是完全可积的, 因为它的相似约化可归结为 Painlevé P_{III} 型方程.

经变换 (7.2), sinh-Gordon 方程可转化为

$$-wu'' = \sinh u. \tag{7.55}$$

不妨假设 $u(\xi)$ 满足辅助变量分离方程

$$\frac{du}{d\xi} = G(u) = a\cosh\frac{u}{2}, \tag{7.56}$$

其中 a 为参数. 容易求出方程 (7.56) 的解为

$$u(\xi) = \begin{cases} \ln\left[\tan^2\left(\dfrac{a}{4}\xi + \xi_0\right)\right], \\ \ln\left[\cot^2\left(\dfrac{a}{4}\xi + \xi_0\right)\right], \\ 4\operatorname{artanh}\left[\tan\left(\dfrac{a}{4}\xi + \xi_0\right)\right], \\ -4\operatorname{artanh}\left[\cot\left(\dfrac{a}{4}\xi + \xi_0\right)\right], \\ -4\operatorname{arcoth}\left[\tan\left(\dfrac{a}{4}\xi + \xi_0\right)\right], \\ 4\operatorname{arcoth}\left[\cot\left(\dfrac{a}{4}\xi + \xi_0\right)\right], \end{cases} \tag{7.57}$$

这里及以下 ξ_0 为任意常数.

7.3 sinh-Gordon 型方程

将 (7.56) 代入 (7.55) 后比较 $\sinh u$ 的系数而得到的代数方程有解 $w = -4/a^2$. 将其代入 (7.57), 则得到 sinh-Gordon 方程的精确行波解

$$u_1(x,t) = \ln\left[\tan^2\left(\frac{a}{4}x + \frac{t}{a} + \xi_0\right)\right],$$

$$u_2(x,t) = \ln\left[\cot^2\left(\frac{a}{4}x + \frac{t}{a} + \xi_0\right)\right],$$

$$u_3(x,t) = 4\operatorname{artanh}\left[\tan\left(\frac{a}{4}x + \frac{t}{a} + \xi_0\right)\right],$$

$$u_4(x,t) = -4\operatorname{artanh}\left[\cot\left(\frac{a}{4}x + \frac{t}{a} + \xi_0\right)\right],$$

$$u_5(x,t) = -4\operatorname{arcoth}\left[\tan\left(\frac{a}{4}x + \frac{t}{a} + \xi_0\right)\right],$$

$$u_6(x,t) = 4\operatorname{arcoth}\left[\cot\left(\frac{a}{4}x + \frac{t}{a} + \xi_0\right)\right].$$

如果选取辅助变量分离方程为

$$\frac{du}{d\xi} = G(u) = a\sinh\frac{u}{2}, \tag{7.58}$$

其中 a 为参数. 容易求出该方程的解为

$$u(\xi) = \begin{cases} \ln\left[\tanh^2\left(\frac{a}{4}\xi + \xi_0\right)\right], \\ \ln\left[\coth^2\left(\frac{a}{4}\xi + \xi_0\right)\right], \\ \pm 4\operatorname{artanh}\left[\exp\left(\frac{a}{2}\xi + \xi_0\right)\right], \\ -4\operatorname{arcoth}\left[\exp\left(\frac{a}{2}\xi + \xi_0\right)\right], \\ 2\operatorname{arcosh}\left[\tanh\left(\frac{a}{2}\xi + \xi_0\right)\right], \\ 2\operatorname{arcosh}\left[\coth\left(\frac{a}{2}\xi + \xi_0\right)\right]. \end{cases} \tag{7.59}$$

将辅助变量分离方程 (7.58) 代入 (7.55) 后令 $\sinh u$ 的系数等于零, 则得到 $w = -4/a^2$. 再将其代入 (7.59), 则得到 sinh-Gordon 方程的如下精确行波解

$$u_7(x,t) = \ln\left[\tanh^2\left(\frac{a}{4}x + \frac{t}{a} + \xi_0\right)\right],$$

$$u_8(x,t) = \ln\left[\coth^2\left(\frac{a}{4}x + \frac{t}{a} + \xi_0\right)\right],$$

$$u_9(x,t) = \pm 4\operatorname{artanh}\left[\exp\left(\frac{a}{4}x + \frac{t}{a} + \xi_0\right)\right],$$

$$u_{10}(x,t) = -4\operatorname{arcoth}\left[\exp\left(\frac{a}{4}x + \frac{t}{a} + \xi_0\right)\right],$$

$$u_{11}(x,t) = 2\operatorname{arcosh}\left[\tanh\left(\frac{a}{4}x + \frac{t}{a} + \xi_0\right)\right],$$

$$u_{12}(x,t) = 2\operatorname{arcosh}\left[\coth\left(\frac{a}{4}x + \frac{t}{a} + \xi_0\right)\right].$$

例 7.13 双 sinh-Gordon 方程

$$u_{xt} = \sinh u + \lambda \sinh 2u, \tag{7.60}$$

其中 λ 为常数.

在变换 (7.2) 下变成如下常微分方程

$$-\omega u'' = \sinh u + \lambda \sinh 2u. \tag{7.61}$$

假定 $u(\xi)$ 还满足辅助变量分离方程

$$\frac{du}{d\xi} = G(u) = a + b\cosh u, \tag{7.62}$$

其中 a, b 为参数. 容易给出方程 (7.62) 的解如下

$$u(\xi) = \begin{cases} \ln\left[-\dfrac{a}{b} - \dfrac{\sqrt{a^2-b^2}}{b}\tanh\dfrac{\sqrt{a^2-b^2}}{2}(\xi+\xi_0)\right], & a^2 > b^2, \\ \ln\left[-\dfrac{a}{b} - \dfrac{\sqrt{a^2-b^2}}{b}\coth\dfrac{\sqrt{a^2-b^2}}{2}(\xi+\xi_0)\right], & a^2 > b^2, \\ \ln\left[-\dfrac{a}{b} + \dfrac{\sqrt{b^2-a^2}}{b}\tan\dfrac{\sqrt{b^2-a^2}}{2}(\xi+\xi_0)\right], & a^2 < b^2, \\ \ln\left[-\dfrac{a}{b} - \dfrac{\sqrt{b^2-a^2}}{b}\cot\dfrac{\sqrt{b^2-a^2}}{2}(\xi+\xi_0)\right], & a^2 < b^2, \\ \ln\left[-1 - \dfrac{2}{a(\xi+\xi_0)}\right], & b = a, \\ \ln\left[1 + \dfrac{2}{a(\xi+\xi_0)}\right], & b = -a. \end{cases} \tag{7.63}$$

7.3 sinh-Gordon 型方程

将 (7.62) 代入 (7.61), 则得到

$$-\omega ab \sinh u - \frac{1}{2}\omega b^2 \sinh 2u = \sinh u + \lambda \sinh 2u.$$

比较上式两端 $\sinh u, \sinh 2u$ 的系数, 则得到

$$b = 2\lambda a, \quad \omega = -\frac{1}{2\lambda a^2}. \tag{7.64}$$

将 (7.64) 代入 (7.63), 则得到双 sinh-Gordon 方程 (7.60) 的如下精确行波解

$$u_1(x,t) = \ln\left[-\frac{1}{2\lambda} \pm \frac{\sqrt{1-4\lambda^2}}{2\lambda}\tanh\frac{a\sqrt{1-4\lambda^2}}{2}\left(x + \frac{t}{2\lambda a^2} + \xi_0\right)\right], \quad |\lambda| < \frac{1}{2},$$

$$u_2(x,t) = \ln\left[-\frac{1}{2\lambda} \pm \frac{\sqrt{1-4\lambda^2}}{2\lambda}\coth\frac{a\sqrt{1-4\lambda^2}}{2}\left(x + \frac{t}{2\lambda a^2} + \xi_0\right)\right], \quad |\lambda| < \frac{1}{2},$$

$$u_3(x,t) = \ln\left[-\frac{1}{2\lambda} \pm \frac{\sqrt{4\lambda^2-1}}{2\lambda}\tan\frac{a\sqrt{4\lambda^2-1}}{2}\left(x + \frac{t}{2\lambda a^2} + \xi_0\right)\right], \quad |\lambda| > \frac{1}{2},$$

$$u_4(x,t) = \ln\left[-\frac{1}{2\lambda} \pm \frac{\sqrt{4\lambda^2-1}}{2\lambda}\cot\frac{a\sqrt{4\lambda^2-1}}{2}\left(x + \frac{t}{2\lambda a^2} + \xi_0\right)\right], \quad |\lambda| > \frac{1}{2},$$

$$u_5(x,t) = \ln\left[-1 - \frac{2}{ax + a^{-1}t + \xi_0}\right], \quad \lambda = \frac{1}{2},$$

$$u_6(x,t) = \ln\left[1 + \frac{2}{ax - a^{-1}t + \xi_0}\right], \quad \lambda = -\frac{1}{2}.$$

例 7.14 考虑 sinh-cosh-Gordon 方程

$$u_{tt} - ku_{xx} + \alpha \sinh u + \beta \cosh u = 0, \tag{7.65}$$

其中 k, α, β 为常数且 $\alpha > \beta > 0$.

在变换 (7.2) 下, 方程 (7.65) 将变成常微分方程

$$(\omega^2 - k)u'' + \alpha \sinh u + \beta \cosh u = 0,$$

或将其改写为

$$u'' + \frac{\alpha}{\omega^2 - k}\sinh u + \frac{\beta}{\omega^2 - k}\cosh u = 0. \tag{7.66}$$

选取辅助变量分离方程

$$\frac{du}{d\xi} = G(u) = a\sinh\frac{u}{2} + b\cosh\frac{u}{2}, \tag{7.67}$$

其中 a, b 为参数.

不难求得方程 (7.67) 的解为

$$u(\xi) = \begin{cases} 4\operatorname{artanh}\left[-\dfrac{a}{b} + \dfrac{\sqrt{b^2-a^2}}{b}\tan\dfrac{\sqrt{b^2-a^2}}{4}(\xi+\xi_0)\right], & b > a, \\ 4\operatorname{arcoth}\left[\dfrac{a}{b} + \dfrac{\sqrt{b^2-a^2}}{b}\tan\dfrac{\sqrt{b^2-a^2}}{4}(\xi+\xi_0)\right], & b > a, \\ -4\operatorname{artanh}\left[\dfrac{a}{b} + \dfrac{\sqrt{b^2-a^2}}{b}\cot\dfrac{\sqrt{b^2-a^2}}{4}(\xi+\xi_0)\right], & b > a, \\ 4\operatorname{arcoth}\left[-\dfrac{a}{b} + \dfrac{\sqrt{b^2-a^2}}{b}\cot\dfrac{\sqrt{b^2-a^2}}{4}(\xi+\xi_0)\right], & b > a, \\ \ln\left[\dfrac{4}{a^2(\xi+\xi_0)^2}\right], & b = a, \\ \ln\left[\dfrac{a^2(\xi+\xi_0)^2}{4}\right], & b = -a. \end{cases} \quad (7.68)$$

对方程 (7.67) 两边微分一次, 则有

$$u'' - \frac{a^2+b^2}{4}\sinh u + \frac{ab}{2}\cosh u = 0. \tag{7.69}$$

令 (7.66) 与 (7.69) 中的 $\sinh u, \cosh u$ 的系数相等, 则得到

$$\begin{cases} -\dfrac{a^2+b^2}{4} = \dfrac{\alpha}{\omega^2-k}, \\ -\dfrac{ab}{2} = \dfrac{\beta}{\omega^2-k}. \end{cases}$$

解此代数方程组, 则得

$$a = \pm\frac{2\beta}{\sqrt{2\gamma(k-\omega^2)}}, \quad b = \pm\frac{2\gamma}{\sqrt{2\gamma(k-\omega^2)}}, \quad \gamma = \alpha + \sqrt{\alpha^2-\beta^2}. \tag{7.70}$$

将 (7.70) 代入 (7.68), 则得到方程 (7.65) 的如下精确行波解

$$u_1(x,t) = 4\operatorname{artanh}\left[-\frac{\beta}{\gamma} \pm \frac{\sqrt{2(\alpha\gamma-\beta^2)}}{\gamma}\tan\frac{1}{2}\sqrt{\frac{\alpha\gamma-\beta^2}{\gamma(k-\omega^2)}}(x-\omega t+\xi_0)\right],$$

$$u_2(x,t) = 4\operatorname{arcoth}\left[\frac{\beta}{\gamma} \pm \frac{\sqrt{2(\alpha\gamma-\beta^2)}}{\gamma}\tan\frac{1}{2}\sqrt{\frac{\alpha\gamma-\beta^2}{\gamma(k-\omega^2)}}(x-\omega t+\xi_0)\right],$$

7.3 sinh-Gordon 型方程

$$u_3(x,t) = -4\operatorname{artanh}\left[\frac{\beta}{\gamma} \pm \frac{\sqrt{2(\alpha\gamma - \beta^2)}}{\gamma}\cot\frac{1}{2}\sqrt{\frac{\alpha\gamma - \beta^2}{\gamma(k - \omega^2)}}(x - \omega t + \xi_0)\right],$$

$$u_4(x,t) = 4\operatorname{arcoth}\left[-\frac{\beta}{\gamma} \pm \frac{\sqrt{2(\alpha\gamma - \beta^2)}}{\gamma}\cot\frac{1}{2}\sqrt{\frac{\alpha\gamma - \beta^2}{\gamma(k - \omega^2)}}(x - \omega t + \xi_0)\right],$$

$$u_5(x,t) = \ln\left[\frac{2\gamma(k - \omega^2)}{\beta^2(x - \omega t + \xi_0)^2}\right],$$

$$u_6(x,t) = \ln\left[\frac{\beta^2(x - \omega t + \xi_0)^2}{2\gamma(k - \omega^2)}\right],$$

这里 $k > \omega^2$, 而 $\alpha\gamma - \beta^2 = \sqrt{\alpha^2 - \beta^2}\gamma > 0$ 自动成立.

例 7.15 考虑变形 Liouville 方程

$$u_{tt} - ku_{xx} + \alpha e^{-u} - \beta e^u = 0, \tag{7.71}$$

其中 k, α, β 为常数.

在行波变换 (7.2) 下, 变形 Liouville 方程 (7.71) 变成

$$\left(\omega^2 - k\right)u'' + \alpha e^{-u} - \beta e^u = 0,$$

或将其改写为

$$u'' + \frac{\alpha}{\omega^2 - k}e^{-u} - \frac{\beta}{\omega^2 - k}e^u = 0. \tag{7.72}$$

取辅助变量分离方程

$$\frac{du}{d\xi} = G(u) = ae^{-\frac{u}{2}} - be^{\frac{u}{2}}, \tag{7.73}$$

其中 a, b 为参数. 不难求出方程 (7.73) 的解为

$$u(\xi) = \begin{cases} \ln\left[\frac{a}{b}\tanh^2\left(\frac{\sqrt{ab}}{2}\xi + \xi_0\right)\right], & ab > 0, \\ \ln\left[-\frac{a}{b}\tan^2\left(\frac{\sqrt{-ab}}{2}\xi + \xi_0\right)\right], & ab < 0. \end{cases} \tag{7.74}$$

方程 (7.73) 对 ξ 微分一次, 则有

$$u'' + \frac{a^2}{2}e^{-u} - \frac{b^2}{2}e^u = 0. \tag{7.75}$$

比较 (7.72) 和 (7.75) 中 e^{-u}, e^u 的系数, 则得到

$$\begin{cases} \dfrac{a^2}{2} = \dfrac{\alpha}{\omega^2 - k}, \\ \dfrac{b^2}{2} = \dfrac{\beta}{\omega^2 - k}. \end{cases}$$

由此解得

$$a = \pm\sqrt{\frac{2\alpha}{\omega^2 - k}}, \quad b = \pm\sqrt{\frac{2\beta}{\omega^2 - k}}, \tag{7.76}$$

$$a = \pm\sqrt{\frac{2\alpha}{\omega^2 - k}}, \quad b = \mp\sqrt{\frac{2\beta}{\omega^2 - k}}. \tag{7.77}$$

将 (7.76) 和 (7.77) 分别代入 (7.74) 式, 则得到变形 Liouville 方程 (7.71) 的精确行波解

$$u_1(x,t) = \ln\left[\sqrt{\frac{\alpha}{\beta}} \tanh^2\left(\frac{1}{2}\sqrt[4]{\frac{4\alpha\beta}{(\omega^2 - k)^2}}(x - \omega t) + \xi_0\right)\right], \alpha\beta > 0,$$

$$u_2(x,t) = \ln\left[\sqrt{\frac{\alpha}{\beta}} \tan^2\left(\frac{1}{2}\sqrt[4]{\frac{4\alpha\beta}{(\omega^2 - k)^2}}(x - \omega t) + \xi_0\right)\right], \alpha\beta > 0.$$

例 7.16 考虑 Calogero-Degasperis-Fokas 方程

$$u_t + u_{xxx} - \frac{1}{8}u_x^3 + (\alpha e^u + \beta e^{-u} + \gamma)u_x = 0, \tag{7.78}$$

其中 α, β, γ 为常数. 该方程是由 Fokas 于 1980 年利用对称研究非线性发展方程的可解性时首次引入的不含二阶导数项的一个新的三阶可积非线性方程. 1981 年, Calogero 和 Degasperis 考虑与反散射变换相联系的矩阵谱问题所引出的非线性发展方程的约化时再次得到了方程 (7.78) 并给出它的 Lax 对以及散射数据所满足的方程.

在变换 (7.2) 下, 方程 (7.78) 变成常微分方程

$$-\omega u' + u''' - \frac{1}{8}(u')^3 + (\alpha e^u + \beta e^{-u} + \gamma)u' = 0. \tag{7.79}$$

将辅助变量分离方程 (7.73) 代入方程 (7.79) 后令 e^{ju} $\left(j = \pm\dfrac{3}{2}, \pm\dfrac{1}{2}\right)$ 的系数等于零, 则得到代数方程组

7.3 sinh-Gordon 型方程

$$\begin{cases} \dfrac{3}{8}a^3 + \beta a = 0, \\ \dfrac{3}{8}b^3 + \alpha b = 0, \\ -\omega a - \dfrac{a^2 b}{8} + \gamma a - \beta b = 0, \\ \omega b + \dfrac{ab^2}{8} + \alpha a - \gamma b = 0. \end{cases}$$

解此代数方程组, 则得

$$a = \pm 2\sqrt{-\frac{2\beta}{3}}, \quad b = \pm 2\sqrt{-\frac{2\alpha}{3}}, \quad \omega = \frac{2\sqrt{\alpha\beta}}{3} + \gamma, \tag{7.80}$$

$$a = \pm 2\sqrt{-\frac{2\beta}{3}}, \quad b = \mp 2\sqrt{-\frac{2\alpha}{3}}, \quad \omega = -\frac{2\sqrt{\alpha\beta}}{3} + \gamma. \tag{7.81}$$

将 (7.80) 和 (7.81) 分别代入 (7.74) 式, 则得到方程 (7.78) 的精确行波解

$$u_1(x,t) = \ln\left[\sqrt{\frac{\beta}{\alpha}}\tanh^2\left(\frac{\sqrt{6}\sqrt[4]{\alpha\beta}}{3}\left(x - \left(\frac{2\sqrt{\alpha\beta}}{3} + \gamma\right)t\right) + \xi_0\right)\right],$$

$$u_2(x,t) = \ln\left[\sqrt{\frac{\beta}{\alpha}}\tan^2\left(\frac{\sqrt{6}\sqrt[4]{\alpha\beta}}{3}\left(x + \left(\frac{2\sqrt{\alpha\beta}}{3} - \gamma\right)t\right) + \xi_0\right)\right],$$

其中 $\alpha < 0$ 且 $\beta < 0$.

由前面讨论可知, 变量分离方程法具有不用考虑确定平衡常数的问题, 不会涉及庞大而复杂的代数方程组的求解问题, 可以灵活地选取辅助方程, 可以忽略所选取的辅助方程解的某些条件, 对行波解满足的常微分方程积分时不用选取积分常数为零, 从而避免漏掉部分解的情况等优点. 因此, 可将变量分离方程法作为求解非线性波方程的最简单、最直接的试探方法来使用.

此外, 7.2 节和 7.3 节中选用的辅助变量分离方程 (7.28) 都具有许多解, 这里只是列出了其中的一部分. 同时, 方程 (7.28) 也可取一般的形式

$$\frac{du}{d\xi} = G(u) = a\cos(ku) + b\sin(ku) + c \tag{7.82}$$

或

$$\frac{du}{d\xi} = G(u) = a\cosh(ku) + b\sinh(ku) + c, \tag{7.83}$$

其中 k, a, b, c 为常数.

参 考 文 献

杜兴华. 2010. 非线性数学物理方程的精确解. 哈尔滨: 哈尔滨工程大学出版社.
傅海明, 戴正德. 2014. 新辅助函数法求解非线性发展方程. 周口师范学院学报, 31(2): 1-4.
谷超豪. 1990. 孤立子理论及其应用. 杭州: 浙江科学技术出版社.
郭柏灵, 庞小峰. 1987. 孤立子. 北京: 科学出版社.
李帮庆, 马玉兰. 2010. 非线性发展方程与 (G'/G) 展开法. 北京: 原子能出版社.
李翊神. 1999. 孤子与可积系统. 上海: 上海科技教育出版社.
李志斌, 张善卿. 1997. 非线性波方程准确孤立波解的符号计算. 数学物理学报,17(1): 81-89.
李志斌. 2007. 非线性数学物理方程的行波解. 北京: 科学出版社.
刘式适, 刘式达. 2000. 物理学中的非线性方程. 北京: 北京大学出版社.
卢爱红, 邵旭馗. 2014. 辅助方程法求变系数 Boussinesq 方程的精确解. 重庆文理学院学报, 33(5): 11-13.
斯仁道尔吉. 1998. 求孤子方程椭圆函数解的机械方法. 内蒙古师范大学学报 (自然科学蒙文版), 56(2): 1-10.
斯仁道尔吉. 2014. 标度变换与变系数非线性发展方程的精确解. 内蒙古大学学报 (自然科学版), 45(6): 569-573.
斯仁道尔吉. 2015. 求解不可积非线性演化方程的标度变换法. 内蒙古师范大学学报 (自然科学汉文版),44(6): 721-724.
斯仁道尔吉. 2017. 扩展双曲正切函数法的推广及其应用. 内蒙古大学学报 (自然科学版), 48(5): 492-498.
斯仁道尔吉. 2018. 通用 F- 展开法与 nmKdV 方程的精确解. 内蒙古大学学报 (自然科学版),49(6): 561-566.
套格图桑, 斯仁道尔吉. 2006. 非线性长波方程组和 Benjamin 方程的新精确孤波解. 物理学报, 55(7): 3246-3254.
田成栋. 2011. 一类 mCH 方程的有理解. 齐鲁师范学院学报, 26(5): 119-123.
王明亮. 1993. BBM 方程的孤立波解及其互相作用. 兰州大学学报. 29(1):7-13.
张大军, 邓淑芳, 陈登远. 2004. mKdV-SineGordon 方程的多孤子解. 数学物理学报 A 辑. 24(3): 257-264.
Abazari R. 2013. On the exact solitary wave solutions of a special class of Benjamin-Bona-Mahony equation. Comput. Math. Math. Phys., 53: 1371-1376.
Ablowitz M J, Clarkson P A. 1999. Solitons, Nonlinear Evolution Equations and Inverse Scattering. Cambridge: Combridge University Press.
Alquran M. 2012. Bright and dark soliton solutions to the Ostrovsky-Benjamin-Bona-

Mahony (OS-BBM) equation. J. Math. Comput. Sci.,2: 15-22.

Baldwin D, Göktas Ü, Hereman W, et al. 2004. Symbolic computation of exact solutions expressible in hyperbolic and elliptic functions for nonlinear PDEs. J. Symb. Comput., 37: 669-705.

Benjamin T B,Bona J L, Mahoney J J. 1972. Model equations for long waves in nonlinear dispersive systems. Phil. Trans. Roy. Soc. A., 272: 47-78.

Bluman G W, Kumei S. 1989. Symmetries and Differential Equations. Applied Mathematical Sciences,Vol. 81. New York: Springer-Verlag.

Calogero F, Degasperis A. 1981. Reduction technique for matrix nonlinear evolution equations solvable by the spectral transform. J. Math. Phys.,22: 23-31.

Camassa R,Holm D D. 1993. An integrable shallow water equation with peaked solitons. Phys. Rev. Lett. ,71: 1661-1664.

Cariello F, Tabor M. 1991. Similarity reductions form extended Painlevé expansions for non-integrable evolution equations. Physica. D. ,53: 59-70.

Çevikel A C, Bekir A, Akar M, et al. 2012. A procedure to construct exact solutions of nonlinear evolution equations. Pramana J. Phys.,79(3): 337-344.

Ebaid A, Aly E H. 2012. Exact solutions for the transformed reduced Ostrovsky equation via the F-expansion method in terms of Weierstrass-elliptic and Jacobian-elliptic functions. Wave Motion, 49: 296-308.

Fan E G. 2000. Extended tanh-function method and its applications to nonlinear equations. Phys. Lett.A. ,277: 212-218.

Fan E G. 2003. An algebraic method for finding a series of exact solutions to integrable and nonintegrable nonlinear evolution equations. J. Phys. A: Math. Gen., 36: 7009-7026.

Fokas A S, Fuchssteiner B. 1981. Symplectic structures,their Bäcklund transformation and hereditary symmetries.Phys. D., 4: 47-66.

Fokas A S. 1980. A symmetry approach to exactly solvable evolutions equations. J. Math. Phys., 21: 1318-1325.

Fu Z T, Liu S K, Liu S D. 2004. Exact solutions to double and triple sinh-Gordon equations. Zeitschrift Für Naturforschung A, 59(12): 933-937.

Guo S M, Zhou Y B. 2010. Auxiliary equation method for the mKdV equation with variable coefficients. Appl. Math. Comput., 217: 1476-1483.

Khater M M A, Seadawy A R,Lu D C. 2017. Elliptic and solitary wave solutions for Bogoyavlenskii equations system,couple Boiti-Leon-Pempinelli equations system and Time-fractional Cahn-Allen equation. Results in Physics, 7: 2325-2333.

Korteweg D J,de Vries G. 1895. On the change of form of long waves advancing in a rectangular canal,and on a new type of long stationary waves. Philos. Mag. Ser. ,5, 39: 422-443.

Kudryashov N A. 2009. On "new travelling wave solutions" of the KdV and the KdV-

Burgers equations. Comm. Nonl. Sci. Num. Simul., 14:1891-1900.

Lan H B,Wang K L. 1989. Exact solutions for some nonlinear equations. Phys. Lett. A., 137: 369-372.

Layeni O P. 2011. New exact solutions for some power law nonlinear diffusion equation. J. Appl. Math. Comput., 35: 93-102.

Li W A, Chen H, Zhang G C. 2009. The (w/g)-expansion method and its application to Vakhnenko equation. Chin. Phys. B. ,18(2): 400-404.

Li X Z, Wang M L. 2007. A sub-ODE method for finding exact solutions of a generalized KdV-mKdV equation with high-order nonlinear terms. Phys. Lett. A.,361: 115-118.

Li Z B, Liu Y P. 2002. RATH: A Maple package for finding traveling solitary wave solutions to nonlinear evolution equations. Comput. Phys. Commun.,148: 256-266.

Li Z B, Liu Y P. 2004. RAEEM: A Maple package for finding a series of exact traveling wave solutions for nonlinear evolution equations. Comput. Phys. Commun., 163: 191-201.

Liang S X,Jeffrey D J. 2009.New traveling wave solutions to modified CH and DP equations. Comp. Phys. Commun., 180: 1429-1433.

Liu C P, Liu X P. 2006. A note on the auxiliary equation method for solving nonlinear partial differential equations. Phys. Lett. A., 348(1): 222-227.

Liu C P. 2009. (G'/G)-expansion method equivalent to extended tanh function method. Commun. Theor. Phys., 51(6): 985-988.

Liu S K,Fu Z T,Liu S D, et al. 2001. Jacobi elliptic function expansion and periodic solutions of nonlinear wave equations. Phys. Lett. A., 289: 69-74.

Liu X P, Liu C P. 2009. The relationship among the solutions of two auxiliary ordinary differential equations. Chaos, Solitons & Fractals, 39(4): 1915-1919.

Malfliet W. 1992. Solitary wave solutions of nonlinear wave equations. Am. J. Phys.,60(7): 650-654.

Matsuno Y. 1984. Bilinear Transformation Method. New York: Academic Press.

Naher H, Abdullah F A. 2012. New traveling wave solutions by the extended generalized Riccati equation mapping method of the (2+1)-dimensional evolution equation. J. Appl. Math., 2012: 1-18.

Nickel J. 2007. Elliptic solutions to a generalized BBM equation. Phys. Lett. A., 364(3): 221-226.

Parkes E J,Duffy B R. 1996. An automated tanh-function method for finding solitary wave solutions to non-linear evolution equations. Comput. Phys. Coummun.,98: 288-300.

Pinar Z, Öziş T. 2013. An observation on the periodic solutions to nonlinear physical models by means of the auxiliary equation with a sixth-degree nonlinear term. Commun. Nonl. Sci. Numer. Simulat., 18: 2177-2187.

Porubov A V. 1996. Periodical solution to the nonlinear dissipative equation for surface waves in a convecting liquid layer. Phys. Lett.A. , 221: 391-394.

Rogers C, Shadwick W R. 1982. Bäcklund Transformations and Their Applications. New York: Academic Press.

Schürmann H W, Serov V S, Nickel J. 2006. Superposition in nonlinear wave and evolution equations. Inter. J. Theor. Phys., 45(6): 1093-1109.

Shehata M S M. 2016. A new solitary wave solution of the perturbed nonlinear Schrödinger equation using a Riccati-Bernoulli Sub-ODE method. Int. J. Phys. Sci.,11(6): 80-84.

Sirendaoreji, Sun J. 2002. A direct method for solving sine-Gordon type equations. Phys. Lett. A., 298: 133-139.

Sirendaoreji, Sun Jiong. 2003. Auxiliary equation method for solving nonlinear partial differential equations. Phys. Lett. A., 309(5-6): 387-396.

Sirendaoreji. 2002. Applying the Bernoulli equation to solve a nonlinear Klein-Gordon type equation. Math. Scientist, 27(2): 102-107.

Sirendaoreji. 2004. New exact traveling wave solutions for the Kawahara and the modified Kawahara equations. Chaos, Solitons & Fractals, 19(1): 147-150.

Sirendaoreji. 2006. Exact travelling wave solutions to the Davey-Stewartson I equation. J. Inner. Mogol. Norm. Univ., 35(2): 127-131.

Sirendaoreji. 2007. A new application of the extended tanh-function method. J. Inn. Mong. Norm. Univ.,36(4): 391-401.

Sirendaoreji. 2007. Auxiliary equation method and new solutions of Klein-Gordon equations. Chaos, Solitons & Fractals, 31: 943-950.

Sirendaoreji. 2007. Exact travelling wave solutions for four forms of nonlinear Klein-Gordon equations. Phys. Lett. A., 363: 440-447.

Sirendaoerji. 2017. Constructing infinite number of exact travelling wave solutions of nonlinear evolution equations via an extended tanh-function method. Inter. J. Nonlinear. Sci.,24(3): 161-168.

Sirendaoreji. 2017. Unified Riccati equation expansion method and its application to two new classes of Benjamin-Bona-Mahony equations. Nonlinear Dyn.,89: 333-344.

Sirendaoreji. 2018. Third kind of elliptic equation expansion method and exact traveling wave solutions of the generalized microstructure wave equation and the Sawada-Kotera equation. Inter. J. Nonlinear. Sci.,26(3): 131-139.

Sun Y H, Ma Z M, Li Y. 2010. Explicit solutions for generalized (2+1)-dimensional nonlinear Zakharov-Kuznetsov equation. Commun. Theor. Phys.,54(9): 397-400.

Vakhnenko V O. 1992. Solitons in a nonlinear model medium. J. Phys, A: Gen Phys., 25: 4181-4187.

Wang M L, Li L X, Li E Q. 2014. Exact solitary wave solutions of nonlinear evolution equations with a positive fractional power term. Commun. Thero. Phys., 61(1): 7-14.

Wang M L, Li X Z, Zhang J L. 2007. Sub-ODE method and solitary wave solutions for higher order nonlinear Schrödinger equation. Phys. Lett. A., 363: 96-101.

Wang M L, Li X Z, Zhang J L. 2008. The G'/G-expansion method and traveling wave solutions of nonlinear evolution equations in mathematical physics. Phys. Lett. A., 372: 417-423.

Wang M L, Li X Z. 2005. Applications of F-expansion to periodic wave solutions for a new Hamiltonian amplitude equation. Chaos, Solitons & Fractals, 24(5): 1257-1268.

Wang M L, Zhang J L, Li X Z. 2007. Various exact solutions for the nonlinear Schrödinger equation with two nonlinear terms. Chaos Soliton & Fractals, 31: 594-601.

Wang M L. 1995. Solitary wave solutions for variant Boussinesq equations. Phys. Lett. A.,199: 169-172.

Wang Q D,Tang M Y. 2008. New exact solutions for two nonlinear equations. Phys. Lett. A., 372: 2995-3000.

Wazwaz A M. 2006. Solitary wave solutions for modified forms of Degasperis-Procesi and Camassa-Holm equations. Phys. Lett. A.,352: 500-504.

Wazwaz A M. 2006. The variable separated ODE and the tanh methods for solving the combined and the double combined sinh-cosh-Gordon equations. Appl. Math. Comput., 177(2): 745-754.

Wazwaz A M. 2006. Travelling wave solutions for combined and double combined sine-cosine-Gordon equations. Appl. Math. Comput., 177(2): 755-760.

Wazwaz A M. 2007. New solitary wave solutions to the modified forms of Degasperis-Procesi and Camassa-Holm equations. Appl. Math. Comput., 186: 130-141.

Wazwaz A M. 2007. The variable separated ODE method for a reliable treatment for the Liouville equation and its variants. Commun. Nonlinear Sci. Numer. Simul., 12: 434-446.

Xie F D, Zhang Y,Lü Z S. 2005. Symbolic computation in non-linear evolution equation: Application to (3+1)-dimensional Kadomtsev-Petviashvili equation. Chaos Solitons & Fractals,24(1): 257-263.

Xie Y X, Su K L. 2008. Zhu S H. A simple approach to solving double sinh-Gordon equation. Chin. Phys. B., 17(5): 1581-1586.

Xie Y X, Tang J S. 2005. A unified approach in seeking the solitary wave solutions to sine-Gordon type equations. Chin. Phys., 14(7): 1303-1306.

Xu G Q. 2014. Extended auxiliary equation method and its applications to three generalized NLS equations. Abstr. Appl. Anal., 2014: 1-7.Ariticle ID 541370.

Yan Z Y. 2004. An improved algebra method and its applications in nonlinear wave equations. Chaos, Solitons & Fractals, 21(4): 1013-1021.

Yang S X, Fan X H. 2011. Travelling wave solutions of OS-BBM equation by the simplified G'/G-expansion method. Inter. J. Nonlinear Sci., 12: 54-59.

Yang X L, Tan J S. 2007.New travelling wave solutions for combined KdV-mKdV equation and (2+1)-dimensional Broer-Kaup-Kupershmidt system. Chin. Phys., 16(2): 310-317.

Yang X L, Tang J S, Qiao Z Z. 2008. Traveling wave solutions of the generalized BBM equation. Pacific J. Appl. Math., 3: 99-112.

Yomba E. 2005. The extended Fan sub-equation method and its application to the (2+1)-dimensional dispersive long wave and Whitham-Broer-Kaup equations. Chin. J. Phys., 43(4): 789-805.

Zayed E M E. 2014. The modified (w/g)-expansion method and its applications for solving the modified generalized Vakhenko equation.Italian Journal of Pure and Applied Mathematics, 32: 477-492.

Zerarka A, Ouamane S, Attaf A. 2010. On the functional variable method for finding exact solutions to a class of wave equations. Appl. Math. Comput., 217: 2897-2904.

Zhang H Q. 2009. A note on some sub-equation methods and new types of exact travelling wave solutions for two nonlinear partial differential equations. Acta Appl. Math., 106: az241-249.

Zhang J L, Hu W Q, Ma Y. 2016. The Klein-Gordon-Zakharov equations with the positive fractional power terms and their exact solutions. Pramana-J. Phys.,87: 93, 9 pages.

Zhang S, Xia T C. 2007. A generalized auxiliary equation method and its application to (2+1)-dimensional asymmetric Nizhnik-Novikov-Vesselov equations. J. Phys. A: Math. Theor., 40: 227-248.

Zhao M M, Li C. 2008. The $\exp\left(-\varphi(\xi)\right)$-expansion method applied to nonlinear evolution equations. 中国科技论文在线,1-17. http://www.paper.edu.cn.

Zheng B. 2011. A new Bernoulli sub-ODE method for constructing traveling wave solutions for two nonlinear equations with any order. U. P. B. Sci. Bull., A. ,73(3): 85-94.

Zhu S D. 2008. The generalizing Riccati equation mapping method in non-linear evolution equation: application to (2+1)-dimensional Boiti-Leon-Pempinelle equation. Chaos, Solitons & Fractals,37: 1335-1342.